建设"双一流"高水平大学系列教材
"十三五"江苏省高等学校重点教材（编号：2019-2-124）

U0150869

基因工程原理

PRINCIPLES OF GENETIC ENGINEERING

主　编　陈艳红
副主编　余春梅　于天英　王　芳

线上资源

南京大学出版社

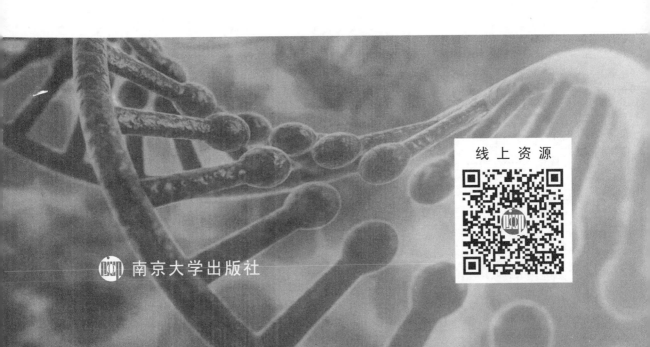

图书在版编目(CIP)数据

基因工程原理 / 陈艳红主编. — 南京：南京大学
出版社，2020.8
　ISBN 978-7-305-23128-5

　Ⅰ. ①基… Ⅱ. ①陈… Ⅲ. ①基因工程 Ⅳ. ①Q78

中国版本图书馆 CIP 数据核字(2020)第 137306 号

出版发行　南京大学出版社
社　　址　南京市汉口路 22 号　　　邮　编　210093
出 版 人　金鑫荣

书　　名　**基因工程原理**
主　　编　陈艳红
责任编辑　刘　飞　　　　　　编辑热线　025-83592146

照　　排　南京南琳图文制作有限公司
印　　刷　南京鸿图印务有限公司
开　　本　787×1092　1/16　印张 18.25　字数 435 千
版　　次　2020 年 8 月第 1 版　2020 年 8 月第 1 次印刷
ISBN 978-7-305-23128-5
定　　价　49.00 元

网址：http://www.njupco.com
官方微博：http://weibo.com/njupco
微信服务号：njuyuexue
销售咨询热线：(025) 83594756

前　言

　　基因工程从 1973 年诞生至今已有近 50 年的历史,发展迅速和应用范围广泛是这一学科的两大特征。拥有良好的基因工程学科基础有益于学生的专业发展。学生要奠定坚实的专业基础,大学学习中的教材选择非常关键。我在十多年的《基因工程》课程教学过程中,使用了多种教材,每种教材均有优缺点,所以萌发了亲自编写一本教材的念头,希望能综合各家之长并符合当前主流的教学框架设定。希望本教材至少能符合以下三个基本要求:(1)基础知识要翔实,利于学生打下坚实的学科基础;(2)章节设置符合逻辑,利于学生形成完整的学科体系;(3)教材内容要新颖,利于学生吸取学科最新的技术和研究进展。

　　本着这三个目标,我们从 2016 年秋开始构思教材章节框架,到目前书稿完成第三次校稿已历时四年半时间。在近几年时间内,合成生物学及基因治疗等基因工程应用领域发展迅猛,我近三年为研究生开授的《生命科学前沿进展》课程,也为教材编写积累了丰富的最新的研究进展素材。目前书稿完成,本教材除满足上述三个基本要求外,还有以下几个鲜明的特点。

　　(1)详略得当。对基因工程操作做出重大贡献,但目前使用较少的技术做了简明扼要的介绍,对现阶段使用比较广泛的技术原理以及操作过程进行了详细论述。(2)有益科研。例如在第 7 章对正向遗传学和反向遗传学研究的技术路线以及涉及的基因工程技术,做了比较系统的概括,能起到训练学生科学思维,引领学生将来从事相关科研和工作的作用。(3)案例具有课程思政元素,展现大国自信与担当责任。如教材中在多个章节展示了中国科学家近些年在基因工程领域所做的贡献,具有较高的民族认同感和文化自信,体现了我国高等教育专业课课程思政的宗旨。

　　教材共八章,主编为南通大学陈艳红教授,副主编为南通大学余春梅副教授、烟台大学于天英副教授和天津科技大学王芳副教授。南通大学生命科学学院基因工程教学团队的赵华老师、林社裕老师和其他老师也对教材编写提出了有益的意见和建议。

教材编写得到了生命科学学院领导们,特别是邓自发教授的支持,得到了南通观赏植物重点实验室所有老师的支持。在此对所有编写人员及支持本书编写的所有老师和同学表示感谢,对参与教材审定的各位专家表示感谢。

本书的出版得到了江苏省 2019 年高等学校重点教材立项支持和南通大学教材出版基金的支持。

限于编写者的经验、水平和研究范畴的狭隘,书中定有不少错漏之处,恳请读者和同行批评指正!

陈艳红

2020 年 8 月于南通

目　录

第1章 绪 论

1.1 基因工程概念

　　基因工程又称为基因操作,或 DNA 重组技术,是指通过某种方法在体外将核酸分子插入到病毒、质粒或其他载体系统,组成一个可遗传的重组分子,并可导入到其他宿主系统中进行繁殖和扩增的技术。即将一个或多种生物体(供体)基因与载体在体外进行拼接重组,然后转入到另一种生物体内(受体)进行扩增或表达并使之表现出新的性状。因此,供体、受体、载体称为基因工程的三大要素。另外,基因工程还有一广义定义,即指重组DNA 技术的产业化设计与应用,包括上游技术和下游技术两大组成部分。上游技术指的是基因重组、克隆和表达的设计与构建(即狭义的基因工程定义);而下游技术则涉及含有重组外源基因的生物细胞(基因工程菌或细胞)的大规模培养以及外源基因产物的分离纯化过程。广义概念中基因工程的下游技术又和细胞工程、酶工程和发酵工程等学科有交叉。本教材的重点讲述内容集中在狭义的基因工程定义方面。

1.2 基因工程发展的理论基础和最初历程

　　基因工程的诞生得益于基因的分子生物学理论基础和基因操作的技术基础两大方面的发展。基因的概念最初由丹麦植物学家 Wilhelm Johannsen 在 1909 年提出,但当时基因的概念只是一个推理的概念,并没有实验证据证实。之后的半个多世纪中,科学家们对于基因的化学本质、结构、基因的遗传和表达调控规律进行了不懈的探索,获得了一系列重大科学发现。这些发现首先使基因不再是抽象的符号,美国遗传学家、现代遗传学之父 T. H. Morgan 在果蝇中发现了基因的遗传连锁规律,将抽象的基因符号和染色体联系起来,赋予了基因新的内涵。1927 年 Frederick Griffith 和 1944 年 Avery 的细菌转化实验证实了 DNA 是细菌的转化因子,细菌转化后可以使其遗传特性发生改变,首次证实了 DNA 是遗传物质。1953 年 Waston 和 Crick 在 *Nature* 杂志发表了 DNA 分子双螺旋结构模型,从结构上为解释 DNA 作为遗传物质进行遗传信息传递机制奠定了重要基础。此外,Crick 还提出了中心法则的概念,对分子生物学的研究有重大促进作用。1961 年,Crick 又提出了三联体遗传密码的概念,以 Marshall W. Nirenberg 为首的科学家进行了遗传密码的破译工作,将 DNA 的分子结构和蛋白质序列有机联系起来,为阐明基因控制生物学功能的分子基础奠定了基础。1961 年,Jacob 和 Monod 两位科学家以大肠杆菌为研究对象,提出了乳糖代谢相关的乳糖操纵子学说,首次阐明了基因结构、功能和基因表达调控间的关系。

在以上对基因的化学本质、结构、表达调控初步了解的基础上,人们尝试对基因进行相关操作。对基因进行的操作包括定点切割、两个不同来源的 DNA 片段间连接形成重组 DNA、在特定位点对 DNA 进行定点突变和在体外或异源细胞内进行大量扩增等多个方面。从 20 世纪 70 年代开始,各个方面的技术突破层出不穷。Hamilton O. Smith、Werner Arber 和 Daniel Nathans 等三位科学家在 1970 年发现了Ⅱ型限制性内切酶,可以在特定位点对双链 DNA 进行切割,并在同年对猴空泡病毒 SV40 DNA 进行了酶切。另外一种重要的工具酶是 DNA 连接酶,大肠杆菌 DNA 连接酶和 T4 DNA 连接酶两种 DNA 连接酶分别在 1967 年和 1970 年被分离。在发现分离两种工具酶的基础上,1972 年斯坦福大学 Paul Berg 小组完成了首次 DNA 重组试验。将 SV40 酶切片段同 λ 噬菌体 DNA 酶切片段连接起来,获得了第一个体外重组 DNA 分子(图 1-1)。获得体外重组 DNA 分子后,需要将 DNA 导入到受体细胞中才能使重组 DNA 扩增。两个实验小组分别发现了将 DNA 导入受体细胞的简便方法。1970 年,夏威夷大学的 M. Mandel 和 A. Higa 发现经过氯化钙处理的大肠杆菌细胞容易吸收 λ 噬菌体 DNA;1972 年,S. N. Cohen 等人也证明,经氯化钙处理的大肠杆菌细胞能吸收质粒 DNA。接着,DNA 复制机理的揭示和第一个重组质粒的产生(1973 年,斯坦福大学 S. N. Cohen 小组将含有卡那霉素抗性基因的 R6-5 质粒与含有四环素抗性基因的质粒 pSC101 连接,获得具有双重抗药性的质粒)使基因克隆,即重组 DNA 分子在异源受体细胞的扩增成为可能。同年,非洲爪蟾核糖体 RNA 基因片段同 pSC101 质粒重组,转化大肠杆菌,并在菌体内成功转录出 RNA 分子。这是第一次成功的基因克隆实验。基因克隆的一般流程如图 1-2 所示。包括载体和目的基因的限制性酶切制备;载体和基因片段的连接;重组载体转化进宿主细胞;基因在宿主细胞中随载体扩增而扩增,并且进行基因的转录和翻译(依赖表达载体)。

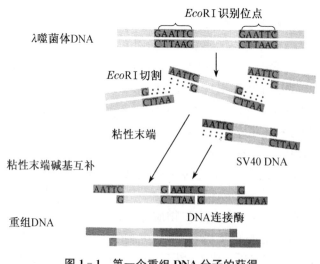

图 1-1　第一个重组 DNA 分子的获得

在体外进行 DNA 片段的高效率扩增得益于 Kary B. Mullis 等人创立起来的 PCR 技术和热稳定性的 *Taq* DNA 聚合酶的发现。由加拿大生物化学家 Michael Smith 创立

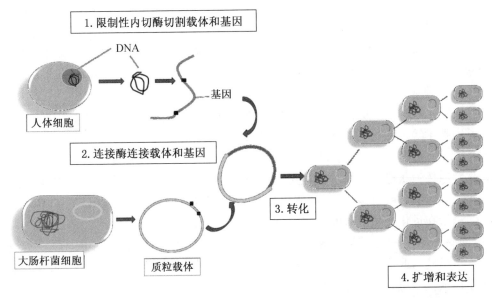

1. 限制性内切酶切割载体和基因

DNA

基因

人体细胞

2. 连接酶连接载体和基因

3. 转化

大肠杆菌细胞   质粒载体

4. 扩增和表达

图 1-2　基因克隆的一般流程

的寡聚核苷酸定点诱变技术可以在体外对某个已知基因的特定序列进行定点改变、缺失或者插入,可以改变对应的氨基酸序列和蛋白质结构。定点诱变技术的潜在应用领域很广,比如研究蛋白质相互作用位点的结构、改造酶的活性或者动力学特性,改造启动子或者 DNA 作用元件,引入新的酶切位点,研究蛋白的晶体结构,以及药物研发和基因治疗等方面。PCR 技术、基因克隆技术和定点诱变等 DNA 操作技术的发展反过来进一步促进了分子生物学理论的发展。基因工程科学的发展也进入了一个新阶段。

1.3　基因工程的最新发展

在已经建立的分子生物学理论基础和 DNA 操作技术基础上,近三十年中,基因工程技术在生命科学和医学的基础和应用研究领域得到了广泛应用,形成了以基因工程为基础的大学科。发展到现在,基因工程先后经历了四个世代的演替。第一代基因工程为经典基因工程,是蛋白多肽基因在体外的高效表达,如胰岛素基因在大肠杆菌细胞中的表达,胰岛素在原核细胞中合成;第二代基因工程是蛋白质工程。所谓蛋白质工程,就是利用基因工程手段,通过对蛋白编码基因的定向诱变,对蛋白质进行改造或制造一种新的蛋白质,以期获得性质和功能更加完善、更符合人类需要的蛋白质分子。如通过对蛋白质编码基因进行 DNA 改组和定向进化,对酶进行合理化设计,从而提高酶的活性。第三代基因工程是途径工程,即利用 DNA 重组技术尝试对生物细胞内固有代谢途径进行改造设计,达到认识生命,改造生命和优化生命的目的。如在现存途径中提高目标产物的代谢流,增加目标产物的积累。第四代基因工程即基因组工程,分为结构基因组工程和功能基因组工程。测序技术的发展使大量生物的基因组测序成为可能,在 NCBI 数据库中可以查阅到 5 102 种真核生物、129 963 种原核生物和 14 004 种病毒的基因组序列,但对基因组中结构基因的注释,即功能基因组研究是一个非常大的挑战。利用各种组学技术,在系统水平上将基因组序列与基因功能(包括基因网络)以及表型有机联系起来,最终揭示自然界中生物系统不同水平的功能。面对这些海量的基因组数据,基因定点编辑技术是高效捕获目标基因、迅速获得基因功能和应用信息的重要研究手段。CRISPR/Cas9 是目前最有效的一种基因定点编辑技术。

在基因工程的发展历程中,值得一提的明星技术有动物克隆技术、RNAi 技术、动植物转基因技术等。动物克隆技术,代表成果为 1997 年由一头母羊的乳腺细胞克隆来的克隆绵羊"多莉"的诞生。"多莉"的诞生是真正的无性繁殖。在园艺业和畜牧业中,克隆技术是选育遗传性状稳定的品种的理想手段,通过它可以培育出优质的果树和良种家畜。2005 年 8 月 8 日,中国第一头供体细胞克隆猪诞生。RNA 干扰(RNA interference,RNAi)是指在进化过程中高度保守的、由双链 RNA(double-stranded RNA,dsRNA)诱发的、同源 mRNA 高效特异性降解的现象,被 *Science* 杂志评为 2001 年的十大科学进展之一。由于使用 RNAi 技术可以特异性剔除或关闭特定基因的表达,所以该技术已被广泛用于探索基因功能和传染性疾病及恶性肿瘤的基因治疗领域。

转基因技术是指将 DNA 片段转入特定生物中,与其本身的基因组进行重组,再从重组体中进行数代的人工选育,从而获得具有稳定的表现特定遗传性状的个体。该技术可以使人们获得所期望的新性状,培育出具有抗虫、抗病、抗除草剂、抗倒伏、品质好、产肉、产蛋量高、生长速度快等优良性状的新品种。迄今为止,转基因牛羊、转基因鱼虾、转基因粮食作物、转基因蔬菜和转基因水果在国内外均已培育成功并已投入消费市场。

最近 10 多年基因工程的发展,一些新兴技术的产生又使基因工程的发展应用进入了一个全新的阶段。如各种组学研究、合成生物学研究和 RNA 介导的基因组 DNA 编辑技术等。

1.3.1 组学研究

组学研究(Omics)包括经典的基因组学、转录组学和蛋白质组学等,还有新近发展的代谢组学、表型组学、表观基因组学和糖组学等。**基因组**(genomics)研究应该包括两方面的内容:以全基因组测序为目标的结构基因组学(structural genomics)和以基因功能鉴定为目标的功能基因组学(functional genomics),又被称为后基因组(postgenome)研究。**转录组学**(transcriptomics),是一门在整体水平上研究细胞中基因转录的情况及转录调控规律的学科。简而言之,转录组学是从 RNA 水平研究基因表达的情况。转录组即一个活细胞所能转录出来的所有 RNA 的总和,是研究细胞表型和功能的一个重要手段。**蛋白质组学**(proteomics,又译作蛋白质体学),是以蛋白质组为研究对象,研究细胞、组织或生物体中蛋白质组成,翻译后的修饰,蛋白与蛋白相互作用及其变化规律的科学。**代谢组**是指某一生物或细胞在一特定生理时期内所有的低分子量代谢产物总和,**代谢组学**(metabolomics)则是对某一生物或细胞在一特定生理时期内所有低分子量代谢产物同时进行定性和定量分析的一门新学科。**表型组学**(phenomics)是一门在基因组水平上系统研究某一生物或细胞在各种不同环境条件下所有表型的学科。2005 年,比利时 Crop Design 公司的 Christophe 等发表具有里程碑意义的论文,详细阐述了称之为"性状工厂"

(Trait Mill)的可大规模自动化分析全生育期植物表型的技术设施。**表观基因组学**（epigenomics）是研究细胞全基因组范围内表观修饰变化的学科。基因组的表观修饰变化是指不改变 DNA 序列，通过对染色质 DNA 上的组蛋白修饰和 DNA 甲基化等来影响基因表达特性。表观修饰在基因表达和调控中起重要作用，参与到细胞分化、个体发育和癌症发生等多种生命过程。随着全基因组高通量测序技术的升级优化，使在全基因组水平上研究表观遗传修饰现象成为可能。丰富多样的聚糖不仅是细胞形状和类型的体现，也参与了细胞发育、分化、肿瘤转移、微生物感染和免疫反应等细胞生物学行为。**糖组学**是对糖链组成及其功能研究的一门新学科，主要研究对象是聚糖，包括研究糖与糖之间、糖与蛋白质之间、糖和核酸之间的联系和相互作用关系。

各种组学的发展和交叉为阐明基因调控网络，解释生命的自然规律提供了新的平台。2018 年开年的一篇有关番茄驯化和育种的研究成果发表在顶级期刊 *Cell* 上，深度阐明了多重组学结合的研究在生物学研究中的重要性。

番茄是一种重要的园艺作物。野生番茄是一种果重只有 1～2 g，酸涩味浓郁的野果，经过人类千百年的驯化后，番茄的重量和味道都有了显著的改良，但是在驯化和育种过程中，果实的营养和风味物质发生了怎样的变化？2018 年 1 月 11 日，中国农业科学院深圳农业基因组研究所黄三文研究员实验室、华中农业大学罗杰教授实验室及合作者在 *Cell* 杂志发表了题为"Rewiring of the fruit metabolome in tomato breeding"的研究论文。研究利用多重组学的大数据，通过结合 610 个番茄及近缘品种的重测序基因组数据、399 个品种的转录组数据以及 442 个品种中近 980 种化合物的代谢组数据，揭示了在驯化和育种过程中番茄果实的营养和风味物质发生的变化，并发现了调控这些物质合成的重要遗传位点。此研究为植物代谢物的分子调控机理研究提供了源头大数据和方法创新。同时也为番茄果实风味和营养物质的遗传调控和全基因组设计育种提供了路线图。

1.3.2 合成生物学研究

合成生物学（Synthetic Biology）是一个新兴的科学技术领域，有人甚至将之称为"第三次生命科学革命"。现在普遍认为，在现代生命科学中，DNA 双螺旋结构的发现使生命科学研究进入分子遗传学和分子生物学时代，这是第一次革命；人类基因组测序成功，使我们能够大规模地"读取"遗传信息，并引领生命科学研究进入组学和系统生物学时代，这是第二次革命；而**合成生物学**是在系统生物学的基础上，结合工程学理念，采用基因合成、编辑、网络调控等新技术，来"书写"新的生命体，或者改变已有的生命体，这将极大提升人们对生命本质的认识水平，其科学意义显而易见。合成生物学的形成有一系列标志性事件。在合成基因组方面，2002 年，人类首次合成病毒；2010 年，第一个合成基因组的原核生物（支原体）问世；2014 年，第一条合成酵母染色体在酵母细胞中呈现正常功能；2017 年 3 月，*Science* 杂志以封面故事"逐段重塑酵母基因组"（Remodeling yeast genome piece by piece）报道了合成酵母基因组计划（Sc 2.0）中另外 5 条染色体的合成。其中 4 条以中国学者元英进团队、杨焕明团队和戴俊彪团队为主完成。目前，酵母细胞中全部 16 条染色体的设计与合成大约完成了 1/3。可以期待，首个合成染色体的真核生物不久将问世。

第二个方面的研究是有关最小细胞或最小基因组研究，研究内容有助于了解基因的功能和理解生命起源。即一个生物体内可能含有必需基因(Essential genes)和非必需基因,去掉非必需基因以后,该生物体应仍能存活和繁殖。Craig Venter 实验室从丝状支原体的 901 个基因中鉴定出 428 个非必需基因,然后合成了仅仅含 473 个基因的简约版基因组,从而获得最小合成细胞。合成生物学中最大的突破来自 2017 年 12 月美国生物合成领域专家 Floyd Romesberg 在 *Nature* 杂志发表了一项新成果。他首次用实验室合成的 X-Y 碱基对和相应的氨基酸,在实验室内创造出了含 ATGCXY 六种碱基的全新生命体。DNA 由 6 种碱基组成,理论上可以随机组合形成 216 种密码子,最终编码 172 种氨基酸。我们可以想象一下,仅凭 64 个密码子,20 种氨基酸就能形成地球上那么多的生命。那么,216 个密码子,172 种氨基酸也就意味着,未来生命的形式更加会有无限可能。在最新发表的《Nature》论文中,他们创造出了能够使用外来 DNA 合成蛋白质的健康细胞。为了让细胞能够使用这些非天然的碱基,研究人员创建了一种修改版的 tRNAs,它的功能是读取密码子,并将合适的氨基酸运送到细胞的蛋白质工厂——核糖体中。研究实现了将两种非天然存在的氨基酸——PrK 和 pAzF 整合到绿色荧光蛋白中。这些新的氨基酸没有改变绿色荧光蛋白的结构或功能。

1.3.3　CRISPR - Cas9

CRISPR - Cas9 作为当今生命科学领域最火热的基因编辑技术,CRISPR - Cas9 因其高效、便捷、适用范围广,为科研工作者带来了福音,同时其广泛应用也促进了基础科研、农业、基础医学及临床治疗的发展,两位女性科学家 Emmanuelle Charpentier 和 Jennifer Doudna 因为在这一领域的杰出贡献,获得 2020 年度诺贝尔化学奖。

CRISPR/Cas 系统是一种原核生物的免疫系统,用来抵抗外源遗传物质的入侵,比如噬菌体病毒和外源质粒。同时,它为细菌提供了获得性免疫。这与哺乳动物的二次免疫类似,当细菌遭受病毒或者外源质粒入侵时,会产生相应的“记忆”,从而可以抵抗它们的再次入侵。CRISPR/Cas 系统可以识别出外源 DNA,并将它们切断,沉默外源基因的表达。这与真核生物中 RNA 干扰(RNAi)的原理是相似的。正是由于这种精确的靶向功能,CRISPR/Cas 系统被开发成一种高效的基因编辑工具。

CRISPR - Cas9 技术在 DNA 编辑方面的简洁和高效使其迅速成为当前生命科学最为炙手可热的领域之一,已广泛应用于多种模式生物,包括酵母、斑马鱼、果蝇、线虫、小鼠、恒河猴、拟南芥、玉米和水稻等基因组的改造。CRISPR - Cas9 技术应用领域包括细胞和动物模型建立、功能基因组筛选、基因转录调节、表观调控、细胞基因组活性成像和靶向治疗等。由于技术本身可能存在脱靶效应,因此在临床应用安全性方面尚待进一步完善和改进,但其强大的作用效果将为单基因甚至多基因遗传病治疗提供全新模式。

基因工程发展历程中的重大事件罗列在表 1-1 中,分为奠基阶段、发展阶段和近十多年的最新发展阶段,即腾飞阶段。

表 1-1 基因工程重要突破时间表

	年	重要突破
奠基阶段	1944	Averg 在 Griffith 的研究基础上证实 DNA 是遗传物质
	1953	Waston、Crick 提出 DNA 双螺旋结构模型
	1958	Crick 提出生物遗传中心法则
	1961	Crick 又提出了三联体遗传密码的概念
	1961	F. Jacob 和 J. Monod 提出乳糖操纵子学说
	1966	Marshall W. Nirenberg 等破译全部遗传密码
	1967/1970	M. Gellert 和 J. Newman 分别发现大肠杆菌和 T4 噬菌体 DNA 连接酶
	1970	Hamilton Smith 和 Werner Arber 等发现第一种 II 型限制性内切酶
	1972	Paul Berg 小组完成首次 DNA 重组试验,获得了首个体外重组 DNA 分子
	1972	S. N. Cohen 等人建立大肠杆菌感受态细胞的制备和质粒 DNA 转化方法
	1973	Stanley Cohen 和 Herbert Boyer 利用重组 DNA 技术获得首个转基因细菌,首次成功进行基因克隆实验
	1975—1977	Sanger 和 Maxam & Gilbert 分别建立快速测定 DNA 序列的方法,分别是双脱氧链终止法和化学裂解法
发展阶段	1981	Palmiter 等获得第一个转基因小鼠
	1982	第一个由基因工程生产的药物——胰岛素,在美国和英国获准使用
	1983	Mullis 发明 PCR 技术
	1983	第一个转基因植物烟草诞生
	1989	利用基因敲除技术获得第一只基因敲除小鼠
	1990	第一个转基因玉米及转基因小麦植株诞生
	1990	人类基因组计划开始
	1994	美国食品药品监督管理局(FDA)批准基因工程西红柿"FlavrSavr"在美国上市
	1997	克隆羊——"多莉"诞生
	1998	Andrew Fire 和 Craig Mello 阐明 RNAi 的作用机制
	2000	模式植物拟南芥的基因组全序列及注释释放
	2003	人类基因组测序完成
腾飞阶段	2007	皮肤细胞培育出胚胎干细胞,诱导性多功能干细胞 iPS 的获得 人类基因组个体间差异,即 SNP,确定哪些基因差异会给人类带来疾病风险
	2008	以 454 和 solexa 为代表的合成测序的大通量测序技术的发展 揭示某些人类癌症的整个基因图谱,为癌症诊断和治疗提供新的途径
	2010	合成生物学的新突破——美国生物学家克雷格·文特尔(Craig Venter)在实验室中制造出世界首个人造生命细胞 基因组序列的突破——第一次对现代人基因组与我们的尼安德特人祖先的基因组进行基因组测序和直接的比较表明现代人与尼安德特人曾小范围交配 千人基因组计划完成——绘制迄今最详尽、最有医学应用价值的人类基因多态性图谱
	2011	人类肠道宏基因组研究突破——帮助人们了解营养和疾病状态时,食物和微生物间的相互作用

年	重要突破
2011—2013	Emmanuelle Charpentier，Jennifer A. Doudna 和张锋等阐明 RNA 介导的基因编辑技术 CRISPR - Cas9 的原理，开发基因组编辑方法。
2012	鼠的胚胎干细胞可被诱导成为具有生育能力的卵细胞
2013	癌症的免疫疗法获得突破——在癌症的免疫疗法中治疗的标靶是身体的免疫系统而不是直接针对肿瘤。这种新的治疗会促使 T 细胞和其他免疫细胞来对抗肿瘤
2014	冷冻电镜的发展使科学家在原子水平阐明复杂生物大分子的结构
2015	CRISPR 技术用于精确、广泛的遗传改变——CRISPR - Cas9 技术在基因诊断治疗、农作物改良多方面得以广泛应用
2016—2017	合成生物学迅猛发展；诞生最小细菌 Syn3.0 和合成 4 条酿酒酵母染色体 纳米孔核酸直接测序方法的突破 基因组大通量测序表明单次非洲移民潮让人类走向全球 含 ATGCXY 六种碱基的全新生命体的诞生 3D 打印的卵巢具有生育的功能 开展人胚胎干细胞来源的神经前体细胞治疗帕金森病的临床实验
2018	FDA 批准 CAR - T 免疫疗法治疗白血病和淋巴瘤

1.4　基因工程研究的意义

　　基因工程自 20 世纪 70 年代兴起之后，经过 40 多年的发展历程，取得了惊人的成绩，特别是近十年来，基因工程的发展更是突飞猛进。基因转移、基因扩增等技术的应用不仅使生命科学的研究发生了前所未有的变化，而且在实际应用领域——医药卫生、农牧业、食品工业、环境保护等方面也展示出美好的应用前景。

1.4.1　基因工程与医药卫生

　　目前，基因工程在医药卫生领域的应用非常广泛，主要包括以下两个方面。在药品生产中，有些药品是直接从生物体的组织、细胞或血液中提取的。由于受原料来源的限制，价格十分昂贵。用基因工程方法制造的"工程菌"，可以高效率地生产出各种高质量、低成本的药品。如胰岛素、干扰素和乙肝疫苗等。基因工程药品是制药工业上的重大突破。

　　1. 重组蛋白药品

　　胰岛素是治疗糖尿病的特效药。一般临床上给病人注射用的胰岛素主要从猪、牛等家畜的胰腺中提取，每 100 kg 胰腺只能提取 4～5 g 胰岛素。用这种方法生产的胰岛素产量低，价格昂贵，远远不能满足社会的需要。1979 年，科学家将动物体内能够产生胰岛素的基因与大肠杆菌的 DNA 分子重组，并且在大肠杆菌内表达获得成功。这样，用 2 000 L 大肠杆菌培养液就可以提取 100 g 胰岛素，相当于从 2 t 猪胰腺中提取的量。1982 年，美国一家基因公司用基因工程方法生产的胰岛素开始投入市场，其售价比用传统方法生产的胰岛素的售价降低了 30%～50%。

目前,用基因工程方法生产的药物已经有六十余种,除胰岛素、干扰素外,还有白细胞介素、溶血栓剂、凝血因子、人造血液代用品,以及预防乙肝、狂犬病、百日咳、霍乱、伤寒、疟疾等疾病的各类疫苗。其中一部分药品已经商品化,还有一部分处于临床试验阶段。1997 年开始,我国自己生产的白细胞介素-2、干扰素、乙肝疫苗、人生长激素等几种基因工程药物也已经投产。埃博拉(Ebola virus)又译作伊波拉病毒,是一种十分罕见的病毒,能引起人类和灵长类动物产生埃博拉出血热的烈性传染病,有很高的死亡率(在 50% ～ 90% 之间)。其致死原因主要为中风、心肌梗死、低血容量休克或多发性器官衰竭。重组 Ebola 疫苗通过基因工程技术,将埃博拉病毒表面的一种主要糖蛋白的基因转移到了另一种对人体相对无害的病毒——疱疹性口腔炎病毒(VSV)中所制成的,有效性 100%,将会挽救无数人的生命。

2. 分子诊断

分子诊断是指应用分子生物学方法检测患者体内遗传物质的结构或表达水平的变化而做出诊断的技术。分子诊断是预测诊断的主要方法,既可以进行个体遗传病的诊断,也可以进行产前诊断和法医鉴定。**产前诊断**(prenatal diagnosis)是指在出生前对胚胎或胎儿的发育状态、是否患有疾病等方面进行检测诊断。从而掌握先机,对可治性疾病,选择适当时机进行宫内治疗;对于不可治疗性疾病,能够做到知情选择。之前的产前诊断技术包括羊膜腔穿刺术(Amniocentesis)和绒毛取材术,对于产妇和胎儿都有一定的危险性。产前诊断的最新进展为无创 DNA 产前检测,又称为无创产前 DNA 检测、无创胎儿染色体非整倍体检测等。母体血浆中含有胎儿游离 DNA,胎儿染色体异常会带来母体中 DNA 含量微量变化。无创 DNA 产前检测技术仅需采取孕妇静脉血,利用新一代 DNA 测序技术对母体外周血浆中的游离 DNA 片段(包含胎儿游离 DNA)进行测序,并将测序结果进行生物信息分析,可以从中得到胎儿的遗传信息,从而检测胎儿是否患有染色体疾病。

香港中文大学卢煜明教授在 1997 年就发现了孕妇外周血中存在游离的胎儿 DNA,并发展出了一套新技术来准确分析和度量母亲血浆内的胎儿 DNA,被誉为"无创 DNA 产前检测"的奠基人。由于他所开创的无创 DNA 产前检测(NIPT)技术在人类重大出生缺陷防控领域的杰出贡献,卢煜明在 2016 年获得了首届"未来科学大奖"颁发的"生命科学奖"。

2018 年 1 月份,美国研究人员开发出了一种新型血液检测方法,能一次查出尚未扩散的 8 种常见癌症,朝着实现通用型早期癌症检测的方向迈出一大步。这种名为 CancerSEEK 的无创检测方法由美国约翰斯·霍普金斯大学研究人员开发,能通过检测血样中 16 种与癌症相关的基因突变及 8 种蛋白质,对卵巢癌、肝癌、胃癌、胰腺癌、食管癌、结直肠癌、肺癌与乳腺癌等癌症进行筛查。

3. 基因治疗

早在 45 年前,基因治疗先驱 Theodore Friedmann 就提出单基因遗传病可通过给病人提供正确的基因来治疗。从原理上来说,基于蛋白的疗法需要反复给药(例如糖尿病人需要一直注射胰岛素),而如果可修复病人的错误基因或直接提供正确的基因,那么单次治疗就有可能产生持续的治疗效果。

随着基因领域基础研究的进展,从 20 世纪 90 年代早期开始,基因治疗开始进入临床实验。然而,临床实验的结果不断重复着"乐观—失望"的循环,不是没有带来预期的疗效，就是带来严重的副作用。1996 年，美国国立卫生研究院（NIH）的顾问委员会总结认为，人类对基因疗法背后的各种基础机制研究还不透彻，并号召研究人员将目光放回实验室和基础研究。

经过近三十年的努力，科学家在基础研究方面取得了长足的进步。特别是新的基因载体、新的基因编辑技术以及在细胞生物学和免疫学领域取得的进展，为基因治疗的安全性和有效性提供了理论和工具支持。这些进步使得近十年来基因治疗的临床实验取得了很多突破性的进展。经过三十年的曲折发展，基因治疗终于迎来了曙光。2017 年，美国FDA 首次批准了两种针对血液疾病的 CAR - T（CAR：嵌合抗原受体）细胞免疫疗法和一种针对眼科遗传病的疗法 Luxturna。CAR - T 细胞免疫疗法药物名称为 Kymriah（tisagenlecleucel，CTL - 019），主要用于治疗 3～25 岁的急性淋巴细胞白血病的复发性或难治性患者。罹患遗传性视网膜病变（IRD）的患者是 Luxturna 这款创新疗法的最大受益者，它能将健康的视网膜上皮基因 65（*RPE65*）基因引入患者体内，让患者能生成具有正常功能的蛋白，改善视力。它不但有望治疗莱伯先天性黑蒙症，还能够治疗其他由*RPE65* 基因突变引起的眼疾。

1.4.2 基因工程与农牧业、食品工业

基因工程在农牧业生产上的应用主要是培育高产、优质或具有特殊用途的动植物新品种。近几年来，利用基因工程方法培养的转基因动植物在农业和畜牧业生产上取得了一系列的突破，尤其是在农业生产上推出了一批创新品种，显示出了巨大的发展潜力。

基因工程在农业方面的应用主要表现在两个方面。首先，通过基因工程技术获得高产、稳产和具有优良品质的农作物，能解决全世界人口的粮食危机，还能帮助人类解决蛋白质、维生素和铁缺乏问题。其次，用基因工程的方法培育出具有各种抗逆性的作物新品种。如在 1993 年，中国农业科学院的科学家成功将苏云金芽孢杆菌中的抗虫基因转入棉花植株，培育了抗棉铃虫的转基因抗虫棉。

基因工程在畜牧养殖业上的应用也具有广阔的前景，科学家将某些特定基因与病毒DNA 构成重组 DNA，然后通过感染或显微注射技术将重组 DNA 转移到动物受精卵中。由这种受精卵发育成的动物可以为人们提供所需要的含各种优良品质的产品。

1.4.3 基因工程与环境保护

基因工程的方法可以用于环境监测。据报道，用 DNA 探针可以检测饮用水中病毒的含量。具体的方法是使用一个特定的 DNA 片段制成探针，与被检测的病毒 DNA 杂交，从而把病毒检测出来。此方法的特点是快速、灵敏。用传统方法进行检测，一次需要耗费几天或几个星期的时间，精确度也不高。用 DNA 探针只需要花费一天的时间，并且能够大幅度地提高检测精度。

基因工程还可以用于被污染环境的净化。随着石油工业的迅速发展，石油这种含有多种烃类的物质不断地对陆地、海洋造成污染。自然环境中有一类叫作假单孢杆菌的细菌能够分解石油，但是每一种假单孢杆菌只能分解石油中的某一种成分。1975 年，科学家用基因工程的方法，把能分解三种烃类的基因都转移到能分解另一种烃类的假单孢杆

菌内,创造出了能同时分解四种烃类的"超级细菌"。用超级细菌分解石油,可以大大提高细菌分解石油的效率。目前,科学家已经用基因工程方法培养出了"吞噬"汞和降解土壤中 DDT 的细菌,以及能够净化镉污染的植物。还有一些科学家正努力通过基因重组构建新的杀虫剂,以取代生产过程中耗能多,又易造成环境污染的农药,并试图通过基因工程的方法回收和利用工业废物。2015 年,北京航空航天大学杨军教授研究组、深圳华大基因公司赵姣博士等在环境科学领域的权威期刊 *Environmental Science & Technology* 上合作发表了两篇姊妹研究论文,证明了黄粉虫(面包虫)的幼虫可降解聚苯乙烯这类最难降解的塑料。研究证实黄粉虫肠道中的微生物分泌的某些酶在苯乙烯降解中起重要作用。具体机理仍在研究中。凡此种种,都是一些可望取得成功和发展前景十分光明的研究课题。

展望未来,将是基因工程迅速发展和日臻完善的时代,也是基因工程产生巨大效益的时代。今后,人们不仅会在分离基因和转基因的技术上取得重大突破,还会加速基因工程产业化的速度,形成一定的生产规模。基因工程在医药卫生、食品工业、农牧业、环境保护等方面都将具有广阔的发展前景。

1.5 基因工程课程的主要内容

本教材的内容包括以下几个章节。第 1 章为绪论,重点阐述基因工程的概念、发展、研究意义等。第 2 章为基因工程基本实验技术,包括 DNA、RNA 和蛋白质等生物大分子提取、分析和检测技术,PCR 扩增技术,分子杂交技术,体外进行基因定点突变的方法和DNA 测序技术等;第 3 章为基因工程常用工具酶和载体,内容包括简单克隆载体,原核细胞表达载体,植物表达载体和动物载体的介绍,将增加一些最新、常用的载体的介绍以及限制性内切酶、连接酶、聚合酶和一些核酸修饰酶的介绍。第 4 章为目的基因获取,详细介绍各种分离基因的方法。第 5 章为基因克隆和遗传转化,详细介绍重组 DNA 克隆的获得和鉴定;外源 DNA 如何进入大肠杆菌、酵母和动植物细胞并能够稳定遗传;并介绍如何从转化后细胞中鉴定我们所需的含有外源重组 DNA 的细胞或动植物个体。第 6 章为蛋白表达体系的介绍,着重介绍以原核细胞为宿主,细胞生产、纯化外源蛋白的原理和方法,简单介绍酵母细胞等真核细胞表达体系。第 7 章为基因功能研究方法的介绍,详细介绍了研究基因表达、亚细胞定位、基因的遗传功能分析和基因间的网络调控关系分析。第 8 章是对基因工程的应用领域的介绍,详细介绍基因工程在医药、分子诊断、基因治疗和工农业发展方面的应用。

特配电子资源

线上资源

微信扫码
- 网络习题
- 视频学习
- 延伸阅读

第2章 基因工程基本实验技术

2.1 生物大分子的提取、分析和检测

分子生物学是对蛋白质和核酸等生物大分子结构和功能的研究,在分子水平上阐明生命的现象和生物学规律。基因工程是以分子生物学的理论基础为指导,对基因进行相关的操作。基因工程的研究和操作对象也集中在对核酸和蛋白质等生物大分子上。所以,获得高质量、高纯度的核酸和蛋白质样品是基因工程研究的基础和前提。

2.1.1 DNA 的提取

基因工程的操作过程中,不同的实验过程至少需要四种类型的 DNA 分子,包括各种细胞的基因组 DNA、细菌的质粒 DNA、噬菌体 DNA 和细胞器基因组 DNA(包括线粒体基因组 DNA 和叶绿体基因组 DNA)。基因组 DNA 可以用作进行基因克隆时基因扩增的模板,它来自细菌、酵母等单细胞生物细胞、植物细胞、动物细胞以及被研究的各种生物的细胞类型。质粒 DNA 和噬菌体 DNA 作为载体 DNA,制备完整、高纯度的质粒和噬菌体 DNA 是基因克隆的前提。叶绿体和线粒体等细胞器 DNA 的完整提取对于后续的细胞器基因组序列测定、基因注释和功能分析等工作也至关重要。下面我们分别介绍四类 DNA 的提取原理、步骤和注意事项。

2.1.1.1 细胞基因组 DNA 的提取

原核细胞和真核生物细胞(包括培养细胞)都能用来制备基因组 DNA。真核生物的 DNA 是以染色体的形式存在于细胞核内,原核细胞如大肠杆菌的基因组 DNA 也和一些蛋白结合组成。因此,制备 DNA 的原则就是将 DNA 与蛋白质分离,同时又要和细胞中的脂类和糖类等代谢分子分离,分离的过程还要保持 DNA 分子的完整性。

不同生物(植物、动物、微生物)的 DNA 的提取方法有所不同,不同组织因其细胞结构及所含的成分不同,分离方法也有差异。在提取某种特殊组织的 DNA 时可参照文献或经验建立的相应提取方法,以获得高质量的 DNA 大分子。组织中的多糖和酚类物质对随后的酶切、PCR 反应等有较强的抑制作用,因此用富含这类物质的材料提取 DNA 时,应考虑除去多糖和酚类物质。虽然对不同来源细胞采用的 DNA 提取方法各异,但提取的通用流程基本包括细胞获取或材料收集、细胞破碎获得细胞提取物、DNA 和细胞其他组分分离以及 DNA 浓缩等四个步骤。

1. 细胞获取和材料收集

对于细菌和酵母细胞等微生物,在含有适合营养成分的液体培养基中(如大肠杆菌在 LB 培养基,酵母细胞在 YPDA 培养基),适宜的温度下能快速繁殖扩增,经过离心就可以获取大量的细胞。在考虑到对某种生命体,基因组 DNA 在各种组织细胞完全相同的前提下,对于植物,进行基因组 DNA 提取,优先选取分裂旺盛、幼嫩的组织,如茎尖、花序等。植物细胞的愈伤组织、悬浮细胞和原生质体细胞等都可作为基因组 DNA 的组织细胞材料。对于动物,各种培养细胞以及各种组织器官、血液等均是提取基因组 DNA 的材料来源。

2. 细胞破碎获得细胞提取物

不同细胞的细胞结构不同,动物细胞只有细胞膜,微生物细胞和植物细胞还有细胞壁,且细胞壁的组分也因细胞而异。所以,对于不同的细胞,细胞破碎的方法和所用试剂均不相同。对于大肠杆菌细胞,选用溶菌酶可以破坏细胞壁,同时结合螯合剂 EDTA 和去污剂 SDS 的使用,可以同时破坏细胞膜(SDS 可去除细胞膜上的脂分子,使细胞膜破裂),并且 EDTA 可以螯合镁离子,抑制 DNA 酶的活性,防止 DNA 的降解。对于植物和动物的组织和细胞,溶菌酶就不适用了,要选择其他物理方法或化学试剂进行细胞的破裂。比如植物组织,因为存在细胞壁,需要在液氮中研磨将细胞粉碎,然后再用相应的去污剂破坏细胞。动物细胞没有细胞壁,可以直接用去污剂破坏细胞,比如异硫氰酸胍。异硫氰酸胍是一种促溶剂,能破坏氢键,使细胞膜不稳定并使蛋白质和其他生化分子变性。因此异硫氰酸胍可以直接将没有细胞壁包裹的细胞中的 DNA 释放出来。一些植物细胞中含有除了蛋白和 RNA 分子外,还有其他生化大分子,如多糖和多酚类物质,在后期的 DNA 纯化过程中很难和 DNA 分子分开。这种情况下就需要选用其他去污剂,如十六烷基三甲基溴化铵(CTAB)。CTAB 是一种阳离子去污剂。CTAB 溶解细胞膜,使核蛋白等解聚,DNA 游离出来。植物提取过程中另一种常用的去污剂是 SDS,SDS 是一种阴离子去污剂,高浓度的 SDS 在较高温度(55～65 ℃)下裂解细胞,使染色体离析、蛋白质变性,SDS 与蛋白、多糖形成复合物,释放出核酸。提取液中加入聚乙烯吡咯酮(PVP)易与酚类和糖类结合的物质,可有效去除多酚和多糖,减少 DNA 中酚和多糖的污染。

3. DNA 和细胞其他组分分离(DNA 纯化)

将 DNA 从其他生物大分子杂质中分离出来的方法有两大类:一类是通过酚和氯仿等有机溶剂抽提法或酶解法;另一类是通过层析或离心分离方法将各组分分离,将 DNA 从细胞提取物中的其他组分中纯化出来。

(1) 有机溶剂抽提法或酶解法

在细胞裂解、离心去除细胞碎片后,按照 1∶1 的比例往细胞提取物中加入酚或酚-氯仿的混合物,充分混匀使蛋白质变性,离心后,变性蛋白呈白色胶质状,为中间相。DNA 在上层水相,有机相在下层,如图 2-1 所示。为了彻底去除蛋白质污染,需要进行多次的抽提,但抽提次数的增加会增加 DNA 断裂的风险,而且糖含量较高的组织样品酚氯仿抽提不能去除糖分子。所以,另一种替代方法是在细胞提取物中加入蛋白酶,如蛋白酶 K,消化蛋白分子成为小的氨基酸肽段,在后续的抽提步骤中更加容易去除。RNA 分子杂质可以用 RNA 酶消化。

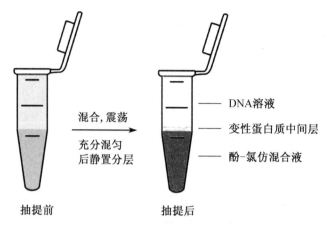

混合,震荡
充分混匀
后静置分层

—— DNA溶液
—— 变性蛋白质中间层
—— 酚-氯仿混合液

抽提前　　　　　抽提后

图 2-1　酚-氯仿抽提分离 DNA 分子

（2）离子交换树脂层析法

用离子交换层析纯化细胞提取物中的 DNA:生物化学家已经设计出利用电荷差异将化学混合物中各组分分离的多种方法。这些方法之一是离子交换层析法,根据 DNA 样品混合物各组分与结合在层析基质或树脂中的带电粒子的结合紧密程度来进行组分分离。DNA 和 RNA 分子和一些蛋白质一样,都带负电荷,所以能与正电荷树脂结合。这种静电结合可被盐离子破坏,去除较紧密结合的分子需要较高的盐离子浓度。通过逐渐增加盐的浓度,不同类型的分子可以一个接一个脱离树脂,实现组分的分离。进行离子交换层析的最简单方法是将树脂装入玻璃或塑料柱,然后在上面添加细胞提取物。提取液通过色谱柱,由于提取液含有较低的盐离子浓度,带负电荷的分子与树脂结合并保留在柱中。如果用一组盐离子浓度梯度溶液依次通过层析柱,不同类型的分子将会被依次洗脱。分离过程使用两种盐溶液,较低浓度可以洗脱蛋白和 RNA 分子,只留下 DNA 结合,接着高浓度的第二种溶液洗脱 DNA,获得无蛋白质和 RNA 污染的 DNA(图 2-2)。

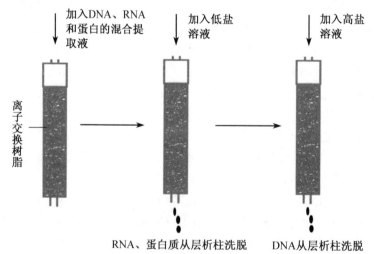

加入DNA、RNA
和蛋白的混合提
取液

加入低盐
溶液

加入高盐
溶液

离子交换树脂

RNA、蛋白质从层析柱洗脱　　　　DNA从层析柱洗脱

图 2-2　离子交换树脂层析法分离 DNA 分子

（3）硅颗粒纯化法

还有一种用于 DNA 纯化的分离方法是利用硅颗粒。在异硫氰酸胍存在下,DNA 紧密结合硅颗粒,提供一种从细胞提取液中提取 DNA 的简便方法。与离子交换方法类似,硅颗粒纯化 DNA 通常在色谱柱中进行。将硅颗粒置于柱中,将添加了异硫氰酸胍的细胞提取物过柱。DNA 与二氧化硅结合并保留在柱上,而其他成分被立即洗脱。用异硫氰酸胍溶液洗去剩余污染物后,通过向柱子中添加水,破坏 DNA 和硅颗粒间的相互作用回收 DNA(图 2-3)。另外,硅颗粒和异硫氰酸胍可以直接加入到细胞提取液中,DNA 和硅颗粒结合,离心收集二氧化硅颗粒。颗粒再重悬在水中释放 DNA,用离心法将硅颗粒重新离心,使 DNA 留在溶液中(图 2-4)。

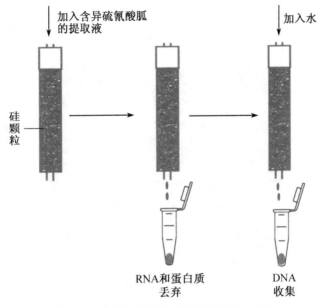

图 2-3 利用硅颗粒结合柱分离 DNA 分子

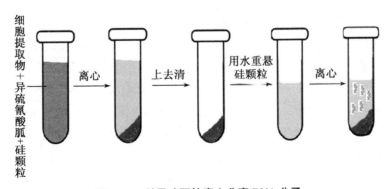

图 2-4 利用硅颗粒离心分离 DNA 分子

4. DNA 浓缩

最常用的浓缩方法是乙醇沉淀法。乙醇的优点是可以任意比和水相混溶,乙醇与核酸不会起任何化学反应,对 DNA 很安全,因此是理想的沉淀剂。

DNA 溶液是 DNA 以水合状态稳定存在,当加入乙醇时,乙醇会争夺 DNA 周围的水分子,使 DNA 失水而易于聚合。在单价盐离子存在(如钠离子),在$-20\ ℃$或更低温度下,无水乙醇能有效沉淀 DNA。常用方法为在 DNA 溶液中加入 $2\sim2.5$ 倍体积的无水乙醇,同时按溶液体积的 $1/10$ 添加 $3\ mol\cdot L^{-1}$ 的 NaAc 溶液(醋酸钠)。在高浓度的 DNA 溶液上,加入的乙醇可以停留在溶液的上面并且使 DNA 分子沉淀在两相的分界面。一个分离 DNA 的诀窍是将一根玻璃棒通过乙醇插入到 DNA 溶液中,轻微搅动。当玻璃棒被取出时,DNA 分子黏附在上面,可以以长纤维的形式从溶液中拉出(图 2-5)。如果乙醇与稀释的 DNA 溶液混合,DNA 沉淀可通过离心收集,然后重新溶解在适量的水中。乙醇沉淀法的优点是短链和单体核酸组分留在溶液中,不随 DNA 沉淀。另一种沉淀方法为异丙醇沉淀,可以用等体积异丙醇选择性地沉淀 DNA 和大分子 rRNA 和 mRNA,但是对 5SRNA、tRNA 以及多糖等不产生沉淀。一般不需要低温放置很长时间,其缺点是易使盐类和 DNA 共沉淀,而且异丙醇难以挥发除去,必须用 70%乙醇洗涤。

沉淀出的DNA

乙醇沉淀前　　　　乙醇沉淀后

图 2-5　乙醇沉淀 DNA 分子

5. DNA 的含量、纯度和完整度检测

使用分光光度法可准确检测 DNA 纯度和浓度。分光光度法的原理是 DNA 或 RNA 链上碱基的芳香环结构在紫外光区具有较强吸收,其吸收峰在 260 nm 处。波长为 260 nm 时,DNA 或 RNA 的光密度 OD_{260} 不仅与总含量有关,也随构型的变化而有差异。当 $OD_{260}=1$ 时,dsDNA 浓度约为 $50\ \mu g\cdot mL^{-1}$,ssDNA 浓度约为 $37\ \mu g\cdot mL^{-1}$,RNA 浓度约为 $40\ \mu g\cdot mL^{-1}$,寡核苷酸浓度约为 $30\ \mu g\cdot mL^{-1}$。DNA 浓度的计算公式为:DNA 样品的浓度$(\mu g\cdot \mu L^{-1})=OD_{260}\times$稀释倍数$\times 50/1\ 000$。当 DNA 样品中含有蛋白质、酚或其他小分子污染物时,会影响 DNA 吸光度的准确测定。一般情况下同时检测同一样品的 OD_{260}、OD_{280} 和 OD_{230},计算其比值来衡量样品的纯度。纯 DNA 的 OD_{260}/OD_{280} 比值约为 1.8,大于 1.9 时表明有 RNA 污染;小于 1.6 时表明有蛋白质、酚等污染。对于 RNA 的检测,纯 RNA OD_{260}/OD_{280} 的比值介于 $1.7\sim2.0$ 之间。小于 1.7 时,表明有蛋白质或酚污染;大于 2.0 时,表明可能有异硫氰酸残存。

新的检测仪器的研发及诞生使核酸的含量及纯度的检测更加方便,如 NanoDrop 2000 超微量分光光度计是 NanoDrop 的最新产品(图 2-6)。应用液体的表面张力特性,样品体积只需要 0.5~2 μL。在检测台上,经上下臂的接触拉出固定的光径,达到快速、微量检测吸收值的目的,且可以免除石英比色杯等耗材的损耗(图 2-7)。

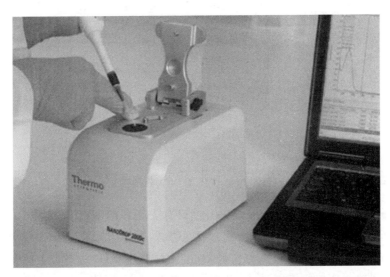

图 2-6 新一代核酸检测仪器 NanoDrop 2000 超微量分光光度计

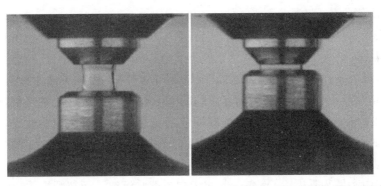

图 2-7 NanoDrop 2000 超微量分光光度计上下臂间接触拉出固定的检测光径

在 DNA 提取过程中,染色体会发生机械断裂,产生大小不同的片段,因此分离 DNA 时应尽量在温和的条件下操作,如尽量减少酚-氯仿抽提次数、混匀过程要轻缓,DNA 转移时使用的枪头用剪刀剪成大口,以保证得到较长的 DNA。一般来说,构建文库,初始 DNA 长度必须在 100 kb 以上,否则酶切后两边都带合适末端的有效片段很少。而进行 RFLP 和 PCR 分析,DNA 长度可短至 50 kb,在该长度以上,可保证酶切后产生 RFLP 片段(20 kb 以下),并可保证包含 PCR 所扩增的片段(一般 2 kb 以下)。

2.1.1.2 质粒 DNA 的提取

质粒 DNA 和细菌基因组 DNA 同处于一个细胞中,在 DNA 提取过程中将质粒 DNA 和细菌基因组 DNA 分开是相对困难的(图 2-8)。但是质粒作为重要的载体分子,发展高效快速提取质粒 DNA 的方法是非常必要的。质粒 DNA 和细菌染色体 DNA 在分子大小和分子构象两个方面有较大差异，所以可以从这种差异入手解决分离质粒 DNA 的问题。

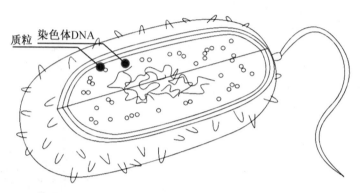

图 2-8　大肠杆菌中的染色体 DNA 和质粒 DNA 分子在分子大小和构象均有差异

首先在分子大小方面，最大的质粒分子也只有大肠杆菌染色体 DNA 的 8%，普通质粒 DNA 分子要小得更多，所以可以靠分子大小差异来分离质粒 DNA。在这种方法中，细胞破碎释放 DNA 阶段的操作要非常轻柔，避免对染色体 DNA 进行破坏和剪切。一般采用溶菌酶破壁，形成原生质球，再用非离子洗涤剂如 TritonX-100 处理细胞获得细胞裂解液。之后通过离心就可以分离质粒 DNA 和基因组 DNA，质粒 DNA 在上清中，基因组 DNA 和细胞碎片一起沉淀下来。

其次，质粒 DNA 在构象上也和染色体 DNA 不同。质粒 DNA 是超螺旋结构，称为共价闭合环状 DNA(cccDNA)，染色体 DNA 虽然也是环状结构，但是在细胞裂解过程中会造成损伤，成为线性分子。常用的根据构象分离质粒 DNA 的方法为碱裂解法。这种技术的基础是在非常窄的 pH 范围内非超螺旋 DNA 变性，且不能正常复性，而超螺旋质粒 DNA 变性后能快速复性。在细胞提取液或细胞裂解液中加入氢氧化钠，使 pH 值调整到 12~12.5，然后非超螺旋 DNA 分子的氢键断裂，使双螺旋解链和两个多核苷酸链分离。如果再加入酸中和，这些变性的细菌基因组 DNA 会聚合成团。同时氢氧化钠也使蛋白变性，酸中和后和基因组 DNA 一起成为白色絮状沉淀。而超螺旋质粒 DNA 存在于上清液中。碱裂解法中细胞破碎时加入 SDS，复性时选用醋酸，大多蛋白和 RNA 分子都会变性从而和质粒 DNA 分离开来。

以 DNA 分子构象不同为基础分离质粒 DNA 的另一种方法为密度梯度离心。可以用氯化铯或溴化乙啶为介质进行密度梯度离心，在高速离心过后，两种介质均会在离心管中形成连续的密度梯度。不同构象的分子经过离心将稳定存在于离心管的不同位置，从而进行质粒 DNA 的分离(图 2-9)。

质粒提取的各种方法中，以碱裂解法最为常用，现在有各种试剂公司开发的质粒提取试剂盒，可以使质粒提取工作在半个小时内顺利完成。

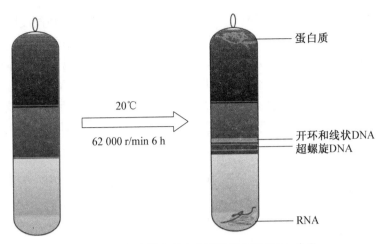

图 2 – 9　密度梯度离心分离纯化质粒 DNA 分子

2.1.1.3　噬菌体 DNA 的提取

λ 噬菌体 DNA 是最早使用的克隆载体,经过改造的 λ 噬菌体克隆位点可插入几到几十 kb 的外源 DNA。许多 cDNA 和基因组文库是以 λ 噬菌体作为克隆载体构建的。λ 噬菌体的基因组是一长度约为 50 kb 的双链 DNA 分子,它在宿主细胞有两种生活周期:其一是裂解生长,环状 DNA 分子在细胞内多次复制,合成大量噬菌体基因产物,装配成噬菌体颗粒,裂解宿主菌后再进行下一轮感染;其二是溶源性生长,即感染细胞内 λ 噬菌体 DNA 整合到宿主菌染色体 DNA 中与之一起复制,并遗传给子代细胞,宿主细胞不裂解(图 2 – 10)。平板培养时,裂解生长使菌苔形成噬菌斑。液体培养时,裂解生长使菌液中宿主菌最后全部被裂解而释放出大量的噬菌体颗粒。因此,我们常利用 λ 噬菌体裂解生长的特点,培养获得大量的噬菌体颗粒,并提取 λ 噬菌体 DNA 来开展进一步的工作。

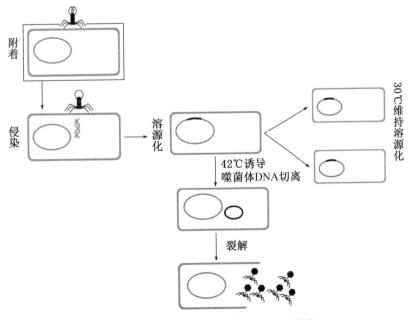

图 2 – 10　噬菌体的溶源和溶菌化生活周期

提取噬菌体 DNA 的关键在于获得高滴度的噬菌体颗粒。获得高滴度噬菌体颗粒的第一步是将噬菌体从溶源状态诱导为溶菌状态,如 λ 噬菌体基因组的 *CI* 基因上有一个突变,为温度敏感性突变,将培养温度从 30 ℃升高到 40 ℃,就可以诱导噬菌体从溶源到溶菌状态的改变(图 2-10)。基因工程中常用的一些 λ 噬菌体载体经过改造,只能以溶菌状态生存。对这一类噬菌体载体提高噬菌粒滴度的关键是选择在适当的细菌生长密度时进行噬菌体的侵染,细菌浓度过低或过高均不会获得高滴度的噬菌体颗粒(图 2-11)。

A.细菌密度太低,细胞快速裂解,低噬菌体滴度

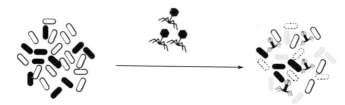

B.细菌密度太高,细胞永远不能全部裂解,低噬菌体滴度

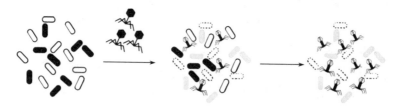

C.细菌密度适合,细胞继续扩增最后全部裂解,高噬菌体滴度

图 2-11 噬菌体的滴度高低和细菌密度的关系

获得高滴度的噬菌体颗粒后,需要经过离心将细胞碎片和噬菌体颗粒分开,细胞碎片在离心管底部,上清就为噬菌体悬液。首先用 RNaseA/DNase Ⅰ 混合酶消化去除残留的宿主菌 RNA/DNA,后续的工作即把噬菌体颗粒浓缩,难点在于噬菌体颗粒比较小,普通离心速度难以沉淀噬菌粒。常用方法为 PEG 沉淀,PEG 为一种长链高分子化合物,在盐离子存在下,可以使噬菌粒聚集,经离心收集噬菌体,然后再重悬在合适的体积中。后续的噬菌体 DNA 提取步骤可参照以前的方法,如酚-氯仿-异戊醇除去蛋白质,后续经盐离子柱层析或硅粒 DNA 结合法获得 λ 噬菌体基因组 DNA。如果需要获取高纯度的噬菌体 DNA,则需要经过氯化铯密度梯度离心。

2.1.1.4 细胞器基因组 DNA 的提取

叶绿体 DNA(Chloropast DNA, cpDNA),存在于叶绿体内的 DNA。高等植物叶绿体的 DNA 为双链共价闭合环状分子,其长度随生物种类而不同,一般为 45 μm;其大小在 120 kb~217 kb 之间。叶绿体 DNA 不含 5-甲基胞嘧啶,这是鉴定 cpDNA 及其纯度的特定指标,通常一个叶绿体含有 10~50 个 DNA 分子。

线粒体 DNA(Mitochondrial DNA, mtDNA)是线粒体中的遗传物质。线粒体 DNA 呈双链环状,在哺乳动物中大小一般在 15 kb~18 kb 之间,一个线粒体中一般有多个 DNA 分子。

目前,已有 401 例来自不同植物的叶绿体基因组全序列被公布(http://www. ncbi. nlm. nih. gov/nuccore)。叶绿体基因组可用于细胞质遗传、遗传分化及遗传多样性等方面的研究,获得高质量的 cpDNA 是开展相关研究的前提条件之一。提取高等植物 cpDNA 的关键为获取完整的叶绿体,常用的方法主要是 Percoll 密度梯度离心法和高盐-低 pH 法。Percoll 是一种包被有乙烯吡咯烷酮的硅胶颗粒,不同的浓度可形成不同比重的溶液。使用 Percoll 密度梯度法分层效果好,只需普通水平转速的离心机即可完成完整叶绿体与破碎叶绿体的分层。叶绿体溶液中加入 0.5 mL 20%SDS、10 μL 蛋白酶 K(10 mg/mL),55 ℃水浴 3 h,此裂解液加入 0.5 mL 5 mol/L KAc 冰浴 20 min。用等体积的饱和酚抽提 1 次,等体积的氯仿/异戊醇(24∶1)和 0.5 mL CTAB/NaCl 溶液,抽提 1 次,上清液加入两倍体积的无水乙醇和 1/10 体积的 3 mol/L NaAc,于 −20 ℃下静置 3 h 或过夜。10 000 r/min 离心 20 min,收集沉淀 DNA。

分离线粒体 DNA 和叶绿体 DNA 的原理基本一致,首先是分离完整的细胞器,然后从细胞器中提取 DNA。要获得高纯度的细胞器 DNA,关键是要把所要的细胞器与其他亚细胞结构分离开来,这可以通过差速离心或梯度离心来完成。完整的细胞器经裂解后,可以通过 CsCl 离心或酚-氯仿抽提获得 DNA。在裂解细胞器之前常用 DNase 清除非细胞器的 DNA。一般采用匀浆法先将线粒体从细胞中分离出来,再使线粒体发生裂解,释放出 DNA、蛋白质等,经酚抽提后即可得到提纯的 mtDNA。

2.1.2 RNA 的提取

生物大分子中 RNA 分子的种类多样,在细胞生命活动中起着重要作用,三大类 RNA 分子(rRNA、tRNA 和 mRNA)在基因表达和信息传递过程中起重要作用,小分子 RNA 如 miRNA 和 snRNA 等在基因的表达调控和 mRNA 的内含子剪接过程中起作用。在基因的 cDNA 克隆中,mRNA 作为进行反转录-RCR(RT-PCR)的模板须保证其完整性。高通量测序的 RNA 测序也需要完整的 RNA 分子。miRNA 分子的丰度高低的检测对基因表达调控的研究也非常重要。

RNA 分子为单链分子,细胞内外又均存在着大量的、酶活极难被抑制的 RNA 酶,所以 RNA 分子在提取过程中非常容易降解。在 RNA 提取的过程中抑制 RNA 酶的活性、保持 RNA 的完整性是首先要考虑的问题。

外源和内源的 RNA 酶均有相同的特点:(1) 抗酸抗碱,具很广的 pH 作用范围;(2) 抗高温严寒(0~65 ℃均具活性);(3) 抗变性剂。所以,消除外源 RNA 酶的活性,需对提取过程中所用器皿和耗材进行处理。耐热器皿如玻璃制品、研钵、镊子等,可在 180 ℃~200 ℃高温干热灭菌 4 h 以上;一次性用品,如移液器吸头、微量离心管(eppendorf tube)等,先用 0.1%的焦碳酸二乙酯(DEPC)处理过的水浸泡过夜后,121 ℃湿热灭菌 30 min;电泳用具,最好是 RNA 电泳专用。使用前用洗涤剂清洗干净,再用 3%H_2O_2 和 0.1%的 DEPC

水浸泡后,冲洗干净方可使用。操作者在实验过程中必须戴手套,并常换手套,尽量避免外源 RNase 的污染。对于内源 RNase 活性的抑制常采用以下策略:(1) 采用低温抽提;(2) 提取液中添加强蛋白质变性剂,RNase 抑制剂,蛋白酶 K 等。常用的 RNase 抑制剂有三类:① 焦碳酸二乙酯(DEPC):一种强烈但不彻底的 RNA 酶抑制剂,通过和 RNA 酶的活性基团组氨酸的咪唑环反应从而抑制酶的活性。② 异硫氰酸胍:最有效的 RNA 酶抑制剂。在裂解组织细胞的同时,也使 RNA 酶失活。它既可破坏细胞结构并使核酸从核蛋白中分离出来,又对 RNA 酶有强烈的变性作用。③ RNA 酶的蛋白抑制剂(RNasin):从人胎盘中分离出来,可以和多种 RNA 酶结合,使其失活。

RNA 提取方法中,Trizol 法分离总 RNA 的方法是普遍适用的一种方法。Trizol 是一种用于细胞或组织总 RNA 抽提的试剂。Trizol 含有苯酚、异硫氰酸胍、0.1% 的 8-羟基喹啉、β-巯基乙醇等物质。苯酚的主要作用是裂解细胞,使细胞中的蛋白、核酸物质解聚得到释放。苯酚虽可有效地变性蛋白质,但不能完全抑制 RNA 酶活性。0.1% 的 8-羟基喹啉可以抑制 RNase,与氯仿联合使用可增强抑制作用。异硫氰酸胍属于解偶剂,是一类强力的蛋白质变性剂,可溶解蛋白质并使蛋白质二级结构消失,导致细胞结构降解,核蛋白迅速与核酸分离。β-巯基乙醇可破坏 RNase 蛋白质中的二硫键。Trizol 可以保持样品中 RNA 的完整性,也可以有效抑制 RNA 的降解。Trizol 试剂呈酸性,在酸性条件下,DNA 极少发生解离,和蛋白质一起沉淀。经氯仿抽提离心后 RNA 在上清层,基本无 DNA 和蛋白污染。上清中的 RNA 分子经异丙醇沉淀,无 RNA 酶活性的 DNA 酶消化得到纯度较高的 RNA 分子。总 RNA 在 1% 琼脂糖凝胶电泳分析后有多条条带,从上到下依次为 28S、18S、细胞器 RNA、5SRNA 和小分子 RNA 等条带(图 2-12)。Trizol 抽提所得 RNA 可直接用于 Northern、点杂交、纯化 mRNA、cDNA 克隆、RT-PCR 等后续实验分析;也可以用于基因表达芯片分析、高通量测序等对 RNA 质量要求较高的情况。

1. mRNA 的分离纯化

真核生物细胞中 mRNA 的 3′端有多聚腺苷酸结构。利用 mRNA 3′末端有 Poly(A) 这一特点,采用 Oligo(dT)-纤维素,从总 RNA 中分离出 mRNA。在总 RNA 流经 Oligo(dT)-纤维素柱时,在高盐缓冲液的作用下,mRNA 被特异地结合在柱上,当逐渐降低盐的浓度洗脱时,mRNA 被洗脱下来。一般而言,经过二次 Oligo(dT)柱后,可得到较高纯度的 mRNA。

2. miRNA 的分离纯化

microRNA(miRNA)是一类由内源基因编码的长度约为 22 个核苷酸的非编码单链 RNA 分子,它们在动植物中参与转录后基因表达调控。几个 miRNAs 也可以调节同一个基因。可以通过几个 miRNAs 的组合来精细调控某个基因的表达。由于小分子 RNA 可能参与分化、发育、组织生长、脂肪代谢等生理过程,在不同的组织和发育阶段的表达水平有所不同,进一步了解小分子 RNA 的生物功能需要确定其在各种生物样品中的表达水平,因而需要一种精确的定量纯化方法,从而得到可信的数据。

现行的 RNA 纯化方法包括有机溶剂抽提加乙醇沉淀,或者是采用更加方便快捷的硅胶膜离心柱的方法来纯化 RNA。由于硅胶膜离心柱通常只富集较大分子的 RNA(200 nt 以上),小分子 RNA 往往被淘汰掉,因而不适用于小分子 RNA 的分离纯化。有机溶剂抽提能够较好的保留小分子 RNA,但是后继的沉淀步骤比较费时费力。有些公司的改良试剂盒是采用玻璃纤维滤膜离心柱(glass fiber filter, GFF),既能够有效富集 10 mer 以上的 RNA 分子,又能够兼备离心柱快速离心纯化的优点,是一个不错的选择。对于特别稀有的分子,由于需要分离大量 RNA 而导致高背景而降低灵敏度,还可以进一步富集 10 mer 到 200 bp 的小分子 RNA 来提高灵敏度。miRNA 的下游分析无法通过传统简单的 RT - PCR 分析,只能进行 Northern 杂交分析,如图 2 - 12 中的 Northern 杂交分析图谱中展现了管家基因 *actin - 2* 和 microRNA 基因 *miR - 167* 的 RNA 杂交信号。

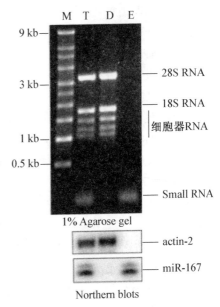

图 2 - 12　**RNA 的琼脂糖凝胶电泳分析及 Northern 杂交分析**

M:核酸分子量标记;T:总 RNA;D:去除小 RNA 部分的总 RNA;E:富集的小分子 RNA

2.1.3　蛋白质的提取分离

基因功能研究过程中鉴定蛋白的表达丰度,研究蛋白之间的相互作用,或研究蛋白质的酶活以及蛋白质组学研究中,均要首先获得细胞的总蛋白或从中纯化出某个特定的蛋白。蛋白质提取分离的要求包括蛋白质不发生降解,蛋白质保持结构和活力的完整性等。

蛋白质分离纯化的一般程序可分为以下几个步骤:

1. 材料的预处理及细胞破碎

分离提纯某一种蛋白质时,首先要把蛋白质从组织或细胞中释放出来并保持原来的天然状态,不丧失活性。所以要采用适当的方法将组织和细胞破碎。常用的破碎组织细胞的方法:

(1) 机械破碎法　这种方法是利用机械力的剪切作用,使细胞破碎。常用设备有高速组织捣碎机、匀浆器、研钵等,常用液氮冰冻材料后进行研磨。

(2) 渗透破碎法　这种方法是在低渗条件使细胞溶胀而破碎。

(3) 反复冻融法　生物组织经冻结后,细胞内液结冰膨胀而使细胞胀破。这种方法简单方便,但要注意那些对温度变化敏感的蛋白质不宜采用此法。

(4) 超声波法　使用超声波振荡器使细胞膜上所受张力不均而使细胞破碎。

(5) 酶法　如用溶菌酶破坏微生物细胞等。

2. 蛋白质的抽提

通常选择适当的缓冲液溶剂把蛋白质提取出来。抽提所用缓冲液的 pH、离子强度、组成成分等条件的选择应根据欲制备的蛋白质的性质而定。提取液中一般加入蛋白酶活性抑制剂,如苯甲磺酰氟(PMSF)或可以抑制其他蛋白酶的多种蛋白类抑制剂混合物 Cocktail,以抑制蛋白酶的活性,防止所提取蛋白的降解。如膜蛋白的抽提,抽提缓冲液中一般要加入表面活性剂(十二烷基磺酸钠、TritonX－100 等),使膜结构破坏,利于蛋白质与膜分离。在抽提过程中,尽量在低温下进行。避免剧烈搅拌等,以防止蛋白质的变性。总蛋白提取后,一般就可以进行蛋白质印记实验(Western blotting)和免疫共沉淀分析,以及蛋白质组学的分析。

3. 蛋白质的纯化

蛋白质粗制品的获得:选用适当的方法将所要的蛋白质与其他杂蛋白分离开来。比较方便有效的方法是根据蛋白质溶解度的差异进行分离。常用的有下列几种方法:

(1)等电点沉淀法 蛋白质的等电点不同,可用等电点沉淀法使它们相互分离。

(2)盐析法 不同蛋白质盐析所需要的盐饱和度不同,所以可通过调节盐浓度将目的蛋白沉淀析出。被盐析沉淀下来的蛋白质仍保持其天然性质,并能再度溶解而不变性。

(3)有机溶剂沉淀法 中性有机溶剂如乙醇、丙酮,它们的介电常数比水低。能使大多数球状蛋白质在水溶液中的溶解度降低,进而从溶液中沉淀出来,因此可用来沉淀蛋白质。此外,有机溶剂会破坏蛋白质表面的水化层,促使蛋白质分子变得不稳定而析出。由于有机溶剂会使蛋白质变性,使用该法时,要注意在低温下操作并选择合适的有机溶剂浓度。

4. 样品的进一步分离纯化

用等电点沉淀法、盐析法所得到的蛋白质一般含有其他蛋白质杂质,须进一步分离提纯才能得到有一定纯度的样品。常用的纯化方法:凝胶过滤层析、离子交换纤维素层析、亲和层析等。有时还需要这几种方法联合使用,才能得到较高纯度的蛋白质样品。

如待纯化的目标蛋白带有如 6×His 标签时,可用镍柱亲和层析的方法将蛋白纯化。

2.2 生物大分子的电泳分析

2.2.1 琼脂糖凝胶电泳

琼脂糖凝胶电泳是用琼脂糖作支持介质的一种电泳方法。琼脂糖(Agarose)是从海藻中提取的一种线性多糖多聚体。琼脂糖凝胶具有网络结构,物质分子通过时会受到阻力,大分子物质在泳动时受到的阻力大,因此在凝胶电泳中,带电颗粒的分离不仅取决于净电荷的性质和数量,而且还取决于分子大小,这就大大提高了分辨能力。其分析原理与其他支持物电泳的最主要区别:它兼有"分子筛"和"电泳"的双重作用。

电泳的装置包括电泳仪、电泳槽和凝胶制备装置(包括制胶模具和梳子),如图 2－13。制胶模具中倒入融化的凝胶,插入梳子,待胶凝固后拔出梳子就形成了加样孔。样品加入加样孔中,在电泳缓冲液中在电泳仪施加电场的作用下进行电泳。当一种带电分子被放置在电场中,它就会以一定的速度移向适当的电极。

生理条件下,核酸分子中磷酸糖骨架中的磷酸基团是呈离子化状态的,为多聚阴离子分子,这种分子在电场中会向正极移动。这种分子在电场作用下的迁移速度,称为电泳迁移率。电泳迁移率同电场的强度和电泳分子本身所携带的净电荷成正比,而与电泳分子

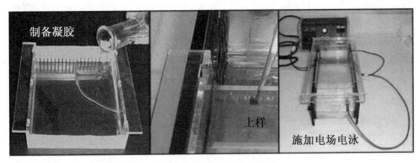

图 2 - 13　琼脂糖凝胶电泳的电泳装置和流程

的摩擦系数成反比。电泳分子大小、外形共同决定分子的摩擦系数。所以在一定的电场强度和介质下,影响 DNA 分子电泳迁移率的主要因素:(1) DNA 分子的大小;(2) DNA 分子的构型。同样构型的 DNA 分子,如 DNA 双螺旋线性分子,分子量越小迁移率越大(图 2 - 14A);而分子量相同构型不同的 DNA 分子,超螺旋 DNA 分子(cccDNA)的迁移率最大,线状 DNA 分子(L DNA)次之,开环 DNA 分子(OC DNA)迁移率最小(图 2 - 14C)。如在质粒的琼脂糖凝胶电泳分析中,有时会发现三条电泳条带,靠近正极依次 cccDNA、L DNA 和 OC DNA。

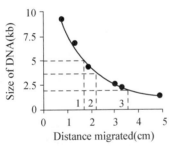

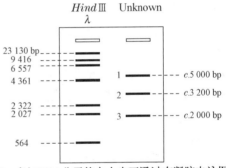

A. DNA分子的迁移率与片段大小成反比,以已知分子大小的Marker的迁移率作图,可根据迁移率在图中查出未知DNA分子的大小

B. 未知DNA分子的大小也可通过在凝胶电泳图谱和Marker比对进行粗略估计(以C.来表示)

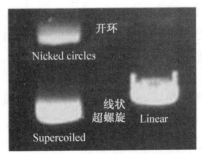

C. DNA分子大小相同,构象不同迁移率也不同

图 2 - 14　琼脂糖电泳中核酸分子的迁移率与分子大小和分子构型相关

不同的琼脂糖浓度适合分析不同大小的 DNA 片段,一般低浓度的琼脂糖凝胶适合大分子 DNA 的分离,高浓度的凝胶适合小分子 DNA 的分离。琼脂糖浓度越高,分辨率越高,5%的琼脂糖凝胶颗粒分离相差 6～8 个碱基的不同 DNA 片段。不同浓度的琼脂糖凝胶适用范围见表 2-1。

表 2-1 不同琼脂糖浓度的凝胶对线性 DNA 分子的有效分离范围

琼脂糖浓度(%)	线状 DNA 分子的有效分离范围(kb)
0.3	5～60
0.7	1～20
1.0	0.5～7
1.5	0.2～3
2.0	0.1～2

琼脂糖凝胶电泳常用的有 TAE(含 Tris、醋酸和 EDTA)和 TBE(含 Tris、硼酸和 EDTA)缓冲液。缓冲液通常配制成 10 倍或 50 倍的母液,用时稀释成 1 倍工作液。电泳过程中需要在待测核酸样品中加入上样缓冲液,上样缓冲液中一般含有高浓度的蔗糖或甘油,可增加样品密度,便于样品沉入加样孔底。同时上样缓冲液中含有指示剂,用以指示电泳进程,常用的指示剂有两种:溴酚蓝和二甲苯腈。溴酚蓝在碱性液体中呈紫蓝色,在不同浓度凝胶中,迁移速度基本相同。在 0.6%、1%、1.4%和 2%琼脂糖凝胶电泳中,溴酚蓝的迁移率分别与 1 kb、0.6 kb、0.2 kb 和 0.15 kb 的双链线性 DNA 片段大致相同。二甲苯腈的水溶液呈蓝色,携带的电荷量比溴酚蓝少,迁移的速度比溴酚蓝慢,它在 1%和 1.4%琼脂糖中电泳时,其迁移速率分别与 2 kb 和 1.6 kb 的双链线性 DNA 大致相似。

电泳完成后,DNA 需要经过染色才能被检测记录。常用的染色剂为溴化乙啶(EtBr,EB),EB 是一种具扁平分子的核酸染料,可以插入到 DNA 或 RNA 分子的碱基之间,在紫外光激发下使凝胶中的 DNA 分子可视化。EB 染色比较灵敏,即使每条 DNA 带中仅含有 0.05 μg 的微量 DNA,也可以被清晰地显现出来。在适当的染色条件下,电泳谱带的荧光强度与 DNA 片段的大小(或数量)成正比。EB 常用水配制成 10 mg·mL^{-1} 的贮存液,于室温保存在棕色瓶或用铝箔包裹的瓶中,使用终浓度为 0.5 μg·mL^{-1}。EB 是一种强致癌剂,操作是需要做好防护。

但是,EB 染色的灵敏度有一定的限制,低于 10 ng 的条带染色后不可见。为了弥补 EB 染色的低灵敏度和致癌性两个缺陷,一些新型 DNA 染料被开发出来。如 SYBR Safe DNA 凝胶染料。SYBR Safe DNA 凝胶染料与溴化乙啶相比具有非常低的致突变性,并且未被美国联邦法规归为危险废物或污染物。其他替代荧光核酸凝胶染料,如 SYBR Gold、SYBR Green Ⅰ、SYBR Green Ⅱ 等,这些新型染料与传统溴化乙啶凝胶染料相比,具有更高的灵敏度和更低的背景荧光,可以检测含量低于 1 ng 的 DNA 条带。

在电泳过程中,经常会用到 DNA 的分子量标记物,即通常所称的 DNA Marker。DNA Marker 是含有多条已知分子量的 DNA 片段的混合物,如常见的 λDNA *Hind*Ⅲ 酶切产物(图 2-14B)以及 100 bp 的 DNA Ladder 等(图 2-15)。据此,研究上便能够通过同已知分子量的标准 DNA 片段之间的比较,测定出共迁移的 DNA 片段的分子量,并对经核酸内切限制酶局部消化产生的 DNA 片段大小做出鉴定(图 2-14A,B)。

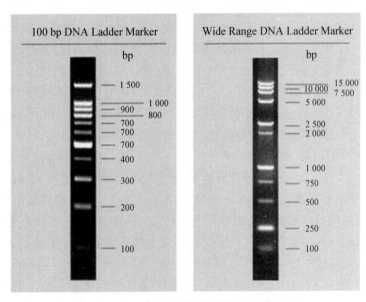

图 2-15　DNA 分子量标记物(DNA Marker)

RNA 分子的琼脂糖凝胶分析和 DNA 分子稍有不同,其关键差异在于 RNA 分子是单链分子,这一单链分子在生理条件下能通过分子内的碱基互补配对形成局部双链结构,改变分子的构型。这样,在非变性条件下,难以对 RNA 分子的分子量大小进行分析。在电泳过程中,RNA 电泳可以选用和 DNA 电泳同样的条件,但只能对所提取的总 RNA 分子的浓度和完整度进行分析。如果需要分析某种基因的表达水平,进行 Northern 杂交分析时,就需要进行 RNA 的甲醛变性电泳,选择 3-吗啉丙磺酸(MOPS)电泳缓冲液进行 RNA 的分离,电泳准备和电泳过程中需要防止 RNA 的降解。

2.2.2　聚丙烯酰胺凝胶电泳

琼脂糖凝胶电泳因为具有较大的孔径,不适合进行蛋白质的分离和需要较高分辨率的核酸电泳。而聚丙烯凝胶电泳能弥补琼脂糖凝胶的不足,在蛋白质分离、第一代的 DNA 测序和分子标记技术等多个方面有着广泛的应用。

聚丙烯酰胺凝胶电泳(polyacrylamide gel electrophoresis,简称 PAGE),是以聚丙烯酰胺凝胶作为支持介质的一种常用电泳技术,用于分离蛋白质和寡核苷酸。琼脂糖凝胶为水平电泳,聚丙烯凝胶电泳为垂直电泳。聚丙烯酰胺凝胶由单体丙烯酰胺和甲叉双丙烯酰胺聚合而成,聚合过程由自由基催化完成。催化聚合的常用方法有两种:化学聚合法和光聚合法。化学聚合以过硫酸铵(APS)为催化剂,以四甲基乙二胺(TEMED)为加速剂。在聚合过程中,TEMED 催化过硫酸铵产生自由基,后者引发丙烯酰胺单体聚合,同时甲叉双丙烯酰胺与丙烯酰胺链间产生交联,从而形成三维网状结构。聚丙烯酰胺凝胶有两种形式:非变性聚丙烯酰胺凝胶电泳(Native-PAGE)和 SDS-聚丙烯酰胺凝胶 (SDS-PAGE)。在非变性聚丙烯酰胺凝胶电泳过程中,蛋白质能够保持完整状态,并依据蛋白质的分子量大小、蛋白质的形状及其所附带的电荷量而逐渐呈梯度分开。分析 DNA 和蛋白质相互作用的凝胶阻滞实验中所用电泳即为非变性聚丙烯酰胺凝胶电泳。而 SDS-PAGE 仅根据蛋白质亚基分子量的不同分离蛋白质。该技术最初由 Shapiro 于 1967 年建立,当向蛋白质溶液中加入足够量 SDS 和巯基乙醇,可使蛋白质分子中的二硫键还原。由于十二烷基硫酸根带负电,使各种蛋白质- SDS 复合物都带上相同密度的负电荷,它的量大大超过了蛋白质分子原有的电荷量,因而掩盖了不同种蛋白质间原有的电荷差别,SDS 与蛋白质结合后,还可引起构象改变,蛋白质- SDS 复合物形成近似"雪茄烟"形的长椭圆棒,不同蛋白质的 SDS 复合物的短轴长度都一样,约为 18 Å(1 Å=10^{-10} m),这样的蛋白质- SDS 复合物,在凝胶中的迁移率,不再受蛋白质原来电荷和形状的影响,而取决于分子量的大小。由于蛋白质- SDS 复合物在单位长度上带有相等的电荷,所以它们以相等的迁移速度从浓缩胶进入分离胶,进入分离胶后,由于聚丙烯酰胺的分子筛作用,小分子的蛋白质可以顺利通过凝胶孔径,阻力小,迁移速度快;大分子蛋白质则受到较大的阻力而被滞后,这样蛋白质在电泳过程中就会根据其各自分子量的大小而被分离。因而 SDS 聚丙烯酰胺凝胶电泳可以用于测定蛋白质的分子量。当分子量在 15 kD 到 200 kD 之间时,蛋白质的迁移率和分子量的对数呈线性关系,符合下式:$\log MW = K - bX$,式中:MW 为分子量,X 为迁移率,K、b 均为常数,若将已知分子量的标准蛋白质的迁移率对分子量对数作图,可获得一条标准曲线,未知蛋白质在相同条件下进行电泳,根据它的电泳迁移率即可在标准曲线上求得分子量。

PAGE 根据其有无浓缩效应,分为连续系统和不连续系统两大类。连续系统电泳体系中缓冲液 pH 值及凝胶浓度相同,带电颗粒在电场作用下,主要靠电荷和分子筛效应。不连续系统中由于缓冲液离子成分、pH、凝胶浓度及电位梯度的不连续性,带电颗粒在电场中泳动不仅有电荷效应、分子筛效应,还具有浓缩效应,因而其分离条带清晰度及分辨率均较前者佳。不连续体系由电极缓冲液、浓缩胶及分离胶所组成。浓缩胶是由 AP 催化聚合而成的大孔胶,凝胶缓冲液为 pH6.7 的 Tris-HCl。分离胶是由 AP 催化聚合而成的小孔胶,凝胶缓冲液为 pH8.9 Tris-HCl。电极缓冲液是 pH8.3 Tris-甘氨酸缓冲液。

变性和非变性聚丙烯酰胺凝胶也可以用来进行核酸的分离。变性聚丙烯酰胺凝胶用于单链 DNA 片段的分离或纯化、DNA 测序反应等。变性的 DNA 在这些凝胶中的迁移率几乎与其碱基组成及序列完全无关,只与分子大小有关。非变性聚丙烯酰胺凝胶迁移率受其碱基组成和序列的影响。用于双链 DNA 片段的分离和纯化、制备高纯度的 DNA 片段。

2.2.3 脉冲电场凝胶电泳技术(Pulsed-field gel electrophoresis,PFGE)

在琼脂糖凝胶电泳过程中,DNA 片段的迁移率与其大小相关,但这种关系不是线性的。有关迁移率和分子质量间关系的公式包含对数,这意味着对于较大分子,迁移率的差异变得越来越小。实际上,大于 50 kb 的分子在常规琼脂糖凝胶电泳中不能被有效地分离。

1984 年, Schwartz 和 Cantor 发明了脉冲电场凝胶电泳技术, 可分离分子量高达 10^7 bp 的 DNA 分子, 解决了上述问题。

在脉冲电场凝胶电泳中, 电场方向周期性改变, DNA 分子的迁移方向不断变化。在标准的 PFGE 中, 前一个脉冲的电场方向与核酸移动方向成 45°角, 而下一个脉冲电场方向与核酸移动方向在另一侧也成 45°角。由于加压在凝胶上的电场方向、电流大小及作用时间等都在交替地变换着, 这就使得 DNA 分子能够随时地调整其游动方向, 以适应凝胶孔隙的无规则变化 (图 2－16)。

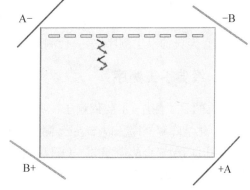

图 2－16　脉冲电场电泳示意图

与分子量较小的 DNA 分子相比, 分子量较大的 DNA 分子需要更多的次数来更换其构型和方位, 以使其可以按新的方向游动。因此, 在凝胶介质中的迁移速率也就显得更慢一些, 从而达到了分离超大分子量 DNA 分子的目的。

影响脉冲电场凝胶电泳分辨率的因素有以下几条: (1) 脉冲时间 (0.1 s～1 000 s): 增加脉冲时间分离较大分子, 减少脉冲时间分离较小分子; (2) 电压: 若固定脉冲时间, 增加电场强度就增大了可分离最大片段的范围, 但是太大的电场强度会导致较小片段泳动的紊乱; (3) 电场夹角: 电场方向的夹角常为 110°～120°, 研究证实 90°夹角也是非常有效的; (4) 温度: 标准琼脂糖电泳基本在室温进行, PFGE 一般应在 4 ℃进行。较高的温度 DNA 泳动较快, 但是较高的温度也引起较小片段的泳动截留和明显的条带变宽。图 2－17 所示即为脉冲电场凝胶电泳分离大分子量 DNA 的凝胶电泳图。

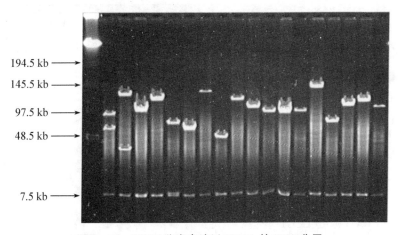

图 2－17　PFGE 分离高达近 200 kb 的 DNA 分子

2.3　基因的序列测定

DNA 的序列测定是分子生物学研究中的一项非常关键的内容。如在基因的分离、定位、基因结构与功能的研究、基因工程中载体的构建、基因表达与调控、基因片段的合成和探针的制备、基因与疾病的关系等等,都要求对 DNA 一级结构的详细了解。DNA 测序技术从 1977 年 Sanger 发明 DNA 双脱氧链终止法测序技术以来,已经经历了四代的发展,分别是经典的手工测序、第一代测序技术、第二代测序技术和第三代测序技术。

2.3.1 经典手工测序

经典的手工测序,主要依赖于一些生物化学方法和电泳分离技术,包括 Sanger 测序和 DNA 化学降解测序。以 Sanger 测序为例,又称为 DNA 双脱氧链末端终止测序。该方法利用 DNA 聚合酶需要 3′—OH 才能按碱基互补配对原则,在引物上添加新的核苷酸的原理。底物包括四种正常的脱氧核苷酸和一种双脱氧核苷酸,底物延伸过程中,当掺入一种双脱氧核苷酸时延伸终止。每一次序列测定由一套四个单独的反应构成,每个反应含有所有四种脱氧核苷酸三磷酸(dNTP)和一种适合浓度的双脱氧核苷三磷酸(ddNTP)。由于 ddNTP 缺乏延伸所需要的 3′—OH 基团,使延长的寡聚核苷酸选择性地在 G、A、T 或 C 处终止。链终止点由反应中相应的双脱氧核苷酸确定。每一种 dNTPs 和 ddNTPs 的相对浓度可以调整,使反应得到一组长几百至几千碱基的链终止产物。它们具有共同的起始点,但终止在不同的核苷酸上,可通过高分辨率变性凝胶电泳分离大小不同的片段,凝胶处理后可用 X 光胶片放射自显影或非同位素标记进行检测(图 2-18、图 2-19)。图 2-18 为测序模式图,只显示了含有 ddATP 的反应管中延伸获得的均以 A 结尾的大小不同的片段,四个反应管的产物通过聚丙烯酰胺凝胶电泳进行分离,电泳方向如图 2-18 所示,靠近正极的为较小的片段。凝胶的序列信号的读法为从正极向负极方向进行读取,所得序列的方向为 5′到 3′方向,序列信息为待测序列的互补链。测序方法要

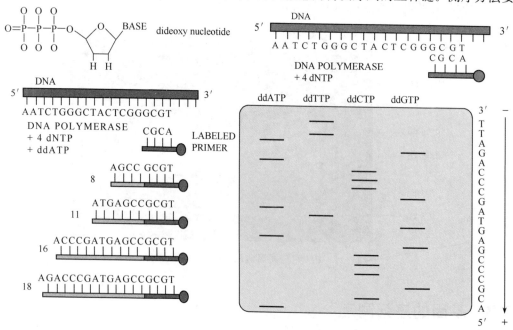

图 2-18 Sanger 测序原理图

依赖放射性同位素标记(^{32}P)来实现,操作步骤繁琐,读长很短,错误率较高,难以自动化,不能满足大规模测序的要求。因此,科研人员开始寻求新的非放射性标记的测序技术来克服这些缺点。

2.3.2　第一代测序技术

20 世纪 80 年代末,荧光标记的测序技术逐渐取代同位素标记测序,四色荧光标记技术的应用使测序反应物的分离能在一个泳道完成,降低了泳道间迁移率的差异对测序精度的影响。如 ABI 370 半自动测序仪的检测原理是采用 4 种具有不同发射波长的荧光染料标记分别标记一种 ddNTP,由聚合酶链终止反应产生一系列不同荧光标记的片段,经过聚丙烯酰胺凝胶电泳分离后,利用激光对荧光信号进行激发、检测仪检测和记录不同发射波长的信号,经计算机处理,最后得到 DNA 序列信息。该方法免除了手工测序方法中 4 组同位素反应的麻烦,简化为 1 条泳道同时检测 4 种碱基,大大提高了测序速度,为基因组大规模测序提供了可能(图 2-20)。但这种测序技术仍然使用平板凝胶电泳技术,费时费力,分析容量较低,提供的信息较少。

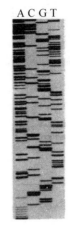

图 2-19　手工测序结果实例

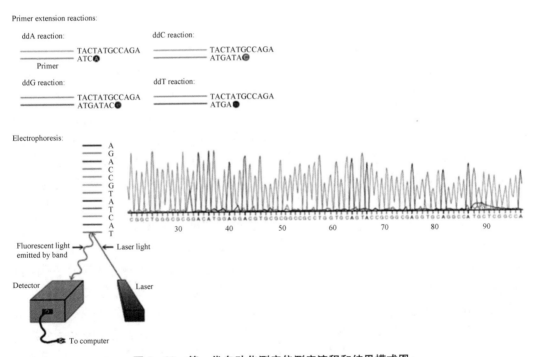

图 2-20　第一代自动化测序仪测序流程和结果模式图

20 世纪 90 年代,毛细管阵列电泳 DNA 测序技术出现。此时的测序仪用毛细管列阵电泳取代聚丙烯凝胶平板电泳,使样本分离可在一系列平行的石英毛细管内进行,可同时并行分析多个样本,加快了 DNA 的测序速度。如这一时期 ABI 公司开发的 ABI 3730 测序仪(图 2-21)。这一代测序仪在人类基因组计划的后期起到了关键作用,使人类基因组计划比原计划提前 2 年完成。这一代测序仪由于其原始数据的准确率高,读长长,目前仍在使用中。但是它仍然依赖于电泳分离技术,很难再进一步提升其分析速度和并行化程度,很难再降低它的测序成本。因此,需要寻求一些新的测序方法来突破这些局限。

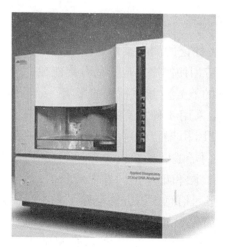

图 2-21　ABI3730 测序仪外观图

2.3.3　第二代测序技术

1. 代表性二次测序平台和测序原理

第二代测序技术又称新一代测序技术,最显著的特征是高通量,一次能对几十万到几百万条 DNA 分子进行序列测序,使得对一个物种的转录组测序或基因组深度测序变得方便易行。代表性的二代测序平台有罗氏公司的 GS FLX 测序平台、Illumina 公司的 Solexa Genome Analyzer 测序平台和 ABI 公司的 SOLiD 测序平台。三种测序平台均属于克隆扩增型测序,它们都要经过模板文库制备、DNA 片段扩增(加强测序过程中的光学检测灵敏度)、并行测序、信号采集及序列拼接、组装等步骤。GS FLX 测序平台、Solexa Genome Analyzer 测序平台均采用合成测序法(分别使用焦磷酸测序和可逆终止子测序),而 ABI 公司的 SOLiD 测序平台采用连接测序法(双碱基编码测序)。

焦磷酸测序的技术核心是利用微乳液 PCR 技术(emulsion PCR)来实现 DNA 片段的扩增,利用焦磷酸法产生的光学信号进行显微观察检测,达到实时测定 DNA 序列的目的,是边合成边测序。测序步骤如下:① 模板文库制备:将待测 DNA 处理成小于 500 bp 的片段并制备成单链 DNA 文库,加上接头。② DNA 片段扩增:将单链 DNA 文库模板及必要的 PCR 反应化合物与固化引物的微球(28 μm)混合,使每一个微球携带一个特定的单链 DNA 片段,微球结合的文库被扩增试剂乳化,这样就形成了只包含一个微球和一个特定片段的微乳滴,每个微乳滴都是一个进行后续 PCR 反应的微型化学反应器。整个片段文库平行扩增,多个热循环后,每个微球表面都结合了成百上千个相同的 DNA 拷贝,然后乳液混合物被打破,富集微球。③ 并行测序:将富集的微球转移到刻有规则微孔阵列的微孔板上,微孔板一端用于测序反应的化合物通过,另一端与 CCD 光学检测系统的光纤部件接触,用于信号检测。每个微孔只能容纳一个微球,将微孔板放置在 GS FLX

中,测序反应开始。DNA 聚合酶(DNA Polymerase)将一个 dNTP 聚合到模板上的时候,释放出一个焦磷酸分子(PPi);在 ATP 硫酸化酶(ATP-Sulfurylase)催化下,PPi 与腺苷-5′-磷酸硫酸酐(APS)生成一个 ATP 分子;ATP 分子在荧光素酶(Luciferase)的作用下,将荧光素(luciferin)氧化成氧化荧光素(oxy luciferin),同时产生的可见光被 CCD 光学系统捕获,获得一个特异的检测信号,信号强度与相应的碱基数目成正比(图 2-22)。通过按顺序分别并循环添加四种 dNTP,读取信号强度和发生时间,实现 DNA 序列测定。最后为信号采集及序列组装、拼接。这一技术的读长和每一碱基耗费都介于 Sanger 法测序和 Solexa、SOLiD 方法之间。

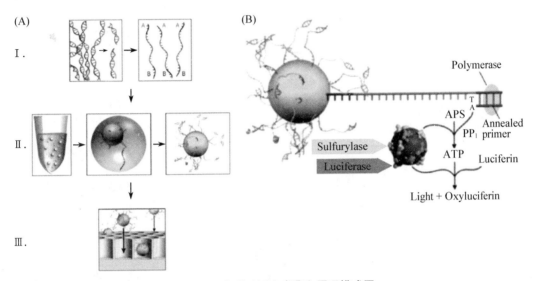

图 2-22　焦磷酸测序步骤和原理模式图
(引自 DOI:10.1146/annurev.genom.9.081307.164359)
(A) Ⅰ.模板文库制备;Ⅱ.微乳滴 PCR 扩增;Ⅲ.微球富集并结合微孔板。(B)焦磷酸测序。

Solexa 测序系统则是利用其专利核心技术"DNA 簇"和"可逆性末端终结",实现自动化样本制备及基因组数百万个碱基大规模的平行测序。原理为将基因组 DNA 的随机片段附着到光学透明的玻璃表面(即 Flow cell),这些 DNA 片段经过延伸和桥式扩增后,在 Flow cell 上形成了数以亿计 Cluster,每个 Cluster 是具有数千份相同模板的单分子簇。然后利用带荧光基团的四种特殊脱氧核糖核苷酸,通过可逆性终止的边合成边测序(SBS)技术对待测的模板 DNA 进行测序。可逆性终止的 SBS 技术的原理为带荧光基团的四种特殊脱氧核糖核苷酸的 3′—OH 被化学方法保护,每轮合成反应只能添加一个碱基,包括底物和模板碱基互补配对结合,激发荧光、记录信号和切去荧光基团等四个过程(图 2-23)。

SOLiD 通过连接反应进行测序。其基本原理是以四色荧光标记的寡核苷酸进行多次连接合成,取代传统的聚合酶合成反应。具体步骤包括:文库构建、文库扩增和磁珠、玻片连接和连接测序。SOLiD 系统与焦磷酸测序系统相比,前面三个步骤基本相同,不过每张玻片能容纳更高密度的微珠(只有 1 μm),在同一系统中轻松实现更高的通量。目前 SOLiD 3 单次运行可产生 50 GB 的序列数据,相当于 17 倍人类基因组覆盖度。

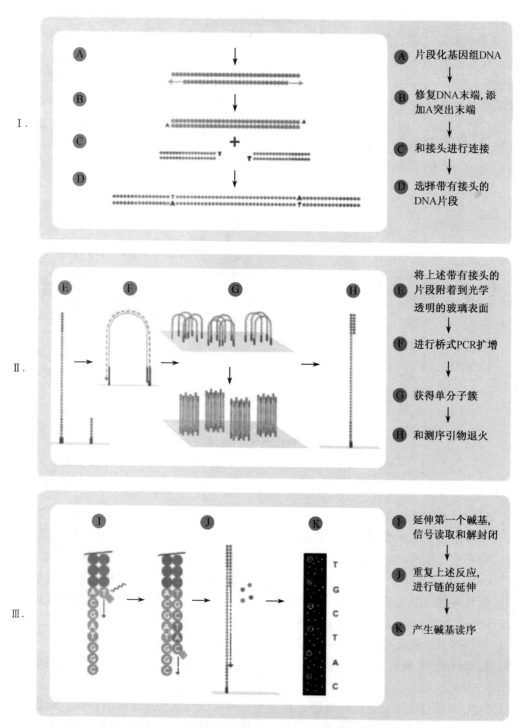

I. Ⓐ 片段化基因组DNA

Ⓑ 修复DNA末端,添加A突出末端

Ⓒ 和接头进行连接

Ⓓ 选择带有接头的DNA片段

II. Ⓔ 将上述带有接头的片段附着到光学透明的玻璃表面

Ⓕ 进行桥式PCR扩增

Ⓖ 获得单分子簇

Ⓗ 和测序引物退火

III. Ⓘ 延伸第一个碱基,信号读取和解封闭

Ⓙ 重复上述反应,进行链的延伸

Ⓚ 产生碱基读序

图 2-23 Solexa 可逆性终止的边合成边测序步骤和原理模式图

(改自 DOI: 10.1146/annurev. genom. 9.081307.164359)

连接测序步骤是 SOLiD 测序的独特之处。它并没有采用以前测序时所常用的 DNA 聚合酶,而是采用了连接酶。SOLiD 连接反应的底物是 8 碱基单链荧光探针混合物,这里将其简单表示为:$3'$- XXnnnzzz - $5'$。连接反应中,这些探针按照碱基互补规则与单链 DNA 模板链配对。探针的 $5'$ 末端分别标记了 CY5、Texas Red、CY3、6 - FAM 这 4 种颜色的荧光染料。这个 8 碱基单链荧光探针中,第 1 和第 2 位碱基(XX)上的碱基是确定的,并根据种类的不同在 6~8 位(zzz)上加上了不同的荧光标记。这是 SOLiD 的独特测序法,一个荧光信号确定两个碱基,相当于一次能决定两个碱基。这种测序方法也称之为两碱基测序法。当荧光探针能够与 DNA 模板链配对而连接上时,就会发出代表第 1,2 位碱基的荧光信号,图 2 - 24 和图 2 - 25 中的比色板所表示的是第 1,2 位碱基的不同组合与荧光颜色的关系。在记录下荧光信号后,通过化学方法在第 5 和第 6 位碱基之间进行切割,这样就能移除荧光信号,以便进行下一个位置的测序。值得注意的是,通过这种测序方法,每次测序的位置都相差 5 位。即第一次是第 1、2 位,第二次是第 6、7 位……在测到末尾后,要将新合成的链变性,洗脱。接着用引物 $n-1$ 进行第二轮测序。引物 $n-1$ 与引物 n 的区别是,二者在与接头配对的位置上相差一个碱基(图 2 - 24,8)。也即是,通过引物 $n-1$ 在引物 n 的基础上将测序位置往 $3'$ 端移动一个碱基位置,因而就能测定第 0、1 位和第 5、6 位……第二轮测序完成,依此类推,直至第五轮测序,最终可以完成所有位置的碱基测序,并且每个位置的碱基均被检测了两次。该技术的读长在 2×50 bp,后续序列拼接同样比较复杂。由于是双重检测,这一技术的原始测序准确性高达 99.94%,而 15 倍覆盖率时的准确性更是达到了 99.999%,应该说是目前第二代测序技术中准确性最高的。在每一轮引物测序、每一个连接反应时对信号的解读都会有三个过程,即颜色信号收集、确定微珠位置和确定微珠颜色等三个过程,最后确定这一序列的颜色信息(图 2 - 25)。在荧光解码阶段,由于一个荧光信号代表四种双碱基组合,需要对四种颜色所代表序列进行排列,找出相互之间重叠一个碱基的排列方式,最后获得正确的序列信息。需要注意的是,第一个碱基为已经确定,称为零号碱基(图 2 - 25)。

2. 特定基因组合的二代测序技术

基因组测序时,新一代测序方法的随机性是一个优势,因为它意味着基因组的所有部分同时测序,这对于基因组测序是非常重要的。但有时测序的目的只需对基因组的一部分进行测序。例如筛查人类的特定 DNA 序列的变异可能表明患者易患某种特殊类型的癌症。这种类型的筛查如果直接针对那些与癌症相关的 500~600 个基因进行测序会更有效。与整个人类基因组的 3 200 Mb 相比,这一组基因的 DNA 只约占 4 Mb。

这时可以通过目标富集的方法针对特定的基因组合进行下一代测序。目标区域测序(Target Region Sequencing, TRS)是根据感兴趣的基因组区域设计特异性探针,与基因组 DNA 进行液相杂交,将目标基因组区域的 DNA 片段进行富集后再利用第二代测序技术进行测序的研究策略。目标富集的方法是首先合成一组能与待测序的目标基因序列互补的长约 150 个核苷酸的寡核苷酸序列,然后,在测序文库的构建过程中,寡核苷酸序列能与代表特定基因组合的 DNA 片段杂交,从而充当捕获目标 DNA 的诱饵。文库构建中,有多种策略可以使用。一种方法类似于利用磁珠法进行细胞总 DNA 纯化。每个寡核苷酸序列诱饵的一端用生物素标记,然后和基因组 DNA 进行杂交后,将捕获的 DNA

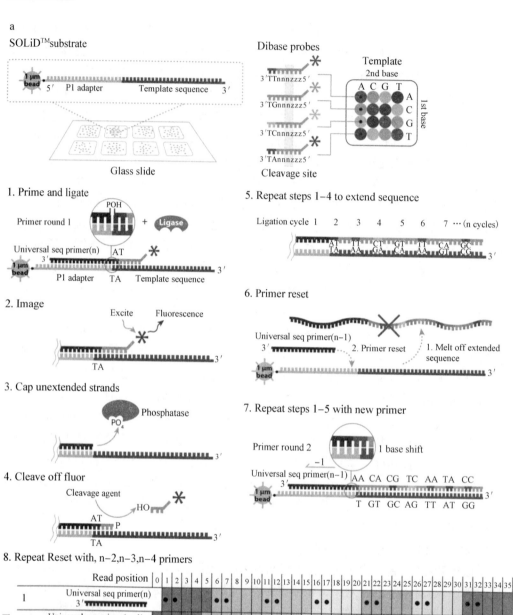

图 2－24　Solid 连接测序法原理

（引自 DOI：10.1146/annurev. genom. 9.081307.164359）

带有已扩增待测片段的 1 μm 磁珠结合在玻片上作为测序的模板。

1. 使用通用测序引物（n）和模板 P1 adapter 区域结合，并和结合的八碱基探针连接；2. 收集荧光信号；3. 磷酸酶处理未延长分子；4. 切去荧光信号基团；5. 重复 1～4 步骤延长序列，重复 n 个循环；6. 通用测序引物重设为"n－1"引物；7. 重复 1～5 步骤；8. 再重复用另三个"n－2""n－3""n－4"通用引物重复 1～5 过程，则序列每个核苷酸被测序两遍。

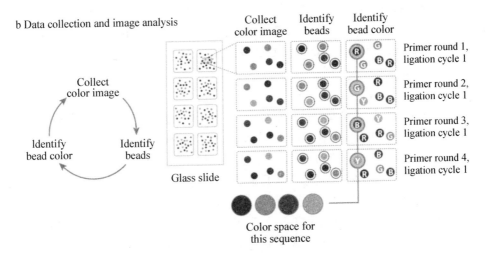

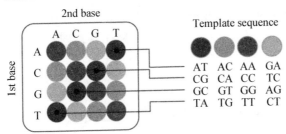

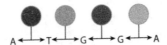

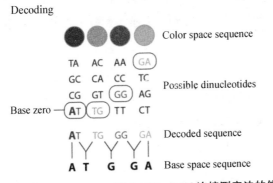

图 2-25 Solid 连接测序法的信号解码方法

(引自 DOI：10. 1146/annurev. genom. 9. 081307. 164359)

经过颜色信号收集,确定微珠位置和确定微珠颜色三个过程,确定这一序列的颜色信息。由于一种荧光信号颜色代表四种双碱基组合,需要根据颜色序列的排序,寻找相互间重叠碱基的排列方式,确定正确的序列信息,但零号碱基的序列为已知信息。

通过诱饵连接到能与生物素结合的链霉亲和素包被的磁珠上。然后用磁铁收集珠子,使来自非靶标的基因组 DNA 留在溶液中,从而被丢弃。然后从诱饵中释放目标 DNA 并用于测序文库的制备。TRS 技术也可以通过多重 PCR 技术对目标 DNA 序列进行扩增。

2.3.4 第三代测序技术

第三代测序技术基于单分子读取技术,不需要 PCR 扩增,具有巨大的应用前景。现有的第三代测序平台包括美国 Helicos Bioscience 公司的 HeliScope 遗传分析系统和 Pacific Biosciences 公司的单分子实时测序系统(SMRT)。两者均继承了第二代测序技术的边合成边测序的原理,其中 SMRT 系统是基于零级波导(zero-mode waveguide, ZMW)的测序技术。ZMW 是一种直径 50~100 nm,深约 100 nm 的孔状纳米光电结构,小孔的尺寸低于光的波长,当光线进入后呈指数衰减,在小孔底部形成消逝波,创造很小体积的检测空间。DNA 链周围游离的荧光标记 dNTP 非常快速进出小孔,无背景荧光信号,荧光标记 dNTP 被掺入到 DNA 合成链后,其携带的特定荧光会持续一小段时间(荧光光曝),从而被识别。信号检测时不需要用到持续的高能量的激发光照射,因此也能够极大地减少 DNA 聚合酶的光损伤效应,进一步延长了测序长度,读长可达上万个碱基。

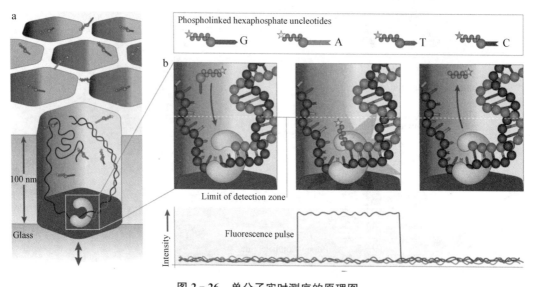

图 2-26 单分子实时测序的原理图
(引自 DOI: https://doi.org/10.1038/nrg2626)

2.3.5 新一代测序技术——DNA 直接测序技术(纳米孔测序)

第二、三代测序技术均是基于光信号的测序技术,都需要昂贵的光学监测系统,并依赖 DNA 聚合酶边合成边读取碱基序列,大大地增加了测序的成本。因此开发不使用生物化学试剂,直接读取 DNA 序列信息的新型测序方法,就成为新一代测序技术的主要思想。其中的代表当属纳米孔测序,如英国 Oxford Nanopore Technologies 公司所开发的纳米孔测序,是基于电信号的测序技术。1996 年,Kasianowicz 等首先提出了利用 α-溶血素对 DNA 测序的新设想,是生物纳米孔单分子测序的里程碑。它利用镶嵌于脂质双分子层中的经过基因工程改造过的 α-溶血素蛋白作为纳米孔道,孔内共价结合有分子接头。由于 A、T、G、C 这 4 种碱基存在电荷差异,当 DNA 碱基通过纳米孔时,可短暂地影响流过纳米孔的电流强度(4 种碱基所影响的电流变化幅度各不相同),灵敏的电子设备检测到这些变化从而鉴定所通过的碱基(图 2 - 27)。随后,MspA 孔蛋白、噬菌体 Phi29连接器等生物纳米孔的研究报道,丰富了纳米孔分析技术的研究。Li 等在 2001 年开启了固态纳米孔研究的新时代。经过十几年的发展,固态纳米孔技术日益发展成熟。纳米孔测序的优点十分明显,与前几代技术相比在成本、速度方面有着很大优势,可对 RNA、DNA 分子进行直接测序。无需将 RNA 通过反转录酶、反转成 DNA,或对 DNA 片段进行扩增。可识别 DNA、RNA 模板中的甲基化修饰信息。MinION 测序仪是第一款纳米孔测序设备(图 2 - 28)。它是一款便携式(重量不足 100 g)、实时、超长读长和低成本设备。它能产生超长读长的特点也使得它能够对全长转录本进行测序。目前直接 RNA 测序能够处理的最长转录本长度超过了 20 kb。对更高通量需求的实验,还可以升级到台式设备 GridION 和 PromethION。2018 年 4 月开始利用 Oxford Nanopore Technologies 公司所开发的纳米孔测序技术对甲型流感病毒的基因组进行了测序。直接测序可以对RNA 和基因组的碱基修饰情况,即基因组的原始状态进行揭示。最近两年,纳米孔测序应用非常广泛,在微生物、动植物、人类基因组学、癌症研究以及最近新冠病毒 SARS - COV - 2 等研究领域均发挥了重要作用。据 Oxford Nanopore Technologies 公司网站报道,他们测序公司的目标是让任何人、任何地方都能对任何生物的基因组数据进行分析(https://nanoporetech.com/)。

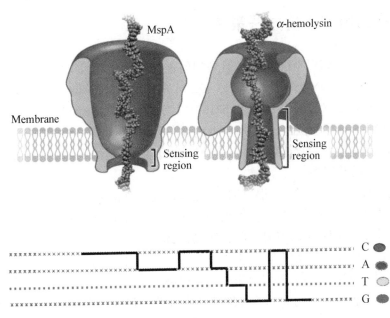

图 2 - 27　生物纳米孔测序原理示意图
(引自 DOI: https://10.1038/nbt.3423)

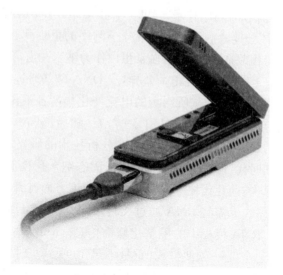

图 2-28 便携式纳米孔测序仪 MinION

（引自网站 https://nanoporetech.com)

随着新的测序技术的出现,大规模测序的成本迅速下降,可以花费不到 1 000 美元对一个人的基因组进行测序,相信花费 100 美元测定个人基因组的目标也很快就可以实现。届时,对于遗传病的诊治将变得简单、快速,并能从基因组水平上指导个人的医疗和保健,从而进入个体化医疗的时代。同时,生物学研究的进展将会更多地依赖于测序技术的进步,不同领域的科学家花费少量的经费就可以对自己熟悉的物种基因组进行测序,从而更好地指导试验设计,预期将取得更多新的发现。

2.4 全基因组测序的方法策略

上文介绍了 DNA 序列测定方法,但是如何进行生物全基因组的序列测定呢? 最早一个被全序列测定的 DNA 分子是噬菌体 φX174 全长 5 386 bp 的基因组 DNA 序列,完成于 1975 年。紧接着,又分别于 1977 年和 1978 年完成了动物病毒 SV40(5 243 bp)和质粒 pBR322(4 363 bp)的序列测定。渐渐地,人们逐渐尝试对大分子 DNA 进行测序。Sanger 教授的课题组于 1981 年测定了长约 16.6 kb 的人线粒体基因组,并于 1982 年测定了 λ 噬菌体 48.5 kb 的基因组。

在 20 世纪 90 年代,链终止测序的自动化方法使更大的基因组测序成为可能。第一个真核染色体,酿酒酵母第三染色体序列于 1992 年发表,完整的酵母基因组测序在 1996 年完成。其他模式生物的基因组序列,如线虫、果蝇和植物拟南芥也在随后的 5～6 年内逐一完成。这一阶段中包括了在 2001 年公布的人类基因组序列。

新一代测序方法的发展,基因组测序已变得越来越常规。已知完整的基因组序列现在已超过 300 多种真核生物和几千种细菌和古细菌。目前还有更多的测序项目正在进行中。

实际上,自 20 世纪 90 年代以来,链终止测序方法实现自动化后,序列数据的产生并不是限制基因组测序的因素。相反测序项目的主要挑战来自序列的组装,这是将成千上万短读长序列转换成一个连续长序列的过程。基因组序列测定最简单的方法是鸟枪法。基因组 DNA 被随机地分割成短片段,短片段被单独测序,然后通过搜索不同短片段之间的重叠序列来组装基因组序列(图 2-29)。

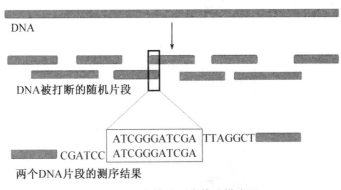

图 2-29 鸟枪法测序策略模式图

2.4.1 原核生物基因组的鸟枪法测序

在鸟枪法测序过程中用到的序列组装方法最先在 20 世纪 90 年代用于细菌和古细菌基因组的序列组装,细菌和古细菌基因组远远小于真核生物的基因组。因此可以从相对较少的已测序 DNA 片段进行拼接,DNA 片段数目越少,序列组装就越容易。

2.4.1.1 流感嗜血杆菌基因组的鸟枪测序

流感嗜血杆菌是一种革兰氏阴性杆菌,可引起脑膜炎和急性呼吸道感染,主要发生在儿童身上。流感嗜血杆菌是第一个被测序的活的生物体,测序结果发表于 1995 年。流感嗜血杆菌基因组测序的第一步为将细菌基因组 DNA 进行超声波处理,将 DNA 片段化,成为随机大小的 DNA 片段(图 2-30)。DNA 片段再被克隆进质粒或 M13 噬菌体载体来获得测序的模板(原理见第 3 章载体部分)。一般选择片段大小在 1.6 kb~2 kb 之间的片段进行克隆,因为这个区间大小的片段一般可以通过正反两个方向的链终止法测序测通。这一策略可以减少需要测序的克隆量。要获得 1.6 kb~2 kb 区间的 DNA 片段,需要进行琼脂糖凝胶电泳分离经超声处理打断的片段,通过切胶回收 1.6 kb~2 kb 区间的 DNA 片段进行基因克隆(图 2-30)。最后,总共对 19 687 个克隆进行了测序,得到了 28 643 条测序结果,其中 4 339 条测序结果因小于 400 bp 被舍弃,将剩余的 24 304 条测序结果输入电脑去寻找这些序列中的重叠序列(图 2-30)。限于当时计算机的计算能力,寻找重叠群耗时 30 个小时。计算机处理结果输出了 140 个重叠群,即由连续的一组重叠序列组成的群体。每个重叠群的平均大小是 12 kb,总计占据了超过 90% 的基因组序列。测序过程中,只有所有的重叠群按次序排列,并且中间的空缺已经弥补的情况下,才能说这个基因组被测序完成。为了弥补重叠群间的序列缺口,可能需要继续测序更多的 DNA 片段。实际上,已经对长度为 11 631 458 bp 的 DNA 序列进行了测序,这已经是细菌基因组长度的六倍。所以,基因组测序暗示需要进行大量额外的测序工作,才可能保证能测定到包含序列缺口的 DNA 序列。也有可能因为序列的不兼容问题,包含缺口序列的 DNA 片段不能被克隆进载体进行复制扩增,这是所有的载体均会遇到的一个问题。如果 DNA 测序文库中没有包含序列缺口的 DNA 序列,额外的 DNA 测序也不会将测序缺口补齐。

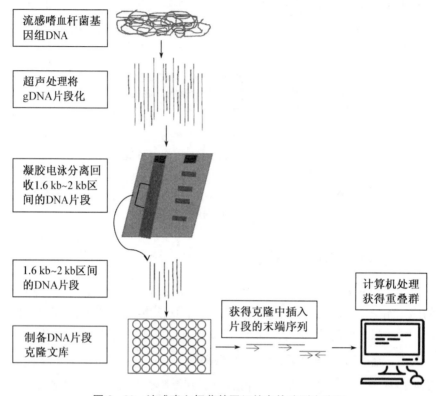

流感嗜血杆菌基因组DNA

超声处理将 gDNA片段化

凝胶电泳分离回收1.6 kb~2 kb区间的DNA片段

1.6 kb~2 kb区间的DNA片段

制备DNA片段克隆文库

获得克隆中插入片段的末端序列

计算机处理获得重叠群

图 2-30 流感嗜血杆菌基因组的鸟枪法测序流程

　　另外还有更直接的策略来一个个弥补重叠群间的序列缺口,人们尝试了多种方法,最成功的方法为从 λ 载体构建的基因组文库克隆中进行杂交筛选。基因克隆中片段的不亲和问题可能只限于特定类别的载体,所以不能被克隆进质粒载体的片段通常能克隆进入 λ 载体。根据不同重叠群中的末端 DNA 序列制备探针,利用探针对基因组文库进行噬菌斑原位杂交,如果两个重叠群的两个边界序列能和同一个克隆中产生杂交信号,说明这两个重叠群的两个边界序列在基因组序列中是毗邻的,两个末端序列间的空缺序列可以通过测定 λ 载体基因组文库中的特定克隆序列来获得(图 2-31)。

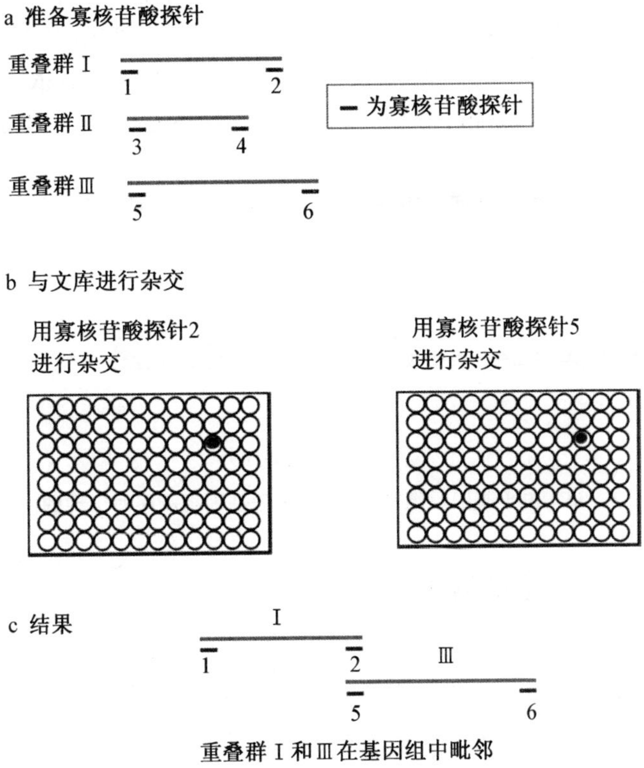

a 准备寡核苷酸探针

重叠群 I
　　1　　　　　　2

　　　　　　　　　　　　　　— 为寡核苷酸探针

重叠群 II
　　3　　　　4

重叠群 III
　　5　　　　　　6

b 与文库进行杂交

用寡核苷酸探针2
进行杂交

用寡核苷酸探针5
进行杂交

c 结果

　　　　　　　　　　　I
　1　　　　　　2　　　III
　　　　　　　5　　　　　　6

重叠群 I 和 III 在基因组中毗邻

图 2 - 31　利用筛选 λ 载体噬菌体文库的方法弥补重叠群间的序列缺口

2.4.1.2　其他原核生物基因组的鸟枪法测序

　　鸟枪测序已成功地应用于许多原核基因组中,这些基因组较小,意味着寻找序列重叠群的计算要求不是太大。如果使用下一代测序方法,弥补重叠群间的序列缺口就不再是问题,因为单一的 454 或 Illumina 测序实验可以产生总长度是基因组序列长度几百倍的序列读数。

　　大多数原核生物基因组测序采用的策略和测定流感嗜血杆菌基因组一样,即进行基因组的从头测序。随着越来越多物种的测序完成,使另一种测序策略成为可能,即使用参考基因组的方法进行相近物种基因组序列的组装。利用参照基因组进行测序,不需要对测序结果进行重叠群组装,而是将个别测序结果或短重叠群根据寻找到的相似序列区域定位到参考基因组的序列上(图 2 - 32)。这种方法的逻辑基础在于如果参考基因组来自相关物种,或者来自相同物种的不同菌株,那么这两个基因组的序列将是非常相似,因此参考基因组可以直接用于新基因组的组装。

待测基因组的测序片段

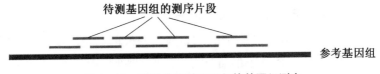

参考基因组

图 2 - 32　利用参考基因组加快基因组测序

参考基因组方法使序列组装更快、更准确,但是必须小心识别新基因组中的任何通过重组已经改变的基因序列区域(图 2-33)。在这些情况下序列之间的唯一区别在于已被分割的片段的边界处重新排列序列。如果没有这些识别边界序列,依赖于参考基因组进行序列组装,将可能导致重新排列的 DNA 序列在基因组组装中未被识别。

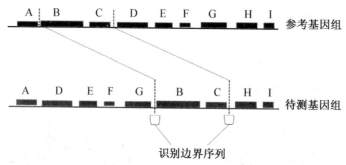

图 2-33 由于基因重组重排,利用参考基因组测序时出现的问题

2.4.2 真核生物基因组的测序

原核生物除了基因组大小较小之外,基因组中很少存在重复序列也使原核生物基因组进行鸟枪法测序时序列组装更加高效。重复序列是指小到几个碱基,大到几千个碱基在基因组的不同位置多次出现。重复序列会导致含有重复序列的两个本不毗邻的 DNA 片段由于把重复序列被当作序列叠加区而把本不毗邻的序列组装在一起,造成一部分序列的缺失,引起序列错误的组装(图 2-34)。

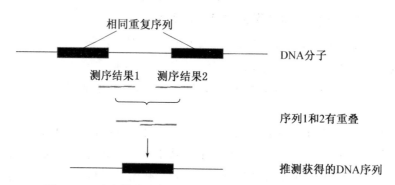

图 2-34 在鸟枪法测序中由于重复序列的存在所造成的问题

虽然在大多数细菌基因组多不存在重复序列,但是在真核生物基因组中非常常见。甚至在某些真核生物物种中占基因组的 50% 以上。因为这个原因,最初认为真核基因组不能用鸟枪测序策略完成基因组的完全组装。

2.4.2.1 真核生物基因组的分级鸟枪法测序

第一个真核基因组,包括人类基因组,均是通过修改的鸟枪法策略,即分级鸟枪法进行测序。这种方法包括一个测序准备阶段,在此期间基因组被分解成通常长度为 300 kb 大片段,然后将这些片段克隆到高容量载体如 BAC 中(参见 3.1.5.2)。然后鉴定出含有重叠 DNA 片段的克隆,并组成一个连续的 BAC 重叠群(图 2-35)。对 BAC 克隆的 DNA 片段再通过常规的鸟枪法测序程序进行 DNA 片段的随机片段化,片段克隆,测序和组装。每个 BAC 克隆中的 DNA 序列被组装置于一系列克隆的相应位置,最后逐渐建立相互重叠的基因组序列,完成基因组测序。

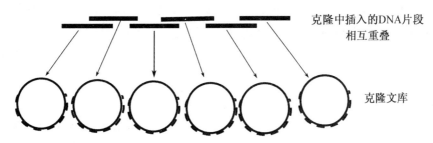

图 2-35　包含一组相互重叠 DNA 片段的 BAC 克隆文库

重复 DNA 所引起的测序错误只有当两个拷贝或更多拷贝的重复序列存在于同一克隆片段中才会出现,而且可以通过检查与重复序列重叠的克隆序列来识别序列组装中的错误。

分级鸟枪法测序中的最大挑战在于识别含有重叠插入的克隆,组建 BAC 克隆的重叠群。一种常用解决策略为染色体步行(chromosome walking),染色体步行的第一步为随机从 BAC 库中选择一克隆,将其序列标记为探针进行 BAC 文库的筛选,出现杂交信号的克隆即为重叠克隆,再选择重叠克隆的序列作为探针进行下一轮的文库筛选,又会得到重叠克隆,由此一步步地就可获得 BAC 克隆的重叠群(图 2-36)。染色体步行的劣势在于它从固定的起点开始。一个接一个地建立一系列的重叠克隆,效率低下。

a 以来自A1克隆中的DNA序列为探针

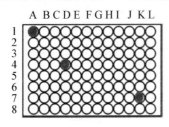
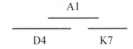

b 以来自K7克隆中的DNA序列为探针

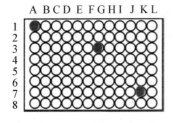
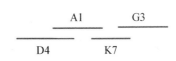

图 2-36　染色体步行(chromosome walking)技术

更快速的鉴定技术不再使用固定的起点,而是旨在识别重叠克隆对。当识别出足够数量的重叠克隆对时,就可建立 BAC 克隆的重叠群。鉴定重叠克隆对的方法称为克隆指纹分析(图 2-37)。这项技术是基于对由一对克隆共享的特征序列的识别。如果两个克隆包含这一特征序列,那么它们显然是相互重叠的。这种类型的特征序列被称为序列标记位点(STS,sequence tagged site)。通常,STS 是一种在较早的项目中进行测序的已知基因序列。由于序列是已知的,可以根据这一特定的基因序列设计一对 PCR 引物,进行PCR 扩增来识别基因文库中含有特定基因的克隆成员。然而,STS 不一定是基因,它可以是任何 DNA 片段,对 STS 的唯一要求是它不是重复序列,在基因组中只出现一次。

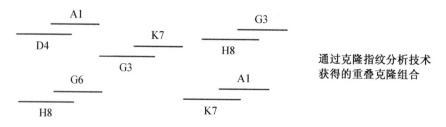

图 2-37　利用克隆指纹分析技术建立一系列的重叠群

　　一系列重叠克隆的鉴定是一个耗时的过程,如果这个阶段可以回避,真核基因组完全通过鸟枪法进行测序将会有大优势。和原核生物流感嗜血杆菌 1.83 Mb 的基因组相比,真核基因组当然比原核的大很多,人类基因组有 3 200 Mb。所以读取相对较大数量的序列来建立较长的重叠群是一个计算问题。随着复杂算法的发展和实验室计算机处理器处理能力进一步提高,序列装配的问题已经得到解决。但是,如何同时解决那些重复的DNA 序列带来的组装问题呢?

　　已经探索了几种避免重复 DNA 区域出现组装错误的可能方法,最成功的策略是使用两个或多个测序库,其中一个克隆库中所包含片段长度比正在研究基因组中的最长重复序列的长度还要长。例如,对黑腹果蝇基因组的序列测定时,其中一个文库插入片段的平均大小为 10 kb,因为大多数果蝇重复序列为 8 kb 或更短。确保每个 10 kb 片段的两端序列在基因组序列上有适合位置,就可避免序列组装时从一个重复序列到另一个重复序列间的序列丢失。在许多真核生物基因组的测序项目中,仍然使用克隆容量大小不一的各种文库。测序结果组装的最初结果为由一系列来自小片段克隆测序结果组装而来的重叠群组成的测序框架,框架之间的序列空缺处于长克隆片段两末端序列(即大容量载体双端测序所得短片段)之间。随着更多的测序序列被添加到数据库中,会逐渐建立更长的测序框架。这种策略最初在使用链终止测序时被使用,通常将小片段克隆到质粒载体中,大片段克隆到 λ 噬菌体载体和 BAC 载体中。随着新一代测序技术的来临,逐渐采用了混合的方法,利用下一代测序方法用于短片段序列的测序,利用链终止方法对大片段克隆的进行双端测序,获得大片段克隆的末端序列。2010 年,第一个基于下一代测序的基因组组装物种为大熊猫。该项目使用的片段库为 150 bp、500 bp、2 kb、5 kb 和 10 kb,不再借助链末端终止法测序,借助现代测序仪器,完成了大片段的双末端测序。

基因组序列意味着什么?

重要的是认识到一个完整的基因组序列意味着核苷酸测序没有错误,每个片段放置在其正确的位置,目前来说对于真核基因组是不可能的。人类基因组计划的发展也说明了这一点。2001 年发表的人类基因组计划的草图是通过分级鸟枪法测序获得的,占人类基因组的 90%,剩余 320 Mb 未测序序列主要分布于染色体的异染色质区,此区域在染色体上处于紧密包装状态,含有大量的重复序列,基因数目极少。90% 的已测序区域至少被测过 4 遍,序列的准确率基本能达到要求,只有 25% 的序列被测序达 8~10 遍,这部分序列才能被称为已完成测序。此外,这个序列草图大约含有 1 500 000 个间隙,有些部分还可能没有正确组装。甚至在 2005 年发表的人类基因组完成序列也没有测序完全,其标准为常染色质中 95% 的基因要被测序,其错误率要保证低于 $1/10^4$。除去最难弥补的序列间隙外,所有的测序缺口都必须测通。

2005 年以后,人们通常采用 Contig N50 作为基因组拼接的结果好坏的一个判断标准。短片段测序拼接后会获得一些不同长度的重叠群。将所有的重叠群长度相加,能获得一个重叠群总长度。然后将所有的重叠群按照序列长度从长到短进行排序,如获得重叠群 1、重叠群 2、重叠群 3、…、重叠群 5。将重叠群按照这个顺序依次相加,当相加的长度达到重叠群总长度的一半时,最后一个加上的重叠群长度即为 N50。举例:Contig 1+Contig 2+Contig 3+Contig 4=Contig 总长度×1/2 时,Contig 4 的长度即为 Contig N50。Contig N50 作为基因组拼接的结果好坏的一个判断标准,N50 值越高,说明基因组测定和拼接工作完成得也更加彻底。

2.5　PCR 技术

聚合酶链反应(Polymerase Chain Reaction,PCR)是 20 世纪 80 年代中期发展起来的体外核酸扩增技术。PCR 技术是模拟体内 DNA 的天然复制过程,在体外扩增 DNA 分子的一种分子生物学技术,主要用于扩增位于两段已知序列之间的 DNA 区段。在待扩增的 DNA 片段两侧设计与其两侧序列互补的一对寡核苷酸引物,经变性、退火和延伸若干个循环后,DNA 扩增 2^N 倍,N 为循坏数。它具有特异、敏感、产率高、快速、简便、重复性好、易自动化等特点。在生物学的基础研究和应用中有着广泛的应用。

PCR 可扩增所选择 DNA 分子的任一区段,前提是这一区段的边界序列是已知的,这是因为 PCR 扩增过程中需要参照边界 DNA 序列进行引物设计。扩增过程中,一对引物分别和模板链 DNA 分子的一条链互补,进行新链的合成。扩增出的 DNA 片段长度限定在两个引物分子互补序列之间(图 2-38)。PCR 扩增中所用的 DNA 聚合酶来自一种生长于热泉中的细菌 *Thermus aquaticus*,这种细菌中的酶,包括 DNA 聚合酶I,都具有热稳定性的特点,可以耐受高温而不失活,聚合酶的这一特点在 PCR 扩增体系中是至关重要的。

PCR 体系中包括 DNA 模板(0.1 μg~2 μg)、一对寡核苷酸引物(各 5 μmol·L^{-1}~

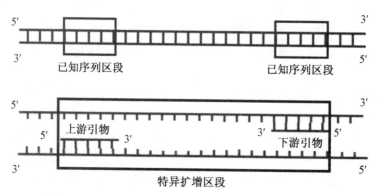

图 2-38　PCR 扩增的前提条件及特异扩增区段示意图

20 μmol·L^{-1})、dNTP 底物(各 100 μmol·L^{-1}～250 μmol·L^{-1})和热稳定性的 DNA 聚合酶以及维持酶活力的缓冲体系,反应体系中 DNA 的模板量可以很低,因为 PCR 反应体系是非常敏感的。PCR 由变性—退火—延伸三个基本反应步骤构成:① 模板 DNA 的变性:模板 DNA 经加热至 94 ℃ 左右一定时间后,使模板 DNA 双链或经 PCR 扩增形成的双链 DNA 解离,使之成为单链,以便它与引物结合,为下轮反应做准备;② 模板 DNA 与引物的退火(复性):模板 DNA 经加热变性成单链后,温度降至 55 ℃ 左右,引物与模板 DNA 单链的互补序列配对结合;③ 引物的延伸:DNA 模板—引物结合物在 72 ℃、DNA 聚合酶(如 *Taq*DNA 聚合酶)的作用下,以 dNTP 为反应原料,靶序列为模板,按碱基互补配对与半保留复制原理,合成一条新的与模板 DNA 链互补的半保留复制链,重复循环变性—退火—延伸三个过程就可获得更多的"半保留复制链",而且这种新链又可成为下次循环的模板(图 2-39)。每完成一个循环需 2 min～4 min,2 h～3 h 就能将待扩增的目的基因扩增放大几百万倍。

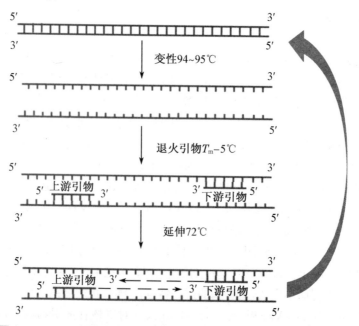

图 2-39　PCR 扩增为变性—退火—延伸三个基本反应组成的多个循环

值得注意的是,在前两个循环中,扩增出的子链具有相同的 5′端,不同的 3′端长片段,直到第三个循环,才会有以两个引物互补序列为边界序列的短片段产生(图 2 - 40)。之后的循环中,这一段片段会以指数形式进行扩增。30 个循环后,一个段片段会扩增出1.3 亿个片段,纳克量级或更少的模板 DNA 经扩增会获得微克量级的产物。

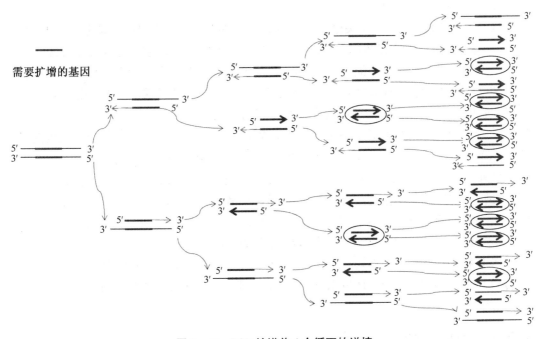

图 2 - 40　PCR 扩增前 4 个循环的详情
椭圆标记部分为以引物互补序列为边界序列的特异扩增片段

PCR 实验虽然简单易行,但是引物和各种反应参数也需要仔细设计和设定,才能获得期望的扩增结果。其中,引物的设计和优化,退火温度的设定对 PCR 成功与否非常关键。

1. 引物的设计和优化

引物设计是 PCR 扩增反应的关键因素,PCR 引物设计不适合会造成没有扩增产物、错误扩增产物或多条非特异扩增产物等多种情况发生。引物的设计有以下原则:(1) 引物的长度。引物长度通常为 17~30 bp,常为 20 bp 左右。引物太短,特异性不高,可能同非目标序列杂交结合,扩增出非预期的产物。而过长的引物与模板 DNA 的杂交速率下降,也会减低 PCR 的效率。(2) 引物间的间距,即扩增片段的长度。一般 1 kb 时扩增效率最高,10 kb 的片段也可以扩增,但是扩增效率随着片段长度的增加而下降。(3) 引物碱基分布。引物 G+C 含量以 40%~60% 为宜,G+C 太少扩增效果不佳,G+C 过多易出现非特异条带。A、T、G、C 最好随机分布,避免 3 个(4 个)以上的嘌呤或嘧啶核苷酸的成串排列。引物内部尽量避免出现自我互补序列。(4) 两个引物之间不应存在互补序列,尤其是避免 3′端的互补。(5) 引物与非特异扩增区的序列的同源性不要超过 70%,引物 3′末端连续 8 个碱基在待扩增区以外不能有完全互补序列,否则易导致非特异性扩增。(6) 引物 3′端的碱基,特别是最末及倒数第二个碱基,应严格要求配对,最佳选择是 G 和C。(7) 引物的 5′端可以修饰。如附加限制性酶切位点,引入突变位点,用生物素、荧光物质、地高辛标记,加入其他短序列,包括起始密码子、终止密码子等。

每条引物的浓度 0.1 μmol～1 μmol 或 10 pmol～100 pmol,以最低引物量产生所需要的结果为好。引物浓度偏高会引起错配和非特异性扩增,且可增加引物之间形成二聚体的机会。

2. 退火温度(T_m)的设定

PCR 反应体系中的第二个关键因素是 PCR 三步骤循环中退火温度的设定和优化。因为在 PCR 过程中,因为和模板间 DNA 互补配对是 DNA 分子杂交过程,退火温度太高,分子杂交不会发生,引物和模板不能结合,扩增不会发生;退火温度太低时,引物和模板 DNA 的非特异位点可以结合,造成非特异扩增。所以退火温度的选择要既保证引物和模板结合,又不能和非特异位点结合。T_m 近似值有一个计算的公式,$T_m=(4\times[G+C])+(2\times[A+T])$ ℃,根据引物中所含的碱基数量和 G+C 的含量进行计算。所选用的退火温度是低于 T_m 值 1 ℃～2 ℃。但是,这种选择是建立在上下游引物的 T_m 值相同的基础上。

此外,反应体系缓冲溶液中 Mg^{2+} 的浓度也非常关键。Mg^{2+} 是酶工作所必需的离子,辅助 dNTP 与模板的结合。Mg^{2+} 升高:提升扩增量,产生非特异性扩增,突变概率增加;Mg^{2+} 降低:降低扩增量,特异性增强,突变少。Mg^{2+} 的终浓度通常在 1 mmol·L^{-1}～3 mmol·L^{-1} 之间,可以根据实验要求对镁离子进行调整。

PCR 技术从诞生到现在,已经有着广泛的应用,也发展出一系列 PCR 衍生技术。如逆转录 PCR 技术、实时定量 PCR 技术、RACE 技术、反向 PCR 和巢氏 PCR 技术等技术。下面分别简述。

2.5.1 逆转录 PCR

逆转录 PCR(reverse transcription PCR)或者称反转录 PCR(reverse transcription-PCR,RT - PCR),是一条 RNA 链被逆转录成为互补 DNA(cDNA),再以此为模板通过 PCR 进行 DNA 扩增的技术。提供了一种基因表达检测、定量和 cDNA 克隆的快速灵敏的方法。由于 cDNA 包括了编码蛋白的完整序列而且不含内含子,只要略经改造便可直接用于基因工程表达和功能研究,因此 RT - PCR 成为目前获得目的基因的一种重要手段。

RT - PCR 技术灵敏而且用途广泛,可用于检测细胞中基因表达水平、表达差异,细胞中 RNA 病毒的含量和直接克隆特定基因的 cDNA 序列。RT - PCR 比其他包括 Northern 印迹、RNase 保护分析、原位杂交及 S1 核酸酶分析在内的 RNA 分析技术,更灵敏,更易于操作。

RT - PCR 的基本原理如图 2 - 41 所示。首先是在逆转录酶的作用下从 RNA 合成 cDNA,即总 RNA 中的 mRNA 在体外被反向转录合成 DNA 拷贝,因拷贝 DNA 的核苷酸序列完全互补于模板 mRNA,称之为互补 DNA(cDNA);然后再利用 DNA 聚合酶,以 cDNA 第一链为模板,以四种脱氧核苷三磷酸(dNTP)为材料,在引物的引导下复制出大量的 cDNA 或目的片段。常用的反转录酶有三种:(1) 鼠白血病病毒(MMLV)反转录酶,有强的聚合酶活性,RNA 酶 H 活性相对较弱。最适作用温度为 37 ℃。(2) 禽成髓细胞瘤病毒(AMV)反转录酶,有强的聚合酶活性和 RNA 酶 H 活性。最适作用温度为 42 ℃。(3) *Thermus thermophilus*、*Thermus flavus* 等嗜热微生物来源的热稳定性反转录酶,在 Mn^{2+} 存在下,允许高温反转录 RNA,以消除 RNA 模板的二级结构。

　　在进行逆转录时,有 3 种引物可选择,即随机六聚体引物、oligo(dT)$_{15-18}$ 和基因特异性引物(图 2 - 41)。随机引物适用于所有 RNA 的扩增,包括 rRNA、mRNA、tRNA 和其他小分子 RNA 的扩增,特别适用于长的和含有发夹结构,难以获得全长序列的 RNA 的反转录(图 2 - 41 只展示了 mRNA 的反转录过程);通常用此引物合成的 cDNA 中 96% 来源于 rRNA。oligo(dT)引物适用于 3′末端带有多聚腺苷酸(Poly(A))的 mRNA 分子的逆转录,是一种对 mRNA 特异的方法。因绝大多数真核细胞 mRNA 具有 3′端 Poly(A)尾,此引物与其配对,仅 mRNA 可被转录。由于 Poly(A)RNA 仅占总 RNA 的 1%~4%,故此种引物合成的 cDNA 比随机六聚体作为引物得到的 cDNA 在数量和复杂性方面均要小。基因特异性引物适用于已知基因序列的某个特定基因的逆转录。但是与前两种引物反转录不同的是,基因特异性引物反转录来的 cDNA 不能用于其他基因的扩增。

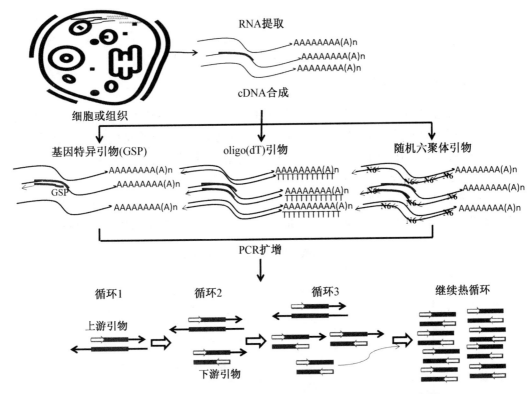

图 2 - 41　逆转录 PCR 示意图(图中只展示了 mRNA 的逆转录过程)

　　逆转录 PCR 的反应体系有两种,即两步法和一步法。两步法比较常见,为逆转录获得 cDNA 步骤和 PCR 扩增两部分分开,均在最佳条件下进行反应,在使用一个 RNA 样品检测或克隆多个基因的 mRNA 时比较有用。而一步法 RT - PCR 中 cDNA 合成和扩增反应在同一管中进行,不需要样品转移,有助于减少污染。对于一步法 RT - PCR,一般使用基因特异性引物(GSP)起始 cDNA 的合成。图 2 - 42 为一步 RT - PCR 扩增产物经琼脂糖凝胶电泳检测后的结果实例。图中展示了三种组织中的两种基因,即甘油醛- 3 -磷酸脱氢酶基因(GADPH,内参基因)和 S100 基因的 RT - PCR 结果。

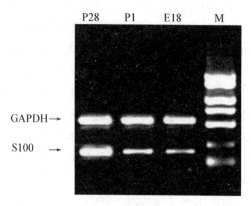

M: DNA Marker (DL-2000)
E18: 胚胎18天;
P1: 生后一天;
P28 生后28天

图 2-42 RT-PCR 扩增实例

2.5.2 实时荧光定量 PCR(Real time PCR)

相较于普通的 PCR 方法,即对 PCR 扩增的终产物进行检测,实时荧光定量 PCR 可以对每个循环中的 PCR 产物进行监测,从而对 PCR 体系中的起始模板量进行检测。技术名称中的荧光是指在 PCR 反应体系中加入荧光基团,利用荧光信号积累实时监测整个 PCR 进程,最后通过标准曲线对未知模板进行定量分析的方法。

在 PCR 扩增过程中,PCR 扩增分为三个阶段,即本底阶段、指数扩增阶段和平台期阶段(图 2-43)。PCR 扩增本底阶段是指 PCR 扩增开始阶段,扩增产物很少,荧光信号

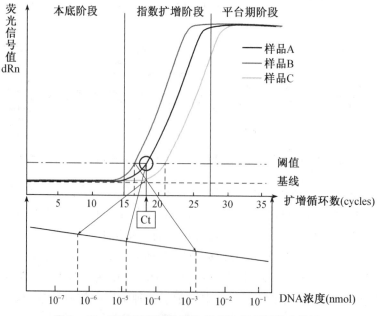

图 2-43 实时荧光定量 PCR 扩增和定量计算示意图

水平很低的阶段。指数期指每个扩增循环后 PCR 产物量均大约增加一倍的阶段。平台期指随着反应的进行,循环次数的增加,反应体系组成成分的消耗,产物增长速度变慢,反应进入平台期。

在实时定量 PCR 过程的定量计算过程中,有几个非常关键的定义。基线(baseline):背景曲线的一段,范围从反应开始不久荧光值开始变得稳定,直到所有反应管的荧光都将要达到,但是还未超出背景。荧光阈值(Threshold):荧光(Rn)超过本底,达到可检测水平时的临界数值。荧光阈值的缺省(默认)设置是 3～15 个循环的荧光信号的标准偏差的10 倍。临界循环数 Ct(Cycle threshold):threshold 横线与扩增曲线相交,所得交点所对应的循环数(图 2-43)。即某一样品为模板进行扩增时,荧光信号达到阈值时所需要的PCR 循环数。Ct 值与初始模板 DNA 量有关,初始 DNA 量越多,荧光达到阈值时所需要的循环数(Ct 值)越少。起始模板的对数浓度与 Ct 值呈线性关系,根据样品的 Ct 值就可计算出样品中所含的模板量。

利用已知起始拷贝数的标准品可作出标准曲线,其中横坐标代表起始拷贝数的对数,纵坐标代表 Ct 值。因此,只要获得未知样品的 Ct 值,即可从标准曲线上计算出该样品的起始拷贝数(图 2-43)。

Ct 值主要是由反应中模板的初始浓度决定。模板浓度高,只需较少的扩增循环就可累积足够的产物,产生高过背景的荧光信号,那么 Ct 值就会很早出现,相反 Ct 值则会较晚出现。大多数荧光定量 PCR 实验的 Ct 值在 18～30 之间。Ct 值在 30～35 个循环之内出现,需要多次重复试验以判断数据的准确性,然后再判断是否有目的基因的扩增。Ct 值在 35 个循环之后出现,可以认为反应失败。

常用的荧光基团有两种:一为非特异的荧光基团,SYBRGreen Ⅰ;二为和所扩增序列互补的特异性水解探针 TaqMan。SYBRGreen Ⅰ 法:在 PCR 反应体系中,加入过量 SYBR 荧光染料,SYBR 荧光染料特异性地掺入 DNA 双链后,发射荧光信号,而不掺入链中的 SYBR 染料分子不会发射任何荧光信号,从而保证荧光信号的增加与 PCR 产物的增加完全同步(图 2-44)。PCR 产物的特异性通过熔解曲线进行鉴定。**熔解曲线**(Dissociation curve)是指随温度升高 DNA 的双螺旋结构解链程度的曲线。熔解曲线分析可以用来确定不同的反应产物,包括非特异性产物。扩增反应完成后,通过逐渐增加温度同时监测每一步的荧光信号来产生熔解曲线,熔解温度上有一特征峰(T_m,DNA 双链解链 50% 的温度),用这个特征峰就可以将特异产物与其他产物如引物二聚体区分开。一般认为特异性产物的 T_m 值应大于 80 ℃。图 2-45 即为特异性扩增和非特异扩增产物的熔解曲线分析示意图。

TaqMan 探针法:PCR 扩增时在加入一对引物的同时加入一个特异性的荧光探针,该探针为一寡核苷酸,两端分别标记一个报告荧光基团和一个淬灭荧光基团。探针完整时,报告基团发射的荧光信号被淬灭基团吸收。刚开始时,探针结合在DNA 任意一条单链上。PCR 扩增时,Taq 酶的 5′端→3′端外切酶活性将探针酶切降解,使报告荧光基团和淬灭荧光基团分离,从而荧光监测系统可接收到荧光信号,即每扩增一条 DNA 链,就有一个荧光分子形成,实现了荧光信号的累积与 PCR 产物形成完全同步(图 2-46)。

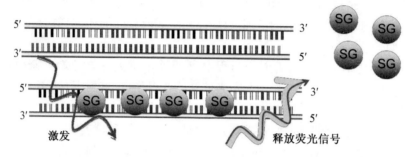

图2-44 SYBR Green I 是一种与双链 DNA 小沟结合的荧光染料
SYBR Green I 只与双链 DNA 结合才能发出荧光。
荧光信号的强度与反应体系中所有双链 DNA 分子成正比

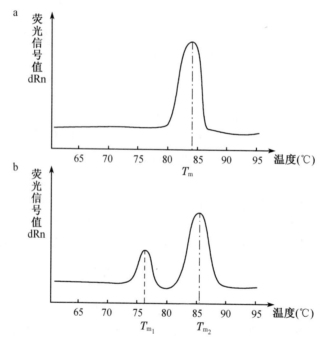

图2-45 特异性扩增和非特异扩增产物的熔解曲线分析示意图
a. 为特异扩增;b. 为非特异扩增

两种荧光标记方法相比较,SYBRGreen 通用性好,对 DNA 模板没有选择性,使用方便,成本低,仅需设计两个引物。虽然有假阳性现象,但可以通过熔解曲线进行判断。TaqMan 探针法的优点在于特异性高,探针与特异靶序列结合,可进行多重 PCR 反应。缺点在于成本高,不同靶基因需要合成不同探针。

实时荧光定量 PCR 有着非常广泛的应用,最常用的为基因表达(mRNA)分析,包括相对定量和绝对定量两种检测方式。相对定量检测不同样品间基因表达量的差异;绝对定量可检测样本中核酸的量(拷贝数、微克)。两种检测方法中相对定量方法应用比较广泛,具体方法为分别检测对照和待测样品中目的基因和内参基因的表达丰度,即 Ct 值,而

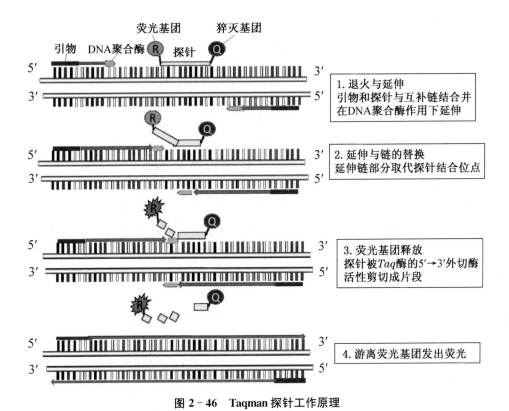

图 2-46　Taqman 探针工作原理

后通过 $2^{-\triangle\triangle Ct}$ 值计算得出两样品间特定基因的表达差异(图 2-47)。另外实时荧光定量 PCR 还可以进行 microRNA 和非编码 RNA 分析以及遗传变异分析,包括 SNP 基因分型、药物代谢酶(DME)基因分型和拷贝数变异(CNV)分析等。

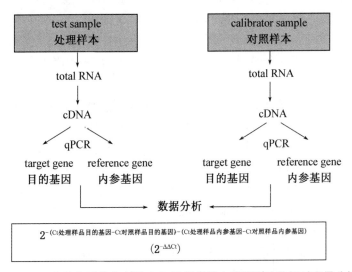

图 2-47　应用实时荧光定量 PCR 进行样品中基因表达的相对定量分析

2.5.3 cDNA 末端快速扩增

cDNA 末端快速扩增技术(rapid amplification of cDNA ends，RACE)是一种基于 PCR 从低丰度的转录本中快速扩增 cDNA 的 5′和 3′末端,获得完整 cDNA 序列的技术。分为 5′RACE 和 3′RACE。cDNA 完整序列的获得对基因结构、蛋白质表达、基因功能的研究至关重要。完整的 cDNA 序列也可以通过文库筛选方法获得,但 RACE 技术以其简单、快速、廉价等优势得到越来越广泛的应用。

经典的 RACE 技术是由 Frohman 等(1988)发明,主要通过 RT-PCR 技术由已知部分 cDNA 序列来得到完整的 cDNA5′和 3′端,包括单边 PCR 和锚定 PCR。该技术产生以来经过不断发展和完善,克服了早期技术步骤多、时间长、特异性差的缺点。对传统 RACE 技术的改进主要是引物设计及 RT-PCR 技术的改进。改进之一是利用锁定引物(lock docking primer)合成第一链 cDNA,即在 oligo(dT)引物的 3′端引入两个简并的核苷酸[5′-Oligo(dT)$_{16-30}$MN-3′,M=A/G/C,N=A/G/C/T],使引物定位在 Poly(A)尾的起始点,从而消除了在合成第一条 cDNA 链时 oligo(dT)与 Poly(A)尾的任何部位的结合所带来的影响;改进之二是采用 RNase H⁻ 莫洛尼氏鼠白血病毒(MMLV)反转录酶或选择嗜热 DNA 聚合酶,可以在高温条件下(60 ℃～70 ℃)有效地逆转录 mRNA,从而消除了 5′端由于高 GC 含量而产生的稳定 mRNA 二级结构对逆转录的影响;改进之三是采用热启动 PCR(hot start PCR)技术和降落 PCR(touch down PCR)以提高 PCR 反应的特异性。

随着 RACE 技术日益完善,目前已有商业化的 RACE 技术产品和试剂盒推出。以下就国内目前应用最广的 SMARTer ® RACE 试剂盒为例,简要概述 RACE 技术的原理和操作过程。SMART™ RACE 技术体系中,最重要的亮点有两个:一是 SMARTScribe 逆转录酶,在转录到达 RNA 分子的 5′端时,这个逆转录酶活性可以在 cDNA 第一条链分子的 3′端额外添加几个核苷酸。二是 SMARTer Ⅱ A 寡核苷酸的设计,其 3′端含有和 cDNA 第一条链 3′端额外的核苷酸互补序列。两者结合可以避免进行 adaptor 的连接添加,直接使用 cDNA 的第一条链进行 RACE PCR 的扩增,大大降低了反应的复杂程度,增加了 RACE 的效率(图 2-48)。

5′-RACE 的操作流程如图 2-48。利用 SMARTScribe 逆转录酶,以 oligo(dT)$_{30}$MN 作为锁定引物反转录合成 cDNA 第一链,cDNA 第一链 3′含有额外的几个核苷酸序列,以 XXXXX 表示。在 SMARTer Ⅱ A 寡核苷酸的作用下,实现模板链的转换,cDNA3′端几个核苷酸序列和 SMARTer Ⅱ A 寡核苷酸的 3′端互补,使 cDNA 第一链以 SMARTer Ⅱ A 寡核苷酸为模板继续延伸,cDNA3′端带上了"接头"。第三步以和 SMARTer Ⅱ A 寡核苷酸互补的长通用引物合成 cDNA 的互补链,且长通用引物的 5′端带有特定序列,能和待克隆进入的线状载体的末端同源,可以方便后续的 RACE 片段的克隆。第四步以基因特异引物合成基因特异序列,基因特异引物的 5′端也带有线状载体末端同源序列。后续的多循环扩增以短通用引物和基因特异引物为成对引物进行 RACE PCR 扩增(图 2-48)。

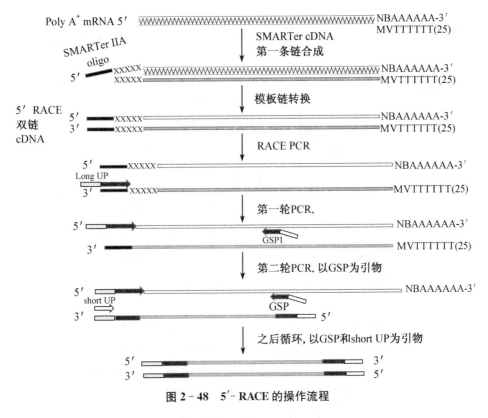

图 2-48　5′-RACE 的操作流程

3′-RACE 的原理：利用 mRNA 的 3′末端的 Poly(A)尾巴作为一个引物结合位点，以连有 SMART 寡核苷酸序列通用接头引物的 oligo(dT)$_{30}$MN 作为锁定引物反转录合成标准第一链 cDNA。然后用一个基因特异引物 GSP1(gene specific primer，GSP)作为上游引物，用一个含有部分接头序列的通用引物 UPM(universal primer，UPM)作为下游引物，以 cDNA 第一链为模板，进行 PCR 循环，把目的基因 3′末端的 DNA 片段扩增出来（图 2-49）。

值得一提的是，如果在短通用引物和基因特异引物的 5′端加上和载体序列相同的 15 个碱基序列，便于 RACE PCR 产物的一步法克隆（图 3-58）。

RACE 的优点：与筛库法相比较，有许多方面的优点：(1) 此方法是通过 PCR 技术实现的，无须建立 cDNA 文库，可以在很短的时间内获得有利用价值的信息；(2) 节约了实验所花费的经费和时间；(3) 只要引物设计正确，在初级产物的基础上可以获得大量的感兴趣基因的全长。

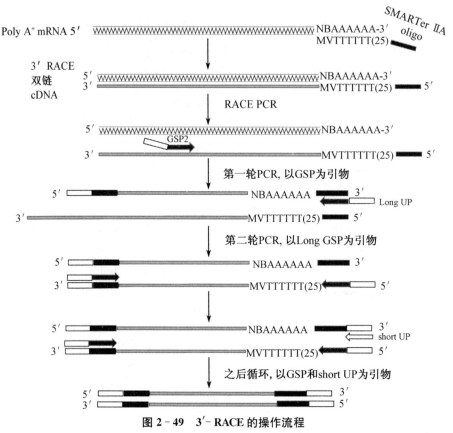

图 2-49 3′- RACE 的操作流程

2.5.4 反向PCR

反向 PCR(inverse PCR，IPCR)是第一个
依赖于 PCR 反应扩增旁侧序列的实验技术。
IPCR 可以在一个反应过程中，同时扩增已知
序列两端的旁侧序列，省时简便。操作过程为
用适当的限制性内切酶酶切含已知序列区域
的 DNA 片段，以产生适合于 PCR 扩增大小的
片段，然后片段的末端再连接形成环状分子。
PCR 的引物同源于环上已知序列，但两引物
3′端是相互反向的，向未知序列部分延伸(图
2-50)。这种反向 PCR 方法可用于扩增在已
知序列区域旁边的序列，还可应用于制备未知
序列探针或测定边侧区域本身的上、下游序
列。在一些实验中，为产生对反向 PCR 大小适
当的 DNA 片段需要两种内切酶，但这样所产生
的片段末端则不适于连接，环化前需用 Klenow

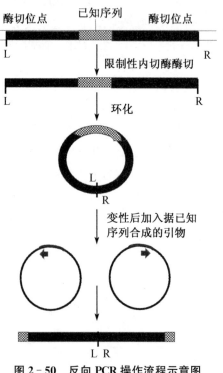

图 2-50 反向 PCR 操作流程示意图

或噬菌体 T4 DNA 聚合酶处理(钝化)。连接前,需用酚或热变性使内切酶失活。聚合酶链反应条件与经典所用的相同,可改变 PCR 条件以生产特异产物。反向 PCR 可用于研究与已知 DNA 区段相连接的未知染色体序列,因此又可称为染色体步移。

2.5.5　巢式 PCR

　　巢式 PCR 包括至少两轮及两轮以上的 PCR 扩增。第一对 PCR 引物扩增片段和普通 PCR 相似。第二对引物称为巢式引物,因为它们的结合位点在第一次 PCR 扩增片段的内部,使得第二次 PCR 扩增片段短于第一次扩增。可以判断 PCR 扩增的特异性(图2-51)。如果第一次扩增产生了错误片段,则第二次能在错误片段上进行引物配对并扩增的概率极低。第 4 章中介绍的 TAIL - PCR 中三个特异的引物即为巢式引物,依次使用可增加 PCR 扩增的特异性,获得预期扩增结果。

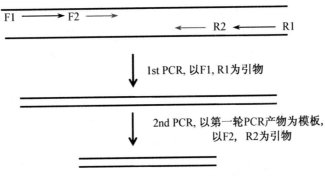

图 2 - 51　巢式 PCR 扩增模式图

2.5.6　重叠 PCR

　　重叠 PCR(Overlap PCR)也是一种常用的 PCR 方法,由于采用具有互补末端的引物,使 PCR 产物形成了重叠链,从而在随后的扩增反应中通过重叠链的延伸,将不同来源的扩增片段重叠拼接起来。利用此 PCR 技术能够在体外进行有效的基因重组,而且不需要内切酶消化和连接酶处理。在已有两个或两个以上较小且有末端重叠片段的基础上,经过扩增获得一个含有所有上述片段的较长的片段(图2-52)。

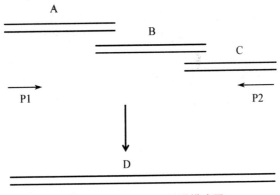

图 2 - 52　重叠 PCR 扩增模式图

2.6　基因的体外定点突变技术

2.6.1　定点突变技术的应用

定点突变技术是指在体外对基因序列的特定碱基位点进行定点碱基更改、碱基缺失或碱基插入的分子生物学技术。

蛋白质的结构决定其功能,结构和功能之间的关系是蛋白质组研究的重点之一。对某个已知序列的基因在特定碱基位点进行定点改变、缺失或者插入,可以改变对应的氨基酸一级序列和蛋白质高级结构及特定结构域,对突变基因的表达产物进行研究将有助于了解蛋白质结构和功能的关系,并对蛋白质特定结构域的功能进行探讨。利用定点突变技术还可以对蛋白质的特性进行改造,比如改造酶的活性或者动力学特性,增强荧光蛋白的发光强度和发光颜色等。一个很好的应用实例来自绿色荧光蛋白(GFP)。野生型的绿色荧光蛋白(wtGFP)是在紫外光激发下能够发出微弱的绿色荧光,经过对其发光结构域的特定氨基酸定点改造,GFP能在可见光的波长范围被激发(吸收区红移),而且发光强度比原来强上百倍,甚至还出现了黄色荧光蛋白、蓝色荧光蛋白等。定点突变技术的另一个用途为提高基因启动子的活性并对基因启动子区的顺式作用元件进行功能分析。定点突变技术在提高蛋白的抗原性、稳定性、增强酶的活性,蛋白的晶体结构研究以及药物研发和基因治疗等方面有着潜在的广泛应用前景。

2.6.2　定点突变技术的策略

目前有很多种DNA操作方法可以在已克隆的基因内部引入定点突变,分别叙述如下。

2.6.2.1　利用限制性内切酶酶切和连接的方法删除或插入序列

这种方法是进行基因突变的最简单方法,有以下三种方式:第一种为删除一个限制性内切酶片段,如一个基因内部有两个相邻的相同的酶切位点,用此种酶切后再连接酶切位点两端的基因序列,连接后的序列就缺少了一段核苷酸序列,编码的蛋白也会有一大段的氨基酸序列的缺失(图2-53A);第二种为用一种限制性内切酶将基因切成两个分子,再用 Bal31 把黏性末端降解,最后连接成缺失几个碱基的突变基因(图2-53B);第三种为在特定酶切位点处通过连接酶添加一段短的双链寡聚核苷酸序列,形成插入突变基因序列(图2-53C)。插入序列编码的氨基酸可能破坏蛋白质的二级结构,如 α 螺旋结构等,从而使蛋白失活。

上述方法虽然有潜在用途,但是要依赖酶切位点在待突变基因上的定位,不能做到完全随机的定点突变。寡核苷酸介导的定点突变可以在基因内部的任何序列位点实施定点突变,应用起来更加灵活。

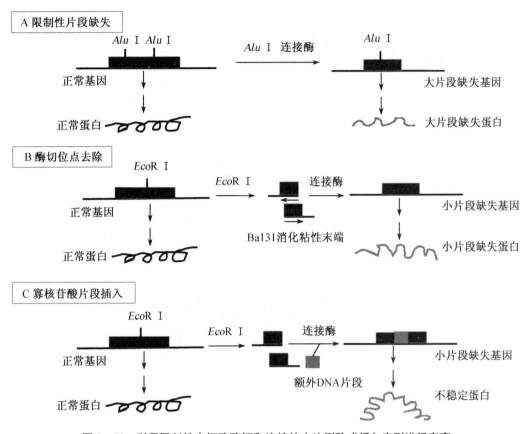

图 2 - 53　利用限制性内切酶酶切和连接的方法删除或插入序列进行突变

2.6.2.2　寡核苷酸介导的定点突变

　　有许多不同的方法可以进行寡核苷酸定向诱变。我们将讨论这些方法中最简单的方法之一。待突变基因必须以一个单链的形式获得,一般是克隆到 M13 或噬菌体载体上(见第 3 章)。针对要突变的区域,合成一个与其互补的短寡核苷酸序列,并包含突变位点。尽管短寡核苷酸序列和靶序列不完全匹配,但是能够和靶序列互补并作为引物,在 DNA 聚合酶的作用下合成完整的互补链,生成双链的环状 DNA 分子(图 2 - 54)。

　　将上述杂合双链的 DNA 分子通过转化进入宿主大肠杆菌细胞进行 DNA 复制,产生大量的重组 DNA 分子。DNA 半保留复制造成杂合双链 DNA 的后代中一半含有正常基因序列,一半是突变后基因序列。同样,由此产生的子代噬菌体的一半含有正常序列,一半携带所引入的突变序列。以寡核苷酸为探针,使用非常严格的条件,进行噬菌斑杂交筛选,只有完全碱基配对的两单链分子间才能杂交,获得杂交信号。但该方法实验条件过于严格,实际操作困难,会有假阳性信号的出现。

　　M13 噬菌体载体感染后细胞不裂解,而是继续扩增。因此,突变基因可以在宿主大肠杆菌细胞中表达,从而导致重组蛋白的生产。由突变基因编码的蛋白质可以从细胞中纯化并对其性质进行研究。单碱基突变效应对蛋白质活性的影响可以由此进行评估。

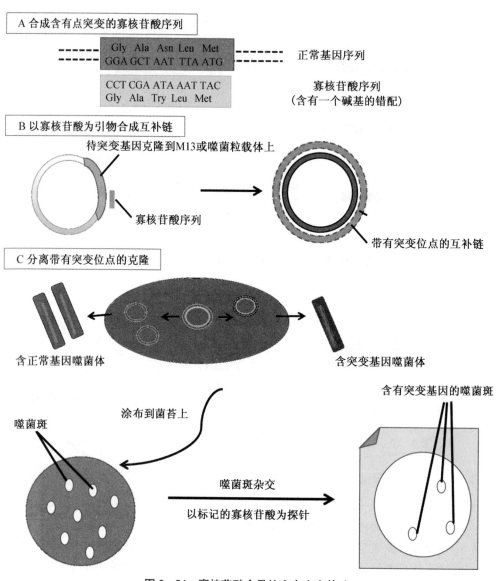

图 2‒54　寡核苷酸介导的定点突变策略

2.6.2.3　人工基因合成

当对一个基因实施多位点定点突变时,也可以通过上述寡核苷酸介导的方法多次实施突变,但是耗时长,效率低。在实施突变的目的基因不超过 1.2 kb 时,可以使用人工合成寡核苷酸的方法。目前的技术支持合成 150 bp 或更长的寡核苷酸片段,合成时可在任何位点实施定点突变。具体的方法策略为合成一系列相互之间有重叠区域并跨越待突变整个基因的寡核苷酸片段,碱基互补重叠区域可以不完全,因为后续可以通过 DNA 聚合酶和 DNA 连接酶填补缺口。最后形成完整的双链 DNA(图 2‒55)。

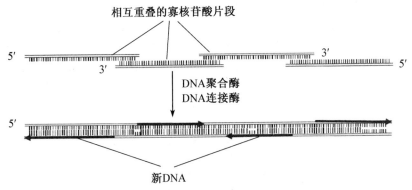

相互重叠的寡核苷酸片段

5′　　　　　　3′　　　　　　　　　　　　　　　　　3′　　　　5′

DNA聚合酶
DNA连接酶

5′

新DNA

图 2-55　人工基因合成方法实施基因定点突变

2.6.2.4　PCR 介导的定点突变

随着定点突变技术的发展,PCR 介导的定点突变成为应用最广泛的技术。

1. 在基因的 5′和 3′端引入突变

在 PCR 引物的设计过程中,引物的 5′端是可以被修饰的,设计引物时引入突变碱基位点,即可以添加、删除或改变碱基,利用这种含有突变位点的引物进行待突变目的基因的 PCR 扩增,扩增产物的 5′和 3′端就含有已经被突变的位点。

2. 重叠延伸法(over-lap extension)PCR 定点突变技术

重叠延伸法 PCR 定点突变技术策略如图 2-56 所示。实施步骤如下:

（a）根据靶 DNA 序列设计一对互补的内侧引物 A 和 A′(引物 A 和 A′互补),并在相同的位点引入碱基突变;

（b）分别以左侧引物 A 和边界引物 B 以及右侧引物 A′和边界引物 C 配对进行两轮 PCR 扩增;

（c）回收两轮 PCR 扩增产物,除去未参入的多余引物,由于具有重叠序列,故经变性和退火形成异源双链分子;

（d）其中只有具 3′凹陷末端的双链分子可通过 *Taq*DNA 聚合酶及外侧引物 B 和 C 的作用下,形成其突变位点是位于靶 DNA 序列内部的突变序列。

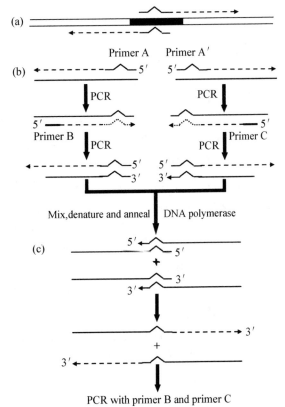

图 2-56　重叠延伸法(over-lap extension)PCR 定点突变技术

3. 大引物诱变法(megaprimer PCR mutagenesis)

大引物诱变法的技术核心是以第一轮 PCR 扩增产物作为第二轮 PCR 扩增的大引物。重点在于第一轮 PCR 扩增中,下游引物的 5′端中引入了突变位点,第一轮扩增产物即大引物中含有了突变位点序列。因此突变步骤有所简化,只需三种扩增引物,进行两轮 PCR 反应,即可获得突变 DNA(图 2 - 57)。

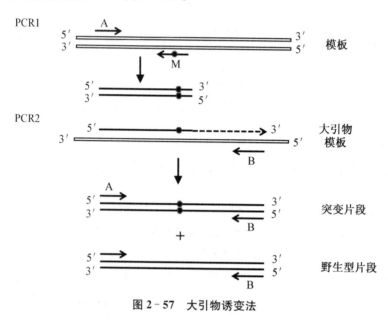

图 2 - 57　大引物诱变法

4. 环状诱变 PCR 法

环状诱变 PCR 法以整个带有目的基因的质粒为模板,用突变引物进行扩增,最后产生环状的带有目的突变的质粒。

以 Stratagene 公司开发的定点突变试剂盒为代表进行方法的说明。准备突变的质粒必须是从常规 E.coli 中经纯化试剂盒(Miniprep)或者氯化铯纯化抽提的质粒。设计一对包含突变位点的引物(正反向带有 15 个碱基的重叠区)和模板质粒退火后用高保真聚合酶"循环延伸"(所谓的循环延伸是指聚合酶按照模板延伸引物,一圈后回到引物 5′端终止,再经过反复加热—退火—延伸的循环,这个反应不同于滚环扩增,不会形成多个串联拷贝)。正反向引物的延伸产物退火后配对成为带缺刻的开环质粒。Dpn I 酶切延伸产物,由于原来的模板质粒来源于常规大肠杆菌,是经 dam 甲基化修饰的,对 Dpn I 敏感而被切碎(Dpn I 识别序列为甲基化的 GATC,GATC 在几乎各种质粒中都会出现,而且不止一次),而体外合成的带突变序列的质粒由于没有甲基化而不被切开,因此在随后的转化中得以成功转化,即可得到突变质粒的克隆。这个试剂盒非常巧妙地利用甲基化的模板质粒对 Dpn I 敏感,而合成的突变质粒对 Dpn I 酶切不敏感,利用酶切除去模板质粒,得到突变质粒,使得操作简单有效(图 2 - 58)。另外高保真聚合酶能够有效避免延伸过程中出现的错配。

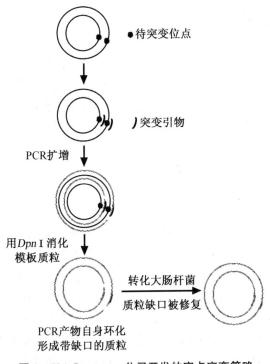

图 2-58　Stratagene 公司开发的定点突变策略

5. TAMS 定点诱变（Targeted amplification of mutant strand）

TAMS 定点诱变能够一次引入多个位点的突变,并且能够有目的扩增突变链,从而使突变链效率几乎达到 100%。该方法包括以下流程:(1) 通过线性 PCR 制备单链 DNA 模板;(2) 突变链的合成:用 2 个锚定引物(5′锚定引物 1 和 3′锚定引物)和多个诱变引物(Mut1 和 Mut2),首先在多核苷酸激酶的作用下使每个引物磷酸化,接着在 DNA 聚合酶的作用下使引物与线性模板退火、延伸,最后在 DNA 连接酶的作用下,合成突变链;(3) 有目的地扩增突变链:设计扩增引物(5′锚定引物 2 和 3′锚定引物),使其 3′端碱基分别与锚锭引物引入的突变碱基配对,扩增引物只能退火到突变链而不是亲本链,所以只有突变链才能扩增(图 2-59)。

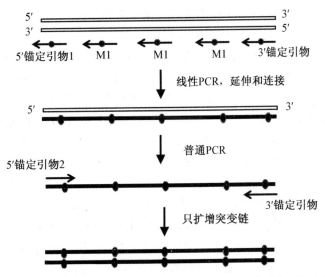

图 2-59　TAMS 定点诱变技术(5′锚定引物 1 和 2 互为反向互补序列)

2.7 分子杂交技术

两个不同来源的核酸分子(DNA/DNA,RNA/RNA,DNA/RNA)可通过分子间的同源序列实现不同分子间的碱基互补配对,形成杂合分子,这一过程称为**分子杂交**。利用分子杂交的原理识别和鉴定特定核酸分子的技术称为**分子杂交技术**。基础的分子杂交技术有 Southern 杂交技术和 Northern 杂交技术,还有在基础分子杂交技术上发展起来的菌落原位杂交、组织原位杂交以及荧光原位杂交等分子杂交技术。下文中将以 Southern 杂交技术为例介绍分子杂交的操作流程和技术要点。

2.7.1 Southern 杂交技术

Southern 杂交是分子生物学的经典试验方法。其基本原理是将待检测的 DNA 样品固定在固相载体上,与标记的核酸探针进行杂交,在与探针有同源序列的固相 DNA 的位置上显示出杂交信号。该技术在 1975 年由英国爱丁堡大学的 E. M. Southern 首创,Southern 印迹杂交故因此得名。通过 Southern 杂交可以判断被检测的 DNA 样品中是否有与探针同源的片段以及该片段的长度,从而进行基因的酶切图谱分析(限制性片段长度多态性分析,RFLP)、基因组中某一基因的定性及定量分析和基因突变分析等。Southern 印迹杂交技术包括三个主要过程:一是将待测定核酸分子通过一定的方法转移并结合到一定的固相支持物(硝酸纤维素膜或尼龙膜)上,即印迹(blotting);二是固定于膜上的核酸与标记的探针在一定的温度和离子强度下退火,即分子杂交过程;三是杂交信号灯检测,可针对探针分子所携带的同位素标记或非同位素标记采用相应的方法进行检测,如对放射性标记探针进行的放射自显影分析。

2.7.1.1 Southern 杂交技术流程

Southern 杂交技术的简要操作流程如图 2 - 60 所示。

(1) 基因组 DNA 的提取。

(2) 基因组 DNA 的酶切。选用合适的限制性内切酶进行基因组 DNA 的酶切。

根据实验目的决定酶切 DNA 的量。一般 Southern 杂交每一个电泳通道需要 10～30 μg DNA。为保证酶切完全,一般用 2 U～4 U 的酶酶切 1 μg 的 DNA。酶切的 DNA 浓度不宜太高,以 0.5 μg · μL^{-1} 为好。在最适温度下酶切 1 h～3 h,酶切结束时可取 5 μL 电泳检测酶切效果。如果酶切效果不好,可以延长酶切时间,但勿超过 6 h。也可通过放大反应体积或补充酶再酶切来解决。如仍不能奏效,可能的原因是 DNA 样品中有太多的杂质,或酶的活力下降。

(3) 基因组 DNA 消化产物的琼脂糖凝胶电泳。

一般用于 Southern 杂交的琼脂糖凝胶浓度为 0.8%,分离范围广,可从 200 bp～50 kb。酶切完全的正常电泳图谱呈现一连续均匀的条带(图 2 - 60)。

(4) DNA 从琼脂糖凝胶转移到固相支持物。

将琼脂糖凝胶中的 DNA 转移到硝酸纤维素膜(NC 膜)或尼龙膜上,形成固相 DNA,这一过程又称为**印迹**(blotting)。常用的印迹方法有毛细管虹吸法、真空法和电转移法。

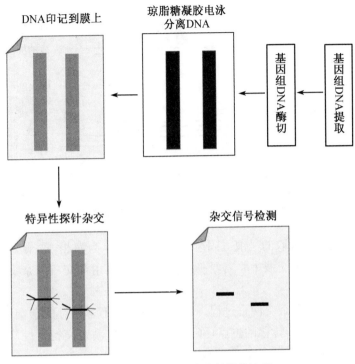

图 2-60　Southern 杂交的操作流程

转移到固相支持物上的 DNA 为单链分子,所以要在转移前对凝胶中的 DNA 进行变性处理,即碱变性,而后还需要将凝胶中和处理,最后才进行转膜。下面就毛细管虹吸转膜法进行介绍。

①碱变性:室温下将凝胶浸入数倍体积的变性液(0.5 mol·L⁻¹ NaOH、1.5 mol·L⁻¹ NaCl)中 30 min。

②中和:将凝胶转移到中和液[1 mol·L⁻¹ Tris-HCl(pH 7.4)、1.5 mol·L⁻¹ NaCl] 15 min。

③转移:按凝胶的大小剪裁硝酸纤维(NC)膜或尼龙膜并剪去一角作为标记,水浸湿后,浸入转移液中 5 min。剪一张比膜稍宽的长条 Whatman 3 mm 滤纸作为盐桥,再按凝胶的尺寸剪 3~5 张滤纸和大量的纸巾备用。转移装置由下到上的设置顺序依次为盐桥、凝胶 NC 膜/尼龙膜、多层滤纸、大量纸巾、玻璃板和约 1 kg 重物(图 2-61)。转移液用 20×SSC(3.0 mol·L⁻¹ NaCl,0.3 mol·L⁻¹柠檬酸钠)。注意在膜与胶之间不能有气泡且避免滤纸和盐桥之间直接接触造成短路。转移过程大概需要 8~24 h,每隔数小时换掉已经湿润的纸巾。整个操作过程中要防止膜上沾染其他污物。

转移结束后取出膜,浸入 6×SSC 溶液数分钟,洗去膜上沾染的凝胶颗粒,置于两张滤纸之间,80 ℃烘 2 h 或紫外光照射 20 min,将单链 DNA 交联在膜上。然后将 NC 膜夹在两层滤纸间,于干燥处备用。

(5)探针标记(后文详述)。

(6)杂交。

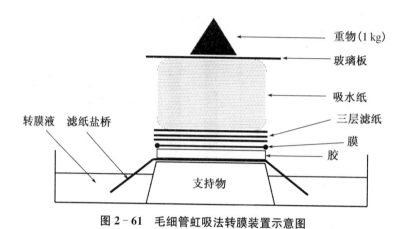

图 2-61 毛细管虹吸法转膜装置示意图

Southern 杂交一般采取的是液—固杂交方式,即探针为液相,被杂交 DNA 为固相。杂交发生于一定条件的杂交液中并需要一定的温度,可以用杂交瓶或杂交袋并使液体不断地在膜上流动。

整体上分为预杂交和杂交两个过程。预杂交为使用不含探针的杂交液(含有鱼鲑精DNA)封闭膜上没有 DNA 转移的位点,降低杂交背景,提高杂交特异性。之后在杂交液中加入经加热变性的探针,42 ℃杂交过夜。

(7) 洗膜和杂交信号检测。

洗膜的目的是洗去结合的非特异探针,根据探针和目标靶序列的结合强度选择适合的洗膜液盐离子浓度和温度进行洗膜,以期获得特异的杂交信号。信号的检测方法以探针标记的不同而有异。针对探针的不同标记类型来选择相应的检测方法,如进行放射自显影检测、化学发光或显色进行信号的检测。如果是同位素标记,可选择放射自显影方法。放射自显影即利用放射性粒子可使照相乳胶和软片感光的原理,对标本中放射性分子进行定位的技术。放射性同位素在衰变过程中产生的 α 粒子和 β 粒子能和可见光一样使乳胶感光。乳胶同标本接触后,放射性物质存在的部位溴化银胶体被还原,产生银粒子沉淀,从而显示出放射性物质存在的部位。如果采用了地高辛或生物素标记,可选抗地高辛或生物素的抗体分子进行杂交信号的检测。这类抗体分子一般偶联辣根过氧化物酶(HRP)和碱性磷酸酶(AP),通过 AP 或 HRP 催化底物(NBT/BCIP,AP 的生色底物;CDP-Star,AP 的化学发光底物)显色或发光的原理进行杂交信号的检测。

2.7.1.2 探针的合成、标记

1. 探针的定义和种类

探针是带有特定可被检测标记的已知序列的 DNA 片段或寡核苷酸片段。分子杂交基因探针根据标记方法不同可粗分为放射性探针和非放射性探针两大类;根据探针的核酸性质不同又可分为 DNA 探针、RNA 探针、cDNA 探针、cRNA 探针及寡核苷酸探针等几类,DNA 探针还有单链和双链之分。双链 DNA 探针在杂交前要经变性处理。放射性标记为放射性同位素标记,常用 ^{32}P 进行标记;非放射性标记有地高辛和生物素标记,两者标记上偶联有特定的生色酶,如碱性磷酸酶或荧光基团。放射性标记灵敏度高,效果

好。地高辛标记没有半衰期,安全性好。

探针的标记方法很多,大致可以分为两大类:引入法和化学修饰法。引入法是运用标记好的核苷酸来合成探针,即先将标记物与核苷酸结合,然后通过 DNA 聚合酶、RNA 聚合酶及末端转移酶等将标记的核苷酸整合入 DNA 或 RNA 探针序列中去。化学修饰法即采用化学方法将标记物掺入已合成的探针分子中去,或改变探针原有的结构,使之产生特定的化学基团。引入法较化学修饰法更常用。常用的引入类探针标记的方法有 PCR 合成方法、随机引物法、切口平移法、末端标记法和 RNA 体外转录方法。

2. PCR 合成探针

PCR 合成探针的方法和普通 PCR 方法基本相同,但是 PCR 体系中除了普通的 dNTP 底物外,还有带放射性或非放射性标记的 dNTP,如 DIG - 11 - dUTP 或 $\alpha -^{32}$P - dCTP。在 PCR 扩增过程中,DIG - 11 - dUTP 或 $\alpha -^{32}$P - dCTP 可掺入到扩增出的 DNA 产物中。PCR 扩增产物即为标记好的探针。

3. 随机引物法探针标记

随机引物法的原理是使用被称为随机引物(random primer)的长为 6 个核苷酸的寡核苷酸片段 N6 与单链 DNA 或变性的双链 DNA 随机互补结合(退火),以提供 3′—OH 端,在无 5′→3′ 外切酶活性的 DNA 聚合酶大片段(如 Klenow 片段)作用下,在引物的 3′—OH 末端逐个加上核苷酸直至下一个引物。当反应液中含有标记的核苷酸时,即形成标记的 DNA 探针。6 核苷酸随机引物混合物出现所有可能结合序列,引物与模板的结合以一种随机的方式发生,标记均匀跨越 DNA 全长(图 2 - 62)。当以 RNA 为模板时,必须采用反转录酶,得到的产物是标记的单链 cDNA 探针。随机引物法标记的探针比活性高,但标记探针的产量比缺口平移法低。

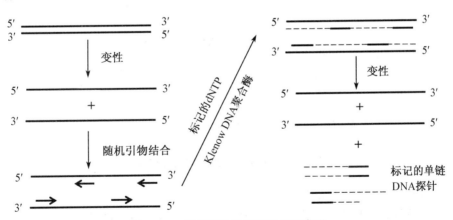

图 2 - 62　随机引物法探针标记示意图

4. 缺口平移法

缺口平移法(nick translation)是一种最常用的标记双链 DNA 探针的方法之一,该方法利用 DNA 聚合酶 I 的多种酶促活性将标记的三磷酸脱氧核糖核苷(dNTP)掺入到新合成的 DNA 链中,从而合成高比活性的均匀标记的 DNA 探针。其基本原理是首先用适当浓度的 DNA 酶 I 在 DNA 分子的一条链上打开缺口(nick),缺口处形成 3′—OH 末端;利用大肠杆菌 DNA 聚合酶 I 5′→3′方向外切酶活性,将缺口处 5′端核苷酸依次切除;与此同时,在大肠杆菌 DNA 聚合酶 I 的 5′→3′聚合酶活性的催化下,以另一条 DNA 链为模板,以 dNTP 为原料,依次将 dNTP 连接到切口的 3′—OH 上,从 5′端向 3′端方向重新合成一条互补链(图 2 - 63)。其结果是在缺口的 5′端核苷酸不断被水解,而在缺口的 3′端核苷酸依次被添加上去,从而使缺口沿着互补 DNA 链移动,原料中含有的标记核苷酸因此替代原 DNA 分子上的部分核苷酸而掺入到新合成的 DNA 链中,从而获得标记的 DNA 探针。此方法的缺点是需要较多的 DNA 模板(>200 ng),且标记效率较低。

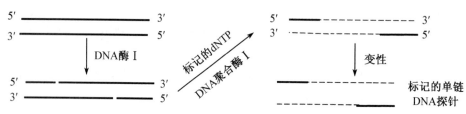

图 2 - 63　缺口平移法探针标记示意图

5. 末端标记法

末端标记法是在大肠杆菌 T4 噬菌体多聚核苷酸激酶(T4PNK)的催化下,将 γ-^{32}P - ATP 上的磷酸连接到寡核苷酸的末端上(图 2 - 64)。要求标记的寡核苷酸 5′端必须带羟基,此法适用于标记合成的寡核苷酸探针。

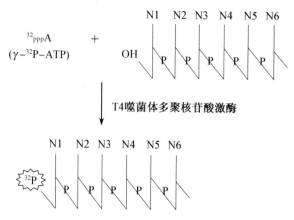

图 2 - 64　末端标记法探针标记示意图

6. RNA 探针的体外转录合成

近几年体外转录技术不断完善,已相继建立了单向和双向体外转录系统。该系统主要基于一类在多克隆位点两侧分别带有 SP6 启动子和 T7 启动子的载体,如 pGEM-T 载体(见第 3 章)。SP6 RNA 聚合酶或 T7 RNA 聚合酶分别结合相应启动子,可以驱动启动子下游基因转录生产 mRNA。如果在多克隆位点接头中插入了外源 DNA 片段,选用不同的 RNA 聚合酶,可以控制 RNA 的转录方向,即可以选定的 DNA 链以模板转录 RNA(图 2 - 65)。这种可以得到同义 RNA 探针(与 mRNA 同序列)和反义 RNA 探针(与 mRNA 互补)。这种体外转录反应效率很高,在 1 h 内可合成近 10 μg 的 RNA,只要在底物中加入适量的放射性或生物素标记的 NTP,则所合成的 RNA 可得到高效标记。该方法能有效地控制探针的长度,并且可以提高标记物的利用率。

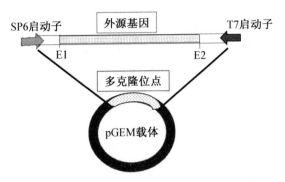

图 2 - 65　RNA 探针体外标记所用载体示意图

其他分子杂交技术和 Southern 杂交技术有着相似的操作流程,只在特定的操作步骤有差异。下面简要叙述如下。

2.7.2　Northern 印迹杂交

RNA 印迹技术正好与 DNA 相对应,故被称为 Northern 印迹杂交(Northern blotting),用于检测样品中特定 RNA 分子的大小和表达丰度。Northern 印迹杂交的流程与 Southern 杂交基本类似,只是进行甲醛变性电泳,因 RNA 为单链,无需对凝胶进行处理。杂交所用探针可以是 RNA 探针,也可以是 DNA 探针。

2.7.3　菌落原位杂交(Colony in situ hybridization)

将细菌从培养平板转移到硝酸纤维素滤膜上,然后将滤膜上的菌落裂解以释放出 DNA,再烘干固定 DNA 于膜上,与标记的探针杂交,放射自显影或其他方法检测菌落杂交信号,并与平板上的菌落对位(图 2 - 66)。这一方法常用于从基因组或 cDNA 文库中筛选含有特定基因序列的克隆。

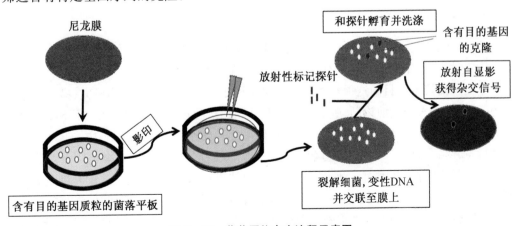

图 2 - 66　菌落原位杂交流程示意图

2.7.4　斑点杂交

　　斑点杂交(Dot blotting)方法是直接将被检标本点到膜上,烘烤固定。这种方法耗时短,可做半定量分析,一张膜上可同时检测多个样品。为使点样准确方便,市售有多种多管吸印仪(manifolds),如 Minifold Ⅰ 和 Ⅱ、Bio-Dot(Bio-Rad) 和 Hybri-Dot。它们有许多孔,样品加到孔中,在负压下就会流到膜上呈斑点状或狭缝状,取出膜烤干或紫外线照射以固定标本,这时的膜就可以进行后续杂交和检测过程。

2.7.5　原位杂交

　　原位杂交(In Situ Hybridization),属于固相分子杂交的范畴,它是用标记的 DNA 或 RNA 为探针,在原位检测组织细胞内特定核酸序列的方法。根据所用探针和靶核酸的不同,原位杂交可分为 DNA - DNA 杂交,DNA - RNA 杂交和 RNA - RNA 杂交三类。

　　根据探针的标记物是否直接被检测,原位杂交又可分为直接法和间接法两类。直接法主要用放射性同位素、荧光及某些酶标记的探针与靶核酸进行杂交,杂交后分别通过放射自显影、荧光显微镜术或成色酶促反应直接显示。间接法一般用半抗原标记探针,最后通过免疫组织化学法对半抗原定位,间接地显示探针与靶核酸形成的杂交体。

　　原位杂交的特点在于对组织细胞的处理过程。需要进行组织固定、包埋,以实现保持细胞结构和最大限度地保持细胞内 DNA 或 RNA 水平的目的。为了使探针易于进入细胞或组织等,须对组织切片($8\ \mu m$ 厚度)或对组织进行处理,增强组织的通透性。图 2 - 67 所示为小鼠大脑切片中脑啡肽基因的组织细胞表达模式(黑色斑点部分)。

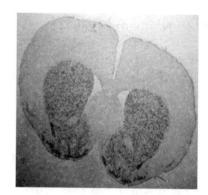

图 2 - 67　小鼠大脑切片中脑啡肽基因的组织细胞表达模式

2.7.6　荧光原位杂交

　　荧光原位杂交(Fluorescence in situ hybridization,FISH)是一项分子细胞遗传学技术,是 20 世纪 80 年代末期在原有的放射性原位杂交技术的基础上发展起来的一种非放射性原位杂交技术。目前这项技术已经广泛应用于动植物基因组结构研究、染色体精细结构变异分析、人类产前诊断、肿瘤遗传学和基因组进化研究等许多领域。FISH 的基本原理是用已知的标记单链核酸为探针,按照碱基互补的原则,与待检材料中未知的单链核酸进行特异结合,形成可被检测的杂交双链核酸。由于 DNA 分子在染色体上是沿着染色体纵轴呈线性排列,因而探针可以直接与染色体进行杂交,从而将特定的基因在染色体上定位(图 2 - 68)。与传统的放射性标记原位杂交相比,荧光原位杂交具有快速、检测信号强、杂交特异性高和可以多重染色等特点,因此在分子细胞遗传学领域受到普遍关注。操作过程中需要制备染色体玻片标本。

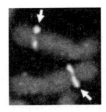

图 2 - 68　着丝粒重复序列探针在染色体上的荧光原位杂交信号(箭头所示)

2.7.7　蛋白质印迹

蛋白质印迹的基本原理和分子杂交实验不同,是依赖抗原和抗体之间的特异相互识别来鉴定特定蛋白质的技术。虽然原理不同,但是操作方法和与 Southern Blotting 或 Northern Blotting 杂交方法类似,所以在分子杂交这一节进行介绍。蛋白免疫印迹(Western Blotting)是将电泳分离后的细胞或组织总蛋白质从凝胶转移到固相支持物 NC 膜或 PVDF 膜上,然后用特异性抗体检测某特定抗原的一种蛋白质检测技术,现已广泛应用于基因在蛋白水平的表达研究、抗体活性检测和疾病早期诊断等多个方面。

Western Blotting 法采用聚丙烯酰胺凝胶电泳分(SDS - PAGE)离蛋白质样品,用特异的抗体代替分子杂交实验中的探针识别目标靶蛋白并与之结合,再用标记的第二抗体识别第一抗体,从而对“杂交信号”进行显色。Western 杂交操作流程包括蛋白样品的制备,SDS - PAGE 分离样品(图 2 - 69A),分离的蛋白转移到膜上,转移后首先将膜上未反应的位点封闭起来以抑制抗体的非特异性吸附,用固定在膜上的蛋白质作为抗原,与对应的非标记(一抗)结合,洗去未结合的一抗,加入酶偶联或放射性同位素标记的二抗,通过显色或放射自显影法检测凝胶中的蛋白成分等过程(图 2 - 69B)。

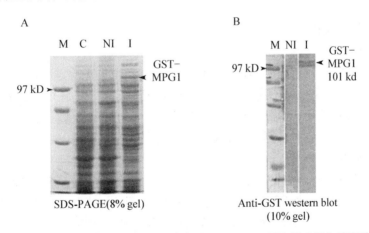

图 2 - 69　细菌总蛋白的 SDS - PAGE 分离及 GST - MPG 蛋白融合蛋白的印迹结果

GST 抗体作为一抗,带标记的二抗取决于一抗来源物种(如一抗来源于小鼠,二抗为兔抗鼠或羊抗鼠),M 为蛋白质分子标记,最大分子量为 97 kD

2.8 核酸和蛋白质的高通量分析

随着高通量测序技术的发展,获得某种生物的全基因组序列信息相对来说比较简单。随着基因组时代到来的是后基因组时代,是以功能基因组学、转录组学、蛋白质组学、代谢组学等各种组学为代表的揭示基因组中相关基因功能和调控网络的功能的研究时代。在此之前人们通常借助基因芯片和蛋白质芯片技术来进行基因的高通量研究。

2.8.1 基因芯片和蛋白质芯片技术

21世纪前10年中相关的高通量研究技术有以分子杂交为基础发展起来的基因芯片技术、蛋白质芯片技术和以双向电泳为基础发展起来的蛋白质组学技术。

基因芯片(又称DNA芯片、生物芯片)技术系指将大量(通常每平方厘米点阵密度高于400)探针分子固定于支持物上并与标记的样品分子进行杂交,通过检测每个探针分子的杂交信号强度进而获取样品分子的数量和序列信息。通俗地说,就是通过微加工技术,将数以万计乃至百万计的特定序列的DNA片段(基因探针),有规律地排列固定于2 cm² 的硅片玻片等支持物上,构成一个二维DNA探针阵列,与计算机的电子芯片十分相似,所以被称为基因芯片。基因芯片技术由于同时将大量探针固定于支持物上,所以可以一次性对样品大量序列进行检测和分析,从而解决了传统核酸印迹杂交(Southern Blotting 和 Northern Blotting 等)技术操作繁杂、自动化程度低、操作序列数量少、检测效率低等不足。而且,通过设计不同的探针阵列、使用特定的分析方法可使该技术具有多种不同的应用价值,如基因表达谱测定、突变检测、多态性分析、基因组文库作图及杂交测序等。

基因芯片操作流程:

(1) 芯片制备

芯片主要以玻璃片或硅片为载体,采用原位合成和微矩阵的方法将寡核苷酸片段或cDNA作为探针按顺序排列在载体上。芯片的制备除了用到微加工工艺外,还需要使用机器人技术,以便能快速、准确地将探针放置到芯片上的指定位置。对于一些模式生物,如小鼠和拟南芥等,有各种已制备好的商业化芯片供研究使用。

(2) 样品制备

生物样品往往是复杂的生物分子混合体,除少数特殊样品外,一般不能直接与芯片反应,有时样品的量很小。所以,必须将样品进行提取、扩增,获取其中的蛋白质或DNA、RNA,然后用荧光标记,以提高检测的灵敏度和使用者的安全性。

(3) 杂交反应

杂交反应是荧光标记的样品与芯片上的探针进行的反应,产生一系列信息的过程。选择合适的反应条件能使生物分子间反应处于最佳状况中,减少生物分子之间的错配率。

(4) 信号检测和结果分析

杂交反应后的芯片上各个反应点的荧光位置、荧光强弱经过芯片扫描仪和相关图像分析软件,将荧光转换成数据,即可以获得有关生物信息。基因芯片技术发展的最终目标是将从样品制备、杂交反应到信号检测的整个分析过程集成化以获得微型全分析系统 (micro total analytical system)或称缩微芯片实验室(laboratory on a chip)。使用缩微芯片实验室,就可以在一个封闭的系统内以很短的时间完成从原始样品到获取所需分析结果的全套操作。

目前发展的芯片有表达谱芯片,用以分析不同样品中的基因表达差异。全转录本长链不编码 RNA(Long Noncoding RNA, lncRNA)芯片,筛选差异表达的 lncRNA 和 mRNA、lncRNA 功能注释、lncRNA 调控机制预测。miRNA 芯片,检测 miRNA 表达水平、差异 miRNA 筛选、差异 miRNA 靶基因预测。甲基化芯片,是一种 DNA 甲基化高通量筛选技术,精确到单个碱基的甲基化变化。因为人类的许多疾病(包括癌症)是由于异常的甲基化引起,甲基化芯片可在人类干细胞中鉴定出非 CpG 甲基化位点、miRNA 启动子区域以及肿瘤和正常组织中差异表达的甲基化位点。全基因组 SNP 检测芯片,适用于全基因组 SNP 分型研究及基因拷贝数变化研究,一张芯片可检测几十到几百万标签 SNP 位点。

蛋白质组学是一门以全面的蛋白质性质研究为基础,在蛋白质水平上对疾病机理、细胞模式、功能联系等方面进行探索的科学。可用于蛋白质表达谱分析,研究蛋白质与蛋白质的相互作用,甚至 DNA -蛋白质、RNA -蛋白质的相互作用,筛选药物作用的蛋白靶点等。蛋白芯片技术的研究对象是蛋白质,其原理是对固相载体进行特殊的化学处理,再将已知的蛋白分子产物固定其上(如酶、抗原、抗体、受体、配体、细胞因子等),根据这些生物分子的特性,捕获能与之特异性结合的待测蛋白(存在于血清、血浆、淋巴、间质液、尿液、渗出液、细胞溶解液、分泌液等),经洗涤、纯化,再进行确认和生化分析。它为获得重要生命信息(如未知蛋白组分、序列,体内表达水平,生物学功能,与其他分子的相互调控关系,药物筛选,药物靶位的选择等)提供有力的技术支持。蛋白芯片可用于差异蛋白鉴定、药物筛选和疾病检测等。

早期蛋白质组学的研究以双向电泳技术为基础。双向电泳技术(包括荧光差异双向电泳)是将不同来源的蛋白样品依靠分子量大小和等电点进行分离和定量,结合基于基质辅助激光解析电离飞行时间质谱(MALDI - TOF/TOF - MS)的串联质谱技术对差异表达蛋白进行鉴定,是蛋白质组学研究最经典和常用的技术之一。虽然现在由于该技术分辨率相对较低,限制了在高复杂度样品中的应用,但由于其具有易观察、成本较低等优点,仍然是蛋白质组研究的重要技术手段之一。

2.8.2　新一代核酸和蛋白分子的高通量研究技术

近十年来,随着技术的发展,又有一系列针对蛋白质和核酸分子的高通量研究技术面市,在生命科学的各个领域发挥着越来越重要的作用。下面介绍 iTRAQ 标记定量蛋白质组学技术、RNA Sequencing 技术和全基因组关联分析技术的原理和应用。

2.8.2.1　iTRAQ 标记定量蛋白质组学

iTRAQ(Isobaric tag for relative and absolute quantitation)是由 AB SCIEX 公司研发的一种体外同重同位素标记的相对与绝对定量技术。iTRAQ 试剂由三部分组成:报告基团、平衡基团和肽反应基团(图 2 - 70)。报告基团有 8 种分子量,范围从 113～121(无

120);平衡基团也有 8 种不同的分子量,与不同的报告基团搭配,使得八种 iTRAQ 试剂分子量相等。能保证被标记的不同来源的同一肽段在一级质谱中具有相同的质荷比;肽反应基团能与肽段氨基端(N 端)及赖氨酸侧链氨基发生共价连接使肽段连上标记,几乎可以标记样本中所有蛋白质(图 2-71)。

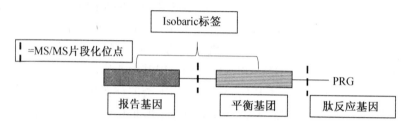

图 2-70　iTRAQ 试剂由报告基团、平衡基团和肽反应基团三部分组成

标记的多肽样品等量混匀后,经液相色谱分离及串联质谱(MS/MS)分析,可得到各肽段的一、二级质谱信息。一级质谱中,任何一种 iTRAQ 试剂标记的不同样品中的同一肽段表现出相同的质荷比;二级质谱中,化学键断裂释放出 iTRAQ 报告离子,在质谱低质量区产生了 8 个报告离子峰,其强度反映了该肽段在不同样品中的相对表达量信息,另外二级质谱中的肽段碎片离子峰质荷比反映了该肽段的序列信息。这些质谱原始数据经过数据库检索,可得到蛋白质的定性和相对定量信息(图 2-71)。通过生物信息学分析即可鉴定出所测蛋白及其在各样品中的表达差异。

iTRAQ 技术操作有以下几个流程:蛋白质的提取,胰酶消化,iTRAQ 试剂分别标记不同样本,液相色谱分离及串联质谱(MS/MS)检测,蛋白质数据的定性和定量分析。

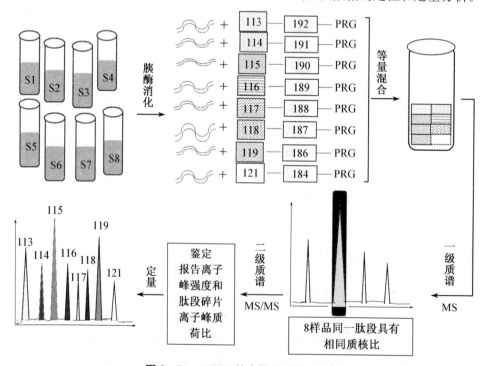

图 2-71　iTRAQ 技术操作流程示意图

1. 应用范围

(1) 寻找差异表达蛋白,并分析蛋白功能。

(2) 定性与定量分析蛋白:分析结果可得出各样品中蛋白名称及蛋白量的比值。

(3) 差异基因筛选:利用统计学方法筛选差异表达的蛋白和差异表达的基因。

(4) Pathway enrichment 分析:找出差异表达基因在生物学通路中的位置,以阐明其生物学功能以及不同基因之间的相互作用。

2. 技术优势

(1) 灵敏度高:低丰度蛋白也能检测出。

(2) 适用范围广:几乎可对任何物种的各类蛋白质进行分离鉴定。

(3) 高通量:能同时对 10 组样本中包含的蛋白进行鉴定及表达差异分析。

(4) 高效:液相色谱与串联质谱连用,自动化操作,分析速度快,分离效果好。

2.8.2.2 RNA sequencing(RNA 测序分析,转录组分析)

转录组是特定组织或细胞在某一发育阶段或功能状态下转录出来的所有 RNA 的总和,主要包括 mRNA 和非编码 RNA(non-coding RNA,ncRNA)。转录组研究是基因功能及结构研究的基础和出发点,了解转录组是解读基因组功能元件和揭示细胞及组织中分子组成所必需的,并且对理解机体发育和疾病具有重要作用。整个转录组分析的主要目标:对所有的转录产物进行分类;确定基因的转录结构,如其起始位点,$5'$ 和 $3'$ 末端,剪接模式和其他转录后修饰;量化各转录本在发育过程中和不同条件下(如生理/病理)表达水平的变化。

转录组分析技术经历了几代的发展,从基于杂交技术的芯片(Gene chip 或 microarray)技术、基于序列分析的基因表达系列分析(Serial analysis of gene expression,SAGE)和大规模平行信号测序系统(Massively parallel signature sequencing,MPSS),以及目前应用广泛的 RNA-Seq 技术。RNA-Seq 技术具有诸多独特优势,该技术能够在核苷酸水平对任意物种的整体转录活动进行检测,在分析转录本的结构和表达水平的同时,还能发现未知转录本和稀有转录本,精确地识别可变剪切位点以及 cSNP(编码序列单核苷酸多态性),提供更为全面的转录组信息。相对于传统的芯片杂交平台,RNA-Seq 无须预先针对已知序列设计探针,即可对任意物种的整体转录活动进行检测,提供更精确的数字化信号,更高的检测通量以及更广泛的检测范围。

我们之前介绍的高通量测序技术都能进行 RNA 测序,如以 Roche 公司的 454 技术、Illumina 公司的 Solexa 技术和 ABI 公司的 SOLiD 技术以及 HelicosBiosciences 公司推出单分子测序(Single molecule sequencing,SMS)技术。

RNA-Seq 的应用范围:

(1) 转录本结构研究

利用单碱基分辨率的 RNA-Seq 技术可极大地丰富基因注释的很多方面,包括 $5'/3'$ 边界鉴定、UTRs 区域鉴定以及新的转录区域鉴定等。RNA-Seq 还可对可变剪接(Alternative splicing)进行定量研究。

(2) 转录本结构变异研究

在发现序列差异(如融合基因鉴定、编码序列多态性研究)方面,RNA-Seq 也展示了其很大的潜力。发现可能是由反式剪接所产生转录融合事件。

（3）基因表达水平研究

原则上，RNA-Seq 有可能确定细胞群中的每一个分子的绝对数量，并对实验之间的结果进行直接比较。RNA-Seq 一个特别强大的优势是它可以捕捉不同组织或状态下的转录组动态变化而无须对数据集进行复杂的标准化。

（4）非编码区域功能研究

转录组学研究的一个重要方面就是发现和分析非编码 RNA（Non-coding RNA，ncRNA）。ncRNA 按其功能可分为看家 ncRNA 和调节 ncRNA。前者通常稳定表达，发挥着一系列对细胞存活至关重要的功能，主要包括转移 RNA（tRNA）、核糖体 RNA（rRNA）、小核 RNA（snRNA）及小核仁 RNA（snoRNA）等；后者主要包括 lncRNA 和以 microRNA 为代表的小 ncRNA（small ncRNA），在表观遗传、转录及转录后等多个层面调控基因表达。过去对 ncRNA 的研究大部分集中于小 ncRNA，如 microRNAs 和 siRNAs。最近几年的研究集中在 lncRNA，证实 lncRNA 具有明确的生物学功能，与癌症、冠心病及神经退行性疾病等多种疾病密切相关。

2.8.2.3 全基因组关联分析

全基因组关联分析（genome-wide association study，GWAS）是近年来兴起的遗传分析方法，在人类和动植物复杂性状遗传研究中已取得初步成果。全基因组关联分析是应用基因组中数以百万计的单核苷酸多态性（single nucleotide ploymorphism，SNP）为分子遗传标记，进行全基因组水平上的对照分析或表型相关性分析，通过比较发现造成复杂性状的基因变异的一种新策略。

人类和动植物的复杂性状都是多基因控制的数量性状，存在基因间的相互作用（上位性）以及基因在不同环境的特异表达（环境互作）。所以，鉴定复杂遗传性状的遗传基础一般来说是比较困难的。最近十几年，随着基因组技术的快速发展，特别是测序技术手段的提高，人类全基因组计划和许多动植物的全基因组测序已经完成，全基因组关联分析已经成为研究复杂性状的重要方法。

GWAS 的研究原理是在基因水平上通过分子标记的手段，对整个基因组内的 SNP 进行综合分析与分型，再将不同表现的性状变异统计出来，提出假设，并且验证其与期望性状间的关联性。

总之，人类的 GWAS 研究结果能够帮助人们弄清人类复杂疾病和性状的遗传基础，通过对检测到的关联位点和基因进行深入研究，从而为破解复杂性疾病和复杂性状的遗传奥秘提供思路。与人类和动物的 GWAS 研究相比，植物 GWAS 研究可以在多种环境条件下测量表型数据，从而通过减小环境引起的误差和测量误差来增加表型测量的精确性。而且，一个群体的基因型数据测量完成后，可以对这个群体的多个性状进行分析。对动植物中的 GWAS 研究结果为阐明动植物复杂性状的遗传结构提供了理论基础，可以将检测到的关联位点运用到分子辅助选择育种中，对动植物的品种改良具有指导性意义。

在未来一段时间内，随着基因组测序成本的显著下降和各种统计方法的不断完善，GWAS 将更多地应用于多种复杂性状的研究中。随着现代遗传学、基因组学和其他生物技术的不断进步，GWAS 研究将在以下两个方面有所突破：第一个方面为多组学水平上的 GWAS 研究。表型变异不仅仅是由 DNA 序列多态性造成的,而且还受到基因表达水平的影响,基因表达差异产生各种蛋白和代谢物。近年来,基因组技术和转录组、蛋白组及代谢组测量水平有了较大的提高,为采用系统生物学手段研究复杂性状的遗传结构提供了可能。其中,基于代谢物的全基因组关联分析(mGWAS)研究较多,已经在拟南芥、玉米和水稻研究中取得了进展。第二个方面为多性状的 GWAS 研究。在复杂性状的GWAS 研究中,一些遗传变异位点可能控制多个性状的遗传结构,分别研究每个性状的遗传结构可能会降低 GWAS 的功效。为此,一些经典的多元性状研究方法被应用于GWAS 中,如基于似然函数的线性混合模型和广义估计方程及这些方法的扩展。多性状的 GWAS 研究结果表明,多性状模型相对于单个性状分析能够提高关联位点检测到的功效。

特配电子资源

线上资源

微信扫码
- 网络习题
- 视频学习
- 延伸阅读

第3章 基因工程常用载体和工具酶

    基因工程中基因克隆的基本过程为把感兴趣的目的基因(外源基因)连接到能够在宿主细胞中进行复制扩增的 DNA 分子(载体)上形成重组 DNA 分子,再转入到宿主细胞中,外源基因随着载体的扩增而扩增。获得重组分子,必须有合适的载体以及对载体及待克隆的 DNA 片段进行切割、修饰及连接的各种工具酶。本章将对各种载体和工具酶进行详细介绍。

3.1 载 体

    基因克隆过程中外源基因片段由于缺乏复制起始位点或与宿主染色体的同源序列,进入宿主细胞后往往因不能自主复制或重组整合到宿主基因组中而发生降解。所以,克隆过程中需要借助特殊的工具才能进入宿主细胞并在宿主细胞中扩增或表达。这种能够携带外源目的基因或 DNA 片段进入宿主细胞进行复制和表达的工具称为**载体**。载体的本质为双链 DNA 分子,但是该 DNA 分子必须具备能在宿主细胞中进行复制并传递到子代细胞的能力等两种特性。综合来说,载体的功能可分为三个方面。第一,为外源基因提供进入受体细胞的转移能力;第二,为外源基因提供在受体细胞中的复制、扩增或整合能力(指 DNA 拷贝数的增加),这是所有载体必须具备的能力;第三,为外源基因提供在受体细胞中的表达能力(指基因的表达,使外源基因转录生成 mRNA 和翻译形成蛋白质,并在受体细胞中发挥功能,进而可发现基因在生物体内发挥的作用)。

    质粒 DNA 和噬菌体 DNA 这两类天然的 DNA 分子具备上述特性。但是,常用的载体都需要在天然 DNA 分子的基础上进行相关改造,改造后的 DNA 分子必须具备以下条件,才能满足基因克隆和表达等需要。(1)具有复制原点或整合位点,能使外源基因在受体细胞中稳定遗传;(2)具有多种单一的核酸内切酶的识别切割位点(多克隆位点,multi-cloning site,MCS);(3)具有合适的选择性标记,便于重组 DNA 分子的检测;(4)易于扩增和分离纯化;(5)表达载体还应具备表达调控元件。

3.1.1 质粒来源载体

3.1.1.1 质粒的基本特性

    质粒是来自细菌细胞染色体外的独立存在的 DNA 分子,能进行独立复制和遗传。质粒上携带一个或多个基因,基因产物将赋予细菌特定的表型。比如质粒上携带的抗生素抗性基因,如氨苄青霉素和氯霉素抗生素抗性基因可以使细菌能够在含有一定浓度抗生素的培养基中生长。实验室中,抗生素抗性基因常被作为一种选择标记,可以保证培养基上生长的细菌含有某种特定的质粒。大部分质粒上还含有复制起始位点序列,可以保证质粒在宿主细胞中独立于染色体 DNA 进行复制。一般小的质粒自身独立复制所需复制酶来源于宿主细胞;而大的质粒上会携带特定的基因,合成复制酶用于自身 DNA 的复制。还有少量的质粒采用重组到宿主染色体 DNA 上的方式,随宿主染色体 DNA 的复制而复制,这类质粒称为**附加体**(episome),可以重组到宿主染色体 DNA,稳定遗传多代,但也可在特定阶段以游离分子存在。

对于基因克隆来说,载体的大小和拷贝数至关重要。载体的大小以小于 10 kb 为宜。天然质粒的大小范围跨度很大,最小的约长 1 kb,而最大的可达 250 kb。所以只有少量的质粒符合克隆的目的。但是,一些大质粒在特定条件的克隆中也有其应用价值。

质粒的拷贝数是指在一个特定的宿主细胞中质粒的分子数量多少。根据质粒拷贝数的多少,将质粒分为严谨型质粒和松弛型质粒两类。严谨型质粒一般指一些大分子量的质粒,为低拷贝,在细胞中往往只有一到两个质粒分子;松弛型质粒的拷贝数较高,至少在 50 个以上,可以多达上千个拷贝。基因克隆中一般使用由松弛型质粒改造来的载体分子,可以获得大量的重组 DNA 分子。

另一个影响质粒成为载体分子的特性是质粒的接合型和兼容性。质粒按照能接合与否分为接合型质粒和非接合型质粒。接合型质粒又叫自我转移性质粒,除含有自我复制基因外,还带有一套控制细菌配对和质粒接合转移的基因"*tra*",如 F 质粒、部分 R 质粒和部分 Col 质粒。当细菌通过菌毛相互接触时,质粒 DNA 就可从一个细胞(细菌)转移至另一个细胞(细菌)。非接合型质粒上不具有质粒接合转移基因,不能发生质粒 DNA 的自我转移,但如果和其他接合型质粒共同存在于一个细胞,也可以发生共转移。考虑到基因工程的安全性问题,需要选用非接合型质粒进行载体的改造。

细菌细胞中可能同时存在两种或两种以上不同的质粒类型,不同质粒可在一个细菌细胞中共存的现象称为质粒的相容性。同种的或亲缘关系相近的两种质粒不能同时稳定地保持在一个细胞内的现象,称为质粒不相容性。利用同一复制系统的不同质粒同时导入同一细胞时,它们在复制及随后分配到子细胞的过程中彼此竞争,在一些细胞中,一种质粒占优势,而在另一些细胞中另一种质粒却占上风。当细胞生长几代后,占少数的质粒将会丢失,因而在细胞后代中只有两种质粒的一种。所以,不同质粒间可划分为不同的相容群或不相容群。共存于同一种细菌中的质粒必须属于不同的不相容群。

质粒根据它们所带有的基因以及赋予宿主细胞的特点可以分为五种不同的类型:

(1)抗性质粒(Resistance plasmids,R):它们带有抗性基因,可使宿主菌对某些抗生素产生抗性,如对氨苄青霉素、氯霉素等产生抗性。不同的细菌中也可含有相同的抗性质粒,如 RP4 质粒在假单胞菌属和其他细菌中都存在。R 质粒还可以通过感染的形式在不同种的细菌中传播。

(2)致育因子(Fertility plasmids,F):可以通过接合在供体和受体间传递遗传物质。F 因子约有 1/3 的 DNA 构成一个控制 DNA 转移的操纵子,约 35 个基因,负责合成和装配性菌毛。这个操纵子受 *traJ* 基因产物的正调节。它还具有重组区和复制区。重组区含有多个插入序列,通过这些插入序列进行同源重组。在复制区有两个复制起始点:一个

是 *oriV*,供给 F 因子在宿主中自主复制时使用;另一个是 *oriT*,供接合时进行滚环复制的起始点。

(3) Col 质粒:带有编码大肠杆菌素(colicins)的基因。大肠杆菌素可杀死其他细菌。如 *E. coli* 中的 ColE1。

(4) 降解质粒(degradative plasmids):这种质粒编码一种特殊蛋白,可使宿主菌代谢特殊的分子,如甲苯或水杨酸。

(5) 侵入性质粒(virulence plasmids):这些质粒使宿主菌具有致病的能力。如 Ti 质粒,这是在根癌农杆菌(*Agrobacterium tumefaciens*)中发现的,现经过加工用来作为植物转基因的一种常用载体。

3.1.1.2 质粒来源载体介绍

在对野生质粒的大小、拷贝数、序列信息、接合和兼容特性等信息了解的基础上,就可以对质粒进行相关改造或进行不同质粒来源的片段重组,获得我们所需的载体分子。对野生质粒的改造通常包括以下几个方面的内容:(1) 删除不必要的 DNA 序列,缩小质粒相对分子量,提高外源 DNA 片段的装载量;(2) 灭活一些质粒上的基因(如可转移基因),保证重组实验的安全,灭活质粒拷贝数的负控制基因,提高质粒的拷贝数;(3) 加入选择性标记,便于重组子的检测;(4) 加入多克隆位点,便于外源基因的插入;(5) 根据克隆的目的,加装特殊的表达元件或便于蛋白纯化的元件(如 GST 标签)。以下为历史上一些较为重要的载体和广泛使用载体的介绍。

1. 质粒载体实例 1:pBR322

pBR322 是第一个人工构建的重要质粒,是应用最早且最广泛的大肠杆菌质粒载体之一。质粒载体 pBR322 中的"p"代表质粒(即 Plasmid 的首字母);"BR"代表构建这一载体的实验室名称,即两位研究者 Bolivar 和 Rogigerus 姓氏的首字母;"322"是实验编号。虽然与最新构建的质粒载体相比,pBR322 缺失复杂的载体原件且在研究中应用越来越少,但是以它为例也能很好阐明质粒的基本特性。质粒载体 pBR322 的大小为 4 361 bp,相对分子质量较小是它的第一个优点,最高可提供大于 6 kb 的 DNA 片段的插入,组成的重组 DNA 分子大小还在可操作的范畴之内(10 kb)。优点之二是它带有一个复制起始位点 *ori*,保证了该质粒只在大肠杆菌的细胞中行使复制的功能。具有两种抗生素抗性基因——氨苄青霉素抗性基因和四环素抗性基因,可为转化子和重组子提供选择标记是它的第三个优点。两个抗性基因上各有几种限制性内切酶的单一切点,氨苄青霉素抗性基因上有 *Pst* I、*Pvu* I 和 *Sca* I 三种酶的切点;四环素抗性基因上有 *Bam*H I 和 *Hind* III 两种酶的切点。几种酶切位点提供了多种通过黏性末端插入外源基因片段的选择,外源基因的插入造成基因插入失活,使宿主菌丧失氨苄青霉素或四环素的抗性表型,可用来进行重组 DNA 分子的筛选。质粒载体 pBR322 的第四个优点是具有较高的拷贝数,虽然每个细胞中 pBR322 的拷贝数为 15 个左右,经过蛋白合成抑制剂氯霉素处理以后,每个细胞中可扩增累积到 1 000~3 000 份拷贝,该特性为重组体 DNA 的制备提供了极大的方便。氯霉素扩增质粒,并不是因为质粒上有氯霉素抗性基因而外界给予选择压力,而是因为氯霉素能够抑制蛋白合成并阻止细菌染色体复制,从而使得细菌不再繁殖,但此时质粒仍然可以复制。所以氯霉素扩增质粒,只是通过增加每个细菌中的拷贝数从而提高质粒产量,并非同时增加细菌量和拷贝数。

　　现在构建的重组质粒拷贝数一般都能满足提取的要求,不需要扩增。早期使用氯霉素,严格来说并不是不能获取足够的质粒 DNA 的产量,而是要提高"单位产量",因为大量高度黏稠的浓缩细菌裂解物,为后续质粒提取增加困难,而在对数中期加入氯霉素可以避免这种现象。有氯霉素存在时从较少量细胞获得的质粒 DNA 的量与不加氯霉素时从较大量细胞所得到的质粒 DNA 的量大致相等。

　　pBR322 是由 R1(pSF2124)、R6－5(pSC101)及 pMB1 三个亲本质粒经复杂的重组过程构建而成的。氨苄青霉素抗性基因、四环素抗性基因和复制起始位点 *ori* 分别来自 R1(pSF2124)、R6－5(pSC101)和 pMB1 亲本质粒(图 3－1)。

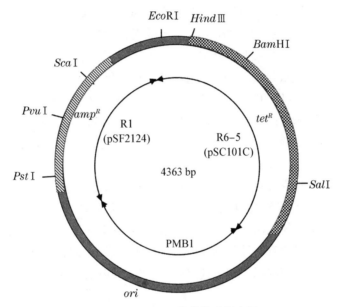

图 3－1　pBR322 载体构成及来源

　　2. 质粒载体实例 2:pBR322 系列质粒 pBR327

　　pBR327 质粒载体是从 pBR322 载体改造而来的,删除了长约 1 089 bp 的序列,序列删除没有破坏两个抗性基因的任何序列,但是改变了质粒的复制和接合相关的特性。这一改造为后来构造更为精巧的质粒载体奠定了基础,因为它从两个方面增强了质粒作为载体的优越性:第一,在复制功能的改变意味着 pBR327 比 pBR322 具有较高的拷贝数,大约在每个大肠杆菌细胞有 30～45 质粒分子;第二,1 089 bp 序列的删除也破坏了 pBR322 的接合能力,使 pBR327 成为一非接合型质粒,不能自主转移到其他大肠杆菌细胞,这对于生物安全和限制基因漂流非常重要。

　　虽然 pBR327 像 pBR322 一样不再被广泛使用,但是其序列组分存在于大多数现代质粒载体中。现代常用质粒有很多种,没有必要一一介绍,另外两个例子将足以说明载体的其他两个最重要的特性。

　　3. 质粒载体实例 3:pUC8 系列质粒

　　pUC8 是从 pBR322 载体改造来的,只留取了氨苄青霉素抗性基因和复制子的序列,载体分子量更小,只有 2 750 bp。而且氨苄青霉素抗性基因的序列也经过了修饰(同义密码子替换),删除了一些限制性内切酶的切点(即出现在多克隆位点区域之外的酶的识别和切割位点)。载体上添加了选择标记基因 *lacZ′* 和乳糖操纵子的启动子调控序列。*lacZ′* 是大肠杆菌 β-半乳糖苷酶基因 *lacZ* 的 5′ 端序列,编码 β-半乳糖苷酶的氨基端序列 α 肽,可通过与失去了正常氨基末端的 β-半乳糖苷酶突变体互补,即 α 互补形成有功能活性的 β-半乳糖苷酶,从而进行重组 DNA 克隆的蓝白斑筛选。另外,载体上还添加了多克隆位点(Polylinker 或 Mutiple Cloning Site,MCS)(图 3-2)。多克隆位点是一段由人工合成的含有多种限制性核酸内切酶单一识别和切割位点的 DNA 序列。

pUC8 中有三个突出的优点,使它成为应用最广泛的大肠杆菌克隆载体之一。第一优点是偶然获得的。在构建 pUC8 载体过程中伴随着一次发生在复制起始位点的偶发突变,突变的结果使该质粒的拷贝数在不需要氯霉素处理扩增时就能达到 500~700 个拷贝。这可以显著增加从宿主细胞中获得的重组 DNA 分子的产量。

第二个优点为方便重组 DNA 的筛选。可以把转化子细菌涂布在含有氨苄青霉素、异丙基-硫代-半乳糖苷(IPTG)和 5-溴-4-氯-3-吲哚-β-D-吡喃半乳糖苷(X-gal)的培养基上进行一步筛选,即蓝白斑筛选。pBR322 和 pBR327 重组质粒的筛选则需要通过两种抗生素平板的两次筛选。所以,pUC8 载体的新组成原件大大提高了重组 DNA 的筛选效率。

第三个优点为多克隆位点的添加。pUC8 载体上的多克隆位点集中排列在 *lacZ′* 的 5′ 端。插入的多克隆位点经过精巧设计,并不破坏 *lacZ′* 的读码框,仍能编码产生 α 肽并能和宿主大肠杆菌染色体编码的 β-半乳糖苷酶羧基端片段重组成具有完全活性的 β-半乳糖苷酶。多克隆位点含有 9 种限制性内切酶的单一切点,即在载体的其他序列上均不存在这 9 种限制性内切酶的识别和切割位点,方便克隆时酶切位点的选择和定向克隆的操作(图 3-2)。

pUC 质粒载体是一系列载体。pUC8 载体的对应载体为 pUC9,除了多克隆位点为反向插入之外,载体其他序列和组分与 pUC8 完全相同。pUC 系列的其他成员如 pUC18/19 含有更多限制性内切酶位点的组合,可以为 DNA 片段的克隆提供更大的灵活性(图 3-2)。

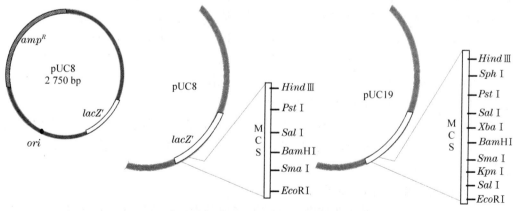

图 3-2　pUC8 及其系列载体构成及含有多克隆位点的 *lacZ′* 基因片段

4. 质粒载体实例 4：pGEM3Z（用于所克隆 DNA 的体外转录）

pGEM3Z 载体和 pUC8 大小完全一致，也含有氨苄青霉素抗性基因和多克隆位点的 *LacZ'* 筛选标记基因。两者的区别在于 pGEM3Z 载体上多克隆位点的两侧分别添加了一段序列，这两段序列是可被 RNA 聚合酶识别并结合的启动子序列（图 3-3）。两个启动子序列分别处于多克隆位点的两端，意味着如果在多克隆位点处插入某一 DNA 片段，并将这一重组 DNA 分子和 RNA 聚合酶在试管内混合，则这一片段将会从两个方向分别被转录，生成这一基因的 mRNA 分子和反义 RNA 分子。生成的 RNA 分子可以作为分子杂交中的探针分子，也可用来进行 RNA 加工和蛋白质合成方面的研究。

pGEM3Z 载体上的启动子序列不能被大肠杆菌的宿主 RNA 聚合酶所识别，常用的启动子为分别被 T7 RNA 聚合酶和 SP6 RNA 聚合酶识别的 T7 启动子和 SP6 启动子（图 3-3）。T7 RNA 聚合酶和 SP6 RNA 聚合酶分别来自大肠杆菌噬菌体 T7 和 SP6，在噬菌体侵染大肠杆菌宿主细胞时产生，用于噬菌体自身基因的 RNA 分子合成。选择这两种 RNA 聚合酶进行体外转录是因为 T7 RNA 聚合酶和 SP6 RNA 聚合酶的活力超强，可以进行快速转录。可以在一分钟内合成 1~2 mg RNA 分子，合成效率比大肠杆菌体内的 RNA 聚合酶高出许多倍。

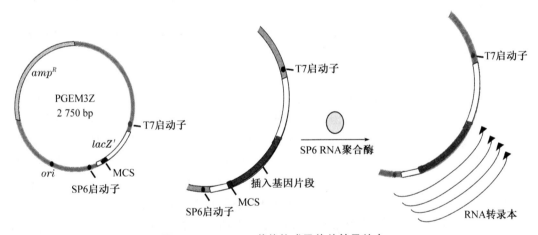

图 3-3　pGEM3Z 载体构成及体外转录特点

5. 质粒载体实例 5：T 载体（用于 PCR 产物的直接克隆）

在 PCR 过程中，普通的 *Taq* DNA 聚合酶具有能够在所扩增的 DNA 片段 3' 末端加 A 的特性，如果线性化的载体分子 3' 端具有单碱基 T 的黏性末端，能够快速对 PCR 产物进行克隆，这种克隆方法称为 TA 克隆，所用的载体称为 T 载体。pGEM-T 载体为常用的一种 T 载体（图 3-4）。

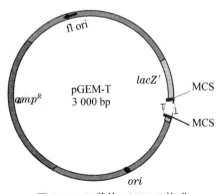

图 3-4　T 载体 pGEM-T 构成

3.1.2 噬菌体 DNA 来源载体

3.1.2.1 噬菌体 DNA 的基本特性

噬菌体是专门感染细菌的病毒,和大多病毒一样,噬菌体在结构上非常简单,只包含携带一些指导自身复制的相关基因的基因组 DNA 或 RNA,以及由蛋白质分子组成的保护型衣壳。噬菌体的结构主要有两种类型,即有尾部结构的二十面体和丝状噬菌体。有尾部结构的二十面体噬菌体除了一个二十面体的头部外,还有由一个中空的针状结构及外鞘组成的尾部,以及尾丝和尾针组成的基部,如 λ 噬菌体。丝状噬菌体呈线状,没有明显的头部结构,而是由壳粒组成的盘旋状结构,如M13 噬菌体(图 3 - 5)。虽然噬菌体的种类有很多,但是只有 λ 噬菌体和 M13 噬

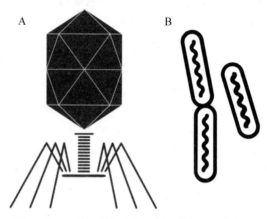

图 3 - 5 二十面体(A)和丝状噬菌体(B)模式图

菌体在基因克隆过程中有广泛的应用,所以将对两种噬菌体的生活史、基因组结构等特性进行详细介绍。

1. λ 噬菌体

λ 噬菌体的生活史可以分为溶菌(侵染)周期和溶源周期两个部分。溶菌周期一般分为以下几个阶段。(1)吸附。噬菌体以它的尾部末端高度特异性地吸附到敏感细胞表面上某一特定的位点,如细胞壁、鞭毛或纤毛。(2)侵入。将自身的遗传物质(DNA)注入宿主细胞内。(3)复制与合成。指噬菌体 DNA 和蛋白质外壳的复制。噬菌体 DNA 进入宿主细胞后,立即引起宿主的代谢改变,宿主细胞内的核酸不能按自身的遗传特性复制和合成蛋白质,而由噬菌体核酸所携带的遗传信息控制,借用宿主细胞的合成机构及酶等复制核酸,进而合成噬菌体的蛋白质。核酸和蛋白质装配合成新的噬菌体。(4)释放。噬菌体颗粒成熟后,噬菌体的水解酶水解宿主细胞而使宿主细胞裂解,噬菌体被释放出来。在一些噬菌体中,裂解周期进行得非常快,可以在 20 分钟内完成。和裂解周期相比,在溶源周期中,噬菌体感染进入宿主细胞后,可以整合在噬菌体基因组 DNA 的特定位点,随着宿主细胞的复制进行复制。此时的噬菌体 DNA 称为原噬菌体,宿主菌称为溶源菌。原噬菌体可以在宿主细胞中稳定存在,直到某些特定条件刺激下再重新进入溶菌周期。

λ 噬菌体的基因组为双链 DNA 分子,长度为 48.5 kb,共编码 61 个基因,功能相关的一组基因成簇排列(图 3 - 6)。例如合成头部和尾部蛋白的基因集中分布在左臂位置,占据了三分之一的基因组;和原噬菌体整合和切离有关的基因在基因组的中部;控制 λ 噬菌体基因转录相关的基因成簇排列在基因组的右臂处。在头尾蛋白基因簇和切离与重组基因簇之间有一段序列为基因组非必须序列(图 3 - 6)。基因的成簇排列便于进行基因的成组调控,这是原核生物基因组采用操纵子进行基因调控的通用方式。

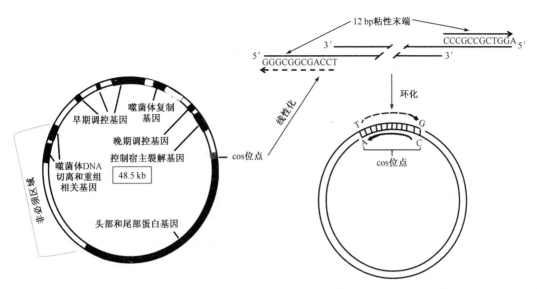

图 3-6　λ 噬菌体的基因组构成及 cos 位点在基因组线性化和环化过程的重要性

　　λ 噬菌体的基因组可以以双链环状 DNA 和双链线装 DNA 两种形式存在,双链线状 DNA 的两端各有 12 个碱基的 5′突出黏性末端是相互互补的,该互补序列相互作用形成 cos 位点。通过 cos 位点间的相互识别和接合可以使 DNA 分子在线性和环状分子形式间进行转换(图 3-6)。cos 位点在 λ 噬菌体生活史中有两方面的用途:首先在溶源化过程中,线性的 DNA 分子进入宿主细胞后,需要首先进行环化才能重组进入宿主细胞基因组 DNA。另外,在噬菌体复制过程中,λDNA 采用滚环复制的形式以 cos 位点为间隔形成多聚体,一种由基因 A 编码的内切酶可以识别共连体中的 cos 位点并在此位点进行交错切割,生成独立的含有 cos 位点黏性末端的 λ 基因组 DNA,进而被包装形成成熟的噬菌体颗粒。噬菌体的共连体 DNA 的切割和包装只需要识别 cos 位点及其附近序列,所以 λ 基因组 DNA 内部的序列结构的改变,如一个外源基因的插入,在没有大幅改变基因组 DNA 大小的基础上(保持改变后序列为原有序列长度的 75%～105%),不会影响噬菌体的包装和扩增。

　　2. M13 噬菌体

　　M13 噬菌体是典型的丝状噬菌体,在生活史和结构上与 λ 噬菌体截然不同。M13 噬菌体只感染 F$^+$(含 F 质粒,能产生性菌毛)的大肠杆菌。感染宿主后通常不裂解宿主细胞,而是从感染的细胞中分泌出噬菌体颗粒,宿主细胞仍能继续生长和分裂。但生长水平比未感染组低(图 3-7)。而且 M13 DNA 也不会插入到宿主细胞中成为原噬菌体。

　　在宿主细胞内,以感染性的单链噬菌体 DNA(正链)为模板,在宿主 DNA 聚合酶的催化下转变成环状双链 DNA,可作为下一轮 DNA 复制的模板,因此这种双链 DNA 称为复制型 DNA(replicative form DNA),即 RF DNA。通过 θ 复制方式,RF DNA 进行扩增,在每个宿主细胞中的拷贝数可达到 100 个以上。随着宿主细胞的分裂,RF DNA 分配到子代细胞中并继续进行复制,以维持细胞中的 RF DNA 拷贝数。RF DNA 可以进行滚环复制生成正链单链 DNA 分子,并进行包装生成新一代 M13 噬菌体颗粒,从宿主细

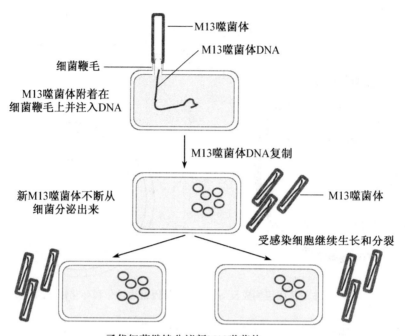

图 3 - 7　M13 噬菌体生活史中不裂解宿主细胞,不进行溶源化

胞中分泌出来,进行下一轮的感染(图 3 - 8)。在宿主细胞的一个世代中,分泌生成新的噬菌体颗粒可到达 1 000 多个。M13 噬菌体没有包装限制。

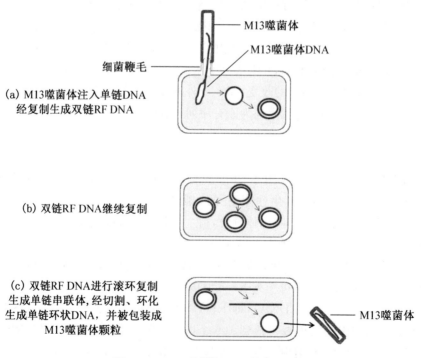

图 3 - 8　M13 噬菌体 DNA 的复制方式

M13 噬菌体的基因组为单链 DNA,基因组较小,只有 6 407 bp。相比 λ 噬菌体来说,编码的基因数目较少,只有 11 个编码基因。因为 M13 噬菌体的衣壳蛋白只需要三个基因的蛋白产物,而且 M13 噬菌体也不需要基因组插入和解离的基因(图 3 - 9)。

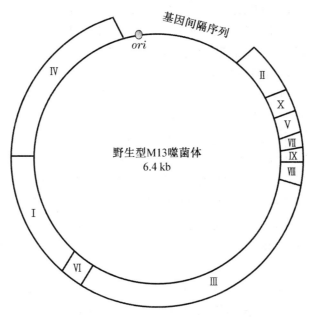

图 3 - 9　M13 噬菌体 DNA 的基因组成

M13 噬菌体的几个特征满足其作为载体的条件。首先 M13 噬菌体基因组的大小只有 6 407 bp,M13 噬菌体在用作载体时是利用其双链 RF DNA。RF DNA 很容易从感染细胞中纯化出来,可以像质粒一样进行操作,并可通过转化方法再次导入细胞。在 M13 噬菌体基因组中绝大多数为必需基因,基因Ⅱ和基因Ⅳ之间的 508 bp 间隔区是主要的外源片段插入位点。M13 噬菌体来源的载体的最后一个优势为可以获得克隆基因的单链 DNA 序列。

3. 其他生物病毒作为载体的例子

大多数生物都受到病毒的感染,而且除了细菌和酵母以外,质粒一般不存在于其他生物体内时,所以人们对高等生物病毒被用作克隆载体的可能性研究非常感兴趣。几种真核病毒已被用作专门用途的克隆载体。例如,人腺病毒用于基因治疗,杆状病毒被用来在昆虫细胞中合成重要的药用蛋白,花椰菜花叶病毒和双联病毒已被用于植物基因的克隆。这些在后文中会进行更全面的讨论。

3.1.2.2　噬菌体来源系列载体

噬菌体来源的载体和质粒载体相比,一般来说具有更大的容量,在基因克隆过程中也有广泛应用。

λ 噬菌体作为载体第一个需要解决的问题就有其克隆容量的大小问题。由于 λ 噬菌体存在包装限制,只能在原有基因组大小的基础上增加 5% 的水平,即最大包装限度是 52 kb。在对 λ 噬菌体基因组 DNA 不做任何改变的情况下,λ 噬菌体作为载体的最大克隆容量只有 3 kb,远远不能满足克隆的要求。值得庆幸的是,在 λ 噬菌体基因组的中部含有一段非必需区,非必需区不含与基因组 DNA 复制及编码噬菌体结构蛋白等的重要基因(图 3-6)。但非必需区含有编码催化在溶源周期中 λDNA 整合和解离相关的酶类,作为载体分子,要求其能够大量扩增并能独立存在,所以这一部分基因对于 λDNA 作为载体也是非必需的。这一段非必需区的序列长度约为 15 kb,将待克隆的基因序列替换 λDNA 的非必需区段,可以使 λDNA 来源载体的克隆容量增加到 18 kb。

λ 噬菌体作为载体应用必须解决的第二个问题是酶切位点问题,即外源基因片段通过什么酶切位点进入到载体分子内。由于 λ 噬菌体基因组 DNA 较大,常用的酶切位点在基因组中均匀分布且不止一个位点,这就为基因的克隆设置了障碍。一个解决方法为定点突变,例如把 $EcoR$ I 的识别序列由 GAATTC 转变为 GGATTC,就不再会被 $EcoR$ I 所识别。但 λ 噬菌体载体刚发展时,定点突变的技术也处于起步阶段,没能在 λ 噬菌体 DNA 的改造中起作用。当时的方法是使用自然突变筛选法,即让 λ 噬菌体去感染能够产生特定限制性内切酶的大肠杆菌菌株,正常的 λ 噬菌体 DNA 均会被酶降解,不能持续侵染和扩增。但是如果 λ 噬菌体 DNA 上的 $EcoR$ I 位点发生改变,则不会被降解而能扩增并释放出新一代的噬菌体颗粒,这新一代噬菌体即为不含 $EcoR$ I 位点的突变噬菌体。

解决了 λ 噬菌体载体的克隆容量、包装限度和载体插入的酶切位点问题,λ 噬菌体作为载体的改造和修饰工作进展顺利,发展了两类噬菌体载体,即插入型和替换型载体。

1. 插入型载体

插入型载体是指将 λ 噬菌体 DNA 的非必需区删除,将 λ 噬菌体 DNA 的左臂和右臂连接起来形成的一类 λ 噬菌体载体。克隆容量根据删除的非必需区段长度而有差异。插入型载体左右臂连接后携带一个或多个供外源 DNA 片段插入的限制性内切酶位点,这些位点集中排布在一起,位于筛选标记基因的内部。λ 噬菌体载体的筛选标记基因有两类,即 cI 基因和 $lacZ'$ 基因。cI 基因的产物为 λ 阻遏蛋白,这一阻遏蛋白可以使 λ 噬菌体感染宿主菌后进入溶源生活周期,不裂解细胞。cI 基因插入失活后,λ 噬菌体感染高频溶源化(high frequency of lysogen,指因一些基因发生突变,被烈性噬菌体感染后细菌易溶源化的菌株)大肠杆菌突变菌株 Hfl$^-$ 后可进行溶菌生活周期,裂解宿主细胞形成空斑(透明的噬菌斑而非混浊的噬菌斑)。$lacZ'$ 基因的插入失活可使噬菌斑从蓝色变为白色,从而方便重组体的筛选。

常见的插入型载体有两种:(1) λgt10,克隆容量为 8 kb,插入位点为 cI 基因上的一个 $EcoR$ I 位点(图 3-10)。 (2) λZAPⅡ,克隆容量为 10 kb,插入位点为 $lacZ'$ 基因上的一个含有 Sac I、Not I、Xba I、Spe I、$EcoR$ I 和 Xho I 等 6 个酶切位点的多克隆位点(Polylinker)(图 3-10)。

2. 替换型载体(取代型载体)

替换型载体具有成对的克隆位点,在这两个位点之间的 λDNA 区段可以被外源插入的 DNA 所取代(图 3-11a)。通常被取代的这一 λDNA 区段中还含有额外的酶切位点,在载体用内切酶酶切制备时,这一片段将会被切成多段而不会影响外源 DNA 片段的连接。替换型载体具有更大的克隆容量。重组 DNA 分子的筛选更多依赖于 DNA 分子的

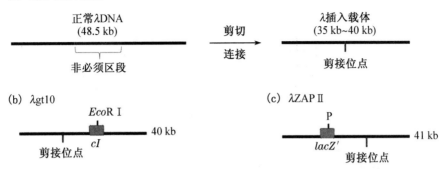

(a) λ插入载体构建

正常λDNA
(48.5 kb)

非必须区段

剪切
连接

λ插入载体
(35 kb～40 kb)

剪接位点

(b) λgt10

*Eco*R I

cI

剪接位点

40 kb

(c) λZAP II

P

lacZ'　剪接位点

41 kb

图 3‐10　λ插入载体

P 为 Polylinker,含有 *Sac* I、*Not* I、*Xba* I、*Spe* I、*Eco*R I 和 *Xho* I 等 6 个酶切位点的单一切点

大小,未重组的 DNA 分子因为太小(小于 λ 基因组 DNA 的 75%,即 37 kb)而不能被有效包装。

　　λDASH II 是一种替换型载体,可以通过两组多克隆位点间的片段替换克隆 9 kb～23 kb 之间的 DNA 片段(图 3‐11b)。两组多克隆位点可提供酶切位点多种选择。重组 DNA 分子的筛选可以通过 DNA 分子的大小和 Spi 表型鉴定等两种方法(详见第 5 章)。和质粒载体 pGEM3Z 一样,插入的 DNA 的两侧同样具备 T3 和 T7 噬菌体启动子序列,可以获得 RNA 转录本。

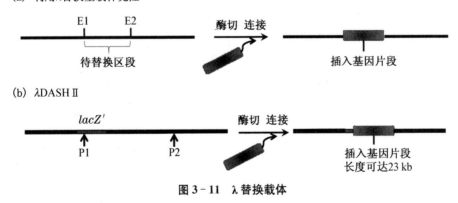

(a) 利用λ替换型载体克隆

E1　　E2

待替换区段

酶切　连接

插入基因片段

(b) λDASH II

lacZ'

P1　　　　　P2

酶切　连接

插入基因片段
长度可达23 kb

图 3‐11　λ替换载体

　　利用 λ 插入型和替换型载体进行克隆实验时,可以采用两种策略:一是载体分子通过 cos 位点进行连接成为双链环状分子,和质粒载体一样进行酶切、连接和转染宿主细胞,但是这种方式下转染效率较低,获得的重组 DNA 分子的量也比较少(图 3‐12a);另一种策略为利用线性载体分子,将经过酶切的载体左臂、右臂和待克隆外源 DNA 片段混合并连接,会形成一个以左臂—DNA—右臂为基本单元的共连体,之后通过噬菌体的体外包装(详见第 5 章)获得含有重组 DNA 分子的噬菌粒。这一噬菌粒再通过下一轮的侵染就可获得大量的重组体,这一策略就大大提高了获得重组子的效率(图 3‐12b)。

(a) 利用环状λDNA载体克隆

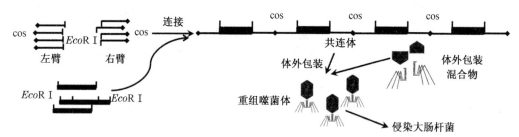

(b) 利用线状λDNA载体克隆

图3-12 利用λDNA载体进行克隆的两种不同策略
（a）裸露环形λDNA转染大肠杆菌 （b）线性λDNA经包装成噬菌体颗粒侵染大肠杆菌

3. 黏粒载体(cohensive-end site plasmid，cos质粒)

cos质粒是一种杂合质粒，是人工构建的含有λDNA的cos(cohensive-end site)位点序列和质粒复制子的特殊类型的质粒载体。cos质粒开发的理论基础在于λDNA多聚体进行体外包装时，相关的酶只需要cos位点的存在就可以进行工作。所以噬菌体的体外包装不仅可以包装λDNA，也可以包装含有由cos位点间隔开的长37 kb～52 kb的DNA片段的串联体。实际上，cos质粒就是含有cos位点的质粒载体，和质粒载体一样，含有筛选标记、多克隆位点和复制起始位点，由于cos质粒缺失所有的λ基因，不能形成噬菌斑，但可以和质粒一样使宿主细胞在筛选培养基上生长，如cos质粒pJB8(图3-13)。

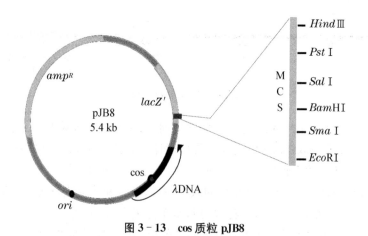

图3-13 cos质粒pJB8

利用cos质粒进行外源DNA片段的克隆如图3-14所示，cos载体用某种特定的限制性内切酶酶切成线性分子；外源 DNA 片段一般要进行部分酶切才能获得较大的 DNA 片段，满足 cos 质粒的包装要求；将载体和外源 DNA 片段进行连接会形成一个含有 cos 位点的共连体。利用体外包装体系，可以将介于 37 kb～52 kb 的重组 DNA 分子进行有效包装，包装后的噬菌粒可以高效感染进入宿主菌，虽然不能形成噬菌斑，但是可以作为质粒分子在宿主细胞中扩增，形成大量的重组体。cos 质粒的克隆容量可以达到 45 kb，可以用于基因组文库的构建。

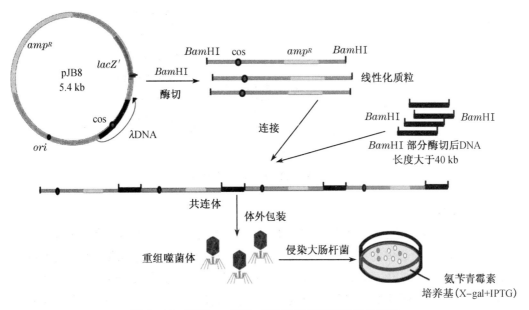

图 3 - 14　利用 cos 质粒 pJB8 进行长基因片段的克隆

4. M13 噬菌体来源载体（生成单链 DNA 的载体）

多年来，能够提供克隆 DNA 单链版本的克隆载体一度非常重要。因为 20 世纪 80 年代和 90 年代 DNA 测序方法在使用过程中，均以单链 DNA 为起始原料。虽然这些测序方法现在已经被双链 DNA 测序技术取代了。但是 1980 年代和 1990 年代设计的合成单链 DNA 的特殊载体仍然很重要，因为这种类型的 DNA 载体在体外诱变（第 7 章）和噬菌体展示（第 7 章）等方面还有特殊用途。

第一个单链 DNA 的载体是基于 M13 噬菌体。正常 M13 噬菌体基因组是 6.4 kb 的长度，大部分 DNA 由十个紧密排列的基因所占据（图 3 - 9），每一个都是复制噬菌体所必需的。其中只有一个 507 核苷酸的基因间序列可以插入新的 DNA 而不破坏这些基因，而这个区域包含了 DNA 复制所必需的复制起始位点，必须保持完整。这意味着只能在有限的范围内修改 M13 基因组。在一个 M13 克隆载体的构建过程中，第一步是引入 *LacZ'* 基因到 M13 基因组序列。这形成了载体 M13mp1，在含有 X-gal 琼脂平板形成蓝色噬菌斑（图 3 - 15a）。另外，在 *LacZ'* 基因内插入不同的多聚接头（polylinker），创造出一系列含有不同克隆位点的 M13 载体（图 3 - 15b）。这些多聚接头和质粒 pUC 上的 MCS 位点是一致的，M13mp8/9 和 pUC8/9 的酶切位点一致；M13mp10/11 和 pUC18/19 的酶切位点一致。意味着克隆的 DNA 可以在 M13 和 pUC 载体之间穿梭，可以分别获得单链和双链的 DNA 产物。

(a) 构建M13mp1

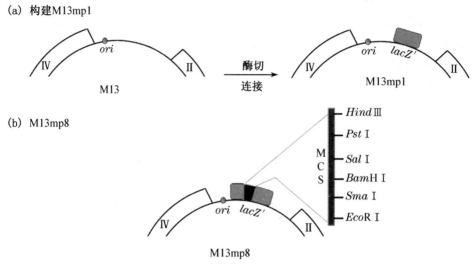

(b) M13mp8

图 3 - 15　M13 载体的构建和实例

5. 噬菌粒载体

虽然 M13 载体对于克隆基因的单链 DNA 的产生是非常有价值的,但它们有一个重要缺陷。M13 克隆载体的克隆容量很低。通常,1 500 bp 被认为是其能达到的最大容量,尽管偶尔会有大于 3 kb 的片段的克隆。为了解决这个问题,通过结合质粒 DNA 和 M13 基因组的一部分序列发展了多种混合载体(噬菌粒载体)。一个例子是 pEMBL8(图 3 - 16),把 M13 基因组的一个 1 300 bp 的片段转移到 pUC8 载体。这段 M13 DNA 序列含有可被 DNA 聚合酶识别的信号序列,在新噬菌体颗粒的分泌前,将以 M13 正常的双链分子为模板生成单链 DNA。这个信号序列即使与其余的 M13 基因组分离,仍然具有功能,所以 pEMBL8 载体分子也被转换成单链 DNA,并分泌缺陷噬菌体颗粒(图 3 - 17)。值得注意的是,基因克隆中,pEMBL8 载体感染大肠杆菌细胞宿主细胞,需要正常的 M13

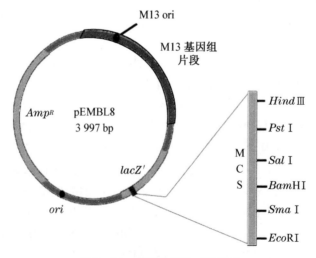

图 3 - 16　噬菌粒载体 pEMBL8

噬菌体作为辅助噬菌体,以提供必要的复制相关酶类和噬菌体外壳蛋白。因 pEMBL8 源自 pUC8,具有位于 *LacZ'* 基因内的多克隆位点,所以重组噬菌体可以用标准的蓝白斑的方式进行鉴定。利用 pEMBL8 载体,可获得长达 10 kb 的单链外源 DNA 片段,大大增加了 M13 载体系统的克隆容量。

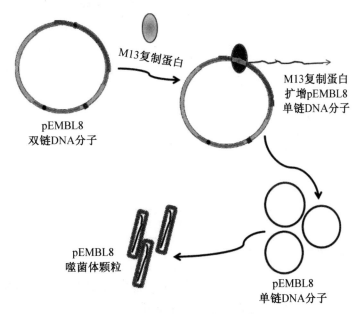

图 3‐17　pEMBL8 载体产生单链 DNA 分子

另外,由 pUC18/19 质粒载体发展来的噬菌粒载体 pUC118/119 和 pBluescript Ⅱ SK(＋/－)也有广泛的应用(图 3‐18、图 3‐19)。pUC118/119 载体和 pEMBL8 载体相比,多克隆位点有更多的限制性内切酶的选择(图 3‐18);pBluescript Ⅱ SK(＋/－)和上两类载体相比,在多克隆位点两侧存在一对 T3 和 T7 噬菌体的启动子,用以定向的指导外源 DNA 或基因的转录(图 3‐19)。

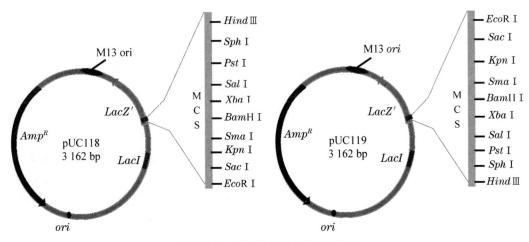

图 3‐18　噬菌粒载体 pUC118/119

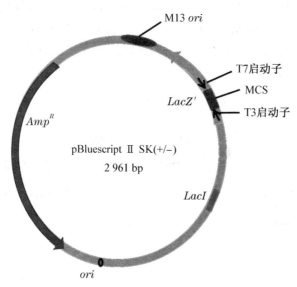

图 3‐19　噬菌粒载体 pBluescriptⅡ SK(＋/－)

3.1.3　原核细胞蛋白表达载体

　　之前介绍的质粒和噬菌体修饰相关载体只能携带外源基因在宿主细胞中进行扩增或转录生成 RNA 分子,要实现外源基因在宿主细胞中的表达,产生蛋白质分子,需要载体上有另外的与蛋白表达相关的信号序列元件,能够被宿主细胞转录和翻译相关的酶或细胞器所识别。这些信号序列元件为一小段 DNA 序列,包括三种最重要的信号序列:启动基因转录的启动子序列(promoter),终止转录的终止子序列(terminator)以及翻译过程核糖体识别和结合序列(ribosome binding site)。在表达载体上,还有编码有利于表达后蛋白分离纯化的序列标签系列。常用的系列标签有六聚组氨酸(6×HIS),谷胱甘肽标签(GST)和八肽 FLAG 标签(DYKDDDDK)等。这些标签和拟表达蛋白形成融合蛋白。下面以 pET‐30a 为例介绍蛋白表达载体的结构。

　　图 3‐20 展示了 pET‐30a‐c 的质粒全图和载体上与克隆和表达相关的序列图。质粒上携带来自 pBR322 的复制起始位点 ori 以及丝状噬菌体 f1 的复制起始位点,质粒能进行自我复制并在辅助病毒作用下产生单链 DNA。质粒的抗性筛选标记基因为卡那霉素抗性基因(KanR),含有 NcoⅠ‐XhoⅠ的多克隆位点,便于外源基因的插入。此外表达载体上有基因转录和翻译相关原件 T7 启动子、T7 终止子以及核糖体结合位点 rbs,可使外源基因进行转录和翻译,产生蛋白质。考虑到蛋白质的后续纯化问题,载体上携带His‐tag,以及 S‐tag 编码序列。His‐tag 蛋白能通过亲和层析进行蛋白纯化,S‐tag 为来自胰 RNase A 的一段 15 个氨基酸的小肽,S‐tag 富含带电荷和极性氨基酸,能使与之融合的蛋白质的溶解度提高,便于纯化的进行。蛋白纯化后需要将标签去除,载体上还携带编码两个蛋白酶可识别的氨基酸位点,即凝血酶(thrombin)和肠激酶(enterokinase)识别位点。

　　pET‐30a,b,c 载体间的差异在于 pET‐30b 载体在 NcoⅠ位点处的后面序列缺失

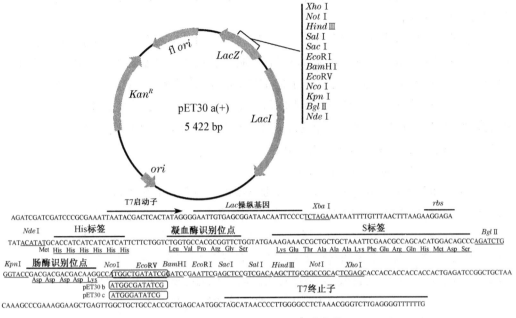

AGATCGATCGATCCCGCGAAATTAATACGACTCACTATAGGGGAATTGTGAGCGGATAACAATTCCCCTCTAGAAATAATTTTGTTTAACTTTAAGAAGGAGA

| Nde I | His标签 | | 凝血酶识别位点 | | S标签 | | Bgl II |

TAT ACATAT GCACCATCATCATCATCATTCTTCTGGTCTGGTGCCACGCGGTTCTGGTATGAAAGAAACCGCTGCTGCTAAATTCGAAGGTCGTGGCATCGAAGGTAGGCGCATGGACAGCTCG AGATCTG
        Met His His His His His His Ser Ser Gly Leu Val Pro Arg Gly Ser Lys Glu Thr Ala Ala Ala Lys Phe Glu Arg Gln His Met Asp Ser

| KpnI | 肠酶识别位点 | NcoI | EcoRV | BamHI | EcoRI | SacI | SalI | HindIII | NotI | XhoI |

GGTACCGACGACGACGACAAGGCC ATGGCTGATATCGG TTCCGGAATTCGAGCTCCGTCGACAAGCTTGCGGCCGCA CTCGAGCACCACCACCACCACCACTGAGATCCGGCTGCTAA
        Asp Asp Asp Asp Lys
pET30 b ATGGCGATATCG
pET30 c ATGGGATATCG   T7终止子

CAAAGCCCGAAAGGAAGCTGAGTTGGCTGCTGCCACCGCTGAGCAATGGCTAGCATAACCCCTTGGGGCCTCTAAACGGGTCTTGAGGGGTTTTTG

图 3‑20　pET‑30a‑c 表达载体

了一个碱基,pET‑30c 载体在相同位点缺失了 2 个碱基,使此位点后的载体读码框序列发生了改变,造成后面的氨基酸序列不同。pET‑30b 载体在多克隆位点的上下游都带有 His 标签,可使融合蛋白的纯化效率更高。

3.1.4　真核表达载体

　　大多数基因的克隆实验都是以大肠杆菌为宿主进行的,所以可用于大肠杆菌的克隆载体种类最多。然而,在某些情况下需要利用真核生物宿主细胞进行基因克隆和表达实验,如通过基因克隆在真核表达系统中表达重组蛋白质、改变细胞或某种有机体的表型特征等过程(第 5、6 章)。真核表达载体在生物技术的各个方面应用广泛,所以我们有必要对真核生物表达载体进行阐述。根据真核生物的载体宿主不同,分为酵母细胞表达载体、植物细胞表达载体和动物细胞表达载体等三个类别。

3.1.4.1　酵母细胞表达载体

　　酿酒酵母是生物技术领域中最重要的生物之一。除了其在酿造和加工方面的作用,酵母还可作为宿主进行所克隆基因的蛋白产物的发酵,生产重要药物(第 8 章)。酵母克隆载体的开发始于大多数酿酒酵母(S. cerevisiae)菌株中质粒的发现(图 3‑21)。这个质粒

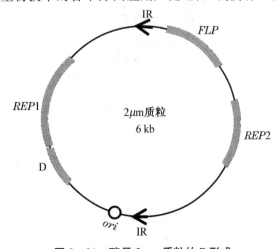

图 3‑21　酵母 2 μm 质粒的 B 形式

是一个闭合环状超螺旋 DNA 分子,长约 $2\ \mu m$。被称为 $2\ \mu m$ 质粒,是真核细胞中所发现的少量质粒之一(图 3-21)。

几乎所有的酿酒酵母中都含有 $2\ \mu m$ 质粒(双链环状,分子长约 6 kb,拷贝数达 70～200 个)。REP1 和 REP2 参与质粒的复制,控制质粒拷贝数的稳定性;FLP 编码产物驱动两个 IRs 的同源重组,进行质粒分子内 DNA 重排,使质粒从 A 形式转变为 B 形式。ori 为复制原点。D 基因产物参与控制质粒的稳定性。由于其分子大小只有 6 kb,拷贝数也较多,所以 $2\ \mu m$ 质粒非常适合做克隆载体。但是和大肠杆菌质粒一样,$2\ \mu m$ 质粒不能直接用来做载体,也需要经过相关的遗传改造。

1. 酵母细胞表达载体的选择性标记

对 $2\ \mu m$ 质粒进行相关改造,第一个需要解决的问题是在载体上添加适合的选择性标记基因。一些酵母克隆载体携带对氨甲蝶呤和铜等抑制剂具有抗性的基因,但大多数常用的酵母载体利用了完全不同的选择标记系统。实际上,一些正常的酵母基因,例如涉及编码氨基酸生物合成途径中催化酶的基因通常被选用作筛选标记基因。一个例子是 Leu2 基因,编码 β-异丙基脱氢酶,是催化丙酮酸转化为亮氨酸过程中的一种酶。

利用 Leu2 作为选择标记基因,需要一种特殊的宿主酵母菌。宿主细胞必须是营养缺陷型突变体,含有突变的无功能的 Leu2 基因。这样的 Leu2⁻ 酵母无法合成亮氨酸,只能在含有亮氨酸的培养基上生长。所以,利用宿主菌的这一表型进行转化子的选择是可行的,因为转化子含有的质粒上携带一个 Leu2 基因拷贝,所以能够在缺乏亮氨酸的情况下生长。在克隆实验中,转化后细胞被涂布在不含特定氨基酸的缺陷型培养基上,只有转化子细胞(即接受了质粒)才能够生存并形成菌落,即发生了遗传互补现象(图 3-22)。除了 Leu2,色氨酸合成相关标记基因 Trp1 和嘧啶核苷酸合成相关基因 Ura3(乳清酸核苷 5′-磷酸脱羧酶基因)也是酵母质粒载体中常用的选择标记基因。

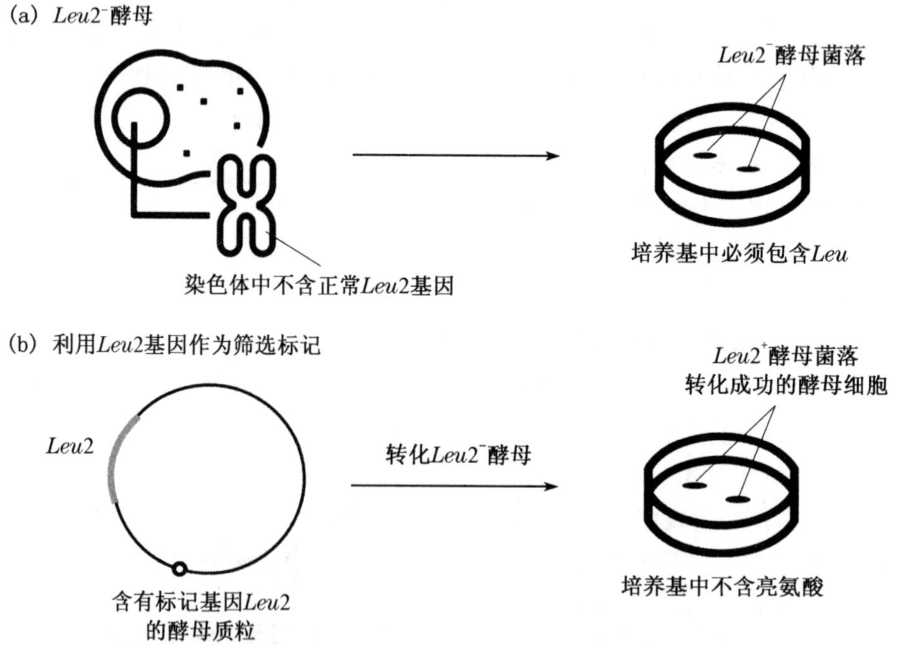

(a) Leu2⁻ 酵母

Leu2⁻ 酵母菌落

染色体中不含正常Leu2基因

培养基中必须包含Leu

(b) 利用Leu2基因作为筛选标记

Leu2

转化Leu2⁻酵母

Leu2⁺酵母菌落
转化成功的酵母细胞

含有标记基因Leu2
的酵母质粒

培养基中不含亮氨酸

图 3-22　利用 Leu2 作为酵母克隆中的筛选标记基因

2. 基于 2 μm 质粒的载体：酵母游离型载体（Yeast Episomal plasmids，YEps）

来源 2 μm 酵母质粒的载体称为酵母游离型载体（YEps）。YEps 或含有全部的 2 μm 酵母质粒序列，或只含有 2 μm 酵母质粒的复制起始位点。YEp13 就是后一种情况的一个例子（图 3 - 23）。

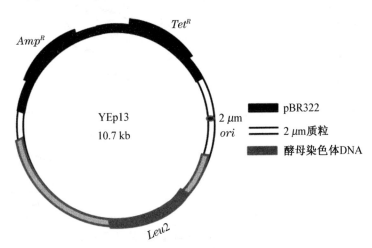

图 3 - 23　酵母游离型载体 YEp13

　　YEp13 除了含有 2 μm 酵母质粒的复制起始位点和来自染色体的选择标记基因 *Leu2* 之外，还含有 pBR322 质粒的全部序列，所以 YEp13 是一个穿梭质粒载体，既可在大肠杆菌细胞复制扩增，也可以在酵母细胞增殖。穿梭质粒是指一类具有两种不同复制起点和选择标记，因而可以在两种不同类群宿主中存活和复制的质粒载体。大多数酵母克隆载体是穿梭载体，因为通常很难从转化酵母菌落获得重组 DNA 分子。当以游离质粒存在时，较易从酵母细胞中提取重组 DNA 分子，但是一些酵母载体可能整合在酵母染色体中，这时就不可能进行纯化了。这是一个不利条件。因为在许多克隆实验中，重组 DNA 的纯化对于鉴定重组 DNA 分子的构建是否正确非常重要，例如进行重组 DNA 的测序。因此，在酵母中进行克隆的标准过程是首先在大肠杆菌细胞中完成基因克隆实验，并对重组质粒进行纯化、鉴定，确认正确的重组 DNA 分子后再引入酵母细胞（图 3 - 24）。

　　YEps 中 Episomal 表示 YEp 可以以质粒分子独立存在，也可以整合在酵母染色体上。因为 YEps 载体中携带有 *Leu2* 基因，宿主酵母染色体上也有 *Leu2* 突变基因，两基因序列相似，可以在这一位置发生同源重组，整个质粒整合进染色体。质粒可稳定存在，也可从染色体上重新解离（图 3 - 25）。

　　除了 YEps 载体外，酵母细胞还有其他类型的质粒载体，分别是酵母整合型载体（Yeast Integrative plasmids，YIps）和酵母复制型载体（Yeast Replicative plasmids，YRps）。

　　YIps 酵母质粒载体基本为一个带有酵母基因的质粒载体。以 YIp5 为例，将一个筛选标记基因 *Ura3* 插入到 pBR322 质粒序列中，由于不携带任何 2 μm 质粒序列，YIp5 质粒在酵母细胞中不能进行自主复制，只能通过同源重组的方式整合进宿主染色体 DNA，整合原理和 YEps 载体类似（图 3 - 26）。

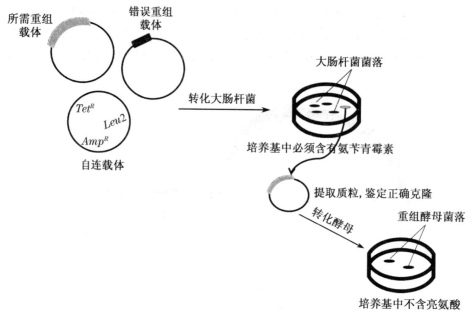

图 3-24 利用大肠杆菌-酵母穿梭载体进行基因克隆

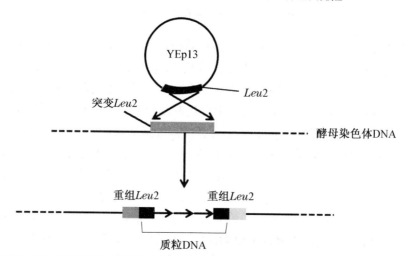

图 3-25 通过载体和酵母染色体上的 *Leu 2* 基因,质粒可以重组进入酵母染色体

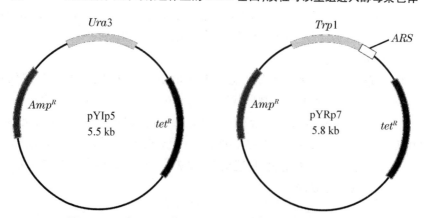

图 3-26 酵母整合型载体 YIp5 和酵母复制型载体 YRp7

YRps 能够作为独立质粒自主复制,因为它们携带一段酵母染色体 DNA 序列,其中包括复制起始位点(ARS)。复制起始位点的位置临近几个酵母基因,其中包括一个或两个可以用作选择标记的基因。以复制型质粒 YRp7(图 3 - 26)为例,它是由 pBR322 加酵母选择性标记基因 Trp1 组成,并且包含与 Trp1 基因相邻的染色体复制起始位点。

对于一个特定的克隆实验,有三种因素决定哪种酵母载体为最合适。第一个是转化效率。定义为每微克质粒 DNA 可以得到的转化子数量。如果需要获得大量的重组子或者待转化的起始 DNA 量不足,高转化频率是非常必要的。YEps 载体的转化效率很高,每微克质粒 DNA 可以得到一万到十万个转化子;YRps 载体的转化效率居中,每微克质粒 DNA 可以得到一千到一万个转化子;但 YIps 载体的转化效率很低,在特殊条件下,每微克质粒 DNA 可以得到少于一千个转化子,一般转化条件下只能获得几个转化子。第二个重要因素是拷贝数。YEps 载体和 YRps 载体均有较高的拷贝数,分别为 20~50 和 5~100;而 YIps 载体通常只有一个拷贝。如果实验目标是从重组 DNA 转化子细胞中获取蛋白质,那么基因的拷贝数就非常重要,基因拷贝数越高,蛋白的表达量也会相对提高。第三个重要因素是载体在细胞中的稳定性。YIps 载体的转化效率不高,拷贝数也很低,但是由于 YIps 载体的稳定性优于 YEps 和 YRps,从基因组 DNA 上重新解离的概率极低。所以,在需要让重组子在长期继代培养中不会丢失的情况下,YIps 载体是第一选择。相比较而言,YRps 重组载体非常不稳定,当子细胞以出芽生殖的方式脱离母细胞时,质粒趋向于聚集在母细胞中,所以子细胞是非重组的。YEps 重组载体有着类似的问题,随着对 2 μm 质粒的生物学认识有所进步,近年来发展起来了更多的稳定的 YEps。

3.1.4.2 植物细胞表达载体

植物克隆载体产生于 20 世纪 80 年代,人们利用植物克隆载体创造了基因修饰植物,直到现在仍为人们关注的焦点。三种类型的载体系统已被不同程度地成功应用于高等植物,分别是基于农杆菌天然质粒的载体、植物病毒来源载体以及利用不同类型质粒 DNA 直接进行基因转移。

1. Ti 质粒来源的植物克隆和表达载体

农杆菌:大自然最小的遗传工程师。

虽然高等植物中不存在自然产生的质粒,但一种细菌质粒——根癌农杆菌的 Ti 质粒在植物载体的产生过程中非常重要。根癌农杆菌是引起许多双子叶植物产生冠瘿病的土壤微生物。冠瘿发生时,茎上的伤口允许细菌入侵植物细胞,细菌感染后会引起侵染部位细胞肿瘤式的增殖,形成冠瘿瘤。

(1) Ti 质粒的结构

根癌农杆菌造成冠瘿瘤的发生是因为根癌农杆菌中 Ti(tumour-inducing,瘤诱导)质粒的存在。Ti 质粒大小约 200 kb,携带了一系列与冠瘿瘤生成相关的毒性基因。Ti 质粒的一大特征是农杆菌侵染植物细胞后,Ti 质粒的一部分 DNA 序列能整合进植物细胞的染色体 DNA 中。这一部分序列称为 T-DNA(transfer DNA),片段大小根据菌株的不同,在 15 kb~30 kb 之间。转移到植物细胞之后,T-DNA 可以在植物细胞染色体 DNA 中稳定存在,并且可以传递到子代细胞中(图 3 - 27)。Ti 质粒上除了 T-DNA 区以外,还有 Ti 质粒转移区(tra),参与在不同农杆菌中的接合转移;毒性区(vir),直接参与 T-DNA

的转移和插入植物染色体;DNA 复制区(rep),参与 Ti 质粒 DNA 复制;冠瘿碱代谢区,参与冠瘿碱的分解和利用(图 3-28)。

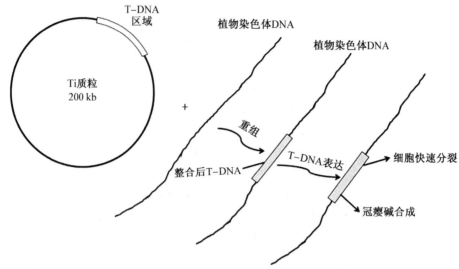

图 3-27　农杆菌 Ti 质粒的 T-DNA 区域可以稳定整合到植物染色体基因组上并进行基因的表达

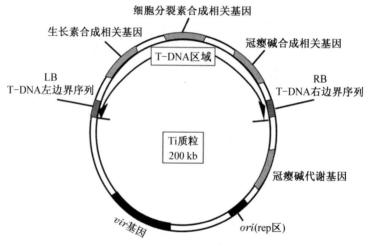

图 3-28　农杆菌 Ti 质粒结构示意图

① T-DNA 结构

T-DNA 中含有冠瘿碱合成和植物激素(生长素和细胞分裂素)合成相关的基因,这些基因可以在植物细胞中表达,根癌农杆菌利用冠瘿碱作为生长的碳源,产生的生长素和细胞分裂素促进被感染细胞加速分裂和扩增,生成冠瘿瘤(图 3-28)。T-DNA 的左边界和右边界是 T-DNA 从 Ti 质粒切开的位点,边界包含 25 碱基的重复元件。

② 毒性区(vir)基因结构和功能

Ti 质粒上 vir 区域的多个毒性基因,对于 T-DNA 从 Ti 质粒转移到植物宿主细胞起重要作用。vir 区域长约 40 kb,由 $virA$,$virB$,$virC$,$virD$,$virE$,$virF$ 和 $virG$ 等七个操纵子组成。在有外源的酚类化合物如乙酰丁香酮诱导下,$virA$ 和 $virG$ 的基因产物被活化从而促进其他毒性基因的表达。*vir*B 所编码的蛋白质被输送到细胞膜和周质中,形成 T-DNA 从农杆菌运送到植物细胞的通道。*vir*D 基因包含两个开放阅读框,编码 virD1 和 virD2,其中 virD2 蛋白具有特异性的核酸内切酶活性,识别并切断 T-DNA 边界重复序列。*vir*E 基因产物 virE2 蛋白为单链结合蛋白,可结合到单链 T-DNA 分子上,帮助 T-DNA 的转运。在植物细胞中,virD2 蛋白和由 virE2 蛋白包裹的单链 T-DNA 一起组成成熟的 T-DNA 转移复合体,进入植物细胞的细胞核并整合到植物基因组染色体 DNA 上(图 3 - 29)。

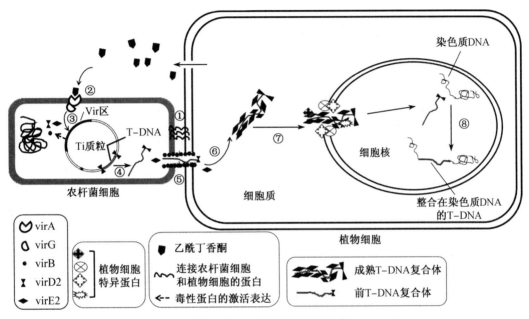

图 3 - 29　T-DNA 的转运机制

（2）T-DNA 的转运机制

在 *vir* 基因产物和植物细胞来源蛋白的共同作用下,T-DNA 的转运可以分为八个步骤。① 在农杆菌染色体基因编码蛋白和植物宿主细胞受体蛋白的帮助下,农杆菌细胞和植物细胞附着在一起;② 受伤的植物组织释放乙酰丁香酮等小分子信号物质,virA-virG 蛋白复合体作为受体结合乙酰丁香酮;③ virA-virG 蛋白复合体自身被磷酸化激活的同时开放下游的信号通路,诱导其他毒性基因的表达;④ *vir*D2 蛋白在 T-DNA 的左右边界切割 Ti 质粒分子,形成 T-DNA 单链分子;⑤ T-DNA 单链分子和 *vir*D2 形成不成熟的 T-DNA 复合休,通过由 *vir*B 蛋白组成的细胞间通道进入到植物宿主细胞;⑥ *vir*E2 蛋白结合 T-DNA 单链形成成熟的 T-DNA 复合体;⑦ 成熟 T-DNA 复合体在宿主细胞来源、*vir*D2 相互作用蛋白的帮助下,通过核孔进入植物细胞的细胞核;⑧ T-DNA 复合体转运到染色体并整合到染色体基因组 DNA 上,目前最后这一过程的机理还没有完全揭示清楚(图 3 - 29)。

（3）Ti 质粒的改造和应用

对农杆菌 Ti 质粒的研究使人们认识到 Ti 质粒作为载体的三大优点:① 宿主范围广,能转化所有的双子叶植物;② 整合到染色体上后成为染色体的正常组分永远保留;

③ 冠瘿碱合成酶基因启动子是一个强启动子。但是,天然 Ti 质粒作为载体还存在一系列的问题,需要进行改造和修饰。首先去除生长素和细胞分裂素合成相关基因,形成非致瘤载体;需去除冠瘿碱的合成基因,避免使植物最终产物的合成受到影响;需去除一些非必须 DNA 序列,方便外源 DNA 的插入;Ti 质粒不能在大肠杆菌中复制,需要加入能在 *E. coli* 中复制的复制原点;需要加入能在植物和细菌细胞中进行选择的标记。经过上述改造,理论上只要把外源基因插入到 T-DNA 序列中,农杆菌就可以将整合在 T-DNA 序列中的外源基因导入到植物细胞并整合到宿主细胞染色体 DNA 中。但是因为 Ti 质粒分子量约 200 kb,很难对 Ti 质粒进行相关的基因操作。所以人们设计了两套不同的策略,方便基因的克隆和 Ti 质粒来源载体在植物基因转化中的应用。两种策略分别为双元载体系统和共整合载体系统。

a. 双元载体系统的构建

T-DNA 独立于 Ti 质粒的其他序列单独存在时,也能在 Ti 质粒 *vir* 基因产物作用下转移到植物细胞,由此建立了双元载体系统。双元载体系统包含两个质粒,质粒 A 是缺少了 T-DNA 序列的 Ti 质粒,质粒 B 是携带 T-DNA 的较小质粒,两个质粒在同一个农杆菌细胞中能进行正常的 T-DNA 的基因转移。大多常用农杆菌菌株内含有双元载体系统的 Ti 质粒 A(图 3-30),如 AGL1 和 GV3101,只需要对含有 T-DNA 序列的较小质粒进行操作,应用常规方法在 T-DNA 边界序列内的特定位点插入外源基因即可。图 3-31 为一个植物常用双元载体的例子。载体上含有 T-DNA 的左边界(LB)和右边界(RB)边界序列,边界序列内 T-DNA 内的相关基因序列已被其他序列所取代,包括植物细胞内的筛选标记基因潮霉素抗性基因 *Hpt*Ⅱ 及多克隆位点。载体其他部分来自一般的质粒载体,包括 pBR322 来源的复制起始位点和大肠杆菌筛选标记基因卡那霉素抗性基因。这一载体首先是卸甲载体,即载体中不含 T-DNA 序列内植物激素合成基因和冠瘿碱的合

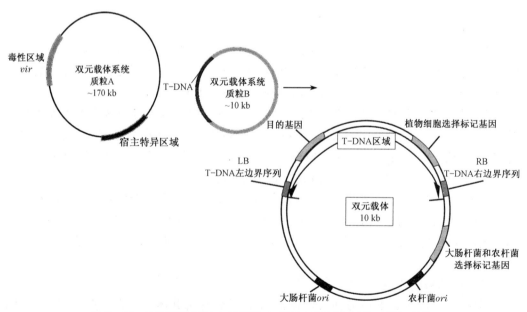

图 3-30　双元载体系统中的质粒 A、质粒 B 简图和质粒 B 详细结构

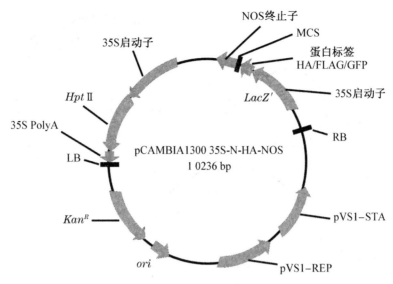

图 3 - 31 植物常用双元载体的实例

NOS 终止子:根癌土壤杆菌的胭脂碱合成酶多腺苷酸化信号。MCS:多克隆位点。*LacZ*:β-半乳糖苷酶基因;*Hpt*Ⅱ:潮霉素抗性基因;35S 启动子和 35S PolyA:烟草花叶病毒 35S 启动子和多聚腺苷酸化信号;RB:T-DNA 的右边界重复。LB:T-DNA 的左边界重复。pVS1 - STA:来自质粒 pVS1 的稳定性蛋白质。对于农杆菌中稳定的质粒分离至关重要。pVS1 - REP:来自质粒 pVS1 的复制蛋白。允许在土壤农杆菌中复制低拷贝质粒。*ori*:质粒复制起始位点,允许在大肠杆菌中复制质粒。*Kan*^R:卡那霉素抗性基因,大肠杆菌和农杆菌中筛选标记基因。

成基因,T-DNA 转入植物细胞后,就不会造成细胞分裂和扩增,形成冠瘿瘤,便于转基因植物的产生。另外,载体还是一个穿梭质粒载体,可以在大肠杆菌和农杆菌细胞中进行选择和复制扩增,并且能够使 T-DNA 转入到植物细胞中。

b. 共整合载体系统

共整合载体系统中含有一个大肠杆菌来源的小型质粒,但是质粒上整合进去一小段 T-DNA 序列,并克隆进一个外源目的基因,当这个质粒和 Ti 质粒在同一个农杆菌细胞时,质粒载体上的 T-DNA 序列和 Ti 质粒上 T-DNA 序列发生同源重组,整合成一个完整质粒,待转植物的外源基因整合在 T-DNA 序列内(图 3 - 32)。含有重组质粒的农杆菌进行植物细胞侵染后,T-DNA 转入植物细胞内。共整合载体系统目前应用不甚广泛。

Ti 质粒双元载体在进行植物细胞转化时,一般选用特定的植株组织和细胞进行农杆菌侵染,进行抗性筛选获得转基因细胞或愈伤组织,之后利用植株细胞的全能性,进行组织培养,获得转基因植株(图 3 - 33)。

(4) Ri 质粒

除了根瘤农杆菌的 Ti 质粒,发根农杆菌的 Ri 质粒也被改造用于作为植株转化载体。Ri 质粒和 Ti 质粒类似,主要区别在于 Ri 质粒的 T-DNA 转移到植物细胞后不会引起冠瘿病的发生,但会引起根系疾病,典型表型表现为高度分枝根系的大量扩增。通过生物技术已探索出转化根在培养液中高密度成长的可能性,能够作为从克隆的基因在植物中获得大量蛋白质的一种潜在手段。

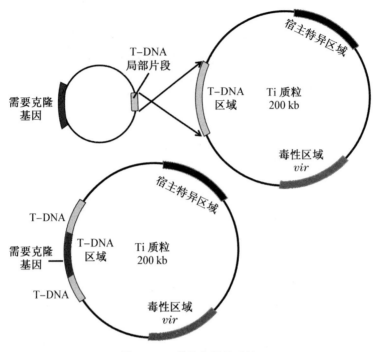

图 3-32　共整合载体系统

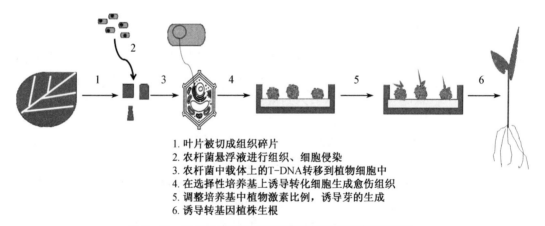

1. 叶片被切成组织碎片
2. 农杆菌悬浮液进行组织、细胞侵染
3. 农杆菌中载体上的T-DNA转移到植物细胞中
4. 在选择性培养基上诱导转化细胞生成愈伤组织
5. 调整培养基中植物激素比例，诱导芽的生成
6. 诱导转基因植株生根

图 3-33　利用重组农杆菌转染植物细胞获得转基因植株

（5）农杆菌 Ti 质粒作为植物载体的缺点

农杆菌 Ti 质粒和 Ri 质粒来源载体转化双子叶植物的效率高，但不能转化单子叶植物，单子叶植物玉米、水稻和小麦均是重要的农作物，能成功转化至关重要。随着载体系统的发展，单子叶转化的瓶颈已经突破，但效率仍然不高。以 Ti 质粒作为载体，大多植株均需要通过组织培养的方式获得转基因植株，耗时较长且在不同植株的转化率有很大差异。特别是在单子叶植物中，普通叶片作为外植体进行转化时转化率通常为零，一般需选用植物的幼胚进行转化，将幼胚浸在农杆菌溶液中，在筛选培养基上获得胚性愈伤组织，胚性愈伤组织易于分化生成完整植株。

由于农杆菌介导的植物转化有一定的缺陷,所以植物转化的其他方法也在发展,比如质粒 DNA 的直接转化。

2. 利用植物病毒 DNA 作为表达载体的尝试

λ 和 M13 噬菌体基因组 DNA 改造后是大肠杆菌重要的克隆载体。大多数植物都能受到病毒感染,那么病毒基因组可以被改造来做植物克隆载体吗? 如果可以的话,应用植物病毒作为载体在植物转化方面要比使用其他载体方便得多。因为可以通过简单地把病毒核酸擦到叶子的表面,即自然感染的方式来实现植物细胞的转化。然后,病毒在整个植物体内传播。绝大多数植物病毒拥有 RNA 基因组而不是 DNA 基因组。由于 RNA 难以操作,RNA 病毒很难应用来作为载体。在植物病毒载体发展之初,只有两类 DNA 病毒感染高等植物:花椰菜花叶病毒和双生病毒,但两者都不适合直接用于基因克隆。

(1) 花椰菜花叶病毒载体

在 1984 年,利用植物病毒载体第一次成功地进行了植物基因工程实验,即利用花椰菜花叶病毒载体携带新基因转化萝卜细胞。但是两方面的因素限制了这一病毒作为载体的实用性:第一个问题是花椰菜花叶病毒基因组的大小。和 λ 噬菌体一样,存在外壳蛋白的包装限制。即使删除病毒基因组的非必需部分后,携带 DNA 的能力仍然非常有限。最近的研究表明,可能采用辅助病毒策略解决这一问题,类似于噬菌粒的应用。在该策略中,克隆载体是缺乏必需基因的花椰菜花叶病毒(CaMV)基因组 DNA,意味着它可以携带较大的 DNA 插入片段,但本身不能直接感染植物。用载体 DNA 与正常的 CaMV 基因组同时接种植物,正常的病毒基因组提供所需的基因,将克隆载体包装成病毒颗粒并通过植物进行传播。虽然这种方法有很大的应用潜力,但它不能解决第二个问题,即花椰菜花叶病毒宿主范围非常狭窄,这就限制了其作为载体的应用。只能在芸苔属蔬菜如萝卜、白菜、花椰菜等植物中应用。然而,花椰菜花叶病毒来源的高活性启动子 CaMV 35S 启动子在植株克隆载体中应用非常广泛,可以驱动一些筛选标记基因和报告基因的高效表达。

(2) 双生病毒载体

双生病毒的自然宿主包括玉米和小麦等作物在内的单子叶植物,所以很有希望成为这些作物的潜在载体。但是双生病毒作为载体在使用上存在一个问题是在感染周期中,双生病毒的基因组会进行重排和缺失,已经插入了载体的外源 DNA 序列也会遭到破坏。这一明显缺点使其很难改造成为成功的载体。但多年来的研究已经解决了这一问题,双生病毒目前在植物基因克隆中有专门的应用。其中的一个应用是病毒诱导的基因沉默(Virus Induced Gene Silencing, VIGS),即一种用于研究单个基因功能的方法。它指携带目标基因片段的病毒侵染植物后,可诱导植物内源基因沉默、引起表型变化,进而根据表型变异研究目标基因的功能。这种方法利用了一种植物用来保护自己免受病毒攻击的自然防御机制,称为 RNA 沉默,这种机制可以导致病毒基因的降解。如果包含有一个外源基因的双生病毒基因组的病毒 RNAs 在植物细胞被转录,将诱发 RNAi,那么不仅病毒转录物(包含外源基因)被降解,来自植物细胞基因的 mRNA 拷贝也被降解。因此,植物细胞内基因表达沉默,可以通过研究基因失活对植物表型的影响来研究基因功能。

植物病毒 DNA 来源载体多属于外源基因的瞬时高效表达载体,可以在植物中瞬时过量表达目的基因或瞬时沉默目的基因。因为植物病毒来源载体不能和 Ti 质粒来源载体一样整合到植物细胞的基因组 DNA 上,不能传代。但植物病毒作为载体仍有下列优点:① 病毒载体在宿主细胞中多轮复制,使外源基因高水平表达;② 病毒增殖速度快,外源基因的拷贝数可短时大量增加;③ 有些病毒基因组小,易于重组遗传操作;④ 可通过接种方式感染植物,方法简单高效;⑤ 植物病毒种类繁多,侵染宿主范围较为广泛。

除 CaMV 病毒和双生病毒外,还有两种植物基因功能研究过程中常用的病毒载体,分别来自豌豆早褐病毒(Pea Early Brown Virus,PEBV)、大麦条状花叶病毒(Barley Stripe Mosaic Virus,BSMV)。

豌豆早褐病毒(PEBV)为双链 RNA 病毒,将其 cDNA 序列克隆进入农杆菌 T-DNA 区,用烟草花叶病毒 35S 启动子驱动。外源基因插入 pCAPE2 载体的多克隆位点。可用于基因的表达抑制(VIGS)或过量表达。PEBV 可感染豌豆、山黎豆和烟草等,在研究基因功能方面发挥了很大作用,如在豌豆中对叶形和花的发育相关基因的功能研究。图 3-34 中显示的为通过 VIGS 降低基因 PEAM4 的表达,使豌豆花的形态发生产生异常。

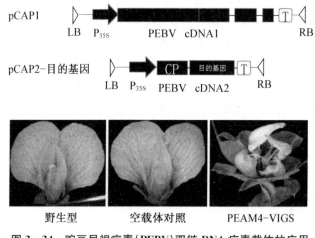

图 3-34 豌豆早褐病毒(PEBV)双链 RNA 病毒载体的应用

大麦条状花叶病毒为三条正链的 RNA 病毒,分为 α,β,γ 三条链。将由外源基因八氢番茄红素脱氢酶(PDS)基因构建的发夹结构和 γ 链上 γb 蛋白基因融合,成功在单子叶植物大麦上抑制了 PDS 基因的表达。植物表现白化表型。

3. 植株病毒载体的改进

构建双元 VIGS 载体并通过农杆菌介导方式进行重组病毒接种,是 VIGS 技术发展和优化的一个里程碑式进展。该方法以既能在大肠杆菌中繁殖又可以通过农杆菌转化植物的双元载体,如以 pCAMBIA、pGreen 等为基础,首先将病毒全长 cDNA 克隆到真核启动子及终止子之间,再将其植入到载体 T-DNA 的左右边界之间。这样,当双元载体通过农杆菌介导转化植株以后,在寄主细胞内通过真核启动子转录出病毒的侵染性克隆,随着病毒的复制与移动,其携带的基因片段便可诱导同源基因的系统沉默。

另外,最近的研究发现,部分 VIGS 载体病毒诱导的 PTGS 能够通过种子传递给后代植株,并且植株的遗传基因并未发生改变。BSMV 介导的 VIGS 被证明能够在大麦和小麦中至少传递 6 代。

3.1.4.3　动物细胞表达载体

同噬菌体和植物病毒一样,病毒分子生物学的发展为生物工程领域研究拓展了思路,提供了有效的方法和工具。目前以动物病毒为基础设计的基因克隆及表达载体在外源基因于异源细胞系统中高效表达,利用构建疾病动物模型基因敲除动物,进行基因功能研究和基因治疗等多个方面有广泛应用。

1. 猿猴空泡病毒 40 来源载体

猿猴空泡病毒 40(Simian vacuolating virus 40,SV40)载体是在 1979 年第一个在动物细胞中应用的基因克隆载体。SV40 病毒的基因组是一种环形双链的 DNA,分子质量较小,很适于基因操作。它是第一个完成基因组 DNA 全序列分析的动物病毒,对其复制及转录方面的特性也有了相当深刻的了解。这些都为发展 SV40 病毒作为基因克隆的载体奠定了很好的基础。SV40 病毒基因组内含有控制 DNA 复制等的早期基因以及控制衣壳蛋白合成的晚期基因,经常使用替代型载体的方法是将外源基因替换晚期基因的部分序列来构建载体,在辅助病毒的帮助下形成含有外源 DNA 的病毒颗粒(图 3-35)。野生型的 SV40 病毒颗粒的包装范围相当严格,超过其基因组大小(5.2 kb)的重组 DNA 就不能够被包装为成熟的病毒颗粒,所以其克隆片段的大小非常有限。而且 SV40 病毒还存在着寄主细胞的局限性,只能在受体细胞中增殖,并最终导致寄主细胞的死亡,这样就不能作长期的培养使用。

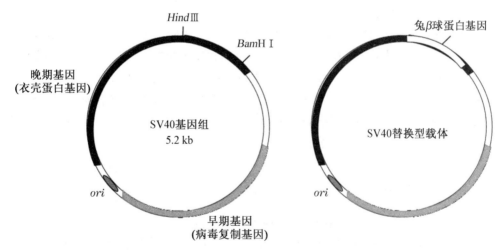

图 3-35　SV40 病毒基因组结构和 SV40 替换型载体

以 SV40 载体为基础,发展了带有 SV40 复制起点的质粒型瞬时表达穿梭质粒载体(图 3-36)。载体上带有大肠杆菌复制起始位点和氨苄抗性标记基因。SV40 复制起始位点及早期基因的增强子和启动子序列以及 SV40 转录终止序列和多聚腺苷酸位点序列。如图 3-36 所示为能够在动物细胞中瞬时表达 dhfr(二氢叶酸还原酶)基因的表达载体。

该载体可在大肠杆菌细胞内复制,也可直接转染哺乳动物细胞,因为不通过病毒颗粒的包装,所以可插入较大的 DNA 片段,转入动物细胞不发生裂解。当重组 DNA 分子转

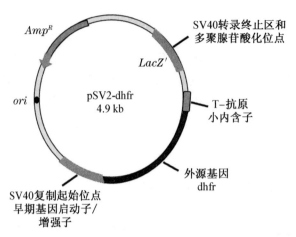

图 3-36　SV40 和质粒融合穿梭载体 pSV2-dhfr

入 COS 细胞系（COS 细胞：将一个复制起点部位缺失的 SV40 基因组整合到猴细胞的染色体上所形成的细胞系。早期基因表达可产生 T 和 t 抗原，但由于没有复制起点，SV40 DNA 不能复制，也就不能产生晚期基因产物，故 COS 细胞可积累 T 抗原）后。在 COS 细胞所提供的 T 抗原的帮助下，能大量复制，其拷贝数可达 20 万～40 万，并高效表达载体上的外源基因。由于转染质粒的复制毫无节制地不断进行，直至细胞可能由于无法忍受它的染色体外复制如此大量的 DNA 而最终死亡，因而这一系统是瞬时表达系统。

2. 逆转录病毒来源载体

逆转录病毒是一类 RNA 病毒，其基因组是由 2 条相同的单链 RNA 分子组成，基因组大小在 8 kb～11 kb 之间。逆转录病毒经寄主细胞表面的受体蛋白识别后进入细胞，然后在自身基因组编码的反转录酶的作用下，以基因组 RNA 为模板反转录出双链 DNA。双链 DNA 能够随机整合到寄主细胞的染色体上，随着寄主细胞的复制而复制。这类载体主要源于莫洛尼（Moloney）鼠白血病病毒（murine leukemia virus, Mo-MLV）。Mo-MLV 基因组结构如图 3-37 所示。

图 3-37　Mo-MLV 基因组结构

5′-LTR：5′长末端重复序列，含转录起始信号及转录增强子；Ψ：非编码区，病毒颗粒包装的信号序列；gag：病毒的外壳结构蛋白，与病毒 RNA 结合；pol：逆转录酶及整合酶基因；env：病毒外膜糖蛋白；3′-LTR：3′长末端重复序列。

逆转录病毒载体的构建顺序为图 3-38 所示，将逆病毒 DNA 克隆到质粒 pUC 系列载体上，去掉 gag, pol, env 三个基因的大部或全部序列，替换为外源基因，保留 5′-LTR，Ψ 和 3′-LTR，插入选择标记基因新霉素抗性基因 Neo^R。

重组的逆转录病毒质粒载体可在大肠杆菌细胞内增殖并将纯化的 DNA 转染动物细胞，筛选出稳定的转化子，转化细胞能表达外源基因，并合成重组逆病毒的 RNA 分子，问题在于如何将产生的重组病毒的 RNA 分子包装到病毒颗粒中。有两种策略可以解决这

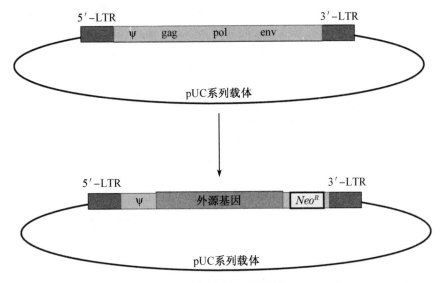

图 3-38　逆转录病毒载体的构建顺序

个问题:第一是利用辅助病毒超感染转化细胞,由辅助病毒提供包装病毒所需的结构蛋白;第二是利用包装细胞系,包装细胞系的染色体上整合了一个缺失了 Ψ 序列的逆病毒DNA,包装细胞系能组成型表达逆转录病毒的全部蛋白质,但不能包装缺失了 Ψ 序列的RNA。将纯化的 DNA 转染包装细胞系,产生有感染能力的重组逆转录病毒颗粒。

3. 腺病毒(adenovirus,Ad)来源载体

Ad 广泛分布于呼吸道,为一 DNA 双链无包膜病毒,基因组长约 36 kb,基因组结构如图 3-39 所示。ITR:反向重复序列;E1-E4:早期基因,与病毒基因组复制的起始和晚期基因的表达调控有关;L1-L5:晚期基因,病毒包装蛋白;Ψ:包装信号;IVa2 和 VA:病毒型 RNA 聚合酶Ⅲ的亚基基因,与宿主细胞的亚基装配成杂合的 RNA 聚合酶Ⅲ。

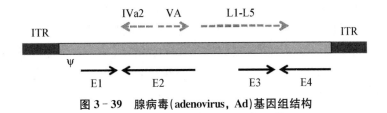

图 3-39　腺病毒(adenovirus,Ad)基因组结构

ITR 和 Ψ 是腺病毒基因组复制和包装必不可少的部分,除此之外的病毒基因组均可被置换,这样载体的总长不到 1 kb。这种病毒载体容量非常大,最高可达 36 kb,细胞毒性和免疫原性大幅度减弱,而且目的基因的表达时间大大延长,在辅助病毒帮助下产生重组腺病毒颗粒。以腺病毒为基础构建基因转移载体具有以下优点:(1) 人类是腺病毒的天然宿主,所以比较安全。(2) 该病毒宿主范围广泛,能将目的基因转移到分裂或静息的细胞中。(3) 可原位感染。将携带外源基因的重组 Ad 载体直接注入组织中,可以原位感染组织细胞。特别是肺,可经口服、喷雾、气管内滴注等途径进行治疗。(4) 由于 Ad 感染细胞时其 DNA 不整合到宿主染色体中,潜在的致癌危险小。(5) 外源基因表达水平较

高,滴度高(>10^{11} cfu/mL),在体外稳定,易于制备与纯化。腺病毒载体的不足之处在于:(1)缺乏特异性,几乎可以感染所有的细胞。(2)腺病毒基因组不能整合到宿主细胞基因组上,不能持续表达,外源基因易随着细胞分裂或死亡而消失,表达时间短暂,属于瞬时表达系统。

4. 腺相关病毒(adeno-associated virus,AAV)来源载体

AAV属微小病毒科,是目前已知动物病毒载体中最简单的线状单链DNA病毒,基因组大小在4.7 kb~6 kb之间,无包膜,病毒体为20面体。AAV是天然复制缺陷型病毒,需要腺病毒或单纯疱疹病毒辅助感染。目前广泛应用的腺相关病毒载体主要基于腺相关病毒(AAV2),AAV2基因组有4 680个核苷酸,含有3个启动子P5、P19、P40,2个开放式阅读框(openreading frame,ORF)rep、cap和位于基因组两端的末端反向重复序列ITR。载体的构建策略同样为删去复制和包装信号之外的其他非必需序列,构建替换型病毒载体。

AAV在基因治疗的应用中有如下优点:(1)属人源非致命性病毒,不引起明显的炎症和免疫反应。(2)可以感染分裂期和非分裂期的多种细胞。(3)野生型AAV能稳定整合入人的19号染色体S1位点,能较稳定地存在,从而避免了其他病毒随机整合可能引起的抑癌基因失活和原癌基因激活的危险。(4)AAV介导的外源基因可以持续稳定表达,并可受到周围基因的调控,重组可能小。AAV的缺点主要是外源基因容量小,制备较复杂,难于大量生产,滴度也相对不高,并需要去除辅助病毒的污染。AAV被公认为是最安全的病毒载体,在基因治疗和疫苗制备等领域研究中受到广泛重视。

5. 杆状病毒(baculo virus)来源载体

杆状病毒是以节肢动物为唯一宿主的双链DNA病毒。昆虫杆状病毒基因表达系统成功开发于20世纪90年代后期。在多角体蛋白基因的强启动子控制之下,杆状病毒可使许多真核目的基因得到高效的表达。杆状病毒载体表达的蛋白质在功能、免疫反应性和免疫原性等方面都与天然的蛋白质相似,被用来表达各种酶类、跨膜及分泌蛋白。

杆状病毒在自然条件下不能感染脊椎动物,生物安全性好。此外,杆状病毒还具有可插入大片段,容易操作,无细胞毒性和易得到高滴度的病毒粒子等优点。

此外,病毒载体还包括单纯疱疹病毒(herpes simplex virus,HSV)载体、痘苗病毒(vaccinia virus,VV)载体及Ad-MLV杂交病毒载体和AAV-Ad杂交病毒载体等杂合病毒载体(hybird or chinmeric vectors)。

3.1.4.4 果蝇中的P转座因子来源载体

果蝇(*Drosophila melanogaster*)是生物学家使用的最重要的模式生物之一。1910年,遗传学家摩尔根开始在有不同的眼睛颜色、身体形状和其他遗传性状的果蝇间进行遗传杂交,揭示了基因遗传的连锁规律,目前这些实验技术仍然用于在昆虫和其他动物中进行基因定位研究。这是果蝇首次被确认具有模式生物的应用潜力。研究发现,控制苍蝇整个体节发育的同源异型基因与哺乳动物中的等效基因是密切相关的。所以,黑腹果蝇可被用作一种人类发育过程的研究模型。在现代生物学中,果蝇的重要性不言而喻,发展在这个有机体中进行基因克隆的载体也势在必行。

果蝇载体的发展和细菌、酵母、植物和哺乳动物等系统的载体有着不同的路线。果蝇

细胞中没有已知的质粒。虽然果蝇和所有生物一样容易感染病毒,但病毒没有被用来作为克隆载体的基础。果蝇的克隆载体来源于一种称为 P 元件的转座子。转座子是可以从细胞染色体的一个位置移动到另一个位置的短的 DNA 片段(通常长度小于 10 kb)。P 元件是果蝇中转座子的几种类型之一,长度为 2.9 kb,包含三个短基因,在元件的两端含有反向重复序列。这些基因编码转座酶,可以催化转座子的转移,元件两端的反向重复序列为转座酶的识别位点。P 元件可以从染色体的一个位点转移到一个位点,可以从一个染色体转移到另一个染色体,也可以从含有 P 元件的质粒转移到染色体位点(图 3 - 40b)。最后一种情况是 P 元件可以作为载体的关键依据。构建的质粒载体系统包含两个质粒载体,分别含有两个 P 元件:一个 P 元件含有完整的边界序列,外源待克隆基因可以插入 P 元件内部,替换转座酶基因或通过内部的限制性酶切位点插入使其失活,并且含有果蝇筛选标记基因(图 3 - 40c);另一个 P 元件含有完整的转座酶基因,但是缺失了末端反向重复序列,不能发生转座,称为折翼 P 元件(图 3 - 40c)。一旦外源基因被克隆到上述载体中,可通过显微注射的方法将质粒 DNA 注射到果蝇胚胎。折翼 P 元件产生的转座酶基因能够催化携带外源基因的 P 元件从质粒到宿主细胞染色体 DNA 的转移。被转化的种系胚胎细胞发育成成虫,成体果蝇所有细胞中将携带有目的基因的拷贝。P 元件为载体进行基因克隆开始于 20 世纪 80 年代,对果蝇遗传学的发展有重要贡献。

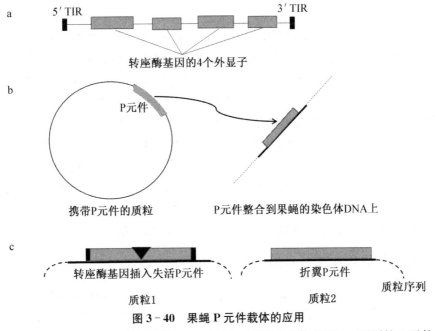

图 3 - 40　果蝇 P 元件载体的应用

a. P 元件结构;b. 质粒携带的 P 元件转座到果蝇染色体 DNA;c. 无活性 P 元件(包括转座酶基因失活 P 元件和缺失末端 TIR 序列的折翼 P 元件)

现在应用比较成熟的 P 元件载体的例子为 pUAST 载体系统,可以良好、高效地进行转基因果蝇制备和基因表达控制。完整的 pUAST 系统包含两个载体:一个载体被称为 pUAST 质粒,包含两个 P 元件末端重复,包括待转座的区域或基因;另一个载体称为辅助质粒或转座酶质粒,编码 P 转座酶。pUAST 质粒的结构如图 3 - 41 所示。

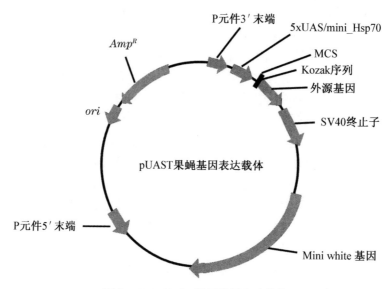

P元件3′末端
5xUAS/mini_Hsp70
MCS
Kozak序列
外源基因
SV40终止子
Mini white 基因
P元件5′末端
ori
AmpR
pUAST果蝇基因表达载体

图 3 - 41   pUAST 果蝇基因表达载体

当 pUAST 与转座酶质粒共转染靶细胞时,辅助质粒产生的转座酶识别 pUAST 质粒上的两个 P 元件末端重复序列,然后将待转座区和两个 P 元件末端重复序列插入到宿主基因组中。

通过将 pUAST 和辅助质粒共注射到果蝇早期胚胎中可以产生转基因果蝇。以致产生携带靶基因的转基因后代。P 转座酶仅在短时间内表达,并且随着辅助质粒的丢失,转座子便永久性地整合在宿主基因组中。pUAST 载体上的 mini white 基因的表达,可以使果蝇的眼色发生变化,是鉴定转基因果蝇成功与否的标记基因(图 3 - 41)。或者也可以使用 PCR 或其他分子方法鉴定转基因细胞或动物。

在 pUAST 系统中,目的基因将被克隆到合成诱导型启动子的下游,该启动子由 5 个串联排列的 GAL4 结合位点(5xUAS)和 Hsp70 TATA box 组成。目的基因依赖于 GAL4 的表达,GAL4 蛋白在与 pUAST 质粒上的 UAS 位点结合后会激活目的基因的转录。因此,在没有 GAL4 表达的情况下,目的基因保持沉默,但是通过与表达 GAL4 的果蝇系杂交后,在 GAL4 表达的细胞中,目的基因会被转录激活。

3.1.5   大容量基因组文库载体

之前介绍的质粒载体、噬菌体载体等,具有最大容量的载体为粘粒载体,可容纳 45 kb 左右的外源基因片段。虽然载体容量在粘粒中有很大的提升,但是还不能满足基因组文库构建的要求,特别是对一些具有庞大基因组的物种。基因组文库的构建在早期的基因组序列分析中有重要作用。基因组文库构建所需要载体一般需要达到 200 kb 的容量,一些人工染色体载体应运而生,包括 P1 人工染色体 PAC(P1 - derived artificial chromosome)、细菌人工染色体 BAC(bacterial artificial chromosome)和酵母人工染色体 YAC(yeast artificial chromosome)。

3.1.5.1　PAC 载体

PAC 载体由 Sternberg 在 1990 年创制。PAC 载体是由 P1 噬菌体改造来的,具有高容量,能够容纳 100 kb～300 kb 的 DNA 片段。PAC 载体含有包装位点(*pac*):体外包装重组子成为噬菌体粒子所必需;两个同向排列的 *LoxP* 位点:能被噬菌体重组酶(*cre* 基因的产物)所识别并进行重组;另外还有 P1 和质粒 DNA 的复制子、卡那霉素抗性基因等(图 3-42)。

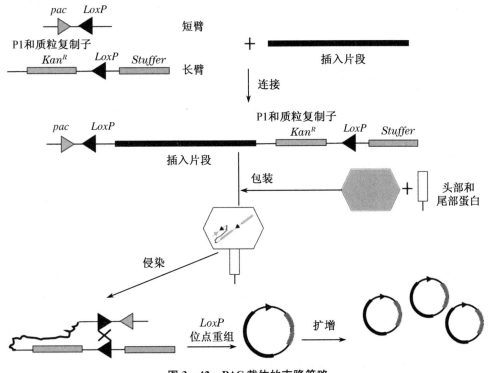

图 3-42　PAC 载体的克隆策略

载体经过酶切后形成长短两个臂,和经过消化的插入 DNA 片段连接形成重组 DNA 分子,在体外包装系统的帮助下,识别 *pac* 为包装信号,将重组 DNA 包装进噬菌体头部,加上尾部蛋白形成完整的噬菌体颗粒。包装好的噬菌体颗粒侵染具有 Cre 蛋白酶活性的宿主菌,进入宿主菌后,Cre 酶催化两个 *LoxP* 位点件的重组,形成环形的质粒分子,在大肠杆菌中利用质粒复制子进行复制,还可诱导以 P1 裂解复制子进行复制,获得较多拷贝(图 3-42)。这种载体的包装容量上限在 100 kb,如图 3-43 的质粒 pAD10SacBⅡ。在 pAD10SacBⅡ中,使用 *Sca* Ⅰ和 *Bam*H Ⅰ两种限制性内切酶将环形质粒酶切为长臂和短臂,并和经 *Sau*3 A 和 *Mbo* Ⅰ部分酶切的基因组 DNA 片段进行连接,连接产物经病毒克隆包装后侵染大肠杆菌,感染的大肠杆菌涂布在含有卡那霉素和 5% 蔗糖的培养基上进行筛选。*SacB* 基因编码果聚糖蔗糖酶,含有这个基因的大肠杆菌不能在含有蔗糖的培养基上进行生长,从而通过插入失活的方法筛选重组体。随着电击转化宿主细胞的技术进步,人们在 pAD10SacBⅡ载体的基础上进行了进一步的改造,获得 pCYPAC1 载体,载体大小只有约 20 kb,去除了 *pac* 包装位点和一个 *LoxP* 位点,不再通过噬菌体颗粒包装和侵染宿主细胞的方法进行转化,而是通过电击转化重组 DNA 分子进入宿主细胞,大大提高了克隆容量,使载体能够克隆达到 300 kb 的 DNA 片段(图 3-43)。

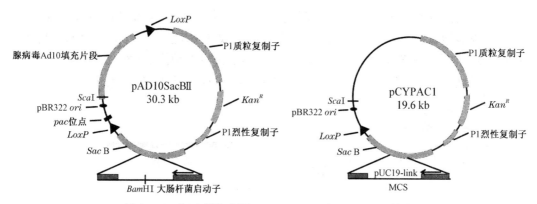

图 3-43 PAC 载体实例:pAD10SacBⅡ 和 pCYPAC1 载体

3.1.5.2 BAC 载体

细菌人工染色体(bacterial artificial chromosome,BAC)是指一种以 F 质粒 (F-plasmid)为基础建构而成的细菌染色体克隆载体,用来克隆 150 kb 左右大小的 DNA 片段,最多可容纳 300 kb。BAC 载体的大小约 7.5 kb,其本质实际上是一个质粒克隆载体,如图 3-44 所示的 BAC 载体 pBeloBAC11。这一载体与常规克隆载体的核心区别在于其复制单元的特殊性。BAC 复制单元来自 F 质粒。包含严谨型控制的复制区(oriS);启动 DNA 复制的 ATP 驱动的解旋酶(repE)等组分。parA、parB、parC 为确保低拷贝质粒精确分配到子代细胞的 3 个基因座。载体的标记基因是氯霉素抗性基因(CM^R);可以通过 α-互补原理筛选重组子。设计了用于回收克隆 DNA 的 Not I 酶切位点(2 个),并带有驱动克隆 DNA 片段体外转录的 SP6 和 T7 启动子。通过电击转化重组 DNA 分子进入宿主细胞。

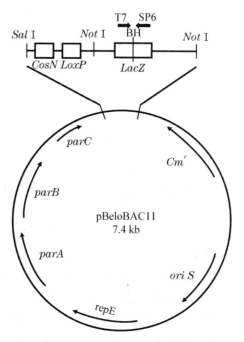

图 3-44 BAC 载体实例 pBeloBAC11

3.1.5.3 YAC 载体

YAC(酵母人工染色体)克隆载体是最早构建成功的人工染色体克隆载体。这种人工染色体克隆载体实际上是一种“穿梭”克隆载体,含有质粒克隆载体所必备的第一受体(大肠杆菌)源质粒复制起始位点(ori),还含有第二受体(如酵母菌)染色体 DNA 着丝点、端粒和复制起始位点的序列,以及合适的选择标记基因。这样的克隆载体在第一受体细胞内可以按质粒复制形式进行高拷贝复制。这种克隆载体在体外与目的 DNA 片段重组后,转化第二受体细胞,可在转化的细胞内按染色体 DNA 复制的形式进行复制和传递。能容纳长达 1 000 kb 甚至 3 000 kb 的外源 DNA 片段。常用 YAC 载体 pYAC4 的大小为 11.4 kb(图 3-45),主要结构包括:① 两个可在酵母菌中利用的选择基因,*URA3* 和 *TRP1*(色氨酸合成基因);② 酵母菌着丝粒序列(centromere4,*CEN4*),可以保证细胞分裂时染色体正确分配到子代细胞中;③ 一个自主复制序列(*ARS*),染色体 DNA 起始复制的位点;④ 两个来自嗜热四膜虫(*Tetrahymenna thermophilp*)的末端重复序列(*TEL*),以保持重组 YAC 为线状结构并保证染色体正确复制和免于核酸酶的降解;在两个末端序列中间,有一段填充序列(*HIS3*),以便 pYAC4 在细菌细胞中稳定扩增;⑤ *Amp* 抗性及细菌质粒复制原点;⑥ 一个 *EcoR* I 克隆位点,该位点位于酵母菌选择标记基因 *SUP4* tRNA 基因内。

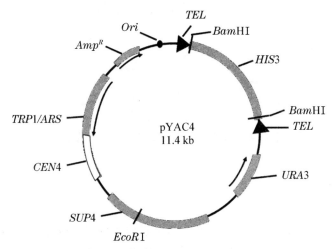

图 3-45 酵母人工染色体 pYAC4

YAC 载体的克隆过程如图 3-46 所示,首先用 *EcoR* I 和 *Bam*H I 对载体进行双酶切,获得均具 *Bam*H I 和 *EcoR* I 切割末端的两个 DNA 片段(双臂),随后把两端具 *EcoR* I 切割末端的外源 DNA 与此双臂连接,构成酵母人工染色体。用电击仪进行电击转化,把此人工染色体转化酵母受体细胞,使人工染色体 DNA 随着酵母细胞的裂殖而扩增。重组子的筛选选用 *SUP4* 基因。*SUP4* 基因编码赭色抑制 *TRP*-tRNA,抑制赭色菌落表型(成为白色)。不含外源 DNA 片段的 pYAC4 载体转化酵母菌,转化子的菌落呈白色。带有插入的外源 DNA 片段的 pYAC4 重组载体,其 *SUP4* 基因已经失活,转化子形成赭色菌落。

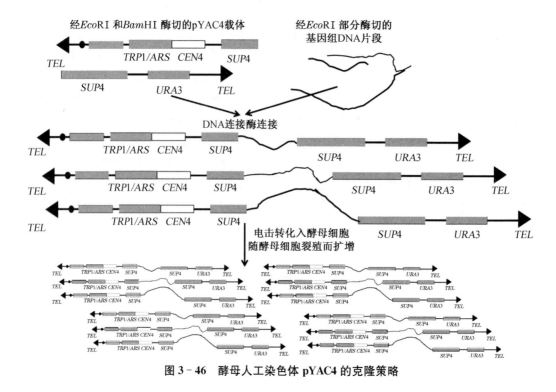

图 3-46　酵母人工染色体 pYAC4 的克隆策略

3.2　工具酶

获得重组分子时,载体以及被克隆的 DNA 必须在特定的位点被切割,然后以预设的方式连接在一起。切割和连接是 DNA 操作技术的两个最重要步骤,分别为限制性内切酶和连接酶所催化。除这两种工具酶之外,基因工程中参与核酸扩增和修饰的工具酶种类繁多,可以对核酸分子进行缩短、延长、降解,可以通过添加或除去特定的化学基团对核酸分子进行修饰。可以从 RNA 分子合成 DNA 分子,也可以从 DNA 合成 RNA 分子,这些操作,全部在试管内进行,是 DNA 的生物化学研究、基因组结构、基因的克隆以及基因表达调控等研究的技术基础。

几乎所有的 DNA 操作技术都利用纯化酶。在细胞中,这些酶本来参与诸如 DNA 复制和转录、对不需要的或外来 DNA 进行分解(例如侵入病毒 DNA),修复突变的 DNA 和不同 DNA 分子之间的重组等重要过程。这些酶从细胞提取液中纯化后,大多可以催化原初的反应或在人工条件下催化相似的反应。酶的催化反应往往很简单,但绝大多数不可能通过标准化学方法合成。因此,酶的纯化对基因工程操作至关重要。目前,各种高纯度酶的生产、销售已经实现完全商业化,满足了分子生物学家的各种需要。多家公司生产的各种工具酶已被广泛使用。

根据核酸工具酶催化的反应种类,可以把 DNA 工具酶分成四大类:

(1) 核酸酶:对 DNA 分子进行酶切、缩短或降解的一类核酸酶。

(2) 连接酶:催化 DNA 分子间形成新的磷酸二酯键,使两个分子连接成一个分子。

(3) 聚合酶:进行 DNA 分子的复制和扩增。

（4）修饰酶：在 DNA 分子上去除或添加化学基团。

对上述工具酶进行分类时，有两个前提。第一个前提是虽然分类时各种酶各有归属，但是有一些酶所具有的酶活性可能跨越两到三个分类。比如有些 DNA 聚合酶同时具有聚合酶活性和核酸酶活性，可以在合成新的 DNA 链的同时从 5′或 3′端对 DNA 分子实施降解。第二个前提是应该认识到，和 DNA 工具酶类似，许多类似的酶也可以作用于RNA。比如，一个应用实例即为前面讲述 DNA 提取纯化时核糖核酸酶去除 DNA 中 RNA 污染，虽然一些 RNA 工具酶也应用于基因克隆中。在后面的章节中提到，我们一般只讲述 DNA 工具酶。

3.2.1 核酸酶

核酸酶通过打破 DNA 链中的连接相邻两个核苷酸间的磷酸二酯键来降解 DNA 分子。核酸酶有两种不同的类型：核酸外切酶和核酸内切酶。

3.2.1.1 核酸外切酶

核酸外切酶是一类能从多核苷酸链的一端开始按序催化水解 3、5 -磷酸二酯键，降解核苷酸的酶。其水解的最终产物是单个的核苷酸（DNA 为 dNMP，RNA 为 NMP）（图 3 - 47）。

按作用的特性差异可以将其分为单链的核酸外切酶和双链的核酸外切酶。核酸外切酶又可按照作用的方向分为 5′→3′核酸外切酶和 3′→5′核酸外切酶。5′→3′核酸外切酶从 5′端开始逐个水解核苷酸；3′→5′核酸外切酶从 3′端开始逐个水解核苷酸。有些核酸酶同时具有 5′→3′和 3′→5′核酸外切酶活性。单链的核酸外切酶包括大肠杆菌核酸外切酶Ⅰ（ExoⅠ）和核酸外切酶Ⅶ（ExoⅦ）。核酸外切酶Ⅶ（ExoⅦ）能够从 5′-末端或 3′-末端呈单链状态的 DNA 分子上降解 DNA。双链的核酸外切酶包括大肠杆菌核酸外切酶Ⅲ（ExoⅢ）和来源于交替单胞菌（*Alteromonas espejiana*）Bal31 核酸酶。Bal31 核酸酶能从 DNA 双链的 5′和 3′端同时降解 DNA，随着 Bal31 核酸酶作用时间的增加，DNA 片段长度随之缩短。核酸外切酶Ⅲ（ExoⅢ）只能作用于 DNA 双链分子的 3′端，形成单链的 DNA 分子（图 3 - 48）。

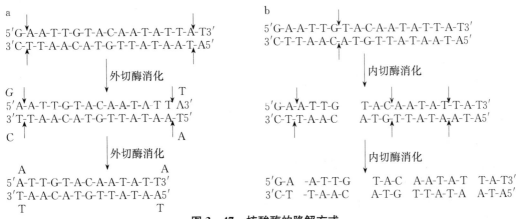

图 3 - 47　核酸酶的降解方式

a. 核酸外切酶；b. 核酸内切酶

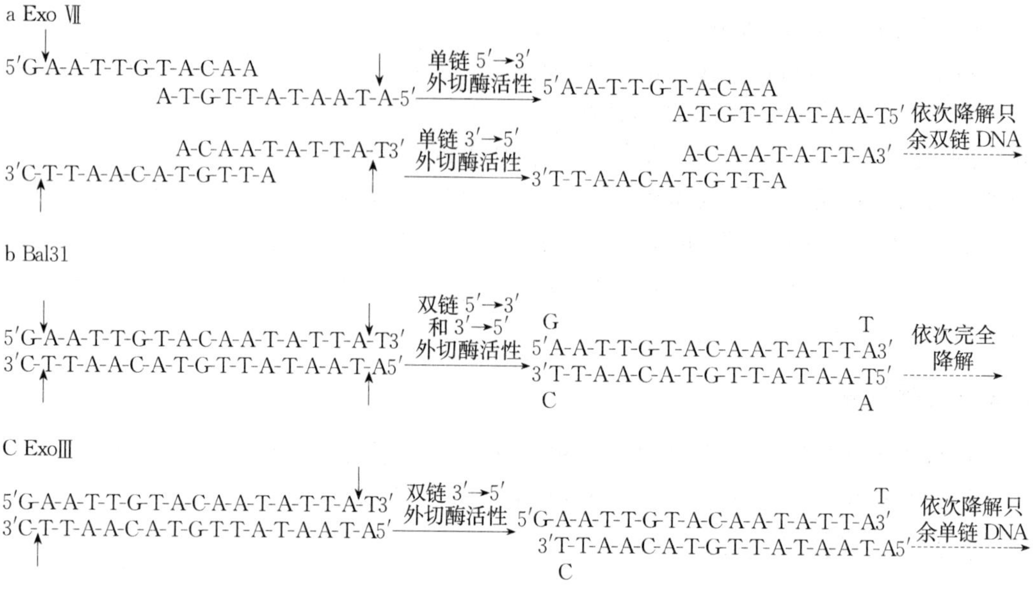

a ExoⅦ

5′G-A-A-T-T-G-T-A-C-A-A
       A-T-G-T-T-A-T-A-A-T-A-5′

A-C-A-A-T-A-T-T-A-T3′
3′C-T-T-A-A-C-A-T-G-T-T-A

单链 5′→3′
外切酶活性

5′A-A-T-T-G-T-A-C-A-A
      A-T-G-T-T-A-T-A-A-T5′ 依次降解只

单链 3′→5′
外切酶活性

      A-C-A-A-T-A-T-T-A3′ 余双链DNA
3′T-T-A-A-C-A-T-G-T-T-A

b Bal31

5′G-A-A-T-T-G-T-A-C-A-A-T-A-T-T-A-T3′
3′C-T-T-A-A-C-A-T-G-T-T-A-T-A-A-T-A5′

双链 5′→3′
和 3′→5′
外切酶活性

G   T
5′A-A-T-T-G-T-A-C-A-A-T-A-T-T-A3′ 依次完全
3′T-T-A-A-C-A-T-G-T-T-A-T-A-A-T5′ 降解
C   A

C ExoⅢ

5′G-A-A-T-T-G-T-A-C-A-A-T-A-T-T-A-T3′
3′C-T-T-A-A-C-A-T-G-T-T-A-T-A-A-T-A5′

双链 3′→5′
外切酶活性

                      T
5′G-A-A-T-T-G-T-A-C-A-A-T-A-T-T-A-T3′ 依次降解只
3′T-T-A-A-C-A-T-G-T-T-A-T-A-A-T5′ 余单链DNA
                      C

图 3-48　核酸外切酶实例

a. ExoⅦ;b. Bal31;c. ExoⅢ

3.2.1.2　核酸内切酶

核酸内切酶能够破坏 DNA 分子内部的磷酸二酯键。同核酸外切酶一样,有些核酸外切酶能作用于单链 DNA 分子,如 S1 核酸酶,可降解 DNA 单链以及双链 DNA 分子内部的缺刻部分(图 3-49a)。有些核酸内切酶既可作用于单链,也可以降解双链 DNA,如 DNaseⅠ(图 3-49b)。有些核酸内切酶只能作用于 DNA 双链,如Ⅱ型限制性核酸内切酶只在特定位点切割 DNA 分子。后文将详细叙述(图 3-49c)。

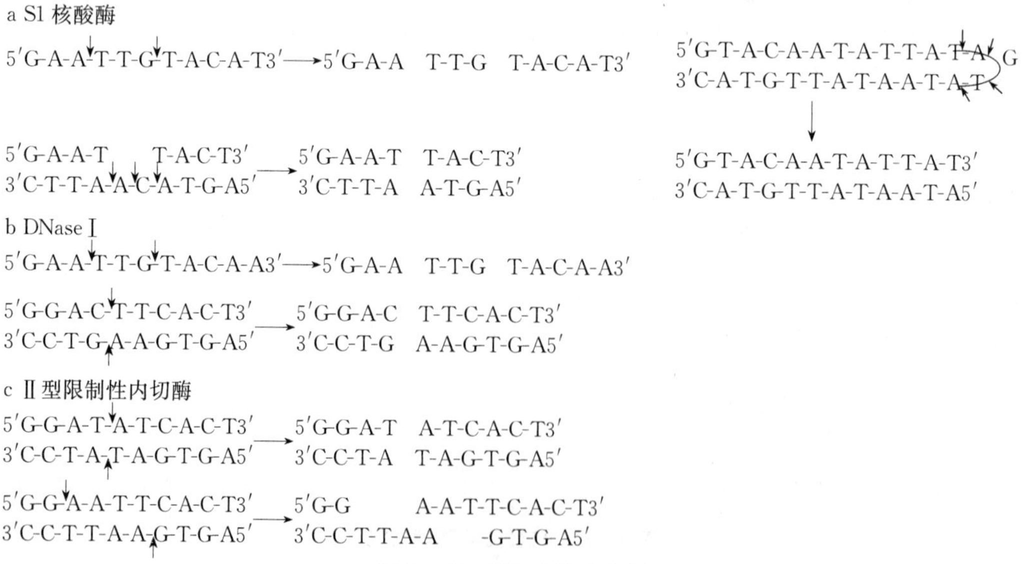

a S1 核酸酶

5′G-A-A-T-T-G-T-A-C-A-T3′ ⟶ 5′G-A-A T-T-G T-A-C-A-T3′

5′G-A-A-T   T-A-C-T3′ ⟶ 5′G-A-A-T T-A-C-T3′
3′C-T-T-A A-C-A-T-G-A5′   3′C-T-T-A A-T-G-A5′

5′G-T-A-C-A-A-T-A-T-T-A-T-A G
3′C-A-T-G-T-T-A-T-A-A-T-A-T

5′G-T-A-C-A-A-T-A-T-T-A-T3′
3′C-A-T-G-T-T-A-T-A-A-T-A5′

b DNaseⅠ

5′G-A-A-T-T-G-T-A-C-A-A3′ ⟶ 5′G-A-A T-T-G T-A-C-A-A3′

5′G-G-A-C-T-T-C-A-C-T3′   5′G-G-A-C T-T-C-A-C-T3′
3′C-C-T-G-A-A-G-T-G-A5′   3′C-C-T-G A-A-G-T-G-A5′

c Ⅱ型限制性内切酶

5′G-G-A-T-A-T-C-A-C-T3′   5′G-G-A-T A-T-C-A-C-T3′
3′C-C-T-A-T-A-G-T-G-A5′   3′C-C-T-A T-A-G-T-G-A5′

5′G-G-A-A-T-T-C-A-C-T3′   5′G-G   A-A-T-T-C-A-C-T3′
3′C-C-T-T-A-A-G-T-G-A5′   3′C-C-T-T-A-A -G-T-G-A5′

图 3-49　核酸内切酶实例

a. S1 核酸酶;b. DNaseⅠ;c. Ⅱ型限制性内切酶

3.2.1.3　特殊核酸内切酶——限制性核酸内切酶

限制性内切酶的纯化和使用可以让分子生物学家精确且可重复性地切割 DNA 分子。这些酶的发现使 W. Arber，H. Smith，和 D. Nathans 三位科学奖获得了 1978 的诺贝尔化学奖，是基因工程发展的重大突破之一。

1. 限制性内切酶的发现和功能

限制性核酸内切酶最初发现于 20 世纪 50 年代初，当一些细菌菌株被证明对噬菌体感染有免疫力，这被称为宿主控制的限制现象。限制机制虽不复杂，但揭示其详细机理也耗费了 20 年的时间。限制是由于细菌可产生一种酶，能够降解外来入侵的噬菌体 DNA，使噬菌体不能复制并合成新噬菌体颗粒。因为宿主 DNA 分子上携带甲基化位点，使酶不能发挥作用，从而使宿主自身的 DNA 免于降解。这些降解酶被称为限制性内切酶，能在大多或所有的细菌种类被合成。迄今为止，已经分离出近 4 000 种不同的酶，目前已有 600 多种酶用于实验室。根据限制酶的结构，辅因子的需求差异与作用方式，可将限制酶分为三种类型：第一型（Type Ⅰ）、第二型（Type Ⅱ）及第三型（Type Ⅲ）。

第一型限制酶同时具有修饰（modification）及识别切割（restriction）的作用；具有识别（recognize）DNA 上特定碱基序列的能力，通常其切割位点（cleavage site）距离识别位点（recognition site）可达数千个碱基之远。例如：EcoB、EcoK。

第二型限制酶只具有识别切割的作用，修饰作用由其他酶完成。所识别的位置多为短的回文序列（palindrome sequence）；所剪切的碱基序列通常为所识别的序列。例如：EcoRⅠ、HindⅢ。

第三型限制酶与第一型限制酶类似，同时具有修饰及识别切割的作用。可识别短的不对称序列，切割位与识别序列约距 24～26 个碱基对。例如：HinfⅢ。

Ⅰ型和Ⅲ在基因工程中只有有限的作用，而Ⅱ型限制性内切酶是在基因克隆中非常重要的切割酶。

2. Ⅱ型限制性内切酶在特定的核苷酸序列切割 DNA

Ⅱ型限制性内切酶的核心特征是每个酶都有一个特定的识别序列，并只在此位点切割 DNA 分子。例如，限制性内切酶称为 PvuⅠ（从普通变形杆菌中分离）只在六聚体 CGATCG 位点切割 DNA；相反，另一种从相同的细菌分离的酶 PvuⅡ，具有不同的六聚体切割位点，CAGCTG。

大多限制性内切酶识别六聚体位点，但也有一些酶的识别和切割位点是四、五、八，甚至更长的核苷酸序列。如酶 Sau3A（来自金黄色葡萄球菌菌株 3A）识别切割位点为 GATC，而 AluⅠ（Arthrobacter luteus）位点为 AGCT。也有一些限制性内切酶识别兼并性序列的例子，这意味着酶可以对一组 DNA 位点中的任何一个实施切割。例如 HinfⅠ（流感嗜血杆菌菌株 RF）的位点为 gantc，所以可以在 GAATC，GATTC，GAGTC 和 GACTC 四种位点进行 DNA 识别和切割。一些常见的，有代表性的限制性核酸内切酶列在表 3-1 中。包括来源，识别序列，切割位点和切割后 DNA 末端形态等信息。所有限制性内切酶的识别顺序有一个特征，即具有回文对称顺序，即有一个中心对称轴，从这个轴沿 DNA 双链的两个方向"读"都完全相同。限制性核酸内切酶的命名原则：第一个字母大写，表示来源微生物的属名的第一个字母。第二、三字母小写，表示来源微生物种名的第一、二个字母。其他字母大写或小写,表示来源微生物的菌株编号或质粒名称。罗马数字:表示该菌株发现的限制酶的编号。以 $EcoR$ Ⅰ 为例:$E,Escherichia$(属);$co,coli$(种);$R,RY13$(品系);Ⅰ,在此类细菌中发现的顺序。

表 3-1　限制性内切酶实例

酶的名词	来源物种	识别序列和切割位点	粘性/平末端
$EcoR$ Ⅰ	*Escherichia coli*	G▼AA⋮TTC	5′粘端
Pst Ⅰ	*Providencia stuartii*	CTG⋮CA▼G	3′粘端
$BamH$ Ⅰ	*Bacillus amyloliquefaciens*	G▼GA⋮TCC	5′粘端
Bgl Ⅱ	*Bacillus globigii*	A▼GA⋮TCT	5′粘端
Pvu Ⅰ	*Proteus vulgaris*	CGA⋮T▼CG	3′粘端
Pvu Ⅱ	*Proteus vulgaris*	CAG▼⋮CTG	5′平端
$Hind$ Ⅲ	*Haemophilus influenzae* R_d	A▼AG⋮CTT	5′粘端
$Hinf$ Ⅰ	*Haemophilus influenzae* R_f	G▼AN⋮TC	5′粘端
$Sau3A$	*Staphylococcus aureus*	▼GA⋮TC	5′粘端
Alu Ⅰ	*Arthrobacter luteus*	AG▼⋮CT	平端
Taq Ⅰ	*Thermus aquaticus*	T▼C⋮GA	5′粘端
Hae Ⅲ	*Haemophilus aegyptius*	GG▼⋮CC	平端
Not Ⅰ	*Nocardia otitidis-caviarum*	GC▼GG⋮CCGC	5′粘端
Sfi Ⅰ	*Streptomyces fimbriatus*	GGCCNNN⋮N▼NGGCC	3′粘端

⋮表示对称轴,↓表示切割位点

3. 限制性内切酶的切割方式:粘性末端和平末端

限制性内切酶的切割方式有两种,即在识别位点回文序列对称轴的位点进行切割或在对称轴两侧两个或四个碱基位点处进行对称交错切割,两种不同的切割方式分别得到平末端或粘性末端两种切割产物。Pvu Ⅱ 和 Alu Ⅰ 酶是平末端切割酶的两个例子。粘性末端是指在限制酶切割后在双链 DNA 的 5′或 3′端出现短的单链突出序列,因为可以和被切开的另一个 DNA 分子的 5′或 3′端短单链突出序列重新互补配对,所以称为粘性末端。根据酶切割方式的不同,可分为两种,即 5′和 3′端粘性末端。如 $EcoR$ Ⅰ 的酶切产物为 5′端突出粘性末端;Pst Ⅰ 的酶切产物为 3′端突出粘性末端(图 3-50)。

同裂酶(isoschizomers)指来源不同但识别相同靶序列的核酸内切酶。同裂酶进行同样的切割,产生同样的末端。但有些同裂酶对甲基化位点的敏感性不同。例如,限制酶 Hpa Ⅱ 和 Msp Ⅰ 是一对同裂酶(CCGG),当靶序列中有一个 5-甲基胞嘧啶时 Hpa Ⅱ 不能进行切割,而 Msp Ⅰ 可以。

同尾酶(isocaudamer)指来源不同、识别靶序列不同但产生相同的粘性末端的核酸内切酶。利用同尾酶可使切割位点的选择余地更大。由一对同尾酶分别产生的粘性末端共价结合形成的位点称为杂种位点(hybrid site)，一般不能被原来的任何一种同尾酶识别，如 BamH I 和 Bgl II 两同尾酶的粘性末端连接后，不会再被 BamH I 和 Bgl II 所识别，但图 3-51 中 Sau3A 例外，分别和 BamH I 和 Bgl II 的粘性末端形成杂合位点后，均可以被 Sau3A 所识别并切割。

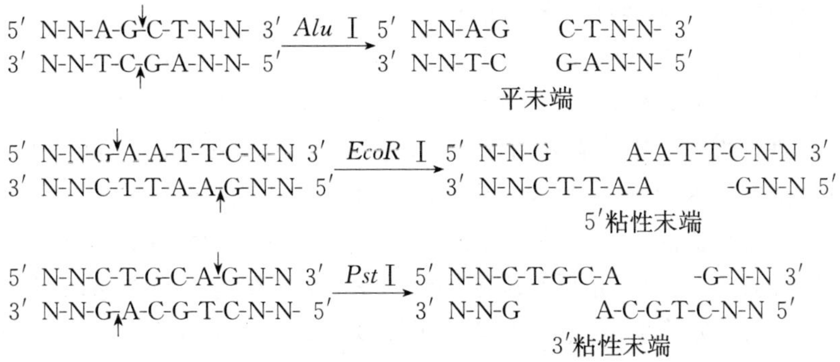

5′ N-N-A-G-C-T-N-N- 3′ —Alu I→ 5′ N-N-A-G　　　C-T-N-N- 3′
3′ N-N-T-C-G-A-N-N- 5′ 　　　　　3′ N-N-T-C　　　G-A-N-N- 5′
平末端

5′ N-N-G-A-A-T-T-C-N-N 3′ —EcoR I→ 5′ N-N-G　　　　　A-A-T-T-C-N-N 3′
3′ N-N-C-T-T-A-A-G-N-N- 5′ 　　　　3′ N-N-C-T-T-A-A　　　-G-N-N 5′
5′粘性末端

5′ N-N-C-T-G-C-A-G-N-N 3′ —Pst I→ 5′ N-N-C-T-G-C-A　　　-G-N-N 3′
3′ N-N-G-A-C-G-T-C-N-N- 5′ 　　　　3′ N-N-G　　　A-C-G-T-C-N-N 5′
3′粘性末端

图 3-50　不同限制性内切酶切割后产生平末端或 5′/3′ 端粘性末端

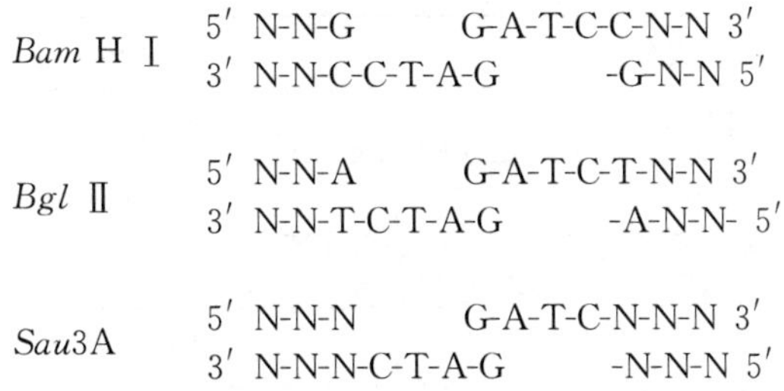

Bam H I　　5′ N-N-G　　　　　G-A-T-C-C-N-N 3′
　　　　　　3′ N-N-C-C-T-A-G　　　-G-N-N 5′

Bgl II　　　5′ N-N-A　　　　　G-A-T-C-T-N-N 3′
　　　　　　3′ N-N-T-C-T-A-G　　　-A-N-N- 5′

Sau3A　　　5′ N-N-N　　　　　G-A-T-C-N-N-N 3′
　　　　　　3′ N-N-N-C-T-A-G　　　-N-N-N 5′

图 3-51　一组同尾酶

4. 限制性内切酶的切割频率

已知长度的 DNA 分子中特定限制性内切酶的识别序列位点数目可以用数学方法计算。一个碱基四聚体序列(例如，GATC)应每隔 4^4，即 256 个核苷酸出现一次，一个碱基六聚体序列(例如，GGATCC)每 4^6，即 4 096 个核苷酸出现一次。这些计算是在假定四个核苷酸以相等的比例存在(即 GC 含量等于 50%)且随机排列的基础上。实际上，两个假设都不成立。以 λDNA 分子为例，基因组长度为 49 kb，按照理论计算，应该含有一种六碱基限制性核酸内切酶的 12 位点。事实上，这些识别位点发生频率大多是较低的。例如，λDNA 分子中含有六个 Bgl II 位点，五个 BamH I 位点，只有两个 Sal I 位点。这一事实是 λDNA 分子 GC 含量小于 50% 的反映。此外，限制位点通常沿 DNA 分子不均匀分布(图 3-52)。如果是均匀分布的情况，那么用特定的限制性内切酶消化就会产生出大小大致相同的 DNA 片段。但图 3-52 中显示的分别用 Bgl II、BamH I 和 Sal I 对 λDNA 进行酶切，产生的片段大小均有较大的差异。这一结果表明 λDNA 分子中的核苷酸不是随机均匀分布的。所以，在基因工程克隆实验中，必须首先对基因序列的限制性内切酶的酶切位点的多少和位置进行分析，即限制性内切酶酶切图谱分析，在 DNA 分子序列已知的情况下,可用软件进行分析,常用分析软件有 DNAMAN 和 LASERGENE 等。

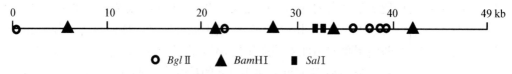

图 3 - 52　限制性内切酶的切割频率和位点分布的实例

5. 在实验室中进行限制性内切酶消化

下文中以 *Bgl* Ⅱ消化 λDNA(浓度 125 μg/mL)样品为例,对实验室中 DNA 酶切消化的方法进行讲述。首先,将适量的 DNA 用精确的微量加样器移进试管,DNA 量的多少根据实验需要进行添加。比如需要消化 16 μL,2 μg 的 λDNA 样品。酶切消化体系的其他主要成分为限制性内切酶,一般为从生产厂家及供应商购得的已知浓度限制性内切酶溶液。因为酶需要在低温−20 ℃存放才能保持活性,酶一般溶解在含有 50% 甘油的溶液中,高浓度甘油的存在可以防止反复冻融导致的酶活力的降低。另外,酶储存液中还含有维持特定 pH 值的缓冲体系、一定浓度盐离子以及 DTT 和 BSA 等酶活性保护试剂。参见表 3 - 2 中的酶存储液组分。

表 3 - 2　限制性内切酶酶储存液组分

成分	浓度
Tris-HCl,pH7. 5	10 mmol/L
KCl	400 mmol/L
EDTA	0. 1 mmol/L
DTT	1 mmol/L
Triton X - 100	0. 15%
BSA	0. 01%
Glycerol	50

在酶添加前,含有 DNA 的溶液必须进行调整以提供正确的酶切条件,以保证酶的最大活性。首先是最适的 pH 值,大多数限制性内切酶最适 pH 值为 7.4。其次是盐离子浓度,不同的酶对离子浓度高低的要求不同,不正确的氯化钠或镁离子浓度不仅会降低限制性内切酶的活性,也可能导致酶的特异性发生改变,可能在非标准的 DNA 序列位点上进行 DNA 的降解。盐离子浓度通常由钠和镁离子提供(Mg^{2+} 为所有的Ⅱ型限制性内切酶发挥功能所必需)。另外还应添加还原剂,如二硫苏糖醇(DTT),使酶稳定并防止其失活。表 3 - 3 中根据盐离子浓度高低和种类不同分成五种酶切缓冲液体系,不同的限制性内切酶对应各自最适的酶切缓冲液体系。酶切缓冲液母液浓度十倍于工作液浓度,加入反应混合物中而被稀释。如果反应混合物的最终体积为 20 μL,那么酶切缓冲液应添加 2 μL。

表 3 - 3 限制性内切酶酶切缓冲体系

酶切缓冲液母液	组分及浓度
10X L	100 mmol/L Tris-HCl,pH7.5 100 mmol/L MgCl₂ 10 mmol/L DTT
10X M	100 mmol/L Tris-HCl,pH7.5 100 mmol/L MgCl₂ 10 mmol/L DTT 500 mmol/L NaCl
10X H	500 mmol/L Tris-HCl,pH7.5 100 mmol/L MgCl₂ 10 mmol/L DTT 1 000 mmol/L NaCl
10X K	200 mmol/L Tris-HCl,pH7.5 100 mmol/L MgCl₂ 10 mmol/L DTT 500 mmol/LKCl
10X T	330 mmol/L Tris-Ac,pH7.5 100 mmol/L Mg-Ac 10 mmol/L DTT 660 mmol/L K-Ac

最后添加限制性内切酶。按照惯例,酶的 1 单位定义为需要在 1 h 内消化 1 μg DNA 所需的量,所以消化 2 μg 的 λDNA 需要 2 单位的酶。Bgl II 酶储液的常规浓度为 4 U/μL,因此,添加 0.5 μL 足以切割 DNA。反应混合物中的最终体积为 20 μL,需要另外添加 1.5 μL 水补足体积。一般的反应体系如表 3 - 4。

表 3 - 4 酶切体系

组分	量/体积(总 20 μL)
DNA	16 μL(2 μg)
10X H 缓冲液	2 μL
Bgl II 酶储液	0.5 μL
H₂O	1.5 μL

最后考虑的因素是酶切孵育温度。大多数限制性内切酶,如 Bgl II 的最适温度为 37 ℃,BamH I 的最适温度为 30 ℃。但是例如 Taq I,是从水生栖热菌中分离的一种限制酶,如 Taq DNA 聚合酶一样有很高的工作温度。限制性消化必须在 65 ℃时才能获得最大酶活性,一般 1 小时就可完成酶切反应。如果酶切后的 DNA 片段要用于后续的克隆实验,必须使酶失活,以避免其意外消化后期添加的其他 DNA 分子。有几种使酶失活的方法,大多情况下,70 ℃条件下的短期孵育足够灭活酶的活性,也可进行苯酚抽提或通

过添加 EDTA 螯合镁离子来抑制限制性内切酶的活性。

在酶切过程中,由于反应条件的不适合,经常会出现星号活性(star activity),也称星活性。星活性的定义为同一类限制性内切酶在某些反应条件变化时酶的专一性发生改变,能在识别位点之外切割 DNA 分子。例如酶浓度过高(>100 U/μg)、甘油浓度过高($>5\%$ V/V)、反应液离子强度过低(<25 mmol/L)、pH 改变($>$pH8.0)、反应液中 Mg^{2+} 被其他阳离子如 Mn^{2+}、Zn^{2+} 代替或有机溶剂影响时等,酶切割位点专一性发生改变。以上因素的影响程度因酶的不同而有所不同。例如 *EcoR* I 比 *Pst* I 对甘油浓度更敏感,而后者则对高 pH 值更敏感一些。所以在酶切体系中,应尽量用较少的酶进行完全消化反应。这样可以避免过度消化以及过高的甘油浓度,尽量避免有机溶剂(如制备 DNA 时引入的乙醇)的污染,使用厂家推荐的酶反应的缓冲体系,保证最佳的盐离子浓度和 pH。现在也有公司发展了快切反应体系(QuickCut),所有快切限制性内切酶都可应用快切缓冲液在 5~30 min 内有效切断各种类型 DNA,多种酶可在一个反应管中完成酶切反应。

6. DNA 分子的限制性酶切图谱分析

前文中提到过,在 DNA 分子序列已知的情况下,可以利用软件进行限制性内切酶图谱的分析,在目前的全基因组测序的时代,这是一种主流的分析方法。限制性酶切图谱分析可以保证基因克隆操作过程中选用适合的限制性内切酶。但在基因序列未知的情况下,进行 DNA 分子的限制性酶切图谱分析就要通过一系列的酶切反应及电泳分析来实现。例如,要获得 λ 噬菌体 DNA 中 *Xba* I、*Kpn* I 和 *Xho* I 酶切位点,需要进行下面一系列的酶切和电泳分析。首先,分别进行三种酶的单酶切分析,电泳后和 Marker 进行比对,分析各种单酶切产物的片段数目和大小。其次,三种酶分别两两组合进行双酶切分析。双酶切中,如果两种酶的反应条件一致,可以同时进行酶切反应,如果反应条件不一致,则需要按次序先后进行。比较单、双酶切的结果,就可以获得大多数基因片段的限制性内切酶图谱。一些酶切位点定位中的问题可以通过部分酶切来解决。部分酶切即 DNA 分子上只有限定数量的酶切位点被消化。部分酶切通常通过缩短酶切孵育时间或降低酶切温度来实现(例如在 4 ℃孵育)。部分酶切的电泳后条带比较复杂,会出现由于不完全酶切而得到的额外片段。这些片段包含被一个未被切割的位点分开的两个相邻的限制性片段。它们的大小将指示完全酶切中的哪两个限制片段彼此相邻。通过以上系列分析,就可以获得一段基因序列的限制性内切酶图谱。

表 3-5 是 λDNA *Xba* I、*Kpn* I 和 *Xho* I 的酶切结果分析,从表格 3-5 中,可以得知 λDNA 中 *Xba* I、*Kpn* I 和 *Xho* I 的酶切位点个数分别是 1、1 和 2 个,可以首先获得 *Xba* I 和 *Xho* I 的酶切图谱(图 3-53a),*Kpn* I 的两个切点均在 24 kb 长的片段内,需要进行部分酶切鉴别。从部分酶切结果来看,48.5 kb 为全长 λDNA,1.5 kb,17 kb,30 kb 为 *Kpn* I 完全酶切片段,18.5 kb 和 31.5 kb 为 *Kpn* I 部分酶切片段,推测 *Kpn* I 的图谱为图 3-53b,确定 *Xba* I,*Xho* I,*Kpn* I 的图谱为图 3-53c。

表 3 - 5　λDNA 酶切结果

酶	酶切后片段数目	酶切后片段大小(kb)
Xba I	2	24.0,24.5
Xho I	2	15.0,33.5
Kpn I	3	1.5,17,30
Xba I + *Xho* I	3	9.0,15.0,24.5
Xba I + *Kpn* I	4	1.5,6.0,17.0,24.0
Kpn I 部分酶切	6	1.5,17.0,18.5,30.0,31.5,48.5

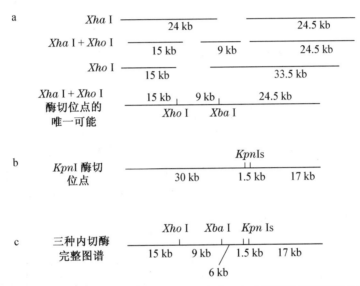

图 3 - 53　λ 噬菌体 DNA 中 *Xba* I、*Kpn* I 和 *Xho* I 限制性酶切图谱分析

3.2.2　连接酶

　　DNA 连接酶是生物体内重要的酶,其催化的反应在 DNA 的复制和修复过程中起着重要的作用。在细胞内,DNA 连接酶的作用是修复出现在双链 DNA 分子中的单链断裂(discontinuities,即两个核苷酸之间的磷酸二酯键缺失而不是缺少一个或多个核苷酸)。大多数生物的 DNA 连接酶可以将两个独立的双链 DNA 片段连接在一起的。DNA 连接酶分为两大类:一类是利用 ATP 的能量催化两个核苷酸链之间形成磷酸二酯键的 DNA 连接酶;另一类是利用烟酰胺腺嘌呤二核苷酸(NAD^+)的能量催化两个核苷酸链之间形成磷酸二酯键的 DNA 连接酶。

　　基因工程中常用的 DNA 连接酶有两类,即来自大肠杆菌的 DNA 连接酶和来自 T4 噬菌体的 T4 DNA 连接酶。DNA 连接酶特点是能够将 DNA 链上彼此相邻的 $3'$-羟基(OH)和 $5'$-磷酸基团(-P),在 NAD^+ 或 ATP 供能的作用下,形成磷酸二酯键。DNA 连接酶和 T4 DNA 连接酶分别使用 NAD^+ 和 ATP 作为辅助因子。DNA 连接酶只能连接缺口(nick,即相邻两个核苷酸只有磷酸二酯键的断裂),不能连接裂口(gap,即缺少一个或多个核苷酸)。而且被连接的 DNA 链必须是双螺旋 DNA 分子的一部分,即不能连接单链 DNA 分子(图 3-54)。

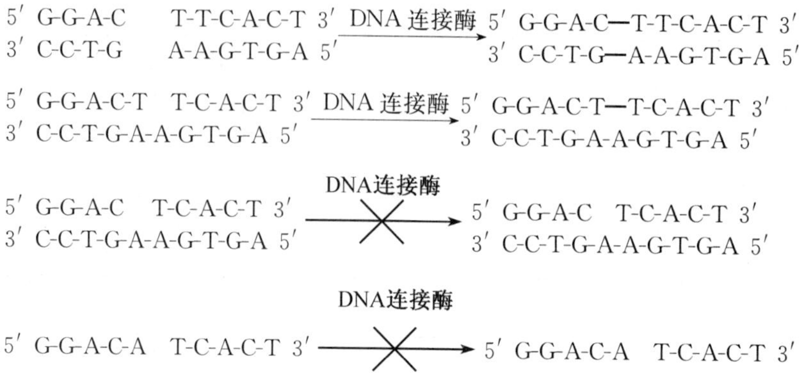

```
5′ G-G-A-C    T-T-C-A-C-T 3′  DNA 连接酶   5′ G-G-A-C—T-T-C-A-C-T 3′
3′ C-C-T-G    A-A-G-T-G-A 5′  ─────────→   3′ C-C-T-G—A-A-G-T-G-A 5′

5′ G-G-A-C-T    T-C-A-C-T 3′  DNA 连接酶   5′ G-G-A-C-T—T-C-A-C-T 3′
3′ C-C-T-G-A-A-G-T-G-A 5′     ─────────→   3′ C-C-T-G-A-A-G-T-G-A 5′

                              DNA 连接酶
5′ G-G-A-C    T-C-A-C-T 3′    ───╳───→     5′ G-G-A-C    T-C-A-C-T 3′
3′ C-C-T-G-A-A-G-T-G-A 5′                  3′ C-C-T-G-A-A-G-T-G-A 5′

                              DNA 连接酶
5′ G-G-A-C-A   T-C-A-C-T 3′   ───╳───→     5′ G-G-A-C-A   T-C-A-C-T 3′
```

图 3-54   DNA 连接酶的 DNA 底物类型

3.2.3 聚合酶

聚合酶是一种以 DNA 或 RNA 为模板,从 5′ 到 3′ 方向合成 DNA 互补链的酶。大多数 DNA 聚合酶都需要有引物来起始 DNA 的合成,在引物的 3′—OH 末端逐个添加核苷酸。基因工程中经常使用四种类型的 DNA 聚合酶:第一个是 DNA 聚合酶 I,通常由大肠杆菌制备。这种酶附着在主要是双链结构的 DNA 分子的短的单链区域(或缺口)处,合成一条全新的链,并在其聚合过程中降解原有的链(图 3-55)。因此,DNA 聚合酶 I 是双功能酶的一个例子,具有 DNA 聚合酶和 DNA 核酸酶两种活性。DNA 聚合酶 I 的聚合酶和核酸酶活性受酶分子不同部分的控制。酶分子前 323 个氨基酸的多肽有核酸酶活性,所以去除这个片段后留下一个保留聚合酶功能,但不能降解 DNA 的酶,称为 Klenow 酶。Klenow 酶也以单链 DNA 为模板,催化合成一个互补的 DNA 链,但是由于不具有核酸外切酶活性,所以当单链缺口被填满后,合成就终止了,不会发生链的取代(图 3-55)。

其他几种酶聚合酶自然和修改后的版本和 Klenow 片段具有相似的性质。在早些年的 DNA 测序中发挥过重要的作用,尽管它们在 DNA 标记中仍然有重要的应用,但现在已经在很大程度上被取代了。第三类聚合酶为实验室常用的耐热 DNA 聚合酶。*Taq* DNA 聚合酶由一种生活在热泉中的水生耐热菌株 *Thermus aquaticus* 中分离提取出来的。*Taq* 的许多酶,包括 *Taq* DNA 聚合酶均具有耐热性,这意味着它们在高温下不会变性。*Taq* DNA 聚合酶这一特点使它适合于 PCR 反应,可以避免反应温度提高到 94 ℃ 进行 DNA 变性时被灭活。*Taq* DNA 聚合酶具有 5′-3′ 外切酶活性,但不具有 3′-5′ 外切酶活性,因而在合成中对某些单核苷酸错配没有校正功能。

Taq DNA 聚合酶还具有非模板依赖性活性,可将 PCR 双链产物的每一条链 3′ 加上单核苷酸尾,故可产生具有 3′ 尾部单 A 核苷酸突出的 PCR 产物。应用这一特性,可通过 T-A 克隆策略进行 PCR 产物的克隆。耐热 DNA 聚合酶多应用在 PCR 技术中。

各种耐热 DNA 聚合酶均具有 5′-3′ 聚合酶活性,但不一定具有 3′-5′ 和 5′-3′ 的外切

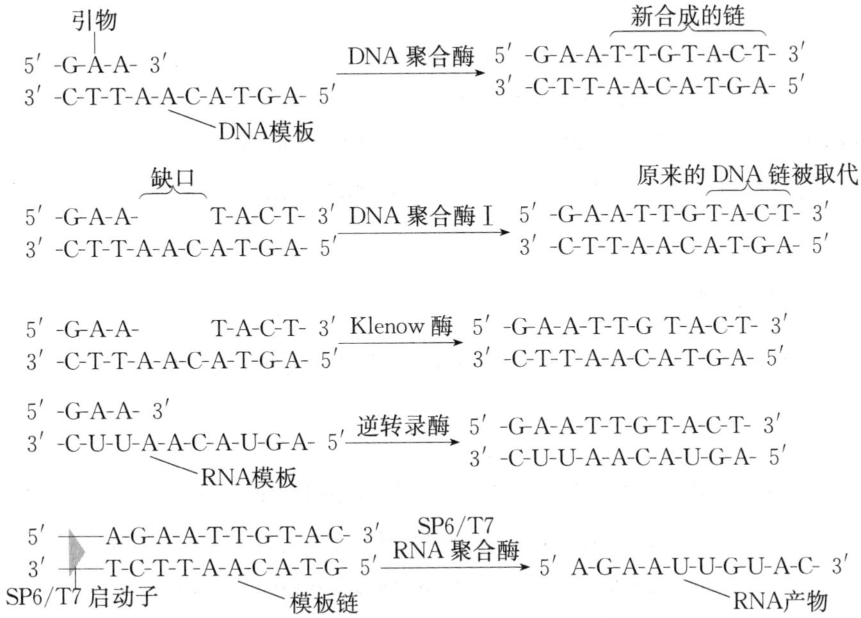

图 3-55　聚合酶的催化方式

酶活性。3′-5′外切酶活性可以消除错配,切平末端;5′-3′外切酶活性可以消除合成障碍。除上述 *Taq* DNA 聚合酶外,还有一类具备 3′-5′外切酶活性的高保真耐热 DNA 聚合酶,如 *pfu* DNA 聚合酶和 *Vent* DNA 聚合酶,分别从 *Pyrococcus furiosis* 和 *Litoralis* 栖热球菌中分离和精制而成,它们不具有 5′-3′外切酶活性,但具有 3′-5′外切酶活性,可校正 PCR 扩增过程中产生的错误,获得产物的碱基错配率极低。PCR 产物为平端,3′端无突出的单 A 核苷酸。

　　第四类为依赖于 DNA 的 RNA 聚合酶(DNA dependent RNA polymerase)。依赖于 DNA 的 RNA 聚合酶包括 SP6 噬菌体 RNA 聚合酶(来源于感染鼠伤寒沙门氏菌 LT2 菌株)和 T4 或 T7 噬菌体 RNA 聚合酶(来源于噬菌体感染的大肠杆菌)。这些 RNA 聚合酶实际上为转录中的 RNA 合成酶,识别 DNA 中各自特异的启动子序列,并沿此 dsDNA 模板起始 RNA 的合成。它与 DNA 聚合酶不同,无须引物,但需识别特异性位点。SP6 和 T7RNA 聚合酶的用途主要用于体外合成 RNA 分子或表达外源基因(图 3-55)。

　　第五类为逆转录酶,逆转录(reverse transcription)是以 RNA 为模板合成 DNA 的过程,即催化 RNA 指导下的 DNA 合成(图 3-55)。此过程中,核酸合成与转录(RNA 到 DNA)过程与遗传信息的流动方向(DNA 到 RNA)相反,故称为逆转录。逆转录过程是 RNA 病毒的复制形式之一,需逆转录酶的催化。逆转录过程的揭示是分子生物学研究中的重大发现,是对中心法则的重要修正和补充。人们通过体外模拟该过程,以样本中提取的 mRNA 为模板,在逆转录酶的作用下,合成出互补的 cDNA,构建 cDNA 文库,并从中筛选特异的目的基因。该方法已成为基因工程技术中最常用的获得目的基因的策略之一。反转录酶都具有多种酶活性,主要包括以下几种活性。

　　① DNA 聚合酶活性。以 RNA 为模板,催化 dNTP 聚合成 DNA 的过程。反转录酶中不具有 3′→5′外切酶活性,因此没有校正功能,所以由反转录酶催化合成的 DNA 出错

率比较高。

② RNase H 活性。由反转录酶催化合成的 cDNA 与模板 RNA 形成的杂交分子，将由 RNase H 从 RNA5′端水解掉 RNA 分子。

③ DNA 指导的 DNA 聚合酶活性。以反转录合成的第一条 DNA 单链为模板，以 dNTP 为底物，再合成第二条 DNA 分子。反转录酶的应用已在第 1 章 RT - PCR 章节中有介绍。

3.2.4 DNA 修饰酶

许多 DNA 工具酶通过添加或除去特定化学基团而改变 DNA 分子。最重要的 DNA 修饰酶如下：

1. 碱性磷酸酶(alkaline phosphatase)

分子克隆中使用的磷酸酶主要来源于牛小肠碱性磷酸酶(Calf intestinal alkaline phosphatase)，简称 CIP 或 CIAP，也有来自细菌的碱性磷酸酶(Bacterial alkaline phosphatase，BAP)和虾的碱性磷酸酶(Shrimp alkaline phosphatase，SAP)。它们均能催化除去 DNA 或 RNA 5′磷酸的反应(图 3 - 56)。通过去除 5′磷酸基团，可用于防止 DNA 片段自身连接，或标记(5′端)前去除 DNA 或 RNA 5′磷酸。

2. T4 多核苷酸激酶

T4 多核苷酸激酶(T4 polynucleotide kinase)是一种磷酸化酶，可将 ATP 的 γ-磷酸基转移至 DNA 或 RNA 的 5′末端(图 3 - 56)。在分子克隆应用中呈现两种反应：其一是正反应，指将 ATP 的 γ-磷酸基团转移到无磷酸的 DNA 5′端，用于对缺乏 5′-磷酸的 DNA 进行磷酸化；其二是交换反应，在过量 ATP 存在的情况下，该激酶可将磷酸化的 5′端磷酸转移给 ADP，然后 DNA 从 ATP 中 γ-磷酸而重新磷酸化。在这两个反应中如果使用的 ATP 均为放射性同位素^{32}P 标记，那么反应的产物都变成末端获得放射性标记的 DNA。

3. 末端转移酶

末端转移酶(terminal deoxynucleotidyl transferase，TdT)是一种无须模板的 DNA 聚合酶，催化脱氧核苷酸结合到 DNA 分子的 3′羟基端，作用底物可以是 DNA 单链，也可以是 DNA 双链(图 3 - 56)。这种酶的优选底物是 3′突出端，但它也可以添加核苷酸至钝末端(blunt end)或凹陷的 3′末端(recessed 3′ end)。末端转移酶的主要用途包括：(1) 给载体或 cDNA 加上互补的同聚尾(用于建立体外重组 DNA 分子时，在 DNA 片段末端加上一个同聚物尾巴，两种不同的 DNA 分子加上不同的但可以互补的，即 A 和 T、C 和 G 的尾巴后，经过退火或复性，两种尾巴便可以借助互补作用连接在一起)。在早期 cDNA 文库建立时，这种加尾方法是使 cDNA 插入载体中的常用方法之一。(2) 用于 DNA 片段 3′末端的放射性核素标记。末端转移酶在 Mg^{2+} 存在的条件下，选择 3′—OH 端单链 DNA 为引物加成核苷酸，在 Co^{2+} 存在的条件下，选择 3′—OH 端双链 DNA 为引物加成核苷酸，形成多聚核苷酸尾。如果在反应系统中加入放射性标记的核苷酸，那么便可得到 3′端标记的 DNA 分子。该法常用于核酸末端标记和核酸连接的互补多聚尾(连接头)。

5′ ⓟ-G-A-A-T-T-G-T-A-C-T-OH 3′　碱性磷酸酶　5′ HO-G-A-A-T-T-G-T-A-C-T-OH 3′
3′ HO-C-T-T-A-A-C-A-T-G-A-ⓟ 5′ ———————→ 3′ HO-C-T-T-A-A-C-A-T-G-A-OH 5′

5′ HO-G-A-A-T-T-G-T-A-C-T-OH 3′　多核苷酸激酶　5′ ⓟ-G-A-A-T-T-G-T-A-C-T-OH 3′
3′ HO-C-T-T-A-A-C-A-T-G-A-OH 5′ ———————→ 3′ HO-C-T-T-A-A-C-A-T-G-A-ⓟ 5′

5′-G-G-A-C-T-T-C-A-C-T-3′　末端转移酶 +dCTP ——————→5′-G-G-A-C-T-T-C-A-C-T-C-C-C-C-C- 3′

5′ -G-G-A-C-T-T-C-A-C-T- 3′　末端转移酶 +dCTP 　5′ -G-G-A-C-T-T-C-A-C-T-C-C-C-C-C- 3′
3′ -C-T-G-A-A-G-T-G-A- 5′ ——————→ 3′ -C-C-C-C-C-C-C-T-G-A-A-G-T-G-A- 5′

图 3-56　DNA 修饰酶

3.2.5　重组酶在基因工程中的应用

在最近十余年的基因工程技术发展过程中,在基因克隆即将基因片段和载体重组成重组 DNA 分子过程中,除了 DNA 连接酶外,重组酶也得到了广泛应用。

第一类重组酶是参与细胞体内的位点特异性重组的一类酶。位点特异性重组(site-specific recombination)是遗传重组的一类。这类重组依赖于小范围同源序列的联会,重组也只发生在同源的短序列的范围之内,需要位点特异性的蛋白质分子参与催化,重组的蛋白不是同源重组的 Rec 蛋白系统而是 int、Cre 等重组酶,如催化噬菌体 λ 定点插入到宿主细胞基因组的 intergrase。重组时发生精确的切割和 DNA 链的交错连接反应,DNA 不缺失、不添加。位点特异性重组系统有很多种,目前已得到应用的有 λInt/attB 系统、P1 噬菌体 Cre/loxP 系统、酿酒酵母 2 μm 质粒来源的 FLP-FRT 系统、鲁酵母 pSR1 质粒来源的 R-RS 系统以及酿酒酵母线粒体基因内含子编码的 I-SceI 系统,但是应用最多的还是 λInt/attB 系统和 Cre/loxP 系统。

λ 噬菌体编码 λ 整合酶(integrase),这个酶能指导噬菌体 DNA 插入大肠杆菌染色体中。这种插入作用是通过两个 DNA 分子的特异位点进行重组。位点特异重组系统由四个方面组成:① λ 整合酶(Integrase,Int);② 来自 E. coli 的一种辅助蛋白,称为整合作用宿主因子(IHF,integration host factor);③ 镁离子;④ 含有噬菌体和细菌 DNA 发生重组交叉的特异位点(称为 attP 和 attB,att 源自 attachment)的 DNA 片段。attB 由称为 BOB′ 的序列组成,而 attP 由 POP′ 组成。O 是核心序列,是 attB 和 attP 所共同的,而其两侧的序列是 B、B′ 和 P、P′,被称为臂。噬菌体 DNA 是环状的,重组时被整合入细菌染色体中,成为线性序列。原噬菌体 DNA 的两侧是两个新的杂种 att 位点,左侧称为 attL,由 BOP′ 组成,而右侧为 attR,由 POB′ 组成。可见,整合和切出并不涉及相同的一对序列,整合需要识别 attP 和 attB,而切出要求识别 attL 和 attR。因此,重组位点的识别就决定了位点专一性重组的方向——整合或切出。整合酶和 IHF 对整合和切出都是必需的。以此系统发展起来的 gateway 载体系统已得到广泛的应用。

gateway 载体系统一般含有三类载体,即供体载体(donor vector)、入门载体(entry vector)和目的载体(destination vector)。gateway 载体系统中有两种类型的重组酶混合物。酶的类型分为 BP clonase 混合酶和 LR clonase 混合酶。BP clonase 酶包含 Int(整合)和 IHF(整合宿主因子)的蛋白质,催化 PCR 产物或 DNA 片段的克隆(含有 attB 位点)和供体载体(含有 attP 位点)体外重组产生入门载体。Gateway LR 酶Ⅱ酶混合物含有 Int(整合)、IHF(整合宿主因子)和 Xis(切除酶)酶,催化一个入门克隆重组体之间(两侧含 attL 位点的感兴趣的基因)和目的载体(含 attR 位点)来产生表达载体克隆和其他目标载体。得到入门载体后,可以通过 LR 反应将目的基因克隆进各种目标载体,大大提高了载体的构建效率(图 3-57)。

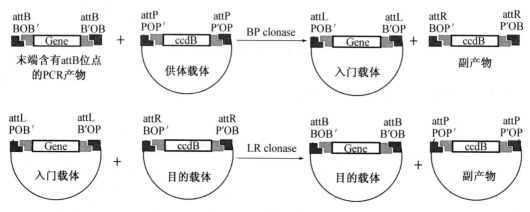

图 3-57　Gateway 载体中的 BP 反应和 LR 反应

大肠杆菌 P1 噬菌体 *Cre* 基因编码的 38.5 kDa 产物的重组酶(recombinase),能识别并催化 loxP 位点间的重组。loxP 位点含 34 bp,包括被 8 bp 间隔的两个 13 bp 反向重复,每个反向重复及其临近的 4 bp 构成一个 Cre 蛋白的结合区。链间的交换可发生在间隔区的 6 bp 之间,一旦 Cre 重组酶介导的 DNA 剪切作用发生便产生一个突出的 5′末端。该间隔区是非对称性的,这种非对称性决定了 loxP 位点具有方向性,从而最终决定了重组的拓扑学结果:非连锁分子间的重组能够形成共整合分子。同一分子内同向的两个 loxP 位点间的 DNA 会由于重组的发生而被切除,而反向重复 LoxP 位点间的重组则导致 DNA 倒位。在基因组中 loxP 序列自然发生的概率极低,其他相关序列引起的重组活性可以忽略不计。因此在应用该系统时就需要首先向目的系统中引入 loxP 序列,然后通过一定的途径激活 Cre 重组酶的活性,以实现在 loxP 位点的特异整合或重组。基于这一原理,Cre/loxP 系统已在发育生物学、遗传学、基因工程及分子生物学领域得到了有效的利用,详细使用实例可参照基因功能研究方法中条件型基因敲除部分。

另外,利用末端同源重组技术进行一步法克隆的技术在最近几年广泛流行。多个公司开发了相似的一步法克隆试剂盒。利用重组酶,可以将任意线性化载体和具有与其两端 20 bp 左右同源序列的 DNA 片段间实现快速定向克隆(图 3-58)。这里用到的重组酶来自大肠杆菌 Rec 同源重组系统,有些公司产品为重组酶复合物,如其公司的专利申请书中写明重组酶复合物包含 RecE、RecT 和 Gamma 蛋白,三种重组酶的含量比例为 1:1:2。它的产品优势在于:(1) 无须考虑酶切位点:不受插入片段酶切位点的限制,适用于任何载体,插入片段兼容粘性或平末端;(2) 设计简单:在插入片段的 PCR 扩增引物 5′端引入 20 bp 左右与载体末端同源的序列,进行 PCR 扩增既可;(3) 快速高效:50 ℃,20 min

即可完成重组反应。克隆阳性率可达95％以上；(4) 应用广泛：可用于单片段或多片段定向克隆，也可结合高保真酶，应用于定点突变。

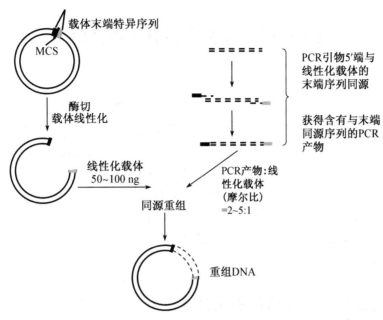

图 3‑58　大肠杆菌 Rec 同源重组系统在基因同源重组克隆中的应用

特配电子资源

第4章 目的基因的获取

在基因工程的研究过程中,第一步即为目的基因的获取,就是获得基因的序列信息,在第1章的讲述中,我们介绍了PCR技术,在基因序列已知的情况下,通过设计特异引物,进行PCR扩增就可获得目的基因。在基因的cDNA序列获取过程中,在已知基因的部分序列时可以通过5′RACE和3′RACE技术获得基因的全长cDNA序列,这样才能为后续的基因克隆、基因功能分析奠定基础。所以获得基因的序列信息是进行PCR扩增、基因克隆和后续基因功能研究的基础。根据预先所知信息的不同,可以采用不同的策略来获得目的基因序列,下面介绍一些常用的方法。

4.1 从数据库中搜寻目的基因序列

随着测序物种的增多,许多基因序列都保存在相应的数据库中,需要从数据库中进行搜索、查询以及比对等分析,获得相应的目的基因序列信息。常用的综合数据库有美国国家生物技术信息中心(National Center for Biotechnology Information)创建的数据库,网址为 https://www.ncbi.nlm.nih.gov/。还有一些物种专用的数据库,主要是一些模式生物的数据库,如拟南芥的数据库 TAIR(http://www.arabidopsis.org),玉米的数据库 MaizeGDB(https://www.maizegdb.org/),线虫数据库 WormBase(http://www.wormbase.org/#012-34-5)和果蝇数据库(http://flybase.org/)等。在主页搜索栏选择搜索内容,搜索框中填入基因号或蛋白序列号,就可找到相应的基因序列。以拟南芥基因查询为例,在已知基因号 At3g11280 的条件下,在 TAIR 网站的首页选择搜索基因栏中填入 At3g11280 进行搜索,所得搜索页面中含有基因序列信息,基因功能注释和基因突变体等信息。点击相关链接就可以获得相应的基因组序列、cDNA 序列和蛋白质序列。

利用数据库进行序列信息查询还有另一种情况,即在已知模式种基因序列的前提下,拟获得另一物种中的同源基因序列,这时需要进行 Blast 分析,在 NCBI Blast 界面输入已知基因的核苷酸序列或蛋白质序列,选择相应的生物基因组文库,进行检索获得相应的基因序列。在许多物种已完成测序的后基因组时代,大多数所研究的目的基因都属于已测序的物种,所以上述从数据库中查询相应基因序列的方法也成为基因获得的主要手段。

4.2 从基因文库中搜寻目的基因序列

在基因工程和分子生物学研究的早期,即人类基因组计划之前的时期,大多物种的测序没有完成,缺乏目前各物种完备的数据库序列信息,想要获得某个生命体基因组特定的基因序列,均需要从这种生物的基因文库中获取。

4.2.1　基因文库的定义

基因文库(gene library)是指一组插入到特定载体的重组 DNA 克隆的集合体,含有一个物种的全部基因序列。即将含有某种生物不同基因序列片段的载体集合——外源基因重组 DNA 片段集合,导入受体菌的群体中扩增,每个受体菌克隆分别含有这种生物的不同的基因片段。可分为基因组文库(genomic library)和 cDNA 文库(cDNA library)。**基因组文库**是指含有一个物种全部基因组 DNA 序列的重组 DNA 克隆的集合体。一种生物的基因组文库只有一种,因为不同的细胞类型基本含有相同的基因组 DNA 序列。比如说大肠杆菌的基因组文库就包含大肠杆菌全部基因组 DNA 序列,相关基因可以从文库中获得进行研究,文库可以保存很多年并能进行繁殖。**cDNA 文库**指含有从一定生长发育阶段或环境条件下的某种组织细胞分离到的全部 mRNA 经反转录成 cDNA 的重组 DNA 克隆的集合体。理论上,一个物种,特别是高等动物和植物的 cDNA 文库可以有无数种。因为高等动植物有高度分化的组织器官和细胞,有不同的发育阶段,受到不同的环境条件影响等,不同来源细胞、不同发育阶段和环境条件下的细胞转录组均不相同,由此构建来的 cDNA 文库也将不同。所以 cDNA 文库有下列特点:(1)基因特异性。常来自结构基因,仅代表某种生物的一小部分正在表达的基因的遗传信息;(2)器官特异性。不同器官或组织的功能不一样,因而有的结构基因的表达就具有器官特异性,故由不同器官提取的 mRNA 所组建的 cDNA 文库也就不同;(3)代谢或发育特异性。处于不同代谢阶段(或发育阶段)的结构基因表达亦不相同;(4)不均匀性。在同一个 cDNA 文库中,不同类型的 cDNA 分子的数目是大不相同的。这是因为不同基因的转录水平高低差异很大,获得 mRNA 产物的丰度也会有很大差异。这与基因组文库中的单拷贝基因均具有相同的克隆数相比,是两种文库的另一差别。

4.2.2　基因文库的构建

构建基因组文库所需的载体通常为较大容量的载体,包括 λ 噬菌体载体,Cos 质粒(粘粒)和人工染色体载体,如 PAC、BAC 和 YAC 等。构建 cDNA 文库的常用载体为一些具有表达功能的质粒载体,如可以在酵母细胞中进行表达的载体。

基因组文库的构建有以下一系列的流程:首先是载体和基因组 DNA 片段的制备。对于载体的制备,包括载体 DNA 分子的纯化,特定限制性内切酶的酶切消化和用碱性磷酸酶去除 5′ 磷酸基团,防止载体的自连。基因组 DNA 制备的目的是获得特定大小的基因组 DNA 片段,考虑到不同生物基因组的大小不同,其基因组 DNA 片段的大小有很大差异,对于基因组较小的单细胞原核和真核生物,制备后的基因组 DNA 的大小在 20 kb 左右,利用 λ 噬菌体载体或 Cos 质粒载体构建文库。但对于高等动植物,如人的基因组来说,需要制备约 100 kb 以上的基因组 DNA 大片段,需要用人工染色体载体构建基因组文库。基因组 DNA 特定大小片段的获得可以通过限制性内切酶的不完全酶切,并用脉冲场电泳分离目标大小的基因组 DNA 片段。文库构建的第二步是将载体和基因组 DNA

片段进行连接,要提高重组频率,应注意连接反应体系中的总 DNA 浓度和两种 DNA 分子的摩尔比。在 PAC 文库构建的连接体系中,大于 150 kb 片段和 19 kb 载体 pCYPAC 的摩尔比是 10∶1,50 μL 连接体系中的两种 DNA 含量为 20 ng～50 ng,T4 连接酶200 U～400 U,16 ℃连接 8 h～24 h。文库构建的第三步是利用转化或感染方法将连接的重组 DNA 分子导入宿主细胞,让其自主复制,重组 DNA 分子被扩增。为了提高转化效率,可以选用制备超级感受态细胞的方法,提高宿主细胞接受外源 DNA 的能力,也可尝试不同的转化方法,如利用电击仪进行的电击转化,可以大大提高人工染色体如 PAC 构建的重组 DNA 大片段分子的转化率。

文库构建完成后,要对文库的质量进行检测,确定基因组文库是否覆盖了某种生物的全部基因组 DNA 序列。需要检测三个指标:第一个是重组率,即所有转化子中携带基因组 DNA 的重组克隆的出现概率,重组频率越高,质量越高,可大大减轻后续筛选基因工作量。如文献报道利用 pCYPAC 载体构建人基因组文库时的重组率是 97%。第二个指标是重组克隆中插入片段的平均大小。要判定基因组文库中插入片段的平均大小,需要从文库中随机挑选 20 个以上的克隆,进行重组 DNA 的提取及酶切后的电泳鉴定。第三个指标为构建某一基因组文库所需的最小克隆数。最小克隆数与物种本身的基因组大小相关,也与每个克隆中的所插入的基因组 DNA 片段大小相关。下面的公式可以进行最小克隆数的计算:

$$N = \frac{\ln(1-P)}{\ln\left(1-\dfrac{a}{b}\right)}$$

式中:N 为基因组文库中的克隆数;P 为某一基因序列在文库中的出现概率,一般设为 95%;a 为文库中重组克隆中插入片段的平均大小;b 为某一生物的基因组大小。通过计算,表 4-1 中列出各种生物在分别以 λ 噬菌体载体(容量为 17 kb),Cos 质粒(粘粒,容量为 35 kb)为载体时所需要的基因组文库中的最小克隆数。

从表 4-1 中可以看出,利用 λ 噬菌体载体和 Cos 载体构建水稻、人和青蛙基因组文库时,所需要克隆数要达到数十万甚至上百万,这很难实现,所以这类高等生物的文库构建需要借助 BAC、PAC 和 YAC 等能够达到 100 kb 克隆容量的载体。基因组文库的构建流程可以参照图 3-46 酵母人工染色体 pYAC4 的克隆策略。

表 4-1 构建不同物种基因组文库所需的最小克隆数

物种	基因组大小(bp)	最少克隆数目(个)[a]	
		17 kb 片段[b]	35 kb 片段[c]
大肠杆菌	4.6×10^6	820	410
酿酒酵母	1.8×10^7	3 225	1 500
果蝇	1.2×10^8	21 500	10 000
水稻	5.7×10^8	100 000	49 000
人	3.2×10^9	564 000	274 000
青蛙	2.3×10^{10}	4 053 000	1 969 000

a:特定基因在文库中出现概率为95%时所需克隆数;

b:适合 λ 替换型载体 λDAHⅡ的基因片段;

c:适合柯斯质粒的基因片段。

　　cDNA 文库的构建一般有以下流程:(1) 载体 DNA 片段的制备,制备方法同基因组文库构建,一般用于构建 cDNA 文库载体分子量较小,多为质粒载体和噬菌体载体;(2) 多聚(A)mRNA 的分离与纯化,从特定组织和细胞样品中抽提总 RNA,并进行 mRNA 分子纯化或直接分离 mRNA 分子;(3) 双链 cDNA 的合成,以 oligod(T)为引物进行反转录合成 cDNA 第一条链,而后用 RNaseH 降解杂合双链中的 RNA 链,再用 DNA 聚合酶Ⅰ置换合成法合成 cDNA 第二条链(图 4 - 1a);(4) ds-cDNA 与载体 DNA 相连,连接的策略有① 人工接头:可实现 cDNA 的定向插入,要求具平端 ds-cDNA,但酶切时可能导致某些 cDNA 链断裂(图 4 - 1b);② 同聚物加尾:可大大减少载体 DNA 自身连接;③ 可以参照 5′RACE 中 CLONTECH 的 SMART™ RACE 方法进行克隆;(5) 重组 cDNA 分子的转移到宿主细胞和文库的建立,选用载体为质粒,可直接转化大肠杆菌。若为 λ 载体,则需进行体外包装、感染等。cDNA 文库的质量检测可参考基因组文库。

　　cDNA 文库中有一类常用的酵母双杂交文库,酵母双杂交是一种鉴定蛋白间相互作用的方法,在第 7 章中有介绍。酵母双杂交文库构建时选用的载体为酵母表达载体如 pGADT7(图 4 - 2),文库中不同的 cDNA 片段克隆到 GAL4 转录因子的转录激活域(Activating Domain)的编码序列之后,构成由 AD 结构域和不同蛋白融合形成的猎物蛋白集合。

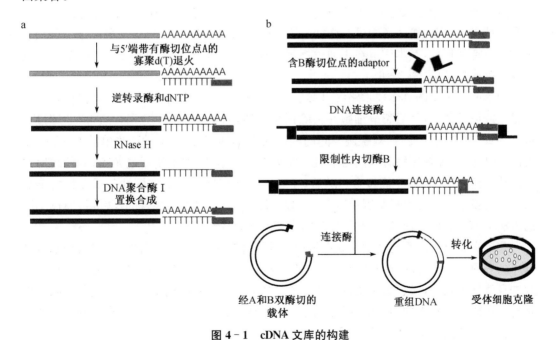

图 4 - 1　cDNA 文库的构建

a. 双链 cDNA 的获取;b. cDNA 定向插入载体

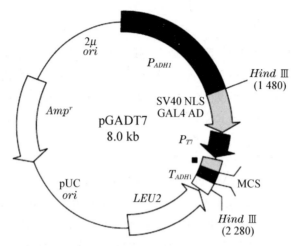

图 4 - 2　酵母双杂交猎物载体 pGADT7

4.2.3　从文库中筛选目的基因

下一个要解决的问题为如何从文库中筛选目的基因？可以通过两种途径进行：第一依赖于对目的基因的 DNA 序列的识别，第二依赖于对目的基因的蛋白产物的识别。

1. 通过菌落或噬菌斑原位杂交的方法鉴定含有目的基因的克隆

两个不同来源的具有完全互补或部分互补序列的单链 DNA 分子之间能通过碱基互补配对形成一个杂合双链 DNA 分子，这一过程称为分子杂交。利用这一原理发展了分子杂交技术，我们在第 2 章中已有详细介绍。菌落或噬菌斑原位杂交技术为分子杂交技术的一种特殊形式，其本质也在于通过标记的探针鉴定含有特定基因重组 DNA 分子的细菌菌落或噬菌斑（图 2 - 63）。

菌落原位杂交的具体技术路线可参照图 2 - 63。首先，将菌落或噬菌斑转移到硝酸纤维素或尼龙膜上，然后裂解细胞并去除污染物质，只留下 DNA 分子。通常，处理过程也会导致 DNA 分子变性，双螺旋链间的氢键断裂，形成单链分子。这些单链 DNA 分子可以通过 80 ℃加热在短时间内与硝酸纤维素膜紧密结合，如果使用尼龙膜，紫外线照射可以让单链 DNA 和膜牢固接合。随后，经过标记并变性成单链的探针分子在特定杂交溶液中与膜上接合的目标基因单链 DNA 分子发生杂交，洗去未接合的探针后，通过不同的方法检测杂交信号，确定含有目标基因序列的菌落或噬菌斑。

整个实验过程的重要基础是获得可利用的探针分子。探针分子的特征是其全部或部分序列必须与待分离的目的基因互补。但这又存在着一个悖论，即待分离的目的基因序列本身就是未知的，又怎么能获得探针分子序列呢？在实际应用中，探针序列信息的获得是建立在待分离基因的相关信息基础上的。下面将以以下三种情况为例讲述利用菌落或噬菌斑原位杂交鉴定目的基因的原理和方法。

（1）已知待分离的目的基因在某个特定的 cDNA 文库中重组克隆的拷贝数很高。

这种情况可以用以下方法进行这一基因的分离。例如在小麦未成熟的小麦籽粒 cDNA 文库中筛选小麦麦谷蛋白基因，已知小麦麦谷蛋白基因在小麦正在发育的籽粒中表达丰度极高。在这种情况下,从文库中随机选择单一克隆,纯化出重组 DNA 序列并标记作为探针对文库进行筛选。依次随机选择多个克隆来源的探针进行文库筛选,根据鉴定出的杂交克隆的多少来判定是否为目的基因(图 4 - 3)。能够得到许多杂交信号的探针来源的克隆基本可以确定是待筛选的目的基因克隆。当然,后续还需要对所鉴定的克隆进行测序分析及表达蛋白信息进行确定。

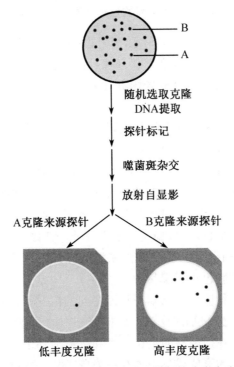

图 4 - 3　cDNA 文库中高丰度基因的分离方法

(2) 已知待克隆基因所编码蛋白的全长或部分序列。

在已知待分离目的基因所编码全长或部分蛋白序列的基础上,可以由蛋白质的氨基酸序列反向推导出基因的核苷酸序列。值得注意是,除了色氨酸和甲硫氨酸只对应一个三联体密码子之外,其他氨基酸均对应两个以上的密码子。所以由氨基酸序列推导出来的核苷酸序列均为兼并序列。以酵母中在呼吸链中起重要作用的细胞色素 C 蛋白序列为例(图 4 - 4),选取从 59～64 的六聚肽为对象合成核苷酸探针,根据密码子的兼并情况,共可推导出 16 种核苷酸探针,即 TGG - GAT/C - GAA/G - AAT/C - AAT/C - ATG,在长度为 18 个碱基的核苷酸序列中,有 14 个碱基都是确定的,只有 4 个碱基不确定。在基因文库筛选时,合成 16 种末端标记的 18 聚核苷酸探针混合物对文库进行筛选,16 种探针中的某一种可能识别目的基因序列并进行杂交,经检测即可获得杂交信号。出现杂交信号的克隆即为含有待分离的目的基因。

这一实验结果通常需要进行更多一轮的杂交验证,这时需要选取蛋白多肽序列其他区段,推导出作为探针的寡核苷酸序列库并进行文库的杂交筛选。在探针合成时,蛋白质区段的选择至关重要,一般选择一段含有较少对应密码子的氨基酸序列,如上述例子中,

GLY-SER-ALA-LYS-LYS-GLY-ALA-THR-LEU-PHE-LYS-THR-ARG-CYS-GLU-15
LEU-CYS-HIS-THR-VAL-GLU-LYS-GLY-GLY-PRO-HIS-LYS-VAL-GLY-PRO-30
ASN-LEU-HIS-GLY-ILE-PHE-GLY-ARG-HIS-SER-GLY-GLN-ALA-GLN-GLY-45
TYR-SER-TYR-THR-ASP-ALA-ASN-ILE-LYS-LYS-ASN-VAL-LEU-**TRP-ASP**-60
GLY-ASN-ASN-MET-SER-GLU-TYR-LEU-THR-ASN-PRO-LYS-LYS-TYR-ILE-75
PRO-GLY-THR-LYS-MET-ALA-PHE-GLY-GLY-LEU-LYS-LYS-GLU-LYS-ASP-90
ARG-ASN-ASP-LEU-ILE-THR-TYR-LEU-LYS-LYS-ALA-CYS-GLU 103

图 4-4　酵母细胞色素 C 蛋白部分序列

六个氨基酸中两个氨基酸只有一个密码子,另外四个只有两个密码子。这样才能合成较少种类的寡核苷酸序列并在一定程度上保证探针的特异性。如从下面的六肽序列 Ser-Glu-Tyr-Leu-Thr-Asn 可以推导出几千种核苷酸种类,肯定不适合进行探针的合成。

(3) 已知待克隆基因基因家族中的其他同源基因(paralog)序列或其他物种中的同源基因(Ortholog)序列(异源探针筛选)。

由于生物进化中的保守性,不同物种中的同一种蛋白的基因在基因序列上往往有一定程度的相似性。用一种物种基因来源的探针去筛选另一种物种的基因文库,即异源探针筛选。探针可以和目标基因间通过碱基互补配对形成杂交分子,虽然在碱基序列上达不到完全的互补配对,但也可以形成稳定的杂交分子,为后续的杂交信号鉴定提供分子基础。例如,可以用酵母中的细胞色素 C 基因来源的探针去筛选粗糙链孢菌的基因文库,可以获得粗糙链孢菌的细胞色素 C 基因序列。

异源探针筛选的另一种应用是已知一基因序列的情况下,筛选同一物种中位于同一基因家族中的其他家族成员的基因序列。以拟南芥中的 R2R3-MYB 转录因子家族为例,其成员高达一百多个,在拟南芥的生长发育和生命活动中发挥不同的功能,基因序列有很大的差异。但是不同的家族成员中含有一个高度保守的 DNA 结合结构域,长约 120 个氨基酸,以此段氨基酸序列对应的核苷酸序列为探针,可以在文库筛选出其他多个家族成员基因。

利用探针进行分子杂交的方法是文库筛选的首选方法,随着技术的改进,可以在一次杂交筛选中筛选 10 000 个重组 DNA 克隆,可以在很短时间内完成一个大型文库的筛选,提高基因鉴定的效率。在某些情况下,探针的不易获取限制了这种方法的应用。

2. 根据文库中目的基因的蛋白表达产物鉴定目的基因

在蛋白表达文库中,每一个含有重组 DNA 表达载体的宿主菌都可以进行异源蛋白的表达,根据异源蛋白的特性,利用免疫印迹的方法进行文库的筛选。这一方法的应用基础是必须要获得这一蛋白的抗体,通过抗体-抗原相互特异识别的特点进行目标基因的筛选。常用的方法为菌落/噬菌斑原位免疫印迹法。如图 4-5 所示,首先将菌落或噬菌斑原位转移到聚乙烯醇和硝酸纤维素膜上,裂解细胞,再添加特异性抗体(第一抗体)的溶液进行免疫杂交,一抗-抗原(目标基因表达的蛋白)的杂交信号通过添加带有标记的第二抗体来识别。第二抗体为特异识别一抗的抗体。第二抗体分子一般通过偶联生色酶(AP,碱性磷酸酶)或化学发光酶(辣根过氧化物酶)进行信号识别。

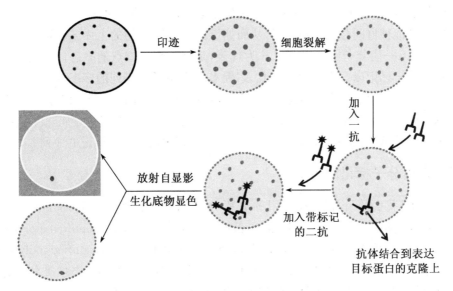

图 4 - 5　免疫印迹杂交分离表达文库中的基因

另一种文库筛选要借助酵母细胞表达体系,即利用酵母双杂交筛选表达文库中的基因。酵母双杂交表达文库的构建需要选用大肠杆菌-酵母菌穿梭质粒载体,如 pGADT7 载体(图 4 - 2)。

以大肠杆菌为宿主细胞进行文库构建并进行文库的质量鉴定。提取文库各克隆重组质粒混合 DNA 分子,转化含有诱饵蛋白质粒 pGBKT7 的酵母细胞。文库中各重组质粒分子进入酵母细胞后进行猎物蛋白的表达,酵母细胞中诱饵蛋白和猎物蛋白共同表达,如果两者间发生相互作用,则驱动酵母细胞中各种报告基因的表达,使酵母细胞出现不同的表型,能够在缺陷培养基上生长或可以使底物显色(原理见第 7 章)。对特殊表型的酵母细胞进行质粒提取和序列分析,鉴定发生相互作用的克隆的 DNA 序列,获取目的基因。

4.3　图位克隆法获得目的基因

图位克隆法(Map-based cloning)是常用分离和克隆基因的方法之一,广泛应用在植物基因的分离中。这种方法中无须预先知道基因的 DNA 序列,也无须预先知道其表达产物的有关信息,只需要有特定的稳定遗传的表型,利用分子标记技术分离鉴定与这种表型紧密连锁的分子标记,确定基因在染色体上的定位。经典的方法中再通过文库筛选和染色体步移的方法获得包含该目的基因的克隆,最后通过遗传转化和功能互补验证确定目的基因的碱基序列。随着许多物种基因组的序列信息的释放和功能注释,可以获得两个紧密连锁的分子标记间的多个候选基因序列和功能注释,大大加快了后续的目的基因克隆。所以在基因的图位克隆中,如何获得与性状紧密连锁的分子标记是关键所在。

4.3.1　分子标记的定义

分子标记的概念有广义和狭义之分。广义的分子标记是指可遗传的并可检测的

DNA 序列或蛋白质。狭义分子标记是指定位于染色体已知位点的一段 DNA 序列,在不同生物的个体或种群间存在序列差异,从而能够区分不同生物的个体或种群。分子标记种类有很多,第一代分子标记以 RFLP 为代表,是基于酶切位点的多态性开发的分子标记。第二代分子标记以 SSR,SSLP 为代表,是基于简单重复序列的多态性。第三代分子标记以 SNP 为代表,单核苷酸多态性,是基于高通量测序为基础的新一代分子标记技术。在了解基因序列差异的基础上,通过设计引物,以生物的基因组 DNA 为模板,用 PCR 的方法扩增出相关条带,通过电泳、软件识别、分析,可直观展示分子标记的序列差异。

4.3.2 常用分子标记的检测

在下文中,我们将介绍三种常用的分析分子标记的方法:SSLP(Simple sequence length polymorphism,简单序列长度多态性),CAPS(Cleaved amplified polymorphic sequence,酶切扩增多态性序列)和 dCAPS(derived Cleaved amplified polymorphic sequence,衍生酶切扩增多态性序列)。SSLP 属于简单重复序列的多态性类分子标记检测方法;CAPS 和 dCAPS 属于单核苷酸多态性类分子标记检测方法。

这些标记有两个独特特点:①它们都是共显性的,这象征着植株的两套染色体都可分型,并能从作图群体中的收集大量的信息;②它们都是以 PCR 为基础的,并且可在琼脂糖凝胶上分析,这使得这些方法简单易行,且价格低廉。

SSLP 分子标记检测方法中,在简单重复序列位点的两端设计引物进行 PCR 扩增,由于在同一物种的不同生态型/品系基因组 DNA 中的简单重复序列的重复次数不同,所以扩增出的条带长度也不同。如一个特定位点的分子标记,在拟南芥 Col 生态型中重复单元的重复次数是 20 次,扩增长度为 150 bp,而拟南芥 Ler 生态型中重复单元的重复次数是 15 次,扩增长度为 140 bp,两生态型杂交 F1 代中就含有两条大小不一的条带(图 4-6)。

CAPS 分子标记检测方法针对于单核苷酸多态性的检测,并且这一单碱基的改变正好位于一个限制性内切酶的酶切位点内。例如图 4-6 中 EcoRⅠ的酶切位点在 Ler 生态型中变成了 GAGTTC。实验设计中,在这一位点上下游设计一对引物,为了后续的结果分析方便,易行,SNP 位点不能位于引物识别两位点的正中间。进行 PCR 扩增后,经 EcoRⅠ酶切和电泳分析可观察到两条大小有差异的谱带,就可对分子标记进行鉴定。图中 Col 生态型中有两条条带,长度分别为 400 bp 和 200 bp;Ler 生态型中只有 600 bp 一条条带。杂合体 F1 中就有相应的三条条带(图 4-6)。

dCAPS 分子标记鉴定方法也是鉴定 SNP 分子标记的一种方法,不同在于核苷酸的变化并没有改变酶切位点。需要在已知序列的基础上,通过引物设计在引物的 5′端引入 BSLⅠ酶切位点,并且在酶切位点的 5′端再添加约 20 bp 的额外序列。PCR 扩增后同样进行酶切和电泳,酶切后 20 bp 的条带太小未在凝胶中有显示,所以会在不同生态型中出现大小不同的两个条带(图 4-7)。

目前,在大多生物中都发展了详细的分子标记,在相关的网站中均能进行分析查阅。如拟南芥(Arabidopsis)的 mapping platform 可以查阅详细的分子标记信息。

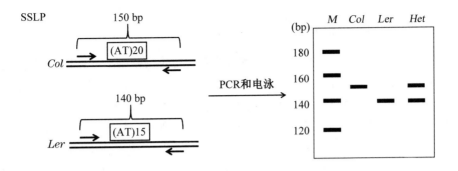

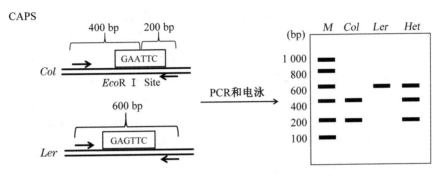

图 4-6　分子标记 SSLP 和 CAPS 检测原理

（引自 DOI:10.1104/pp.123.3.795.）

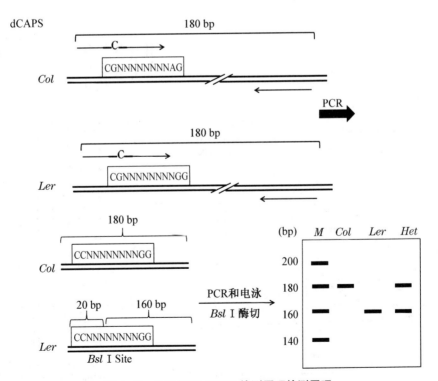

图 4-7　分子标记 dCAPS 检测原理检测原理

（引自 DOI:10.1104/pp.123.3.795.）

4.3.3　获得与表型紧密连锁的分子标记

对某种物种,在染色体已有较为密集的分子标记定位的基础上,可以通过图位克隆的方法克隆目的基因。**图位克隆**(map-based cloning)亦称定位克隆,是指基于目标基因紧密连锁的分子标记在染色体上的位置来逐步确定和分离目标基因的技术方法。用该方法分离基因是根据目的基因在染色体上的位置进行的,无须预先知道基因的 DNA 顺序,也无须预先知道其表达产物的有关信息,图位克隆法随着相关配套技术(序列数据库、分子标记等)的日渐成熟,许多植物特别是一些重要农作物,如水稻、小麦和玉米中的一些关键基因已利用图位克隆的方法成功克隆。目前,模式生物和大多重要农作物都具备了基因组序列和高密度的遗传标记,图位克隆过程就变得相对直接。以拟南芥为例,用一种高效的拟南芥图位克隆方法,从基于 *Col-0* 和 *Ler* 遗传背景的突变体出发,我们能够在约一年时间内克隆出与这个突变相关的基因,这其中主要耗时间的是五个植物(拟南芥)的生长周期(我们假定每个周期为两个月)。下面就以拟南芥为例来讲述如何获得与突变表型密切连锁的分子标记。一般过程如图 4-8 所示。第一步,将突变体植株和另外一个生态型(*Col-0* 或 *Ler*)的植株杂交。在大多数情况下,用于杂交的突变体植株既可作为父本也可作为母本。然后播种 F_1 代种子。在 F_1 代植物的生长过程中,我们可对其表现型和基因型进行分析。可根据 F_1 代植物中突变表型的出现与否揭示所研究的突变为显性或是隐性突变。最好通过对一些标记的分析来确认 F_1 代植物是杂合体,而且在杂交过程中没有失误发生。

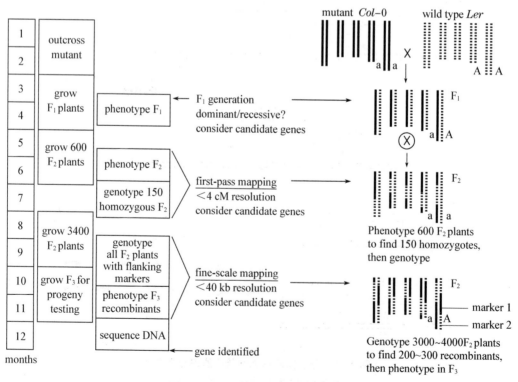

图 4-8　拟南芥中的图位克隆策略

(引自 DOI:10.1104/pp.003533.)

　　第二步,F₁ 代植株自交得到 F₂ 代种子,大约收获 600 个个体以进行突变基因的粗定位(fine-pass mapping)。在其成长过程中,可断定其表型,大约有 150 个个体被以为是纯合体(在隐性突变的情形下是纯合突变体,在显性突变的情况下是纯合野生型)。然后从这 150 个个体的叶子或者其他组织中制备 DNA 用于基因型分型。最初用散布于拟南芥五条染色体上的 25 个标记(相邻的两个标记之间大约相距 20 cM)进行分析,确定与突变基因连锁的标记(图 4-9a)。实验过程中将 F₂ 个体的混合 DNA 样品和 F₁ 杂合体 DNA 分别作为模板来进行 25 个分子标记的扩增和检测,根据分子标记扩增的偏移现象确定连锁的分子标记。图 4-9b 中所示,*ciw*1 和 *nga*280 两个分子标记在 F₂ 混合样本中倾向于只扩增 *Ler* 背景的条带,可以确定基因定位于 *ciw*1 和 *nga*280 两个分子标记之间。一旦这样的一个遗传间隔被确定之后,接下来的工作就是引入新的分子标记把这个距离缩小到大概 4 cM。普通来说,应用 150 个 F₂ 代个体是在很大水平上能找到这样一个遗传间隔的,距离突变基因最近的两个分子标记将作为新的两侧标记而用于下面的进一步分析。

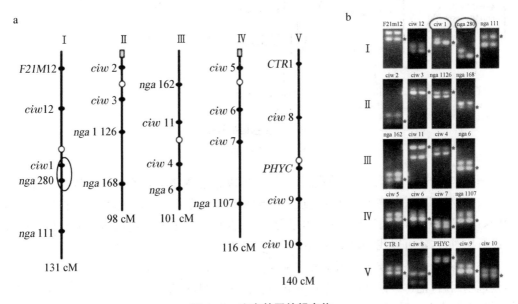

图 4-9　突变基因的粗定位

　　a:拟南芥 5 条染色体上均匀排列的 25 个 SSLP 分子标记,着丝粒由开圆表示,核仁组织区域由阴影框表示;b:每个 SSLP 标记的 PCR 产物的凝胶电泳。在每个面板中,杂合子对照样本显示在左侧,而混合的 F₂ 突变样本显示在右侧。*Ler* 特定片段用星号标记。突变与分子标记 *ciw*1 和 *nga*280 相关联。红色圈表示与突变基因连锁的两个分子标记。

　　(引自 DOI:10.1104/pp.123.3.795.)

　　第三步,将播种一个更大的 F₂ 代群体用于突变基因的精细定位(fine-resolution mapping)。最终目标是将包含突变基因的遗传间隔缩小到 40 kb 甚至更小(这在拟南芥中大约是 0.16 cM)。显然用于作图的 F₂ 代植物越多,就越能精确地定位突变基因。一般需要 3 000～4 000 个 F₂ 代植物个体(包括粗定位时的 600 个 F₂ 代植物个体)来精确地定位突变基因。然而也有许多图位克隆过程用了少于 3 000 个 F₂ 代植物个体就成功地定位了突变基因。在大约 4 cM 的遗传间隔内找到与突变紧密连锁的分子标记,正常情况下能在突变两侧找到相距小于 40 kb 的两个分子标记，如图 4 - 10 中的 424439(SNP)和 424446(SNP)分子标记。

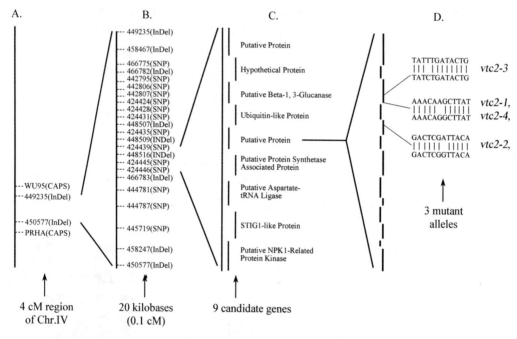

图 4 - 10　突变基因的精细定位
（引自 DOI：10.1104/pp.003533.）

一旦这样的两个分子标记被找到之后，就可以通过测序来找到突变基因。一种有效的方法是设计 PCR 引物来扩增涵盖这 40 kb 的多个重叠的 500 bp 的片段。将这些片段测序后拼接起来以得到全部 40 kb 的序列，然后将它与野生型植物（Col - 0 或 Ler）的序列进行比对，这就可以找到这个区域中的多个基因。

第四步，从一系列候选基因中鉴定基因。这是定位克隆的最后一个关键环节。待找出候选基因后，把这些候选基因进行下列分析以确定目的基因：① 检测 cDNA 时空表达特征是否与表型一致；② 测定 cDNA 序列，查询数据库，推测该基因的功能；③ 筛选突变体文库，找出 DNA 序列上的突变和表型间的关联；④ 进行功能互补试验，通过转化突变体查看突变体表型是否恢复或产生预期的表型变更。功能互补实验是最直接、终极鉴定基因的方法。利用新兴的 CRISPR - Cas9 定点突变技术也可有效地确定目标基因。

4.4　插入标签法获取目的基因

上面讲述的通过图位克隆获得目的基因的方法是经典的正向遗传学方法，由表型到基因。生物体内发生自然突变（多为单碱基变化）或由化学和物理方法诱变获得的突变体中相关基因的鉴定均可采用图位克隆的方法。但是图位克隆方法耗时耗力，特别是在一些分子标记发展不完善的物种中难以进行基因鉴定。在功能基因组时代，人们为了能够对已知测序基因组中相关基因的功能进行快速有效阐明，利用转座子 Ds/Mutator 和

T-DNA 插入技术构建了包括拟南芥、水稻、玉米、线虫和果蝇在内的突变体库。突变体文库中 Ds/Mutator 和 T-DNA 插入元件随机插入基因组中,每个具有独特表型的突变体中都有插入元件插入到特定基因内部。Ds/Mutator 和 T-DNA 插入功能基因引起基因失活,且转座子 Ds 或 T-DNA 的边界序列为已知序列。后续即可通过相应的 TAIL-PCR 技术或 ALM-PCR 技术鉴定与转座子边界序列连锁的基因序列,进行基因的克隆。

1. TAIL-PCR 鉴定已知边界序列的侧翼序列

TAIL-PCR(thermal asymmetric interlaced PCR),即交错式热不对称 PCR,也是一种染色体步移技术(chromosome walking),为从已知序列 DNA 片段扩增未知序列的技术。根据已知 DNA 序列,分别设计三条同向且退火温度较高的特异性巢氏引物(SP Primer),与经过独特设计的退火温度较低的兼并引物(可以设计多条,AP1、AP2、AP3……),进行热不对称 PCR 反应。所获得的片段可以直接用作探针标记和测序模板(图 4 - 11)。

在 TAIL-PCR 中序列特异性的巢式引物较长,退火温度较高,因此在 PCR 反应中退火温度的高低(相对)对它与目的序列的退火没有太大的影响,在高低两种退火温度下都可以与已知序列发生特异性的退火,而序列短的任意引物则仅可以在退火温度较低时与未知序列(已知序列的侧翼序列)发生退火,通过高低退火温度的交替进行,使目的基因得到有效的扩增。一般通过三次嵌套 PCR 反应即可获取已知序列的侧翼序列(图 4 - 11)。在第一轮 PCR 结束之后,将 PCR 产物稀释 1 000 倍(视情况而定)作为第二轮 PCR 的模板,第二轮 PCR 的产物同样稀释 1 000 倍(视情况而定)作为第三轮 PCR 的模板,第 3 轮的 PCR 的产物已经是高度特异性了。TAIL-PCR 法可以降低非侧翼区特异产物的背景,同时它可以产生 2 个以上嵌套的目的片段,来自第三轮 PCR 扩增的嵌套目的片段比第二轮 PCR 扩增出的片段稍短,经较高浓度的琼脂糖凝胶电泳分离后两者间出现较小的迁移率差异,可以作为识别特异性扩增序列的标志(图 4 - 11)。与其他方法相比,TAIL-PCR 方法具有简便、特异、高效、快速和灵敏等特点。目前常用于鉴定 T-DNA 或转座子的插入位点,鉴定基因枪转基因法等转基因技术所导致的外源基因的插入位点等。

2. ALM-PCR 技术

ALM-PCR(adapter ligation-mediated PCR)技术称为适配体连接介导的 PCR 技术。技术的关键为设计包含特定酶切位点(如 EcoRⅠ)的适配体长短两条寡核苷酸链,短链的 $3'$ 端被修饰为 C7,不能在聚合酶作用下进行链的延长,并设计和适配体序列互补的两个适配体嵌套引物 AP1 和 AP2(表 4 - 2)。PCR 体系中还包括插入序列的与 T-DNA 边界序列互补的特异引物 LBa1 和 LBb1(表 4 - 2)。ALM-PCR 技术的第一步为将基因组 DNA 用限制性内切酶过夜酶切,纯化后和带有粘性末端的适配体连接,连接产物用 AP1 和 LBa1 为引物进行 PCR 的扩增,扩增产物稀释后用作第二轮 PCR 扩增的模板,第二轮扩增以 AP2 和 LBb1 为引物(图 4 - 12)。扩增体系中,只有带有 T-DNA 插入片段的连接产物才能作为模板扩增。扩增体系不涉及随机引物,所以扩增的特异性高,且只需要两轮 PCR 扩增。缺点在于要经过酶切和连接过程。

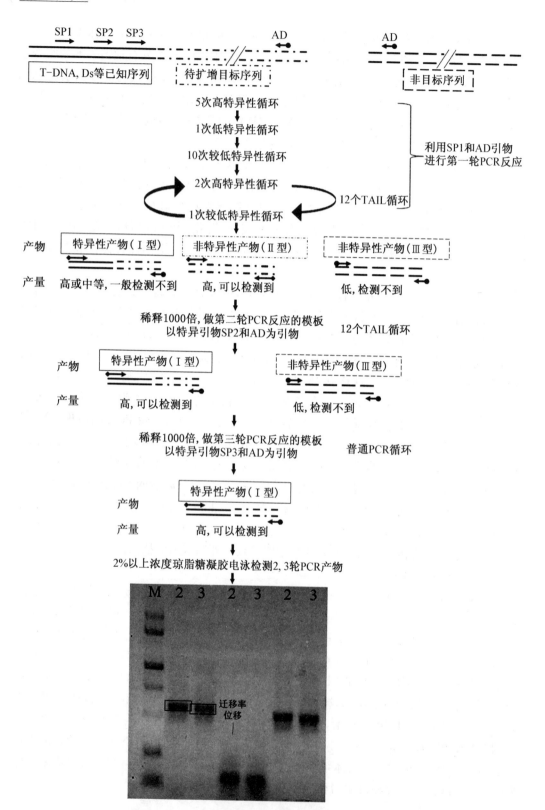

图 4-11 TAIL-PCR 扩增流程和特异扩增片段的特征
（引自 DOI：10.1046/j.1365-313x.1995.08030457.x.）

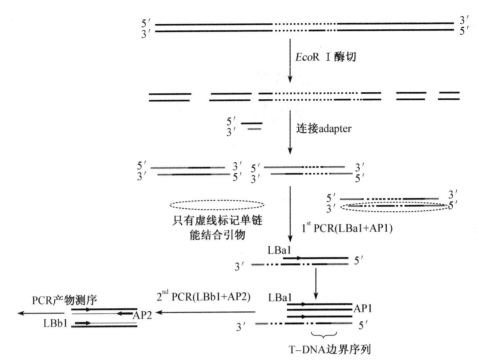

图 4-12　ALM-PCR 流程

（引自 DOI：https：//10.1038/nprot.2007.425.）

表 4-2　ALM-PCR 中所用适配体和引物序列

核苷酸名称	序列	功能
Long strand of adapter	GTAATACGACTCACTTAGGGC ACGCG TGGTCGACGGCCC**GGGCTGC**	黑体为长短适配体相互互补序列 虚线下划线和 AP1 引物序列相同 实线下划线和 AP2 引物序列相同
Short strand of adapter	5′ - Phosphate-AATTGCAGCCCG- amino C7 - 3′	5′磷酸化和 3′端 C7 位氨基修饰，不 能进行序列延伸
T-DNA left border a1 （LBa1）	TGGTTCACGTAGTGGGCCATCG	第一轮 PCR 引物
Adapter primer 1 （AP1）	GTAATACGACTCACTATAGGGC	第一轮 PCR 引物
T-DNA left border b1 （LBb1）	GCGTGGACCGCTTGCTGCAACT	测序引物 巢氏 PCR 的第二轮引物，和 AP2 引物配对
Adapter primer 2 （AP2）	TGGTCGACGGCCCGGGCTGC	巢氏 PCR 的第二轮引物，和 LBb1 配对

（引自 DOI：https：//10.1038/nprot.2007.425.）

特配电子资源

线上资源

微信扫码
- 网络习题
- 视频学习
- 延伸阅读

第5章 基因的克隆和遗传转化

通过上一章介绍的各种方法获得目的基因的序列后,后续进行基因的异源蛋白表达、基因功能和转基因研究,均需要将基因放置在适合的载体上,获得重组 DNA 分子之后再转入不同的细胞或个体中。获得重组 DNA 分子的过程称为基因克隆,一般在大肠杆菌细胞中完成。经测序验证正确的重组 DNA 分子才会被进一步转入酵母、植物和动物细胞中,完成后续的研究工作。在基因的克隆过程中,在获得外源基因和载体的基础上,把片段和载体进行合适的酶切或片段末端的修饰从而便于外源片段和载体间连接(重组)形成连接产物,连接产物分子转入大肠杆菌受体细胞中进行重组 DNA 分子的鉴定,而后含有重组子的克隆进行扩增或表达。基因克隆即包括切(酶切)、连(连接)、转(转化)、鉴(鉴定)、扩(扩增)等过程。

5.1 基因克隆

5.1.1 外源 DNA 和载体的连接

经限制性内切酶酶切的载体和片段间可以通过 DNA 连接酶的催化形成重组分子。根据连接方式的不同,可以分为匹配粘性末端之间的连接、非匹配粘性末端的连接和平末端的连接等多种形式。上述方式中匹配粘性末端之间的连接效率最高,平末端间连接效率较低,而非匹配粘性末端间不能直接连接,需要去除或补齐单链末端后再通过平末端的方式实施连接。

5.1.1.1 载体和外源片段通过单一相同粘性末端的连接

含有相互匹配的粘性末端的不同 DNA 片段来自同一种限制性内切酶或者是同尾酶的切割产物,片段间通过粘性末端间核苷酸形成氢键互补配对,可以将两个 DNA 片段固定在一起,为 DNA 连接酶催化磷酸二酯键的重新生成创造相对稳定的结构条件,所以,匹配粘性末端间的连接效率较高。在把目的片段克隆到相应载体时,可以用相同的限制性内切酶或同尾酶分别酶切载体和待克隆基因片段,在限制性内切酶的选择上,需要选择在载体上只有一个切点且仅在待克隆基因序列 5′ 端和 3′ 端有切点,但内部没有切点的酶。这样,才可保证酶切过程中载体和待克隆基因片段不会被降解成多个片段。在使用一种酶或同尾酶的情况下,克隆基因片段可以以正反两个方向插入到载体中,且在连接过程中会出现高频率的载体分子内连接,从而使得到重组分子的效率下降。避免载体自连,可以用前一章介绍的碱性磷酸酶处理酶切后载体分子,去除 5′ 端磷酸基团,DNA 连接酶不能催化$5'$—OH 和 $3'$—OH 间的连接。如图 $5-1$ 所示，$EcoR \text{I}$ 单酶切后的载体可以通过载体末端相互互补的粘性末端由 DNA 连接酶催化载体重新环化。碱性磷酸酶处理后的载体不能自我环化。带有 $EcoR \text{I}$ 酶的粘性末端的外源 DNA 片段和碱性磷酸酶处理后的载体连接时，也只能先有两个磷酸二酯键的生成（$5'$—P 和 $3'$—OH 末端组合），形成有缺口的载体环形分子。这一分子转入大肠杆菌宿主细胞后再进行缺口的修复（图 $5-1$）。

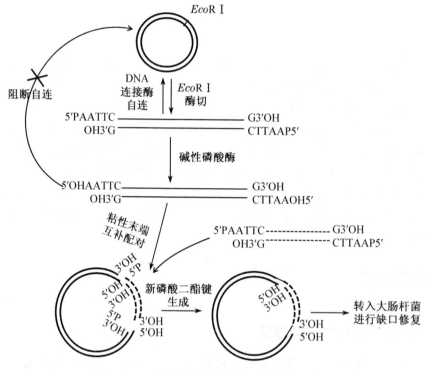

图 5-1　碱性磷酸酶阻断载体自我连接的发生

5.1.1.2　外源基因和载体的定向连接

如果实验的目的只是克隆目的基因，获得更多目的基因的拷贝，则正反两个方向插入载体均可。但是如果要通过载体构建实现目的基因的表达，就需要进行定向克隆，即必须使基因按照特定的方向插入载体中，比如要进行目的基因的表达（即基因转录），则须把基因片段克隆到载体上启动子序列的下游，而且使基因的有义链（编码链）以 $5'$ 到 $3'$ 的方向插入。实施定向克隆的通用方法即为选用两种限制性内切酶（避免同尾酶）对载体和片段实施酶切，酶切产物间就可实现定向连接。如图 $5-2$ 所示，外源基因片段的 $5'$ 和 $3'$ 端有 $EcoR \text{I}$ 和 $Xho \text{I}$ 切点，表达载体的多克隆位点上也具有上述两个切点，将载体和片段分别用 $EcoR \text{I}$ 和 $Xho \text{I}$ 进行双酶切消化，之后进行连接，就可以保证外源基因的插入方向，在宿主细胞中，在 P_{lac} 启动子的驱动下，就可转录出编码链 AUG——UAG。

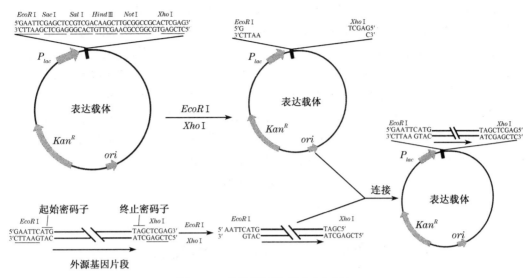

图 5-2　外源基因片段的定向插入

5.1.1.3　利用衔接物、适配体以及同聚物加尾等方式进行载体和片段的连接

对于平末端片段间的连接或者载体为粘性末端而片段为平末端之间的连接,需要采用其他的策略提高连接效率,下面介绍 Linker、Adaptor 以及同聚物加尾等三种连接方式。

衔接物(Linker)是一种人工合成的小分子双链 DNA,约 10~20 个核苷酸,其结构特征是含有多种限制性核酸内切酶的酶切位点的回文结构序列(图 5-3)。将衔接物分子与平末端 DNA 分子连接,再用限制性核酸内切酶酶切,便可产生粘性末端,便于连接具有相同粘性末端的载体。但是当平末端片段中含有和 Linker 相同的限制性酶切位点,则会把片段切成两个或两个以上的片段(图 5-3)。这是衔接物的一个劣势所在。

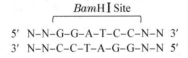

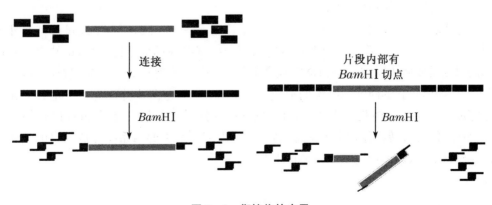

图 5-3　衔接物的应用

为了解决上述 Linker 的问题,Adaptor(适配体)应运而生。Adaptor 和 Linker 一样,也是人工合成的寡核苷酸序列,只不过 Adaptor 本身已携带了粘性末端。将 Adaptor 和平末端片段相连就可获得带有粘性末端,容易进行连接的 DNA 片段。但是在这个过程中,不可避免的一个现象是在连接过程中 Adaptor 分子之间会形成二聚体,也会降低作用效率。可以对 Adaptor 进行结构改造,平末端的一端结构维持不变,使粘性末端的 $5'$—P 缺失(图 5-4)。改造后的 Adaptor 仅可以和平末端基因片段连接,而不会再形成二聚体。Adaptor 和平末端基因片段连接后,再利用多核苷酸激酶将粘性末端的 $5'$—OH 转换为 $5'$—P,就可以作为正常粘性末端和载体进行连接(图 5-4)。

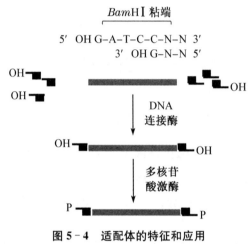

图 5-4 适配体的特征和应用

第三种解决平末端连接的策略和前两种截然不同,称为同聚物加尾。同聚物是指多聚体中的底物分子完全一样。如多聚 G,polydeoxyguanosine,poly(dG)就是指一条 DNA 链中含有多个脱氧鸟嘌呤核苷酸。催化加尾的酶为末端脱氧核苷酸转移酶,催化一系列脱氧核苷酸依次添加到双链 DNA 分子的 $3'$—OH 上。如果催化过程中,酶的底物只有一种脱氧核苷酸时,就会形成同聚尾(图 5-5a)。当然,为载体和片段间通过同聚尾连接,来自载体和片段的同聚尾必须是相互互补的。通常,载体上添加 poly(dC)同聚尾,待克隆片段上添加 poly(dG)同聚尾,两种分子混合后,就会发生碱基互补配对,有助于 DNA 连接酶催化连接反应(图 5-5b)。

实际实验中,poly(dC)和 poly(dG)同聚尾长度不一定一致,两分子通过碱基互补配对形成重组 DNA 分子后,会在 DNA 双链的两个位点出现局部单链结构,即缺口。缺口结构的修复需要两步反应,首先 DNA 聚合酶如 Klenow 酶通过聚合反应填补缺口,然后 DNA 连接酶催化新的磷酸二酯键的形成(图 5-5c)。但这两步骤反应不一定必须在试管中完成。只要多聚尾长度大于 20 个核苷酸,两分子互补后会形成相对稳固的重组 DNA 分子,能通过转化作用进入宿主细胞内,利用宿主细胞的酶系统完成缺口的补齐和磷酸二酯键的形成,形成完整的双链重组 DNA 分子。

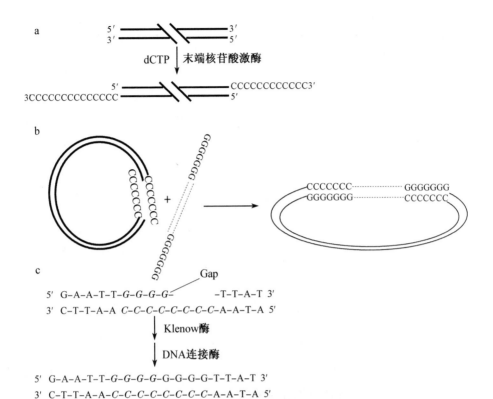

图 5-5   末端核苷酸转移酶在平末端连接中的应用

a. 末端核苷酸在转移酶在一种 dNTP 存在时合成同聚尾；b. 经末端核苷酸转移酶催化的载体和片段连接成重组 DNA 分子；c. 同聚尾的核苷酸数目不同时的修复步骤

5.1.1.4   DNA 拓扑异构酶介导的平末端的连接

拓扑异构酶（topoisomerase）是指通过切断 DNA 的一条或两条链中的磷酸二酯键，然后重新缠绕和封口来改变 DNA 连环数的酶。在 DNA 复制以及 DNA 分子高级结构的组装中起重要作用。拓扑异构酶有核酸酶和 DNA 连接酶两种活性。

利用拓扑异构酶进行平末端连接，需要一种特殊的克隆载体。这一种质粒载体的线性化需要痘苗病毒 DNA 拓扑异构酶的核酸酶活性催化。牛痘拓扑异构酶在载体 CCCTT 位点处切割 DNA，CCCTT 在质粒只出现一次。切割后的质粒产生平末端，和限制性内切酶的酶切产物不同，拓扑异构酶切割后的末端基团是 5′—OH 和 3′—P，拓扑异构酶仍然共价结合末端处。此时可以停止该反应，储存载体以备使用。经限制性内切酶切割，待克隆的平末端分子带有 5′—P 和 3′—OH 末端。平末端 DNA 片段和载体连接前，需通过碱性磷酸酶将它们的 5′—P 末端基团除去。磷酸酶处理的平末端分子的添加将重新激活拓扑异构酶的连接酶活性，可以催化载体的 3′—P 末端基团和磷酸酶处理平末端 5′—OH 末端基团之间连接（图 5-6）。因此，平末端分子插入到载体中，形成重组分子。虽然在每个连接点处只有一个链连接，但这不是一个问题，因为重组后分子进入宿主细菌细胞后会被宿主的酶系统修复。

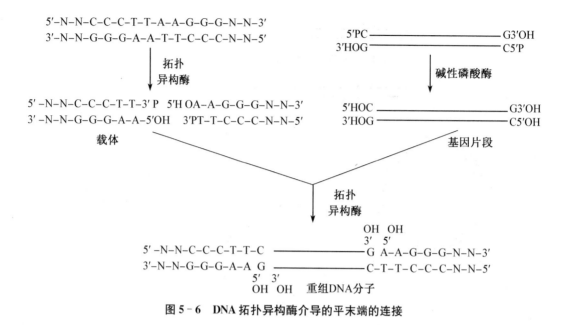

图 5-6 DNA 拓扑异构酶介导的平末端的连接

除了上述几种片段和载体的连接方法,重组连接方法也在基因克隆中被广泛使用,详见第 4 章工具酶一节中介绍的重组酶部分。

5.1.2 连接产物导入大肠杆菌细胞的方法

上一节介绍了载体和基因片段的连接方法,克隆的下一个流程就需要将上述连接产物引入受体细胞,通常是大肠杆菌细胞中进行复制和增殖,产生重组克隆。严格地说,"克隆"一词只指大肠杆菌细胞的生长和分裂,而不是重组 DNA 分子的构建。

克隆有两个主要用途。首先,它允许从有限的起始分子中产生大量的重组 DNA 分子。开始的时候只有纳克量级的 DNA 重组分子是可用的,但当每个细菌接收一个质粒并经无数次分裂产生一个菌落,而且每一个细胞内含有经扩增来的多个质粒拷贝。这时,可以从单一的细菌菌落中分离微克级别的重组 DNA,重组 DNA 的量已经从起始量增加了上千倍。如果细菌菌落不直接用来作提取 DNA,而是作为液体培养物的接种物,经过夜培养产生的细胞可以提取到毫克级别的重组 DNA,又可千倍量级地增加产量。这样,克隆就可以提供基因结构和表达等分子生物学研究所需的大量重组 DNA。

克隆的第二个重要功能可以说是鉴别和筛选,即保证克隆中只有重组 DNA 分子的存在。在重组 DNA 构建过程中,连接混合物中除了含有所需的重组分子外,可能还有下列数种 DNA 分子:未连接载体分子;未连接 DNA 片段;载体分子中无新的 DNA 插入(自连载体);携带插入错误 DNA 片段的重组 DNA 分子(图 5-7)。这些 DNA 分子中,未连接分子很少引起问题的原因在于,虽然它们可能会被导入细菌细胞,但只有在特殊情况下才会被复制,一般都会被宿主细菌内的酶降解。自我连接的载体分子和不正确的重组质粒才是克隆中的问题所在,因为含有它们的宿主细胞像含有所需重组分子的宿主细胞一样高效地复制并形成菌落(图 5-7)。在连接产物转化宿主细胞后,由于载体上一般含有抗性标记基因,能够在含有抗生素的培养基上扩增繁殖的菌落均称为转化子。转化子可分为非重组子和重组子两种类型,非重组子即含有自连载体的克隆,重组子即在载体上插入外源 DNA 的载体的克隆。重组子可分为期望重组子和非期望重组子,非期望重组子即载体中虽然有外源基因的插入,但不是我们所需要的基因;期望重组子即所需要的克隆。克隆的问题就在于如何从上述菌落克隆中筛选出含有所需重组 DNA 的克隆,即筛选获得期望重组子。

期望重组子的筛选对象一般为大肠杆菌菌落和噬菌体菌斑,因为在基因克隆中,虽然各种细胞体系,如酵母、植物和动物细胞中均有相应的载体,但这些载体均为穿梭质粒载体,重组 DNA 均是在大肠杆菌细胞中获得,验证正确后再转入相应的真核宿主细胞中。所以,本节中先介绍质粒和噬菌体来源载体被引入到大肠杆菌的方法及期望重组子的筛选方法。

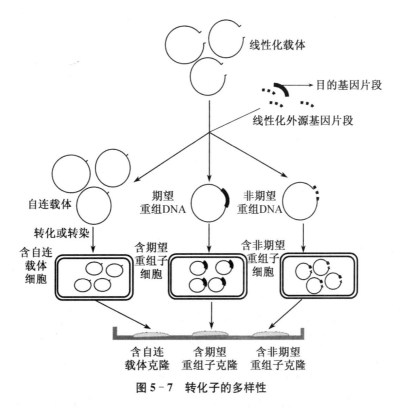

图 5-7　转化子的多样性

5.1.2.1　转化:细菌细胞 DNA 的吸收

大多数种类的细菌能够从它们生长的培养基中吸收 DNA 分子。通常,以这种方式摄取的 DNA 分子会被降解,但它偶尔也能在宿主细胞中存活和复制。特别是在 DNA 分子含有宿主细胞所识别的复制起点时,例如质粒 DNA 分子等,就能在宿主细胞中存活和复制。

（1）制备大肠杆菌感受态细胞

在自然界中,转化可能不是细菌获得遗传信息的主要过程。这反映在实验室中,只有少数物种(特别是芽孢杆菌属和 *Streptococcus* 属的成员)可以较容易进行转化。对这些生物体的仔细研究表明它们在 DNA 结合和吸收机制上具有复杂的特性。

　　大多数种类的细菌,包括大肠杆菌,只在正常情况下吸收有限数量的 DNA。为了有效地转化这些细菌细胞,必须对细胞进行某种形式的物理和(或)化学处理以增强它们吸收 DNA 的能力。被上述方法处理过的细胞称为感受态细胞(competent cell)。

　　20 世纪 70 年代初,随着重组 DNA 技术的重大进展,就转化而言的关键方法也出现突破。人们观察到浸泡在冰冷盐溶液中的大肠杆菌细胞能比对照组较多且更有效地吸收 DNA。传统方法中,50 mmol/L 氯化钙溶液常用来制备感受态细胞。确切地说,这种处理方法的机理一直以来未揭示清楚。有一段时间人们认为氯化钙使 DNA 沉淀到细胞的外部,或者使细胞壁发生某种物理变化,可以改善 DNA 的结合能力。最近的研究表明,盐处理会导致某些外膜蛋白的过度产生,这些蛋白的一种或多种具备结合 DNA 的能力。总之,氯化钙溶液处理只影响细胞结合 DNA 的能力,而不是实际进入细胞的能力。当 DNA 被添加到被处理的细胞中时,它仍然附着在细胞表面,而不是在这个阶段运输到细胞质中。DNA 从细胞外到细胞内的转运发生在感受态细胞的短暂升温至 42 ℃时。可能这种热休克刺激使膜对 DNA 的通透性增加或者和氯化钙处理一样,热休克能增加膜上某种 DNA 转运蛋白的活性。Ca^{2+} 处理的感受态细胞,其转化率一般能达到 $5 \times 10^6 \sim 2 \times 10^7$ 转化子/μg 质粒 DNA,可以满足一般的基因克隆试验。如在 Ca^{2+} 的基础上,联合其他的二价金属离子(如 Mn^{2+}、Co^{2+})、DMSO 或还原剂等物质处理细菌,则可使转化率提高 $100 \sim 1\ 000$ 倍。

　　除了使用热激法进行感受态细胞的转化外,借助电击仪进行的电击转化方法也很常用。电击法可以大幅提高转化的效率,对于一些大容量载体的转化特别重要。电击法转化时使用的感受态细胞不再使用氯化钙溶液,而用低温超纯水处理并保存在 10% 甘油中备用。

　　(2) 筛选转化细胞

　　感受态细胞的转化是一个低效率的过程。虽然一微克 pUC8 质粒转化可以获得 10 000 和 100 000 个转化子,但这也只意味着只有 0.01% 质粒被吸收。此外,10 000 个转化子中只占被转化的感受态细胞的一个很小的比例。后者意味着必须找到某种方式从尚未转化的成千上万个细胞中来区分被转化了质粒的细胞,即筛选出转化子。

　　检测质粒被大肠杆菌吸收并在大肠杆菌细胞中稳定存在的方法通常通过质粒所携带基因的表达。例如,大肠杆菌细胞通常对抗生素氨苄青霉素和四环素的生长抑制作用敏感,不能在含一种或上述两种抗生素的培养基上生长,但含有质粒 pBR322 的大肠杆菌细胞就表现出对抗生素氨苄青霉素和四环素的抗性。这是因为 pBR322 携带两个基因:一个基因编码 β-内酰胺酶,可将氨苄西林转化成一种对细菌无毒的形式;第二个基因编码四环素解毒酶。将 pBR322 转化大肠杆菌感受态细胞,只有接收 pBR322 质粒的 Amp^R Tet^R 大肠杆菌才能在含有氨苄青霉素和四环素的培养基上生长。没有接收质粒的大肠杆菌就不能生长。这样就很容易将转化子和非转化子区分开来。

　　大多数质粒克隆载体至少携带一个抗生素抗性基因,转化后可以赋予宿主细胞对某种抗生素的抗性。可通过涂布有相关抗生素的琼脂培养基中进行筛选。但值得注意的是,抗生素的抗性不仅仅是由于质粒在转化细胞中的存在,而是质粒上的抗性基因的表达——抗生素解毒酶合成。虽然抗性基因的表达在转化后立即开始,但是细胞在生成能抵抗抗生素的毒性作用足够的酶之前,仍需要一段时间。因此,转化后的细菌不应立即涂布在选择性培养基上,而是在热激处理后先置于不含抗生素的液体培养基孵育一段时间,给质粒上的基因以足够的时间进行表达,合成足够的抗生素解毒酶,才能便于转化子的筛选。

5.1.2.2　将噬菌体 DNA 转入大肠杆菌宿主细胞

噬菌体载体构建的重组 DNA 分子可以通过两种不同的方法被引入细菌细胞,即转染和体外包装。

(1) 转染

转染等同于转化,唯一的区别是转入宿主细胞的是噬菌体 DNA 而不是质粒 DNA。与质粒一样,纯化的噬菌体 DNA 或重组噬菌体分子与大肠杆菌细胞混合,热激诱导细胞吸收 DNA。

(2) λ 克隆载体的体外包装与侵染

与转染相比,通过成熟的噬菌体颗粒侵染宿主细胞能更加有效地将 λ 载体连接 DNA 产物导入宿主细胞,特别是对于较大的 DNA 分子。所以,在体外将 λDNA 载体连接产物分子包装进头部和尾部蛋白组成的蛋白外壳中将有很好的应用价值。

体外包装需要许多不同的 λ 基因编码的蛋白质,这听起来很难,但实际上相对容易实现,高浓度的头部和尾部蛋白可以从被缺陷 λ 噬菌体感染的细胞株中大量制备。目前,有两种不同的缺陷 λ 噬菌体系统在使用。

第一种为单一菌株包装系统,缺陷型 λ 噬菌体携带突变的 *cos* 位点,这些不正常的 *cos* 位点不能被 λDNA 多聚体的核酸内切酶切割(图 5-8a)。这意味着有缺陷的噬菌体

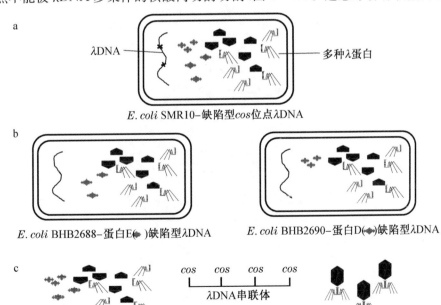

图 5-8　λ 克隆载体的体外包装系统

a. 单一菌株包装系统;b. 双菌株包装系统;c. 体外包装系统

虽然能直接指导包装所需的所有蛋白质的合成,但不能进行噬菌体颗粒的包装。这些蛋白质在细菌细胞中积累,可以从感染突变 λ 噬菌体的大肠杆菌培养物中纯化。然后将纯化来的蛋白质进行重组 λDNA 分子的体外包装。

第二种系统为双菌株包装系统。需要两种 λ 缺陷噬菌体,两者都携带一个编码噬菌体外壳蛋白的基因突变。一种 λ 缺陷噬菌体的突变发生在基因 D;另一种 λ 缺陷噬菌体的突变发生在基因 E。两种 λ 缺陷噬菌体都不能在大肠杆菌中完成感染周期,因为没有突变基因的产物,完整的衣壳结构不能合成。但是,其他所有的外壳蛋白基因的产物均有积累(图 5 - 8b)。因此,可以通过结合 λD^- 和 λE^- 感染的两种细胞培养物的裂解物来制备包装混合物,包含了体外包装所需的所有组件。对于这两种系统,噬菌体颗粒的形成都是通过将 λDNA 和包装蛋白体外混合的方式实现的,因为噬菌体颗粒的装配能够自动发生(图 5 - 8c)。将包装的 λDNA 引入大肠杆菌细胞,只需在细菌培养中加入组装的噬菌体并允许正常的 λ 噬菌体侵染过程发生。

（3）噬菌体侵染的结果——噬菌斑

噬菌体感染周期的最后阶段是细胞裂解。如果被感染细胞在加入噬菌体颗粒或噬菌体 DNA 转染后涂布在长满菌苔的固体琼脂培养基上,细菌细胞被裂解形成肉眼可见的噬菌斑(图 5 - 9a)。λ 和 M13 形成的噬菌斑不同,λ 噬菌体通过细胞裂解形成真正的噬菌斑(图 5 - 9b),M13 噬菌体不裂解宿主细胞,但能导致受感染的细胞的生长速率降低,虽然不是真正的噬菌斑,也足以在细菌菌苔上产生相对清楚的区域(图 5 - 9c)。

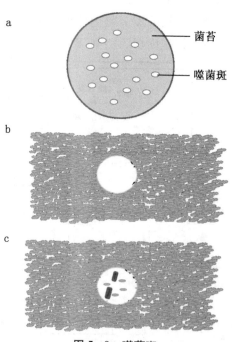

图 5 - 9 噬菌斑

a. 菌苔上的噬菌斑;b. 由裂解性噬菌体造成的噬菌斑(如 λ 噬菌体在裂解时期);

c. 由 M13 噬菌体造成的噬菌斑

因此使用 λ 或 M13 载体进行基因克隆实验的最终结果是噬菌斑,每一个噬菌斑都来自一个单一的转染或受感染细胞,因此含有相同的噬菌体颗粒。即每一个噬菌斑为一个克隆,这些克隆中可能包含自连的载体分子,也可能是重组的 DNA 分子。

5.1.3　重组子鉴定

在选择性培养基上生长可区分转化子和非转化子,下一个问题是确定转化子中哪些菌落中包含重组 DNA 分子的细胞,哪些含有载体自我连接的细胞。即从转化子中判定哪些是重组子,哪些是非重组子。大多数质粒载体中,外来 DNA 片段的插入能破坏载体上基因的完整性,被破坏的基因在宿主细胞中不能表达出相应的基因产物,宿主细胞会失去原初的表型。所以重组 DNA 分子的筛选往往通过基因的插入失活来鉴别。下面通过 pBR322 和 pUC 两种载体来进行说明。

5.1.3.1　pBR322 载体重组 DNA 的筛选——抗生素抗性基因插入失活

pBR322 载体序列有几个单一限制性酶切位点可以用来线性化载体并进行外源 DNA 片段的插入。比如单一 $BamH \text{I}$ 切点,位于四环素抗性基因内部,从这一位点插入外源 DNA 片段获得的重组子就丧失了对四环素的抗性,只能抗氨苄青霉素,基因型即成为 $Amp^R Tet^S$(图 5-10)。对于 pBR322 重组质粒筛选以以下方式进行:转化后细胞被涂布在含有氨苄青霉素的培养基上,并一直培养到菌落出现,这些菌落均为转化子,但可能只含有少量的重组子;之后,为筛选重组子,所有的菌落被转到(通常通过影印的方式)含有四环素的培养基上(图 5-11),经过培养,一些菌落继续生长,一些菌落不能生长。那些能够生长的转化子中含有自我连接质粒,四环素抗性基因未被破坏,所以能够生长,基因型为 $Amp^R Tet^R$,而不能生长的菌落即为重组子,对应于以前的氨苄抗性平板,筛选到相应的菌落(图 5-11)。

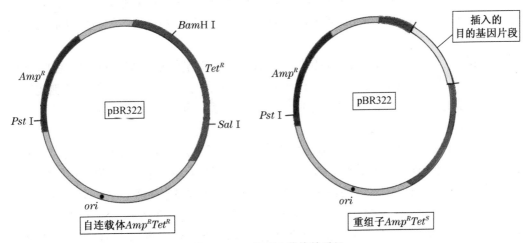

图 5-10　pBR322 载体的重组

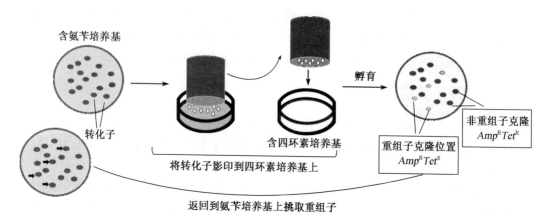

含氨苄培养基

转化子

将转化子影印到四环素培养基上

含四环素培养基

孵育

重组子克隆位置 $Amp^R Tet^S$

非重组子克隆 $Amp^R Tet^R$

返回到氨苄培养基上挑取重组子

图 5 - 11 pBR322 载体重组 DNA 的筛选

5.1.3.2 α互补法(蓝白斑法)筛选重组子

虽然抗生素抗性基因插入失活提供了一个有效的重组子鉴定的方法,但这种方法因需要进行两次筛选,即一次是利用一种抗生素选择转化子的正选择;另一次为利用另一种抗生素的负选择。因此,大多数现代质粒载体都使用不同的重组子筛选系统。一个例子是 pUC8,它携带的氨苄青霉素抗性基因和基因 $LacZ'$,其编码的 β-半乳糖苷酶的氨基端序列,称为 α 肽。β-半乳糖苷酶是乳糖分解过程中的一系列酶之一,将乳糖分解成葡萄糖和半乳糖,由位于大肠杆菌染色体 $LacZ$ 基因编码。一些大肠杆菌菌株有修饰的不完整 $LacZ$ 基因,称为 $LacZ^d$,缺乏被称为 $LacZ'$ 基因片段,只能编码 β-半乳糖苷酶的羧基端部分,称为 ω 肽。这些大肠杆菌突变体菌株只有当它们体内存在携带 $LacZ'$ 基因的质粒,如 pUC8 质粒时才能合成 β-半乳糖苷酶,即由来自质粒 $LacZ'$ 基因产物 α 肽和来自染色体突变基因 $LacZ^d$ 的 ω 肽重新组合成有功能的酶分子,这种现象称为 α 互补。克隆外源基因入 pUC8 质粒会造成 $LacZ'$ 基因的插入失活,不能合成有活性的 α 肽,从而进行重组子鉴定(图 5 - 12)。

以 pUC8 为载体进行克隆实验包括在含有氨苄青霉素的培养基上筛选转化子,其次为利用 β-半乳糖苷酶活性进行重组子的筛选。一个含有 pUC8 正常质粒的细胞能够在氨苄培养基上生长并且能够合成正常的 β-半乳糖苷酶。重组子也是 Amp^R,但是不能合成有活性的 β-半乳糖苷酶。

β-半乳糖苷酶的存在与否的筛选相当容易。酶活鉴定实验不测定乳糖是否分解为葡萄糖和半乳糖,而是用乳糖类似物 X-gal(5-溴-β-D-吡喃半乳糖苷)为底物检测 β-半乳糖苷酶的催化反应。X-gal 能被 β-半乳糖苷酶转化为深蓝色的产物。如果将 X-gal(同时加入酶的诱导剂,如 isopropylthiogalactoside,IPTG)随着氨苄青霉素添加到培养基,就可进行重组子的筛选。非重组菌落,其细胞能合成 β-半乳糖苷酶,将呈现蓝色,而载体上 $LacZ'$ 基因内部有外源基因插入,因不能合成有活性的 β-半乳糖苷酶,将呈现白色菌落(图 5 - 12)。这个系统被称为蓝白斑筛选或 α 互补筛选。需要注意的是这一筛选系统可以同时进行转化子和重组子的筛选,不需要进行菌落的影印,大大节约了时间,准确性也得以提高。

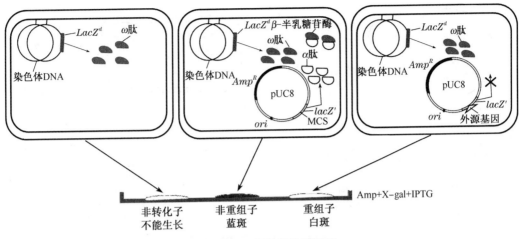

图 5‐12 α 互补筛选重组子

5.1.3.3 重组噬菌体载体的鉴定

目前,已经设计出多种方法来识别重组噬菌斑,以下是最重要的几种方法。

1. 利用噬菌体载体上 *LacZ'* 基因的插入失活

所有的 M13 克隆载体,以及一些 λ 载体均携带 *LacZ'* 基因的拷贝。外源 DNA 插入到 *LacZ'* 基因中造成基因失活。此方法的应用和用 pUC 质粒进行重组子的筛选原理相同。因此含噬菌体自连载体的噬菌斑是蓝色的,重组噬菌斑不产生蓝色,为无色的(图5‐13a)。

2. λ 噬菌体 CⅠ基因的插入失活

几种类型的 λ 克隆载体在 CⅠ基因上具有单一的限制性内切酶位点,CⅠ基因插入失活导致噬菌斑形态的改变。因为 CⅠ基因产物为 λ 阻遏蛋白,能抑制噬菌体进入裂解循环。CⅠ插入失活,即重组噬菌斑是"清澈"的,而野生型正常的噬菌斑是"浑浊"的(图5‐13b)。

3. Spi⁻ (sensitive to P2 inhibition)表型正选择

野生型 λ 噬菌体不能在 P2 噬菌体溶源性细菌中生长,基因型为 Spi⁺,即对在 P2 噬菌体的抑制呈敏感反应。λ 噬菌体载体中的 red 和 gam 区段被外源片段取代后,基因型成为 Spi⁻,λ 噬菌体就能在 P2 噬菌体溶源性细菌中生长。所以,只有重组噬菌体 DNA 分子才能在侵染后形成噬菌斑(图5‐13c)。

4. 基于 λ 基因组大小的筛选

包装体系只能将大小 37 kb~52 kb 的 DNA 分子插入到噬菌体的头部结构中,许多 λ 噬菌体载体通常删除了噬菌体基因组中非必需的基因部分,载体大小往往小于 37 kb,不能被包装成噬菌体颗粒。因此只有重组后介于 37 kb~52 kb 间的重组 DNA 分子才能被包装(图5‐13d)。

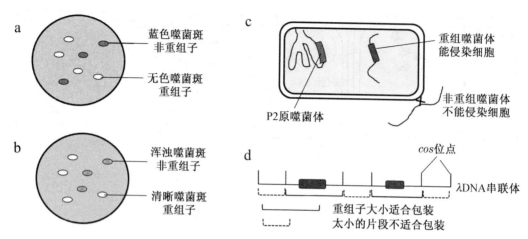

图 5‑13　重组噬菌体 DNA 的筛选

a. *LacZ′* 基因的插入失活，蓝白噬菌斑筛选；b. C I 基因的插入失活，清晰和浑浊噬菌斑筛选；c. Spi⁻表型筛选；d. 噬菌体包装局限筛选

5.1.4　期望重组子的鉴定

利用上述所列出的质粒载体和噬菌体载体重组子的筛选方法获得的重组子还需要进一步的鉴定，以确定重组载体中含有我们期望克隆的基因序列。期望重组子的鉴定方法有很多，根据不同的载体类型也有相对应的方法。

5.1.4.1　PCR 扩增

已知待克隆基因的序列和载体序列，就可设计引物进行 PCR 扩增，可以直接进行菌落或噬菌斑 PCR 扩增，也可以将重组质粒或噬菌体 DNA 提取出来作为模板进行 PCR 扩增。PCR 扩增的引物可以来自载体，即和载体上克隆位点两端的序列互补，也可以是外源基因特异的引物。扩增产物进行琼脂糖凝胶电泳，和分子量标准比较分析扩增条带的有无和大小，初步判定是否为期望重组子(图 5‑14a)。此方法适用于所有的载体。

5.1.4.2　限制性内切酶酶切图谱分析

在以质粒和噬菌体 DNA 为来源的载体进行基因克隆时，通常通过特定的单酶切和双酶切切点将外源 DNA 引入到载体分子中。在期望重组子的鉴定中，可利用上述过程的逆过程，将提取的质粒 DNA 和噬菌体 DNA 用上述的酶进行单酶切或双酶切反应，之后进行琼脂糖凝胶电泳分析，确定重组载体上切离下的 DNA 分子的大小，也可初步判定重组子。另外所克隆基因的序列内部也含有一些限制性内切酶的切点，酶切时可以结合基因序列内部的酶切位点进行分析，可进一步增加期望重组子鉴定的准确性(图 5‑14b)。此方法也可适用于所有的载体。

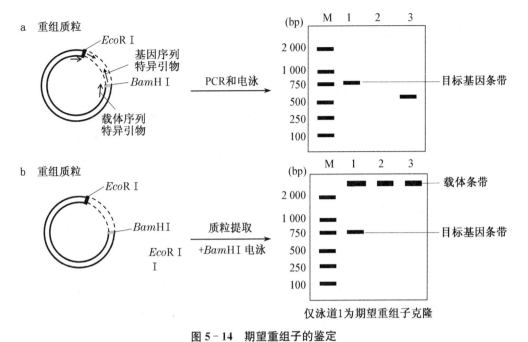

图 5 - 14　期望重组子的鉴定
a. PCR 扩增鉴定；b. 限制性内切酶切图谱鉴定

5.1.4.3　菌落原位杂交

在已知目的基因的 DNA 序列、相似物种的同源序列或目的基因编码蛋白的全部或部分序列的前提下,可以设计和合成带有标记的探针,直接进行期望重组子的筛选,是筛选重组 DNA 分子的通用方法。详细方法见基因文库的筛选相关章节(图 2 - 63)。但是由于此方法较为繁琐,目前应用范围并不广泛。

5.1.4.4　菌落免疫印迹杂交

免疫印迹杂交的筛选对象是蛋白质,所以此种期望重组子筛选方法只适用于表达载体重组子的筛选。表达载体上克隆的目的基因能够在表达载体的各元件帮助下进行转录和蛋白翻译,生成特定的蛋白或融合蛋白,可以利用特异抗体来进行检测。此种方法为表达载体重组子筛选的通用方法,具体方法详见基因文库的筛选相关章节(图 4 - 5)。

5.1.4.5　菌落表型检测

如果上述表达载体转入细胞后产生的蛋白具有特定的生物学功能,可以通过直接检测该蛋白的功能来筛选期望重组子。所以,此种方法的适用范围比较狭窄,只适用于一些特殊基因重组子的筛选。例如,基因的编码产物为某种酶,可以通过酶活力检测来分析。例如产物是淀粉酶的情况下,可以在培养基中添加淀粉,通过分析菌落周围淀粉的分解情况进行分析,或者能够互补突变体宿主菌株的突变表型等。

5.1.4.6　序列测定

对以上各种方法初步筛选到的期望重组子,其含有的 DNA 片段都需要进行核酸序列测定来进行最后的验证,此方法是期望重组子鉴定中的最准确方法,也是通用方法。

5.2 酵母细胞的转化和筛选

如果酵母、真菌、动植物等生物细胞被用作基因克隆的宿主细胞,需要多种方法将DNA引入宿主细胞中。严格地说,这些进程不是"转化",因为"转化"这个术语有一个特定的含义,只适用于细菌对DNA的吸收,但现在"转化"被用来描述任何有机体细胞对DNA的吸收。一般来说,用冰冷的盐溶液处理细胞促进其吸收DNA的方法一般只适用于几种细菌细胞,而氯化锂或醋酸锂能增强酵母细胞对DNA的摄取,常被用于酿酒酵母的转化。然而,对于大多数高等生物细胞来说,外源DNA的转化需要更为复杂的方法。

5.2.1 酵母细胞的转化方法

酵母,特别是酿酒酵母已广泛应用于遗传和细胞生物学的研究中。酵母生长代谢与原核生物细胞很相似,但在基因的表达与调控方面又与高等的真核生物细胞类似,是理想的真核细胞外源基因表达系统之一。在许多研究工作中,常常需要建立各种酵母突变体库,如酵母双杂交文库并进行筛选,这就要求细胞具有较高的转化效率(10^5个转化子以上)。转化效率往往是决定实验成功的关键环节。常用的酵母转化方法有原生质体转化法、PEG/LiAc化学诱导转化法、电击转化法。后两种方法是目前酵母外源基因导入的较常用方法,简单省时。

1. PEG/LiAc法转化酵母

PEG是一种高分子聚合物,只有分子量达到4 000左右的PEG才会发挥最大的转化促进作用。PEG在酵母转化中起到在高浓度醋酸锂(LiAc)环境中保护细胞膜的作用,减少醋酸锂对细胞膜结构的过度损伤,同时促进质粒与细胞膜接触更紧密。PEG的适宜浓度一般为40%。醋酸锂可使酵母细胞产生一种短暂的感受性状态,此时细胞能够摄取外源性DNA。鲑鱼精DNA为短的线形单链DNA,在转化实验中主要是保护质粒免于被DNA酶降解,另外还可能在酵母细胞摄取外源性环形质粒DNA中发挥协助作用。在每次使用前务必进行热变性,使可能结合的双链DNA打开,保证鲑鱼精DNA在转化实验体系中以单链形式存在。

2. 电击转化

电击转化为物理转化方法,利用特定电转化仪,将细胞置于电击杯中,施加电场。电转化过程中会使细胞发生电穿孔作用,即通过触发细胞膜的电通透性增大,使外源DNA等生物大分子进出细胞。在电击过程中,电压的大小和放电时间的设置是关键。电压偏低细胞不易极化产生微孔通道,质粒DNA不能进入细胞,无法完成转化;电压过高会导致细胞膜的过度损伤,降低了宿主细胞的存活率。适合电压以及电击时间参数需要经多次实验确定。一般参数设置电压在1.5 kV~3.0 kV,电击时间在4.8 ms~5.5 ms范围内。电击转化也适用于植物细胞原生质体的转化,目前已成功用于烟草、番茄、玉米、水稻、大豆、小麦和马铃薯等植物的转化。该方法优点是对受体材料来源广泛,操作简便,缺点是在植物细胞中的转化率低。

5.2.2 转化酵母细胞的筛选

酵母细胞转化后的筛选主要依靠酵母载体上的选择标记基因和营养缺陷型菌株的配合使用(参见第 7 章酵母双杂交章节)。一类选择标记基因包括一系列氨基酸合成或核苷酸合成途径中的关键基因,如亮氨酸合成相关标记基因 $Leu2$,色氨酸合成相关标记基因 $Trp1$,组氨酸合成相关标记基因 $His3$ 和嘧啶核苷酸合成相关基因 $Ura3$(乳清酸核苷 $5'$-磷酸脱羧酶基因),结合如 $Leu2^-$ 等突变酵母菌株和营养缺陷培养基实现对转化酵母细胞的筛选。在酵母双杂交体系中,报告基因 $LacZ$ 也是常用筛选标记基因。

5.3 植物细胞的遗传转化、筛选与鉴定

植物基因工程是将外源基因通过某种方法导入到植物细胞的基因组中,通过植物细胞全能性获得转基因植株,使外源基因稳定遗传并赋予植物抗虫、抗病、抗逆、抗除草剂、高产和优质等新的性状。自 1983 年首次报道利用农杆菌介导法获得转基因烟草以来,植物转基因技术已得到迅速发展,并在农作物品种改良方面发挥越来越重要的作用。

5.3.1 植物细胞转化方法

向植物细胞中导入外源基因的方法和技术中,应用时间较长、方法较成熟的是根癌农杆菌介导法和基因枪法,另外还有原生质体法、花粉管通道法和植物病毒载体介导的转化方法等补充方法。植物转基因技术根据转化过程中是否需要载体,可划分为两大类:直接导入技术和间接导入技术。直接导入技术是指直接将经过一些特殊处理的裸露 DNA 导入到植物细胞或原生质体中来实现转化的。直接导入技术主要采用的方法是化学方法(聚乙二醇介导法)、物理方法(如基因枪法、电击穿孔法)和生物方法(花粉管通道法)。间接导入技术主要是将外源基因插入到农杆菌的质粒上或是病毒载体的 DNA 上,再通过农杆菌和病毒侵染将外源基因重组到植物细胞基因组中,其方法主要有农杆菌介导法和植物病毒介导。下面介绍农杆菌介导法、基因枪法、聚乙二醇(PEG)介导法、电击穿孔法和花粉管通道法等在植物遗传转化中广泛应用的几种方法。

5.3.1.1 农杆菌 Ti/Ri 质粒介导法

农杆菌介导法是先将插入目的基因的植物表达载体(改造自根癌农杆菌的 Ti 质粒或发根农杆菌的 Ri 质粒)转入农杆菌中,然后通过农杆菌浸染植物,将目的基因导入植物受体细胞并整合到其基因组中,从而完成目的基因的转化。农杆菌介导法是目前为止应用最早,研究最深入,应用最广泛,技术相对成熟、有效的转基因方法。农杆菌介导法的载体和转化的原理参照植物克隆载体章节。自 1984 年首次运用农杆菌介导法获得转基因植物以来,研究人员相继利用该方法获得了番茄、牵牛花和油菜等转基因植株,迄今全球有超过 80% 的转基因植物是利用农杆菌介导法转化成功的。1985 年,Horsh 等创立了叶盘转化法,它是利用根癌农杆菌侵染植物外植体(植物组织、幼苗)后与之共培养来实现转化的转基因系统,该方法简单有效,广泛应用于双子叶植物的遗传转化。长期以来农杆菌介导法仅限于双子叶植物的遗传转化,直至近年研究表明,酚类物质(如乙酰丁香酮)可促进

农杆菌吸附在植物细胞和幼苗上,提高转化率。因而通过在转化过程中加入信号传导物质成为农杆菌介导法在用于单子叶植物的遗传转化上的重要突破,一些主要单子叶植物如水稻、玉米和大麦均通过农杆菌介导法成功得到了转基因植株。与其他方法相比,农杆菌介导法有着明显的优势,该方法操作简便,所需费用低,可用于转化相对较大的 DNA 片段,能更有效地产生单位点整合,不易产生基因沉默,能够稳定遗传,而且转化率和重复性较好,并能得到可育的转基因植株。

值得一提的是,农杆菌介导的拟南芥转化和其他植物不同,转化方法更为简化,称为花序的农杆菌浸泡法(图 5‐15)。在表面活性剂的帮助下,农杆菌能更加有效地吸附植物组织。T‐DNA 能直接转入拟南芥雌配子体的卵细胞中,经过受精获得含有外源 DNA 插入的 T0 代种子,经抗生素的抗性筛选获得杂合体的 T1 代转基因植株。拟南芥作为植物研究的模式生物,转基因植株的获得不用经过组织培养的过程,大大加快了拟南芥功能基因组的研究,也为其他农作物的基因功能研究奠定了坚实的基础。

图 5‐15　农杆菌介导的拟南芥转化
A. 开花期拟南芥;B. 花序的农杆菌浸泡法;C. T0 种子在含有抗生素培养基上筛选出 T1 转基因植株(箭头所示)

5.3.1.2　病毒载体介导法

植物载体除了 Ti 质粒来源的双元载体外,还有以各种植物病毒基因组为基础改造来的植物病毒载体,广泛用于利用病毒诱导的基因沉默机制研究基因的功能。植物病毒载体重组 DNA 分子可以和 λ 噬菌体一样借助辅助病毒进行病毒颗粒的体外包装,通过简单接种的方式感染植株宿主细胞。病毒载体在宿主细胞中多轮复制,外源基因的拷贝数可短时大量增加,使外源基因高水平表达(具体实例参见参照植物克隆载体章节)。植物病毒侵染宿主较为广泛,属于外源基因的瞬时高效基因转化方法。

5.3.1.3　基因枪法

基因枪法又称为粒子轰击技术(Particle bombardment)或生物发射技术(Biolisticprocess)或高速微粒子发射技术(High-velocity microprojectile)。1987 年,美国康奈尔大学生物化学系的 Sanford 首次提出基因枪法,其原理是用钨粉或金粉等金属微粒包裹外源 DNA,利用高压放电或高压气体作为驱动力使金属微粒高速运动击穿植物细胞壁,导入受体细胞或组织中的遗传转化方法。微粒上的外源 DNA 进入细胞后,整合到染色体上并得到表达,从而实现基因的转化,将外源目的基因整合到植物基因组中并培育出转基因植株。同年 Klein 等首次利用基因枪法成功得到了转基因玉米。目前,有很多植物通过基因枪法转化成功,如棉花、水稻、玉米、小麦、大豆、土豆等,它对于通过原生质体转化难再生植物及不适宜进行农杆菌转化的植物的遗传转化更为实用。基因枪法的优点是操作简单,转化时间短,对靶细胞及受体材料来源没有严格要求,还能使外源基因转化线粒体和叶绿体,使转化细胞器成为可能。其缺点是转化植物整合位点不定,拷贝数多,嵌合体多,容易发生共抑制和基因沉默现象,所用仪器昂贵且转化效率低。目前,此方法的应用范围不是非常广泛。图 5-16 是实验室常用的台式和便携式基因枪设备。

a  b

图 5 16　基因枪装置
a. 台式基因枪;b. 便携式基因枪

5.3.1.4　植物原生质体遗传转化

对于植物细胞和一些真菌来说,外源 DNA 转化的最大障碍为细胞壁的存在,用特定的消化酶组合降解细胞壁,可以增加 DNA 进入细胞的效率。以原生质体为受体的 PEG 转化法、电击法、脂质体介导转化法和农杆菌共培养转化法,直接基因导入技术不受受体基因型的限制,因此可以用于单子叶植物的转化。农杆菌介导法和基因枪法进行外植体遗传转化主要以各种组织器官如叶片、子叶、愈伤组织等为受体,受体多为多细胞系统,所形成的转化植株多为嵌合体,这给目标性状的纯化和稳定遗传带来一定的困难。而原生质体是单细胞系统,没有或较少受周围细胞和微环境的影响,再生的植株也是由单细胞发育而来,性状易纯化且稳定遗传。所以向原生质体导入外源基因比向其他外殖体导入外源基因有一定的优势。

例如原生质体的转化过程中,用化学诱导剂聚乙二醇处理原生质体细胞,使原生质体膜的通透性发生改变,加强了原生质对外源 DNA 的吸收,使目的基因整合到原生质体的基因组上并使之发生特异表达。1982 年,Krens 等进一步发展了这种通过 PEG 介导转化原生质体的转化体系。1988 年,Zhang 等通过聚乙二醇法将 GUS 基因成功地转入水稻的原生质体中,并获得了第一批转基因水稻。此后,该方法也先后成功转化了小麦、水稻、高粱、油菜和大豆等植物。聚乙二醇法的优点是对细胞的副作用小,转化的稳定性、重复性好,并能实现一次转化多个原生质体,由于转基因植株来自同一细胞,因而能有效避免嵌合转化体的产生。然而,以原生质体作为受体系统具有较大的局限性,首先原生质体遗传转化的操作步骤复杂,对设备、技术等的要求也更高,因此对转化频率的影响因素也更多。目前,各种方法介导外源基因转化植物原生质体的频率普遍较低,只有在一些原生质体再生体系完善和遗传操作技术十分成熟的植物上,才能有相对较高的转化频率,但与其他外植体的遗传转化频率相比还有差距。其次,植物原生质体遗传转化过程中各种化学药剂和物理方法增加了体细胞变异的发生概率,这给转化再生植株的筛选带来极大的困难。

5.3.1.5 花粉通道法

这种方法是利用开花植物授粉后形成的花粉管通道,直接将外源目的基因导入尚不具备正常细胞壁的卵、合子或早期胚胎细胞,实现目的基因的转化。最为成功和有影响的就是我国目前推广面积最大的转基因抗虫棉,就是用花粉管通道法培育出来的。其他多种农作物也通过花粉管通道法获得成功转化,包括水稻、小麦、玉米、大豆、棉花、烟草、番茄等。

利用花粉管通道法导入外源基因通常有以下几种方法:(1)微注射法:一般适合于花器官较大的农作物,如棉花等,该方法利用微量注射器将待转基因注射入受精子房。(2)柱头滴加:在授粉前后,将待转基因的溶液滴加在柱头上。(3)花粉粒携带:用待转基因的 DNA 溶液处理花粉粒,使花粉粒携带外源基因,然后授粉。

花粉管通道法已经成为目前转基因的有效方法之一。特别是从育种角度考虑,它有效地利用了自然生殖过程,简便快捷。其主要特点有:(1)它是一种直接、简便的转基因方法,不需要组织培养的继代,从而排除了植株再生的障碍。(2)适用范围广,可用于任何开花植物,进行任何物种甚至人工合成的基因转移,尤其适合于难以再生植株的大豆、小麦等粮食作物的遗传转化,这样给育种工作者带来更多的选择。(3)转化速度较快,转化效率可达 1‰左右;(4)育种时间短,变异性状稳定较快,一般筛选到遗传稳定品系只需 3~4 代,比常规育种时间缩短一半左右;(5)方法简便,不需要复杂昂贵的仪器设备。

5.3.2 转基因植物细胞/植株的筛选和鉴定

植物细胞转化效率通常有限,经过各种转基因方法获得的植株群体含有大量的非转基因株系,需要经过筛选才能获得转基因植株。转基因植株的筛选通常需要植物双元载体上所携带的各种标记基因的表达。目前大约有 50 个标记基因在转基因植物研究或作物开发过程中被用来进行转化效率评估、生物安全鉴定和商业化应用。其中一类为选择标记基因,可分为正选择和负选择,也可根据是否依赖外来添加底物分为条件型和非条件型。正选择标记基因被定义为促进转化组织的生长,而负选择标记基因导致转化组织的死亡。最初被开发利用的大多正选择标记基因是条件型的,需要外来添加抗生素、除草剂或其他有毒试剂进行筛选,如抗生素抗性基因和除草剂抗性基因。最近的发展包括条件型正选择标记基因,筛选试剂可能是生长基质或诱导转化组织生长和分化的无毒制剂。最新的正选择标记基因是非条件型,这些标记基因不受外部底物的限制,但能控制植物发育的生理过程。标记基因的另一类为报告基因,报告基因的常规定义为其表达产物能被直接观察到的一类基因,基因产物能使底物显色、发光或直接能发荧光。如绿色荧光蛋白(Green Florescence Protein, GFP)、β-葡萄糖苷酸酶基因(β- glucuronidase ,GUS)、荧光素酶(Luciferase)等。这类基因产物不为转化后细胞提供选择优势,但可以监测转基因事件,可人工分离转基因材料与非转基因材料。报告基因按照是否需要底物,也可分为条件型或非条件型两个类别,如 GUS、luciferase 属于条件型,而 GFP 属于非条件型的。

5.3.2.1　正选择标记基因——抗性基因

1. 抗生素抗性基因

抗生素通过抑制细胞中基因的转录或翻译过程抑制细胞的生长,抗生素抗性基因的产物能使抗生素失活,从而使含有抗生素抗性基因的转化细胞继续生长。植物表达载体上的抗生素抗性基因可以和目标基因一起转化进植物细胞,为转基因植株提供筛选。植物细胞中常用的抗生素抗性基因包括新霉素抗性基因和潮霉素抗性基因等。

(1) NPTⅡ细菌氨基糖苷 3 -磷酸转移酶Ⅱ(APH[3]Ⅱ;EC 2.7.1.95),又称新霉素磷酸转移酶Ⅱ(NPTⅡ),最先应用在哺乳动物和酵母细胞中,是一种有效的可选择标记物。目前已成为最广泛使用的选择性植物标记系统。NPTⅡ具有 ATP 依赖性磷酸转移酶活性,可催化包括新霉素、卡那霉素、庆大霉素(G418)和副霉素等氨基糖苷类抗生素的 $3'$—OH 磷酸化。NPTⅡ(也称为 neo)来自大肠杆菌转座子 Tn5,是第一个和农杆菌 T-DNA Nopaline 合成酶基因的 $5'$ 和 $3'$ 端调控序列构建组成的嵌合体基因,并将其转进植物中进行表达,以赋予植株对新霉素、卡那霉素等抗生素的抗性。

(2) 潮霉素磷酸转移酶。潮霉素 B 是一种氨基环醇类抗生素,为蛋白质合成的抑制剂,在原核生物和真核生物中具有广谱活性。潮霉素 B 对于植物细胞的毒性非常强。大肠杆菌基因 aphiv(HPH,HPT)编码潮霉素 B 磷酸转移酶(HPT;EC 2.7.1.119),通过 ATP 依赖性的磷酸转移酶活性使潮霉素磷酸化而失去活性,使细菌、真菌、动物细胞和植物细胞具有对潮霉素的抗性。构建的嵌合基因,驱动 HPT 基因在植物细胞中表达,也在包括双子叶植物、单子叶植物和裸子植物中建立了高效的选择标记系统。潮霉素磷酸转移酶是在 NPTⅡ基因之后的第二常用的选择标记基因系统。

(3) 链霉素磷酸转移酶。编码链霉素磷酸转移酶(SPT,APH[3];EC 2.7.1.87)的基因来自细菌转座子 Tn5。链霉素导致细胞白化而不是细胞死亡,转化后的愈伤组织在链霉素的选择压力下呈绿色。这种筛选标记的转化系统中,转化效率与 NPTⅡ基因相似。但这种筛选标记系统的使用不太广泛。

以上三种抗性基因的产物均为氨基糖苷类抗生素的 ATP 依赖性磷酸转移酶,通过对抗生素羟基基团的 O-磷酸化将抗生素失活。

(4) 氨基糖苷-N-乙酰转移酶类。这个氨基糖苷-N-乙酰转移酶(AAC)是氨基糖苷类修饰酶的另一种类型,也具有作为植物选择标记基因的巨大潜力。其中 aacc3 和 aacc4 两种基因的产物,AAC(3)-Ⅲ 和 AAC(3)-Ⅳ 酶能够乙酰化庆大霉素、卡那霉素、妥布霉素、新霉素、帕罗霉素、G418 等,使转基因植物表现出对这些抗生素的抗性。

(5) 氨基糖苷-O-核苷酸转移酶类。作为植物选择的抗生素标记基因,其产物氨基糖苷-O-核苷酸转移酶属于氨基糖苷类修饰酶的第三种类型。细菌 aadA 基因编码氨基糖苷-3-腺嘌呤转移酶,当被 35S 启动子驱动在转基因植物中表达时,使转基因植物表现为对大观霉素和链霉素的抗药性。但是,抗性和非抗的差异不是植株存活与否,而是出现绿色组织和黄萎组织之间的对比。这个基因不是广泛应用的细胞核选择标记基因,而是最广泛使用的质体转化的选择标记基因。aadA 基因存在于几个被批准的商业化转基因系。

2. 除草剂抗性基因

像抗生素一样,除草剂作用于植物内多个特定的目标靶点。除草剂抗性基因来源于细菌或植物。一些植物来源基因编码参与细胞内代谢以及生物合成途径的酶类。除草剂抗性基因通过两种机制实现抗性筛选。一种机制为天然抗性同工酶的发现、使用或通过酶诱变产生的抗性酶;第二种机制涉及除草剂代谢解毒过程。和抗生素抗性基因作用方式类似,除草剂抗性基因的产物能抵抗除草剂的毒害作用,使转基因植株从非转基因植株中筛选出来。除草剂抗性基因除了能作为选择标记基因使用外,也可被作为目标基因用来培育抗除草剂的作物。

(1) Bar 和磷化麦黄酮乙酰转移酶(PAT)

磷化麦黄酮(PPT)是广谱商用除草剂草丁膦和双丙膦的主要成分。PPT 是 L-谷氨酸的类似物,是谷氨酰胺合成酶(GS)活性的竞争性抑制剂,GS 是植物中催化氨同化为谷氨酰氨的唯一的酶。谷氨酰胺合成酶的抑制作用最终导致氨水平升高,有毒物质的积累,最终导致植物细胞死亡。

人们分别从产绿色链霉菌(S. viridochromogenes)和吸水链霉菌(S. hygroscopicus)中分离出编码磷化麦黄酮乙酰转移酶的两个基因,即 phosphinothricin N-acetyltransferase(PAT) 和 barbialophos resistance(Bar),用来赋予转基因植物对 L-PPT 的耐受性。这两个基因在核苷酸水平上 87% 相似。PAT 酶使用乙酰基辅酶 A 为辅助因子催化 L-PPT 的自由氨基乙酰化。乙酰化的形式 L-PPT 不能与谷氨酰胺合成酶结合并使其失去毒性。在多种植物中,由植物启动子所驱动的 Bar 基因被证明是一个有效的可选择标记基因。许多携带这一标记的转基因作物如油菜、玉米、菊苣和甜菜均已经商业化种植。

(2) 5-烯醇式丙酮酸莽草酸-3-磷酸合酶和草甘膦氧化酶(EPSPS 和 GOX)

草甘膦[N-(磷酰)甘氨酸]是一种普遍使用的广谱除草剂活性成分,是质体酶 5-烯醇式丙酮酸莽草酸-3-磷酸合酶(EPSP 合成酶:EC 2.5.1.19)的抑制剂。EPSPS 是生物合成芳香族氨基酸的莽草酸代谢途径中的关键酶。草甘膦的抗性机制产生有几种类型。一为在植物体内由 35S 增强子驱动产生过量的 EPSPS 合成酶;二为从细菌(大肠杆菌或农杆菌)中分离突变或自然具备草甘膦抗性的 *EPSPS* 基因,并通过基因工程的方法连接上信号肽编码序列,使之定位于叶绿体发挥抗性作用。

另外,细菌来源的草甘膦氧化还原酶(GOX)能催化草甘膦分解代谢为无毒性的乙醛和氨基甲基磷酸盐。将其进行改造使其能定位于叶绿体发挥作用,利用这一基因也获得了一组草甘膦抗性转基因植株。

(3) 乙酰乳酸合成酶(ALS)

乙酰乳酸合成酶,也称为乙酰羟基酸合成酶(ALS,AHAS;EC 4.1.8.13),是几种除草剂(包括磺酰脲类,咪唑啉酮、三唑嘧啶和嘧啶硫代苯甲酸盐)的作用目标。

ALS 是叶绿体中支链氨基酸生物合成途径中的调节酶,它由有限数量的核基因编码。ALS 基因通过突变可产生具有除草剂抗性的突变酶。具有除草剂抗性的突变 ALS 酶和野生型酶一般只有一到两个氨基酸的差异。

5.3.2.2　非毒性条件型正筛选基因

这一类别筛选方式和以抗生素或除草剂为筛选试剂的方法有根本的不同,在于其添加的筛选试剂是惰性分子,直到它们被转化为能促进转化的植物细胞生长的分子,从而实现转基因植株的筛选。这种筛选方法可能普遍地产生更高的转化频率并广泛适用于多种植物。这种筛选系统的选择标记基因来源于细菌,但可作用于植物的基本代谢途径。

(1) 木糖异构酶

烟草、马铃薯和番茄等植物细胞不能用 *D*-木糖作为唯一的碳来源。木糖异构酶(EC 5.3.1.5)催化木糖异构化能够作为碳源的 *D*-木酮糖。来自红色链霉菌的 *Xyla* 基因,编码木糖异构酶,在与烟草花叶病毒的 35S 启动子和 Ω 翻译增强子融合后,作为选择标记基因在烟草、马铃薯和番茄等植物中进行基因转化和转基因植株筛选,结果表明选择的效率比 *NPT* Ⅱ基因要高且再生速度明显加快。此外,对于一些茄科植物来说,木糖异构酶选择标记基因能提高转化效率。

(2) 磷酸甘露糖异构酶

甘露糖和木糖一样对植物细胞无毒。然而,甘露糖被己糖激酶转化为甘露糖-6-磷酸,积累后会抑制糖酵解,从而阻止细胞生长和发育。磷酸甘露糖异构酶(PMI;EC 5.3.1.8)催化甘露糖-6-磷酸和果糖-6-磷酸间相互转化,使甘露糖成为碳源。

PMI 在自然界广泛存在,植物中 PMI 酶活性较低。以甘露糖为选择剂,由 35S 启动子驱动表达的大肠杆菌 *PMI* 基因被证实是一个有效的植物选择标记。使用此选择系统,以 *NPT* Ⅱ基因和卡那霉素选择系统为对照,在甘蔗、小麦、大麦、水稻和西瓜中的基因转化频率被提高了 10 倍以上。

5.3.2.3　报告基因

(1) *GUS*

细菌酶-葡萄糖醛酸酶,即由大肠杆菌 *uida*(*gusa*)基因编码的是在植物中广泛使用的报告基因。这种酶分别利用底物 5-甲基伞形糖苷(MUG)和 5-溴-5-氯-3-吲哚葡萄糖醛酸盐(X-Gluc)进行 *GUS* 酶比活度测定和组织学定位。因此它是一个条件型非选择性标记基因,即报告基因。*GUS* 活性广泛存在于微生物、脊椎动物和无脊椎动物中,但植物中的背景活性很小。GUS 酶在植物中非常稳定,并且高水平表达时无毒。使用 GUS 作为报告基因的主要缺点是信号检测时对植物细胞有破坏作用。GUS 基因经常和选择标记基因共转化,便于转化组织的筛选。

(2) 荧光素酶基因

荧光素酶(LUC, EC 1.13.12.7)来源于萤火虫(Photinus pyralis),具有 ATP 依赖性荧光素脱羧氧化活性,催化荧光素形成氧化荧光素并释放出待检测荧光信号。从荧光素被脱羧氧化至荧光素从酶复合物释放前,荧光素酶一直处于非活性状态。这一反应过程比较缓慢且荧光素酶的半衰期比较短,因此人们相信 LUC 报告基因的活性比其他具有高稳定性产物,且随时间积累产物的报告基因更能准确地反映转录活性和水平,而且荧光素酶信号的检测手段也是非破坏性的,所以能进行转基因植株中基因转录水平的实时监测,比如对发育过程某基因的表达水平进行持续监测。从哈维氏弧菌中分离细菌源的萤火虫荧光素酶(LUX, EC 1.14.14.3)报告基因也在植物中成功应用。

(3) GFP 基因

来源于维多利亚多管水母(Aequorea victoria)的绿色荧光蛋白基因(GFP)作为报告基因有着显著的优势,GFP 报告基因产物能够在活体组织中直接进行实时观察,不需要添加底物,信号观察过程中不会破坏组织细胞。GFP 蛋白对植物细胞无任何细胞毒性作用,可以追踪转化后细胞的分裂机制。经过定点突变技术,对于 GFP 蛋白进行了一系列的改造,获得了一些氨基酸改变的变异体,增加了 GFP 的信号强度(eGFP),稳定性并获得发多种颜色的荧光蛋白,不同颜色的荧光蛋白,包括蓝色荧光蛋白(EBFP, EBFP2, Azurite, mKalama1)、青色荧光蛋白(ECFP, Cerulean, CyPet)和黄色荧光蛋白(YFP, Citrine, Venus, Ypet)等,人们习惯称之为水果荧光蛋白。

除了上述三种常见报告基因外,还有八氢番茄红素合酶基因、玉米中调控花青素生物合成途径的 R、C1、P1 和 B 转录因子基因,以及 2020 年 9 月最新报道的 RUBY(红宝石)基因。草生欧文菌(Erwinia herbicola)细菌基因编码的八氢番茄红素合酶基因,通过改变叶绿体中类胡萝卜素生物合成通路,使胡萝卜素色素积累,是一种非条件型报告基因。玉米 R、C1、P1 和 B 转录因子基因在特定的植物组织中调控花青素的生物合成途径。R 或 B 基因的异位表达能引起花青素的非选择性积累,可被应用作报告基因,这一报告基因也为非条件型报告基因,不需要外源底物的添加,信号检测手段也是非破坏性的。但这一报告基因的表达需要环境因子的诱导且产物对细胞有毒性,所以应用不甚广泛。RUBY 基因为一个融合基因(将催化由酪氨酸生成甜菜红素的三个基因偶联在一起),催化生成植物色素,可以从组织中红色的出现推断出特定基因的表达情况。这已成功在单子叶模式植物水稻和双子叶模式植物拟南芥中应用。

5.3.3　转基因植物的分子生物学检测方法

上述的抗性选择标记基因和报告基因的应用只用来筛选转化子,因为选择标记基因和报告基因是植物表达载体上 T-DNA 的一部分,只能间接证明目的基因转入植物细胞,要获得目的基因转化入植物细胞且在细胞中表达与否的直接证据,还需要进行分子生物学的检测。包括外源基因整合的检测技术和外源基因表达的检测技术。

5.3.3.1 外源基因整合的检测技术

（1）PCR 技术　整合到植物中的外源基因一般和植物基因组中基因序列没有同源性。所以根据目标基因序列，设计特异引物，以转基因植物的基因组 DNA 为模板进行 PCR 扩增，如果获得特异扩增条带则证明外源基因已成功整合到植物基因组中。为排除假阳性现象，需要设置阴性对照样品。

（2）Southern Blotting　上文的 PCR 技术只能检测转基因植物中外源基因有无成功整合，但不能揭示外源基因在植物基因组中整合的拷贝数。以农杆菌 Ti 质粒介导的基因转化系统中，T-DNA 携带目的基因通常以多拷贝的形式整合到基因组中，转基因植物中过量基因的表达通常会在多次传代的转基因植株中造成转基因沉默。有时需要检测分离出单拷贝插入的转基因植株，方便后续的基因功能分析和遗传分析并获得外源基因稳定表达的转基因株系。

5.3.3.2 外源基因表达的检测技术

（1）Northern Blotting　检测目的基因是否进行表达，在 RNA 水平上检测的比较复杂的方法为 Northern Blotting 分析。优点在于特异性高，不会有假阳性信号的问题干扰。以总 RNA 的上样量为对照，能够对外源基因的表达水平进行相对的粗定量。

（2）RT-PCR 和实时定量 PCR　提取转基因植物的 RNA，反转录后进行 PCR 分析，可以比较灵敏地检测外源基因在 RNA 水平的表达水平。RT-PCR 可以对表达水平进行粗略定量，而实时定量 PCR 可以进行相对精确的表达水平分析。

（3）Western Blotting　Western Blotting 分析是在蛋白质水平上检测外源基因是否进行表达的分析技术。分析过程需要外源蛋白特异的抗体，实验操作相对比较繁琐。

此外，在蛋白质水平分析转基因植株中外源基因是否表达的还有酶联免疫吸附检测方法。

5.4　动物细胞的转化和转基因动物的获得

在进行基因治疗和基因功能研究过程中，如何安全有效地将外源 DNA 转入动物宿主细胞一直是非常大的挑战。外源 DNA 进入宿主细胞的细胞核，进行表达之前，需要突破一系列细胞内外的障碍，如细胞外基质、细胞膜和细胞核膜等。这是因为 DNA 分子为两性生物大分子，难以直接渗透进入细胞膜，且裸露的 DNA 分子容易遭受来自细胞培养基和细胞内核酸酶的降解。人们进行了大量的研究以优化基因转化的条件，开发出基于生物、化学和物理原理的多种基因转化方法和技术手段，使外源基因能够安全、高效地转入受体细胞。

5.4.1　动物细胞的基因转化

在细胞水平进行的基因转化，其转化对象为体细胞来源，根据基因转化的原理将基因转化的方法分为三类：（1）化学法：阳离子脂质体、阳离子聚合物、DNA 磷酸钙共沉淀法和 DEAE 葡聚糖法；（2）物理法：显微注射法、电脉冲介导法；（3）生物法（病毒感染法）。

要获得转基因动物,基因转化的对象细胞一般为受精卵细胞、胚胎干细胞等具有全能性再生能力,能发育成完整个体的细胞。基因转移的方法多为显微注射法、病毒感染法等。

5.4.1.1 动物细胞的化学转化方法

经典的化学方法包括磷酸钙沉淀法和 DEAE-葡聚糖法,但基因转化效率低,细胞使用有局限性且有细胞毒性,目前已经被阳离子脂质体、阳离子聚合物等化学法基因转化方法所取代。这些化学试剂的转化原理是通过将阳离子脂质体、阳离子聚合物等分子作为转化的载体,和 DNA 分子形成大的复合物,使 DNA 分子免遭 DNA 酶的降解且激发宿主细胞的内化功能,通过内吞作用、吞噬作用和胞饮作用等方式高效转运外源 DNA 进入宿主细胞。

1. 阳离子脂质体转化法

阳离子脂质体介导基因转移是研究最广泛且普遍使用的非病毒基因传递方法。目前,已经开发和测试了数百种用于基因转移的脂质组分。它们有着相似的结构,即带正电的亲水头和疏水尾,通过链状结构连接。当与带负电荷的 DNA 混合,带正电荷的脂质体自发形成独特的致密结构,称为 DNA-阳离子脂质体复合物。在复合物中,DNA 分子被带正电荷的脂质包裹着,避免被细胞外或细胞内核酸酶降解。由于脂质体的正电荷,它们能被表面带负电荷的细胞膜(糖蛋白和蛋白聚糖)吸附,再通过膜的融合或细胞的内吞作用,偶尔也通过直接渗透作用,DNA 传递进入细胞,形成包涵体或进入溶酶体。其中一小部分 DNA 能从包涵体内释放,并进入细胞质中,再进一步进入核内转录、表达。

最常用的脂质体是胆固醇和二元醇磷脂酰乙醇胺(DOPE)。阳离子脂质体的结构本身造成其有一定的细胞毒性,能参与细胞的代谢,影响基因的表达,所以在很大程度上限制了其应用。阳离子聚合物和脂质纳米颗粒技术转染试剂日益受到重视。

Lipofectamine(脂多糖胺)3 000 转染试剂采用先进的脂质纳米颗粒技术,实现绝佳转染性能和可重复性的结果,转染效率可达到 70%,细胞毒性被大大降低。

2. 阳离子聚合物转化法

阳离子聚合物也被广泛应用于基因转移。这些聚合物与 DNA 混合后形成纳米复合物,通常称为多聚体。通常情况下,多聚体比脂聚体更稳定。在阳离子聚合物中,PEI(聚乙烯亚胺)被认为是最有效的聚合物转染剂,1995 年首次用于基因转移。聚乙烯亚胺(Polyethylenimine,PEI)是一种具有较高的阳离子电荷密度的有机大分子,每相隔二个碳原子,即每第三个原子都是质子化的氨基氮原子,使得聚合物网络在任何 pH 下都能充当有效的质子海绵(proton sponge)体。PEI 能将 DNA 缩合成带正电荷的微粒,这些微粒可以黏合到带有负电荷的细胞表面残基,并通过胞吞作用进入细胞。一旦进入细胞,胺的质子化导致反离子(Cl⁻)大量涌入以及渗透势降低。上述变化导致的渗透膨胀使囊泡释放 PEI 与 DNA 形成的复合物(polyplex)进入细胞质。复合物拆解后,DNA 就能到细胞核中进行表达。

3. 无机纳米粒子

应用于基因转运的无机纳米粒子主要包括硅、金属纳米离子、铁氧化物、磷酸钙等,典型尺寸范围为直径 10 nm～100 nm。纳米颗粒的比表面积大,可以有效促进 DNA 的浓缩、结合并且保护核苷酸免于核酸酶的降解。其表面偶联靶向分子可以促进基因的靶向传递。小颗粒尺寸为基因转运提供很大优势,它们通常绕过大多数的生理和细胞屏障和产生更高的基因表达。无机纳米粒子对细胞无毒或低毒,无免疫原性。

5.4.1.2　动物细胞的物理转化方法

基因传递的物理方法将 DNA 转移到细胞时不需要特殊载体,而是利用物理力在质膜中产生瞬时孔隙,使裸露的 DNA 分子可以通过。这些物理力包括电脉冲、超声波、水动力压力、粒子撞击或激光照射等。

1. 基因显微注射技术

应用玻璃显微注射器,可以把重组 DNA 直接注射到哺乳动物细胞的细胞质或细胞核。这是目前最简单、最直接的 DNA 转移物理方法,自 20 世纪 80 年代起已被广泛使用。但由于技术上的困难,体内应用进展甚微。每次显微注射只能针对一个单细胞,需要专门的显微注射工具和显微镜设备。最新的显微注射仪已与微机配套,实现了程序自控、可动态观察。迄今为止,重组细胞系的获得和转基因动物的生产仍然需要显微注射技术,因为这种方法能绕过细胞质核酸酶且精确控制转基因的拷贝数。

2. 基因枪

基因枪基因转移技术最早建立于 1987 年,应用于植物细胞的转化,后来成功地应用于哺乳动物细胞体外以及活体内的基因转移研究。基因转移是通过加压惰性气体或高压电子放电驱动包裹金颗粒的 DNA 对靶细胞进行轰击。高效基因转移需要对程序进行精细优化,以保持穿透力同时尽量减少组织/细胞损伤。在参数中,影响基因转移效率的是微球的大小和密度、轰击力、基因枪仪器和微球 DNA 比例。通常,这些参数随不同类型的细胞以及动物的不同组织而变化。基因枪的优势在于快速、简单、高效、适用于多种类型的大分子如核酸和蛋白质的转移,多适用于进行 DNA 免疫和基因治疗。但是基因枪设备和纯金颗粒的昂贵,以及其只能在组织的表层和限定区域进行基因转移限制了其在基因治疗方面的应用。

3. 电穿孔 DNA 转移技术

电穿孔介导的基因转移于 1982 年被首次成功建立后,该技术发展为一种强大而广泛使用的基因转移方法。在涉及各种原核细胞和真核细胞体外和体内的基因传递研究中取得显著的成功。电穿孔(electroporation)是指在高压电脉冲的作用下使细胞膜上出现产生的暂时性的微小孔洞,允许大分子,如 DNA、蛋白质进入细胞。重要的是,这些微孔在几秒到几分钟内重新密封,对膜结构或细胞活力没有明显影响。电穿孔介导的基因转移包含至少连接到电源的两个电极和电极间的电击杯。体外电穿孔实验作用于电击杯中的细胞悬浮液,而体内系统涉及电极插入并包围目标组织。电脉冲作用于细胞,使 DNA 进入细胞。转染效率和重复率通过严格脉冲持续时间、电击频率,以及电场的强度等参数,调整电击程序来实现。基因转移效率不同,电穿孔转染效率主要取决于所用的细胞类型。对于不适合用传统方法转染的细胞,用电穿孔法得到的永久转化的频率约为 $10^{-5} \sim 10^{-4}$ 之间。此项技术具有操作简便,基因转移效率高等优点。

4. 水动力基因转移

水动力基因转移程序于 1999 年首次报道。当大量 DNA 溶液通过小鼠尾静脉快速注入时,可在肝、肺、肾和心脏等器官中实现 DNA 的高效转染。水动力基因转移方法采用高压作为驱动力促进基因转移。在短时间内（3 s～5 s）注入小鼠体重8%～12%的大量DNA溶液，可导致可逆的内皮层通透性变化和肝细胞膜中瞬时孔洞的产生，可使DNA分子向内部扩散。30%～40%以上的肝细胞可以有效地被转染。目前，这种方法被认为是啮齿动物中最高效非病毒介导的体内基因转移方法。使用这种方法，可以提供接近生理基因表达平均水平的转基因表达水平。使用导管辅助灌注，也可以在肾脏、肌肉或肝脏中的特定叶区实现高效的基因转移。水动力基因传递的简单性和安全性允许在体内广泛使用该技术，例如在肝细胞转染研究启动子功能、基因功能等。

5. 声孔效应法基因转移

声孔效应即利用超声波通过声孔化效应在细胞膜上产生瞬时孔洞。在每个超声波循环中，一小部分声波的能量被组织吸收，导致局部发热，影响细胞膜结构。组织对超声波的吸收取决于组织类型和超声频率和强度。大多数应用于基因治疗的超声频率为1兆赫～3兆赫，强度为$0.5\ \text{W/cm}^2$～$2.5\ \text{W/cm}^2$。声孔效应法基因转移方法可将质粒DNA导入细胞培养板和烧瓶中培养的成纤维细胞和软骨细胞。尽管基因转移效率比电穿孔和水动力方法低，但与其他基因转移方法相比，简单、无创、安全且组织细胞耐受性强等特点也使其得到了越来越多的关注。但是这种方法在基因的体内转移中有局限性，转移效率低。

此外，基因的物理转移方法还包括磁转染、激光微束导入法激光介导的基因转移（光学转染）和细胞挤压"微流体基因转移"技术。磁转染即在磁场作用下介导超磁性氧化铁包覆的DNA纳米颗粒的细胞转移。激光微束导入法采用激光照射细胞。通过光学显微镜聚焦成微米级的微束对靶细胞进行穿刺，在细胞膜上形成能自我愈合的小孔，使加入细胞培养基里的外源DNA流入细胞，以实现基因转移。细胞挤压"微流体基因转移"技术是采用注射器或其他带小孔的装置对细胞进行来回挤压，产生的剪切力使细胞变形形成小孔，诱导细胞吸收外源DNA。这种方法是新近开发的一种物理基因转移方法，已成功应用于siRNA的体外基因转移。

5.4.1.3 动物细胞的生物转化方法

1. 病毒载体感染法

在载体一章，我们介绍了各种动物病毒载体，如逆转录病毒、腺病毒、腺相关病毒、慢病毒、单纯疱疹病毒等病毒基因来源的载体，各种载体通过重组载体的构建，重组DNA在复制和包装成成熟颗粒后可以通过病毒感染宿主细胞，从而将外源DNA高效导入进宿主细胞。有些病毒基因组在其复制过程中能整合到宿主细胞基因组中，稳定遗传。

2. 精子介导外源DNA转移

精子具有潜在的结合外源DNA并在受精过程中将其转入到卵内的能力，精子介导的外源基因转移（精子载体法）提供了一条新的基因转移途径，且这种能力不只限于几个品种的动物，从低等的海胆纲动物到高等的哺乳动物的精子均有这个特点。由于这种方法非常简便、成本低、效率高（10%以上）、对卵原核无损害、符合生理受精过程，利用精子为载体，通过人工授精程序就可以生产转基因动物，研究者获得了猪、牛、羊、兔子、小鼠等哺乳动物的转基因后代，其中在小鼠、猪、兔中建立起了表达外源基因的转基因品系。因此，精子能携带外源基因入卵和产量丰富这两大特性使精子作为载体制备转基因动物成为一个简便的途径。相对于显微注射法、反转录病毒感染法、胚胎干细胞法等方法而言，它的主要优点是利用精子的自然属性克服了人为机械操作给胚胎造成的损伤,提高了转基因效率,且操作简便、无须昂贵的试验设备,该技术已成为转基因动物研究的热点。

5.4.2 转基因动物的获得

转基因动物是在完整个体背景下研究基因功能的一种非常有价值的工具。在过去的二十年中,大量的转基因动物被产生,技术的不断进步和新系统的发展促进了它们在生物医学研究中的广泛应用。比如转基因小鼠的使用对人类生理和病理机制的研究有显著贡献。通过原核注射将 DNA 表达构建注入受精卵细胞是最常用的获得转基因动物的转基因技术。在此技术体系中,进入受精卵细胞核的 DNA 能够整合进入染色体基因组中,再经过胚胎移植技术将注射了外源基因的受精卵移植到受体动物的子宫内继续发育成成熟个体,对这一个体及其后代进行筛选和鉴定以获得转基因动物。下面就以原核注射获得转基因小鼠为例,讲述转基因动物的获得流程。

5.4.2.1 受精卵原核注射获得随机插入转基因小鼠

1. 外源目的 DNA 的制备

要使进入受精卵细胞的外源基因能够高效表达,一般需要将外源基因的启动子和终止子构成一个完整的表达盒,这一表达盒和载体构成重组 DNA 分子后可在大肠杆菌细胞中进行扩增,以得到大量的用于原核注射的目的 DNA。在原核注射之前,需要将重组 DNA 载体线性化且只需要包含表达盒的目的 DNA 片段。因为在外源 DNA 进入细胞后,线性的 DNA 分子能够激活细胞内的 DNA 修复酶活性,从而将染色体 DNA 随机断裂并使外源 DNA 插入并修复,以达到整合的目的。注射用 DNA 的纯度要求很高且注射浓度在 1 ng/μL～3 ng/μL。

2. 小鼠的准备及超排受精卵的产生

原核注射涉及的小鼠有四种:两种雌鼠,即超排卵小鼠和假孕母鼠;两种雄鼠,包括和超排卵小鼠交配以获得受精卵的雄鼠以及结扎了输精管和假孕母鼠交配以诱导受体母鼠假孕的雄鼠。

超排卵小鼠需要进行孕马血清促性腺激素(PMSG)和人绒毛膜促性腺激素(HCG)的腹腔注射以诱导超排卵的发生。选用 5～6 周龄的小鼠,注射 5IU PMSG,间隔 48 h 后注射 5IU HCG。注射后立刻与雄鼠交配获得超排的受精卵。

假孕母鼠也要经过和结扎了输精管交配来诱导假孕,假孕母鼠虽然没有胎儿产生,但是子宫膨大,便于后期注射后受精卵的着床及转基因小鼠的发育。

3. 受精卵的分离和显微注射

解剖输卵管,在立体显微镜下采集卵丘受精卵细胞复合物(COCs),并置于含有透明质酸的培养基中以分离受精卵细胞。注意观察鉴别是否为真正的受精卵,即细胞中是否含有雄性原核和雌性原核。

显微注射装置主要包括三大部分:一为倒置显微镜,两侧为实现显微精细操控的装置,一侧为卵显微操作仪,通过调节卵固定管的移动以负压精确吸住受精卵;另一侧为DNA 显微操作仪,为中空的双层极细玻璃管,并和皮克级注射控制器相连以控制外源DNA 的注射量。显微注射时以带有负压的卵固定管吸住一个受精卵,将外源 DNA 溶液吸入微注射吸管并和微注射控制器相连,调整注射量到 1 pl～2 pl。调整微注射管的位置,使之插入受精卵并透过透明带、质膜到达原核,并慢慢注入 DNA 溶液。发现原核膨胀即注射成功。注射后迅速拔针以免核内物质或细胞质流出。注射后受精卵用于胚胎移植。

4. 受精卵的移植

注射后的受精卵需尽快移植到假孕母鼠的输卵管内,解剖操作要在体视显微镜下完成,每侧移植 5～6 个受精卵,最后缝合伤口,妥善饲养至子代小鼠降生。

原核显微注射方法虽然为最经典最常用的制备转基因动物的途径,但成功率非常低。熟练操作人员大概操作 1 000 个受精卵才能获得一个转基因小鼠。此种方法需要特殊的显微注射装置,技术熟练的技术人员,一般获得转基因小鼠的时间在一年以上,这类转基因小鼠中外源基因的插入是随机的,且可能呈串联多拷贝重复插入到小鼠基因组内。为了提高外源基因表达率,可以利用诱导型启动子。为了达到在特定位点插入目的基因的目的,人们发展了以显微注射和胚胎干细胞技术为基础的基因打靶技术,获得基因定点突变的转基因小鼠,称为基因敲除(Knock out)或基因敲入(Knock in)小鼠。

5.4.2.2　胚胎干细胞显微注射获得基因打靶转基因小鼠

胚胎干细胞(ES)具有受精卵的某些特性,具有多向分化的潜能,可分化为胎儿或体内各种类型的组织细胞。ES 能够在体外长期增殖培养并保持高度未分化状态和发育潜能。ES 具有嵌合发育的能力,可和 6～18 细胞阶段的胚胎共培养或注射入发育的囊胚腔中,可发育成嵌合体动物,遗传改造后的 ES 发育成胚系细胞就能将改造后的遗传信息传递到下一代。

获得胚胎干细胞后,可以通过电击法或脂质体等方法进行外源 DNA 的转染,转染后的胚胎干细胞进行筛选,获得发生同源重组的胚胎干细胞。之后将这一类胚胎干细胞通过显微注射入囊胚腔内,之后再把这一嵌合体囊胚通过移植植入代孕母鼠的输卵管中,获得嵌合体的转基因小鼠。嵌合体转基因小鼠进行后续杂交和自交可获得转基因纯合体小鼠(具体参照第 7 章)。

胚胎干细胞的优势有三点:(1)可选择多种转基因方法转染胚胎干细胞;(2)可在胚胎移植之前进行筛选,克服了原核注射中只能在子代选择的缺陷;(3)可以保证外源基因的定点插入。

5.4.2.3　受精卵细胞质显微注射 CRISPR-Cas9 复合体获得定向基因修饰鼠

最新的 RNA 介导的 DNA 定点编辑技术的发展使人们几乎可以在全基因组水平上对基因组 DNA 进行定点突变、修饰和基因置换。具体的原理参照第 7 章 RNA 介导的 DNA 定点编辑技术部分。在实际应用中,可以通过显微注射的方法将 Cas9 mRNA、Single-guide RNA(SgRNA)和供体模板导入受精卵细胞的细胞质中,细胞质中表达的 Cas9 蛋白将和 SgRNA 形成复合体进入到细胞核中,指导 sgRNA 靶位点发生基因双链断裂和同源重组,导入点突变,小片段插入和大片段的置换。将经过显微注射的受精卵按照 5.4.2.1 的方法植入代孕母鼠的输卵管以获得定点基因修饰动物。

近年来,因为上述方法耗时长、操作繁琐、需要显微注射的专用设备、操作人员需要具备熟练且专业的操作技能等限制条件，人们开发了获得转基因小鼠的替代方法，包括精子介导外源 DNA 转移和逆转录病毒介导等。但是显微注射法仍然是获得转基因动物的主要方式。

5.4.3　转基因动物的筛选

转基因动物的筛选方法和策略可参照转基因植物的筛选，可以从基因水平、转录水平和蛋白质水平采用不同的策略进行检测。以转基因小鼠为例，最高效快速的检测方法为提取小鼠尾尖和耳朵的组织进行基因组 DNA 的提取，设计基因特异引物进行 PCR 扩增和 PCR 产物测序分型，进行基因型分析。此外转基因动物的筛选还可以首先从小鼠表型进行初步筛选，再进行基因型验证。

特配电子资源

线上资源

微信扫码
- 网络习题
- 视频学习
- 延伸阅读

第6章 基因工程表达系统

我们在这一章节将介绍重组 DNA 技术在生物技术领域的应用。生物技术可以被定义为生物在工业和技术过程中的利用。虽然生物技术在最近十几年受到了越来越多的关注,但这并不是一个新课题,根据考古学家的说法,生物技术产业可追溯到 4 000 年前的新石器时代晚期,人们利用酵母细胞生产麦芽酒和蜂蜜酒。二十世纪,生物技术产业随着工业用微生物品种的发展而扩大。1929 年,亚历山大·弗莱明从霉菌青霉中分离出一种有效的抗菌剂(青霉素),这一发现导致利用真菌细菌大规模生产抗生素产业的兴起。首先,微生物在大容量的培养基中生长,产生抗生素,随后除去细胞并纯化抗生素。但目前这种批量培养方法已基本上被连续培养技术所取代。利用发酵罐,从中可连续抽取介质,提取样品,提供不间断的产品供应。这种方法不限于抗生素生产,而且还被用来获得由微生物产生的其他化合物。

基因克隆的产生和发展使生物技术产业进展到了一个崭新的阶段。克隆基因意味可以从正常细胞中分离任何一种重要的动物或植物蛋白质的基因,插入克隆载体,并导入到微生物细胞中。如果操作正确,基因可在微生物细胞中转录和合成外源重组蛋白,通过这种途径有可能获得大量的蛋白质。当然,在实践中,重组蛋白的生产并不像描述的那么简单易行。首先需要特殊类型的克隆载体和宿主系统,而且重组蛋白质高产率通常很难实现。在本章中,我们将研究用于在各种宿主细胞中生产重组蛋白的表达载体及其应用。

6.1 大肠杆菌细胞中外源蛋白的表达系统

6.1.1 原核表达载体

利用大肠杆菌宿主宿主细胞生产外源蛋白,如果简单地将目的基因克隆到普通克隆载体上并导入大肠杆菌细胞,将不会产生外源重组蛋白。因为基因的转录和翻译需要一些能被大肠杆菌所识别和利用的元件,即一些位于基因上、下游的短的 DNA 序列。这些元件提供了可被细胞中转录和翻译装置所识别和结合的位点,即 RNA 聚合酶和核糖体识别和结合位点。大肠杆菌基因转录和翻译相关的重要元件有以下三类(图 6 - 1):

启动子:启动子(Promoter, P)是 RNA 聚合酶识别、结合和开始转录的一段 DNA 序列,它含有 RNA 聚合酶特异性结合和转录起始所需的保守序列,启动子本身不被转录。启动子一般位于转录起始位点的上游。在大肠杆菌中,启动子被 RNA 聚合酶的 σ 亚基所识别。

终止子:终止子(Terminator, T)是给予 RNA 聚合酶转录终止信号的 DNA 序列。

大肠杆菌的终止子通常是一段能自我配对形成茎环结构的核苷酸序列。

　　核糖体结合位点(Ribosome Binding Site，R)：指 mRNA 的起始密码子 AUG 上游约 8～13 核苷酸处，存在一段由 4～9 个核苷酸组成的共有序列 - AGGAGG -，可被 16SrRNA 3′端通过碱基互补精确识别的序列。mRNA 通过核糖体结合位点和核糖体紧密结合，促进翻译的进行。

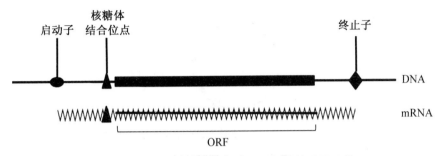

图 6 - 1　大肠杆菌基因转录和翻译相关的重要元件

　　高等生物来源基因的上下游序列中，也存在上述三类类似的基因表达调控相关元件，但是调控序列和大肠杆菌基因的调控序列存在很大差异，如图 6 - 2 中大肠杆菌基因和人基因启动子序列的对比图。所以，大肠杆菌 RNA 聚合酶不可能识别人基因的启动子序列并与之结合，外源高等生物基因在大肠杆菌细胞中是没有活性的，不能进行转录和翻译。解决这个问题的方法是将外源基因的编码序列(CDS)插入载体中并置于一组大肠杆菌表达信号的控制之下(图 6 - 3)。这样，外源基因在大肠杆菌细胞就能被转录和翻译。携带了基因表达相关信号序列的克隆载体，能被用来进行外源基因的转录和翻译，这一类载体称为表达载体。

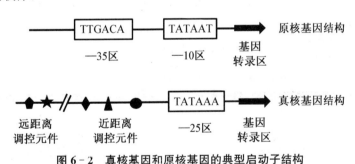

图 6 - 2　真核基因和原核基因的典型启动子结构

　　启动子是表达载体最重要的组成部分。这是因为启动子控制基因表达的第一阶段(RNA 聚合酶附着于 DNA)并确定 mRNA 合成的速率。因此，获得的重组蛋白的量在很大程度上取决于表达载体所携带的启动子的性质，必须慎重选择启动子。图 6 - 2 所示的启动子—10、—35 两个序列是参考已知大肠杆菌启动子序列获得的共有序列。虽然大多数大肠杆菌启动子序列和上面共有序列比较没有太大差异(例如，TTCATA 而不是 TTGACA)，但是很小的序列变异对启动子启动转录的效率有很大的影响。强启动子是能够维持高效转录的启动子，通常控制细胞中所需大量翻译产物的基因的转录。相反，弱启动子的转录效率相对较低，控制细胞所需少量蛋白的基因转录。显然，表达载体应该携

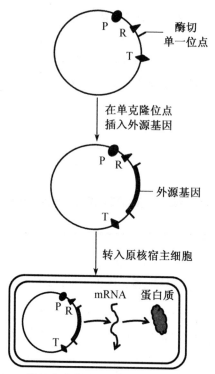

图6-3　使用表达载体在原核细胞中表达外源蛋白

带强有力的启动子,以便克隆的基因以最高的速率进行转录。

　　构建表达载体时对启动子的选择上除了考虑强弱启动子外,还应该考虑到启动子以哪种方式被调控。大肠杆菌中基因表达调控的方式主要有可诱导和可阻遏两种方式(图6-4)。可诱导的基因是指基因的转录只有在向培养基中添加某种化学物质后才能开

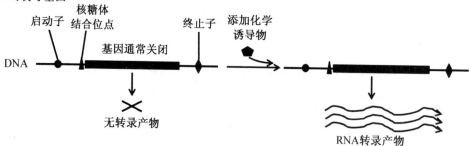

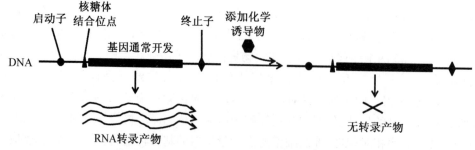

图6-4　大肠杆菌中两种主要类型的基因调控方式

放,加入的化学物质,即诱导物通常为可诱导基因产物(酶)的底物。相反,可阻遏的基因指基因的转录在往培养基中添加某种化学物质后被关闭(图 6-4)。

基因调控是一个复杂的过程,除了启动子区域外,紧靠启动子序列的许多参与基因诱导或阻遏调控的元件也非常重要,也必须包括到表达载体序列中。表达载体在大肠杆菌宿主细胞中也可以通过添加化学物质实现对所克隆基因的诱导或阻遏表达。这在重组蛋白的生产中具有明显的优势。例如,如果重组蛋白对细菌有毒性,因此必须对其合成进行严格监测,防止有毒物质的积累。这时可以通过适时地添加调控化学物质来控制克隆基因的表达。如果重组蛋白对宿主细胞无害,则克隆基因的调控表达仍然是必要的,因为持续高水平的转录可能会影响重组质粒复制的能力,最终导致在培养过程中质粒的丧失。因此,在原核表达系统中,为了更加高效地表达外源蛋白,降低能耗,一般选用诱导型表达的启动子。

6.1.1.1　表达载体中常用的启动子

一些启动子兼顾了高水平表达和易于调控等优异特性,常被整合到表达载体中用于外源基因的高效表达。下文中列出了常用启动子。

1. Lac 启动子

启动子来源于大肠杆菌的乳糖操纵子,控制 β-半乳糖苷酶 *LacZ* 编码基因的表达(也控制 pUC 和 M13mp 载体上所携带的 *LacZ'* 基因的表达)。乳糖启动子受异构乳糖类似物异丙基-β-D-硫代半乳糖苷(IPTG)的诱导,在培养基中添加 IPTG 能够诱导表达载体上启动子下游所克隆外源基因的表达(图 6-5)。常用乳糖启动子 Plac uv5 为乳糖启动子的一种突变体,一对碱基发生突变,使启动子突变为强启动子,且对葡萄糖效应不敏感。

2. Trp 启动子

色氨酸操纵子启动子为大肠杆菌细胞中控制色氨酸合成途径相关酶编码基因转录的启动子。Trp 启动子受色氨酸阻遏,受 3-β-吲哚乙酸诱导(图 6-5)。

3. Tac 启动子

Tac 启动子是 Lac 启动子和 Trp 启动子的杂合启动子,含有 Trp 启动子 Ptrp-35 区域与突变的 Lac 启动子 PlacUV5 的-10 区域融合构成的杂合启动子,兼具 Ptac 强启动能力和乳糖启动子可操控特性(受 LacⅠ产物的阻遏,IPTG 的诱导)。启动子强度高于其两个来源启动子。表达载体上经常通过杂合启动子或串联启动子来增加启动子活性(图 6-5)。

4. λP_L 启动子

λP_L 启动子是 λ 噬菌体中转录 λ 噬菌体基因组 DNA 的启动子之一,λP_L 启动子的强度很高,在 λ 侵染大肠杆菌后,能够改造大肠杆菌 RNA 聚合酶使之识别 λP_L 并转录 λ 基因组 DNA。λP_L 启动子受 λ 噬菌体阻遏蛋白 CⅠ蛋白的阻遏。携带 λP_L 启动子的表达载体通常使用突变了的大肠杆菌菌株 CⅠ857,突变菌株携带温度敏感型的 CⅠ蛋白。温度低于 30 ℃时,CⅠ蛋白有活性,发挥阻遏作用,克隆基因不能转录;温度高于 30 ℃时,CⅠ蛋白无活性,不能发挥阻遏作用,克隆基因得以转录(图 6-5)。

5. T7 启动子

T7 启动子是能够被 T7 噬菌体 RNA 聚合酶所识别的一类启动子。T7 噬菌体 RNA 聚合酶的催化活性要远远高于大肠杆菌 RNA 聚合酶，T7RNA 聚合酶合成 mRNA 的速度为大肠杆菌 RNA 聚合酶的 5 倍(图 6-5)。所以，克隆于 T7 启动子下游的外源基因能在 T7RNA 聚合酶的催化下高水平表达。T7RNA 聚合酶的基因并不存在于大肠杆菌细胞基因组中，所以携带 T7 启动子的表达载体需要改造过的大肠杆菌菌株作为宿主菌。这一特殊的大肠杆菌菌株为 T7 噬菌体的溶源菌，即 T7 噬菌体 DNA 整合到大肠杆菌的基因组中。不过 T7 噬菌体 DNA 也经过了改造，在 T7RNA 聚合酶基因的上游加入 Lac 启动子。IPTG 的加入首先诱导 T7RNA 聚合酶基因的转录，使细菌细胞内产生较多的 T7RNA 聚合酶。T7RNA 聚合酶再与 T7 启动子结合，高效转录位于 T7 启动子下游的外源基因。

对于启动子的选择，要考虑到进行大体积发酵时的成本问题，如提高温度和添加 IPTG 均需要额外的能量和试剂的投入。

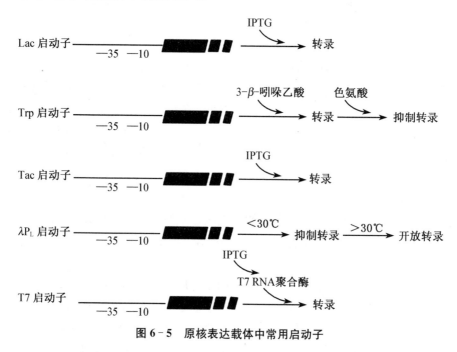

图 6-5 原核表达载体中常用启动子

6.1.1.2 表达盒和基因融合

一个高效的表达载体不仅含有可调控的高效表达的启动子，还需要有终止子和核糖体结合位点等序列元件。在大多载体上，这些转录和翻译的控制元件组成一个表达盒子，称为表达盒子是因为外源基因可被插入到表达信号簇中间存在的限制性内切酶单一切点位置(图 6-6)。将外源基因连接到表达盒中，使其位于距表达信号相对理想的位置，便于外源基因转录和翻译，产生外源蛋白。

在一些含有表达盒子的表达载体上，克隆位点通常不直接邻近核糖体结合序列，而是在多克隆位点之前有一段大肠杆菌基因序列(标签序列，Tag)(图 6-6)。所以，在通过多

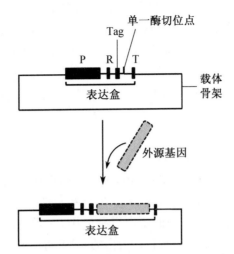

图 6-6　含有表达盒的典型表达载体及其应用

P,Promoter 启动子;R,核糖体结合位点;T,Terminator 终止子;Tag,标签序列

克隆位点进行外源基因克隆后,外源基因会和上游的一段大肠杆菌基因序列形成融合基因。为了保证外源基因在蛋白表达过程中不会发生移码突变,需要在基因克隆时考虑融合基因中前后两段基因序列的密码子读码问题。这样融合基因表达的产物就为融合蛋白,在外源蛋白的氨基端会有一段源自大肠杆菌基因片段编码的一段多肽序列。融合蛋白表达体系有以下四大优势:

(1) 克隆基因产生的 mRNA 的高效翻译不仅取决于核糖体结合位点的有无,也受编码区域 5′端核苷酸序列影响。这可能是因为 RNA 分子内碱基配对形成的二级结构可能会干扰核糖体与其结合位点的结合。如果相关区域完全由天然大肠杆菌序列构成,就可以避免这种可能性。

(2) 融合蛋白氨基端存在的细菌肽段可以维持外源蛋白在宿主细胞中的稳定性,该融合分子可以防止其被宿主细胞降解。相反,缺乏宿主蛋白质片段的外源蛋白常常被宿主细胞降解。

(3) 细菌来源肽段可能含有信号肽,负责引导大肠杆菌细胞中蛋白到细胞中的正确位置。如果信号肽来源于能输出细胞的蛋白质,重组蛋白本身可以被转运到培养物中或细胞内外膜间的细胞间质或周质间隙中。重组蛋白能转运到细胞外这一特性非常重要,因为其能简化从培养物中纯化蛋白产物的流程。

(4) 融合蛋白中的细菌肽段能够使融合蛋白以亲和层析的方式被纯化,也为蛋白的纯化提供了便利。例如,融合了大肠杆菌谷胱甘肽 S-转移酶蛋白(GST)的融合蛋白可通过携带了结合型谷胱甘肽的琼脂糖珠进行吸附纯化。

随着基因工程的发展,以细菌来源的多肽为基础已经发展出了形式和种类多样的标签蛋白。下面分述如下:

1. GST 蛋白标签

上文中提到了大肠杆菌谷胱甘肽 S-转移酶蛋白,即 GST 蛋白,大小为 26 kDa,本身是在大肠杆菌细胞中起解毒作用的一个转移酶,其被应用到大肠杆菌细胞原核表达有两

个原因:一是 GST 是一个高度可溶的蛋白,可以增加外源蛋白的可溶性;另一原因是其表达量高,可以提高外源蛋白的表达量。该表达系统表达的 GST 标签蛋白可直接从细菌裂解液中利用含有还原型谷胱甘肽琼脂糖凝胶(Glutathionesepharose)的亲和树脂进行纯化。GST 标签蛋白可在温和、非变性条件下洗脱,因此保留了蛋白的抗原性和生物活性。GST 在变性条件下会失去对谷胱甘肽树脂的结合能力,因此不能在纯化缓冲液中加入强变性剂,如盐酸胍或尿素等。

2. His6 标签

His6 是指六个组氨酸残基组成的融合标签,可插入在目的蛋白的 C 末端或 N 末端。组氨酸残基侧链与固态的镍有强烈的吸引力,可用于固定化金属螯合层析(IMAC),对重组蛋白进行分离纯化。His 标签融合蛋白可以在非离子型表面活性剂存在的条件下或变性条件下纯化,前者在纯化疏水性强的蛋白得到应用,后者在纯化包涵体蛋白时特别有用。His 标签的分子量小,一般不影响目标蛋白的功能;可以和其他的亲和标签一起构建双亲和标签。

3. Flag

Flag 标签蛋白为含有 8 个氨基酸的亲水性多肽(DYKDDDDK),同时载体中构建的 Kozak 序列使得带有 FLAG 的融合蛋白在真核表达系统中表达效率更高。

FLAG 作为标签蛋白,其融合表达目的蛋白后具有以下优点:

① FLAG 作为融合表达标签,其通常不会与目的蛋白相互作用并且通常不会影响目的蛋白的功能、性质,这样就有利用研究人员对融合蛋白进行下游研究。

② 融合 FLAG 的目的蛋白,可以直接通过 FLAG 进行亲和层析,此层析为非变性纯化,可以纯化有活性的融合蛋白,并且纯化效率高。

③ FLAG 作为标签蛋白,其可以被抗 FLAG 的抗体识别,这样就方便通过 Western Blot、ELISA 等方法对含有 FLAG 的融合蛋白进行检测、鉴定。

④ 融合在 N 端的 FLAG,其可以被肠激酶(识别 DDDK 位点)切除,从而得到特异的目的蛋白。因此现 FLAG 标签已广泛地应用于蛋白表达、纯化、鉴定、功能研究及其蛋白相互作用等相关领域。

4. MBP

MBP(麦芽糖结合蛋白)标签蛋白大小为 40 kDa,由大肠杆菌 K12 的 malE 基因编码。MBP 可增加在细菌中过量表达的融合蛋白的溶解性,尤其是真核蛋白。MBP 标签可通过免疫分析很方便地检测。如果蛋白在细菌中表达,MBP 可以融合在蛋白的 N 端或 C 端。

纯化:融合蛋白可通过交联淀粉亲和层析一步纯化。结合的融合蛋白可用 10 mmol/L 麦芽糖在生理缓冲液中进行洗脱。如果要去除 MBP 融合部分,可用位点特异性蛋白酶切除。

检测:可用 MBP 抗体或表达的目的蛋白特异性抗体检测。

5. SUMO

SUMO 标签蛋白是一种小分子泛素样修饰蛋白(Small ubiquitin-like modifier),含有 98 个氨基酸残基,是泛素(ubiquitin)类多肽链超家族的重要成员之一。在一级结构上,

SUMO 与泛素只有 18% 的同源性,然而两者的三级结构及其生物学功能却十分相似。研究发现 SUMO 可以作为重组蛋白表达的融合标签和分子伴侣,不但可以进一步提高融合蛋白的表达量,且具有抗蛋白酶水解以及促进靶蛋白正确折叠,提高重组蛋白可溶性等功能。

此外 SUMO 还有一项重要的应用,就是可用于完整地切除标签蛋白,得到天然蛋白。因为 SUMO 蛋白水解酶能识别完整的 SUMO 标签蛋白序列,并能高效地把 SUMO 从融合蛋白上切割下来。切除 SUMO 后,经过亲和层析,去除标签蛋白部分,就得到和天然蛋白一样的重组蛋白。所以 SUMO 标签也常用于和其他标签一起应用,作为特异酶切水解位点。

除了上述常用的标签蛋白,还有如 MYC(标签序列 EQKLISEEDL)、HA(标签序列 YPYDVPDYA)等小分子标签以及 eGFP/eCFP/eYFP/mCherry 和荧光素酶等报告蛋白标签等。报告蛋白标签主要用于基因表达调控、转基因功能研究、蛋白在细胞中的功能定位等研究。

融合表达系统也有缺点,因为融合蛋白中源自大肠杆菌的肽段可能会改变重组蛋白的特性,所以需要相应的方法去除标签序列。去除标签蛋白的方法主要通过化学试剂或酶催化处理,在标签蛋白和外源蛋白肽链连接处或附近将肽链切断,分成标签蛋白和外源蛋白两部分。例如,如果在标签蛋白和外源蛋白的连接处有 Met 甲硫氨酸残基,可以用溴化氰切割。另外例如凝血酶和 Xa 因子能分别在 Arg 残基处和 Gly - Arg 二聚肽的 Arg 残基处切割多肽链。但是,切割时需保证这样的氨基酸位点不会出现在重组蛋白内部,避免切除标签的同时也把重组蛋白切成片段。

6.1.1.3 常用表达载体举例

1. pET 系列载体

pET 表达系统是在大肠杆菌中表达外源蛋白的首选,这个系统的优点在于其表达能力强,外源基因转录由 T7 启动子驱动,而且可控强,T7RNA 聚合酶由 Lac 启动子控制表达,受 IPTG 诱导表达。

以载体 pET30a 为例,分析其载体结构、诱导表达原理、蛋白表达后的分离纯化等问题。

pET - 30a - c 的质粒全图和载体上与克隆和表达相关的序列图见图 3 - 16。质粒上携带来自 pBR322 的复制起始位点 ori 以及丝状噬菌体 f1 的复制起始位点,质粒能进行自我复制并在辅助病毒作用下产生单链 DNA。质粒的筛选标记基因为卡那霉素抗性基因,含有 Nco I-Xho I 的多克隆位点,便于外源基因的插入。此外表达载体上有基因转录和翻译相关元件 T7 启动子,T7 终止子以及核糖体结合位点 RBS,可使外源基因进行转录和翻译,产生蛋白质。考虑到蛋白质的溶解性和后续纯化问题,载体上携带 His-tag 以及 S-tag 编码序列。His-tag 蛋白能利用镍柱进行亲和层析纯化;S-tag 为来自胰 RNase A 的一段 15 个氨基酸的小肽,S-tag 富含带电荷和极性氨基酸,能使与之融合的蛋白质的溶解度提高,便于纯化的进行。蛋白纯化后需要将标签去除,载体上还携带编码两个蛋白酶可识别的氨基酸位点,即凝血酶(thrombin)和肠激酶(enterokinase)识别位点。

pET 载体系统需要有相对应的宿主细胞系统,前文已介绍应用 T7 启动子的表达载体需要大肠杆菌菌株为 T7 噬菌体的溶源菌,即 T7 噬菌体 DNA 整合到大肠杆菌的基因组中。不过 T7 噬菌体 DNA 也经过了改造,在 T7RNA 聚合酶基因的上游加入 Lac 启动子。使 T7RNA 聚合酶的表达置于乳糖启动子的诱导表达下。

6.1.2 大肠杆菌作为宿主细胞生产外源蛋白的常见问题

虽然开发了众多复杂的表达载体,但是在利用大肠杆菌作为宿主细胞表达外源蛋白仍然存在许多的问题。这些问题可以归纳为以下两个方面:一是由于外源基因本身的序列造成的问题;二是来自大肠杆菌细胞作为宿主细胞本身所存在的局限性问题。

6.1.2.1 外源基因本身的序列造成的蛋白表达问题

外源基因克隆到表达载体上并引入到大肠杆菌细胞内进行表达,外源基因序列本身在三个方面影响蛋白的表达效率。

(1)外源真核基因含有内含子,严重影响外源基因在大肠杆菌中表达。因为大肠杆菌细胞基因组中不含内含子,所以缺少将外源基因内含子剪接去除的装置。所以,在大肠杆菌细胞中进行真核基因表达时,需采用基因的 cDNA 序列中的编码序列,即 CDS 序列。

(2)外源基因的部分序列可能类似于大肠杆菌细胞中的转录终止子序列,这些序列在真核细胞中完全不影响基因转录,但在大肠杆菌细胞中会造成外源基因转录的提前终止,不能合成所需的外源蛋白。

(3)在大肠杆菌中外源基因密码子的偏好将不利于翻译的进行。尽管几乎所有的生物都使用一套相同的遗传密码,但每一种生物都有对其首选的密码子的偏好。这种密码子的偏好性决定了翻译的效率。生物体中的 tRNA 分子能够识别不同的密码子。如果克隆的基因含有高比例的非偏好密码子,大肠杆菌 tRNA 可能在基因翻译过程中遇到困难,减少蛋白质的产量。

对于后两个问题,通常通过定点突变技术,在不改变编码蛋白氨基酸序列的基础上,改变核苷酸序列,破坏可能形成的转录终止子结构以及替换非偏好密码子。对于长度小于 1.2 kb 的基因序列,可以通过人工合成新的 DNA 序列。新合成的基因序列被设计为确保所得到的基因包含优选的大肠杆菌偏好密码子,并且终止子序列不存在。

6.1.2.2 大肠杆菌宿主细胞带来的问题

大肠杆菌作为宿主合成重组蛋白质时所遇到的一些困难来源于细菌的固有特性。例如:

(1)大肠杆菌不能正确进行重组蛋白的修饰。大多生物的蛋白质合成过程中,需要在翻译后进行加工,如氨基酸修饰、糖基化。通常,这些蛋白修饰对于蛋白质发挥正确的生物活性必不可少。但是细菌蛋白的修饰过程和高等生物蛋白的修饰过程完全不同。特别是一些动物蛋白大多被糖基化,这意味着蛋白质翻译后许多多糖基团附着蛋白质的相应氨基酸残基上。糖基化在细菌本身蛋白和重组蛋白的合成过程中极为罕见,在大肠杆菌中合成的蛋白质从未被正确地糖基化。

(2)大肠杆菌不能正确折叠重组蛋白,不能合成动物蛋白内普遍存在的二硫键。当蛋白不能正确折叠为三级结构时,它们将在细菌内形成一种不溶的包涵体(incusion body)。包涵体蛋白具有正确的氨基酸序列,但无正确的折叠结构,无活性。难溶于水,只溶解在高浓度的变性剂(盐酸胍和尿素)。包涵体蛋白经过处理溶于水后也很难回复其天然的活性结构,通常是无活性的。

(3) 大肠杆菌可能降解重组蛋白。这种情况下,虽然外源蛋白能够高效表达,但是最终的蛋白产量也很低。

相比基因序列所带来的表达问题,上述问题的解决要困难许多。但是,可以利用一些特殊的大肠杆菌菌株在一定程度上解决上述问题。比如,对于重组蛋白质在宿主细胞中的降解问题,可以利用大肠杆菌突变株来做宿主,在这种突变株内,缺乏降解外源蛋白的蛋白酶,这样可以减少细菌对重组蛋白的降解;对于宿主细胞中重组蛋白不能正确折叠的问题,需要利用细胞中过量表达分子伴侣的大肠杆菌突变株菌株,分子伴侣可以帮助蛋白质进行正确的折叠,使其蛋白折叠的正确率提高。然而,大肠杆菌作为宿主细胞生产真核蛋白面临的最主要的问题还是糖基化,已经尝试对大肠杆菌宿主细胞进行改造,将其他物种中进行糖基化的基因转入到大肠杆菌细胞中。例如空肠弯曲菌就是少数具有糖基化的细菌之一。然而,到目前为止,这种方法只取得了有限的成功,大肠杆菌一般只适用于那些不需要糖基化的动物蛋白质的合成。

6.2　真核细胞表达系统

如我们在上文所述,利用大肠杆菌宿主细胞在生产高活性重组蛋白的过程中存在一系列的问题,所以人们逐渐发展了以其他物种细胞为宿主的外源蛋白表达系统。人们已经尝试用其他细菌作为宿主来进行重组蛋白质合成,并取得了一些进展,比如乳酸乳球菌和假单胞菌属,但大肠杆菌的主要替代物是真核微生物细胞,如酵母或丝状真菌等。这些真核细胞相对来说与动物细胞更密切相关,因此可以比大肠杆菌更有效地合成重组蛋白。此外,酵母菌和真菌与大肠杆菌一样容易在相应培养条件下在连续培养物中生长,能够表达高等生物细胞来源的克隆基因,并按照与真核细胞一样的修饰方式处理重组蛋白质分子,能够高效地生产高活性重组蛋白质分子。

6.2.1　酵母和丝状真菌表达系统

在一定程度上,真核微生物的潜能已经被有效挖掘出来了,已经被用来进行几种动物蛋白的常规生产。表达系统中表达载体仍然是必需的,因为动物基因所携带的如启动子之类的转录和翻译所需信号,并不能有效地在这些低等真核微生物细胞中起作用。表达载体是以前面介绍的酵母细胞载体为基础构建而来的。

6.2.1.1　酿酒酵母作为宿主细胞生产外源蛋白

酿酒酵母是目前最流行的用于生产真核生物重组蛋白的微生物。由于酵母具有易于繁殖且无毒的特性(日常生活中用来发酵面粉和酿酒,故又称为面包酵母和啤酒酵母),因此生物技术和产业界研究人员常用酵母来表达外源基因,获得大量具有天然活性的蛋白质和疫苗等。

用酵母来获得高产量蛋白质,其表达载体应具备以下三个特点:一是高效启动子,二是高拷贝质粒,三是可控性。酵母细胞表达载体中克隆的外源真核基因通常置于 *GAL* 启动子的下游,*GAL* 启动子是编码半乳糖异构酶基因的上游调控序列。半乳糖异构酶是半乳糖代谢通路中的一个酶。GAL1 启动子在半乳糖的诱导下,具有高效启动表达的特性,且在葡萄糖存在的情况下表达几乎完全被抑制,可以简单有效地用于外源真核基因的诱导表达。而且,当大量表达某些蛋白可能对酵母细胞产生毒性的情况下,GAL1 诱导性启动子是很好的选择。另外常用的启动子有 *PHO5*,受酵母细胞中存在的磷酸盐水平高低的调控。启动子 *CUP1*,受硫酸铜的诱导调控。图 6-7 为真核微生物细胞表达系统中用于外源基因表达的常用启动子。除了上面介绍的半乳糖启动子之外,还有受甲醇诱导的乙醇氧化酶基因启动子,受淀粉诱导,木糖阻遏的葡糖淀粉酶基因启动子以及受纤维素诱导的纤维二糖水解酶基因启动子。还有一些组成型表达的启动子,如 *ADH* 启动子。另外,酵母表达载体必须携带一个酵母基因的转录终止子序列信号,因为动物基因来源的终止信号不能有效地在酵母细胞中行使功能。

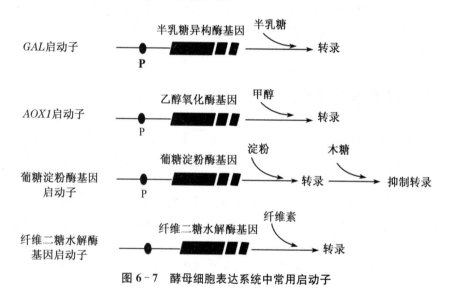

图 6-7 酵母细胞表达系统中常用启动子

携带 GAL1 启动子的代表性载体是来自 Invitrogen 公司的 pYes2 和 pYes3,载体结构见图 6-8,pYES2/CT 载体大小为 6.0 kb 左右,用于重组蛋白在酿酒酵母细胞中的诱导型表达。诱导剂为半乳糖,重组蛋白的 C-端融合了 6×His 标签,用于重组蛋白的纯化和检测。pYES2/CT 载体含有以下元件:

(1) 受半乳糖诱导的 *GAL1* 高效启动子。

(2) 含有 8~9 个单一的多克隆位点,提供外源基因的克隆,并和后续的标签蛋白基因组成融合框。

(3) 载体多克隆位点含有 V5 抗原决定簇和 6×His 标签,便于产生的重组蛋白的鉴定和后续的纯化。

(4) 酵母 2μ 质粒复制起始位点,维持质粒在酵母细胞中的高拷贝。pUC *ori* 为大肠杆菌质粒的复制起始位点,便于在大肠杆菌细胞中进行克隆和复制;f1 *ori* 为丝状噬菌体

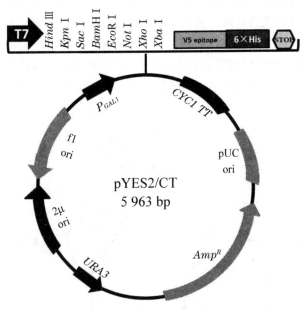

图 6 - 8　酿酒酵母表达系统代表性载体 pYES2/CT

的复制起始位点,可以合成质粒的单链 DNA 序列。

(5) URA3 为酵母细胞中的营养缺陷型筛选标记基因。

(6) 氨苄青霉素抗性基因是大肠杆菌细胞中的筛选标记基因。

(7) CYCTT 为细胞色素 C CYC1 基因转录终止子信号序列,可使基因转录有效终止并可维持 mRNA 的稳定性。

在利用表达载体生产外源蛋白时,根据表达载体的特性来选择培养基。举例来说,如果选用的表达载体是 pYes2,那么就应该用 SD-Ura(Synthetic Dropout Ura media),其原理是 pYes2 含尿嘧啶(Ura)合成酶途径中一个关键酶基因 URA3,当 pYes2 转化 URA3 基因缺陷的酵母时,便可以在缺乏 Ura 的选择缺陷培养基 SC-Ura 中筛选含有表达载体的酵母细胞。

虽然在酵母细胞表达系统中外源蛋白的表达量很高,但是合成的动物蛋白一般不能正确糖基化,蛋白被加上过多的糖单位("过度糖基化")(图 6 - 9)。一般的解决途径是利用酿酒酵母的突变菌株来生产重组蛋白。另外,酿酒酵母表达系统缺乏有效的系统将合成的蛋白分泌到培养基中,因而重组蛋白质不容易得以纯化。最后酵母细胞也存在密码子偏好的问题,外源基因的密码子也需要通过密码子优化程序进行优化。

尽管存在这些缺点,酿酒酵母仍然是用于合成真核生物重组蛋白质最常用的微生物。一方面是因为酿酒酵母被认为是一种安全的单细胞生物,用于生产医药或食品;另一方面是因为酿酒酵母的生化和遗传学方面有多年积累的知识体系,这意味着当蛋白表达出现问题时,可以相对容易地设计解决问题的策略。

6.2.1.2　其他酵母和丝状真菌表达系统

虽然酿酒酵母在真核生物重组蛋白的生产中占统治地位,但是其他真核微生物也和酿酒酵母一样,能够高效进行高活性重组蛋白的生产,特别是毕赤酵母(*Pichia pastoris*)的开发应用。毕赤酵母能够合成大量的重组蛋白(占总细胞蛋白的30%),而且毕赤酵母细胞内糖基化能力与动物细胞非常相似(图6-9),虽然由它合成的糖结构并不与动物细胞内合成的完全一样,但它们的差别很小,不会对重组蛋白的活性产生影响。更为重要的是毕赤酵母生产的糖基化蛋白在进入血液循环后,一般不会像酿酒酵母生产的重组蛋白一样引起抗原性反应。

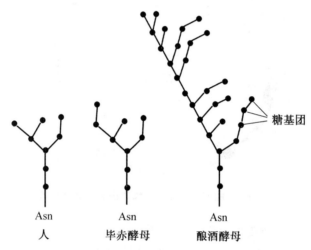

图6-9 不同生物中蛋白的糖基化形式

　　毕赤酵母是一种可以在以甲醇为唯一碳源和能源的培养基中生长的酵母菌,菌体细胞内无天然质粒,所以表达载体需与宿主染色体发生同源重组,将外源基因表达框架整合于染色体中以实现外源基因的表达。毕赤酵母表达载体的常用启动子为乙醇氧化酶基因启动子(AOX),可被甲醇诱导,这是目前最强,调控机理最严格的启动子之一。表达质粒能在基因组的特定位点以单拷贝或多拷贝的形式稳定整合。毕赤酵母表达系统表达效率高,其表达的外源蛋白可占总表达蛋白的30%以上,有利于目的蛋白的分离纯化。毕赤酵母可在简单合成培养基中实现高密度培养,并且可以以甲醇为唯一的碳源和能源,减少其他微生物的污染,因为绝大多数微生物并不能以甲醇为碳源。

　　毕赤酵母表达载体和酿酒酵母表达载体不同,载体上不含 2μ 质粒复制起始位点,多采用整合型表达载体,可通过整合型载体将外源基因整合到酵母染色体上,获得遗传性稳定重组子,而且能通过前导信号肽引导外源蛋白的分泌表达,并能识别及有效地切割这些信号肽。外源基因在酵母中的表达一般是采用酵母基因的启动子。目前,利用最多的是美国 Invitrogen 公司出售的毕赤酵母表达载体和相应的试剂盒。该公司构建了多种甲醇酵母表达载体,既有胞内表达的,又有分泌表达的,该种表达载体表达外源蛋白时,需要加入甲醇进行诱导,不利条件是在表达产物中引入了有毒的甲醇。

　　典型的毕赤氏酵母表达载体含有醇氧化酶基因的调控序列,主要的结构包括:5′AOX1 启动子片段、多克隆位点(MCS)、转录终止和 polyA 形成基因序列(TT)、筛选标记(*His4* 或 *Zeocin*)、3′AOX1 基因片段,作为一个能在大肠杆菌中繁殖扩增的穿梭质粒,它还有部分 pBR322 质粒或 COLE1 序列。如果是分泌型表达载体,在多克隆位点的前面,外源基因的 5′端和启动子的 3′端之间插入了分泌作用的信号肽序列。在这个分泌信号的引导下,外源蛋白在内质网和高尔基体中经修饰和加工后能够由胞内转移至胞外,将成熟的蛋白质分泌到细胞外(图 6 - 10,图 6 - 11)。

以下为两种常用的毕赤酵母表达载体:pPIC3.5K 和 pPICZα 载体,分别以 HIS4 和 Zeocin 为筛选标记(图 6 - 10,图 6 - 11)。

Zeocin 是从链霉菌分离的博来霉素和白霉素抗生素家族的广谱抗生素,对于细菌、真菌(包括酵母)、植物和哺乳动物细胞均有毒性。

1990 年分离并鉴定了 Zeocin 抗药性蛋白,这种蛋白是来自链霉菌 *Sh ble* 基因的产物,蛋白大小为 13.7 kDa。在真核和原核宿主中表达 Zeocin 抗药性蛋白赋予宿主细胞对 Zeocin 的抗性。

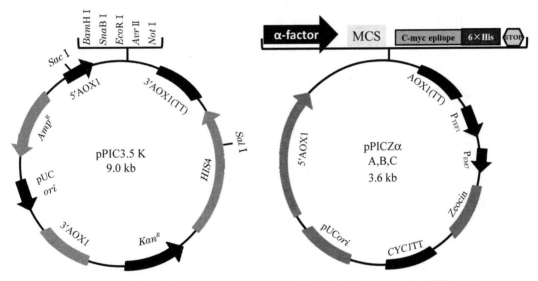

图 6 - 10　毕赤酵母表达载体 pPIC3.5K　　　　图 6 - 11　毕赤酵母表达载体 pPICZα

pPIC3.5K 载体大小为 9 004 bp,在毕赤酵母中使用 HIS4 基因筛选,有两个和宿主细胞基因组重组的基因位点,即 HIS4 和 3′AOX1,不过需要使用不同的酶线性化载体(图 6 - 10)。

pPICZα 载体为重组蛋白分泌表达载体,在多克隆位点的 5′段含有 α 因子,为 9.3 kDa,可以帮助大多数重组蛋白分泌到细胞外(图 6 - 11)。pPICZα 不含 HIS4 基因,选择标记基因为博来霉素抗性基因(Zeocin),且只在 AOX1 基因位点和宿主细胞基因组同源序列发生重组。所以,转化前需要选择 AOX1 基因序列内酶切位点线性化载体。

毕赤酵母表达体系也有缺点,在外源蛋白纯化前可能会降解外源蛋白。解决途径是使用特殊的培养基,控制生长,使它不降解外源蛋白。另外也可以应用蛋白酶缺陷型的突变宿主菌,如 SMDI168 和 Gsll5,可减弱蛋白酶对外源蛋白的降解作用。

除了酿酒酵母和毕赤酵母之外,还有如多形汉森酵母(*Hansenula polymorpha*)、解脂耶氏酵母菌(*Yarrowia lipolytica*)和乳酸克鲁维酵母(*Kluveromyces lactis*)曾被用于外源蛋白的生产,乳酸克鲁维酵母的应用很有吸引力,因为它能在以食品工业废料为原料的培养基上生长。

两种最常见的用于外源蛋白生产的丝状真菌是构巢曲霉(*Aspergillus nidulans*)和木霉菌(*Trichoderma reesei*)。这些生物的优点在于它们具有良好的糖基化性质,并有能够将蛋白质分泌到生长培养基中的能力,后一项为木霉菌的重要特点,其能够在自然生长环境中分泌纤维素酶,降解其附着生长的树木。分泌特性意味着这些真菌能够产生便于纯化的重组蛋白。构巢曲霉表达系统中的表达载体常使用葡糖淀粉酶基因启动子,受淀粉诱导,木糖抑制。木霉菌表达系统通常利用纤维素诱导的纤维生物水解酶启动子。

6.2.2 利用动物细胞进行重组蛋白生产

在微生物宿主中合成动物蛋白过程中,各方面的限制因素使难以获得具有完全活性的蛋白,这促使生物技术专家探索使用动物细胞用于重组蛋白质合成的可能性。合成具有复杂结构和正确糖基化的蛋白质,动物细胞可能是唯一适合的宿主细胞类型。哺乳动物细胞生产的重组蛋白在分子结构、理化特性和生物学功能方面最接近于天然的高等生物蛋白质分子。

从 1986 年,FDA 批准了世界上第一个来源于重组哺乳动物细胞的治疗性蛋白药物———人组织纤溶酶原激活剂(human tissue plasminogen activator,tPA)以来,哺乳动物细胞表达系统不仅成为多种基因工程药物的生产平台,在新基因的发现、蛋白质的结构和功能研究中亦起了极为重要的作用。

6.2.2.1 哺乳动物细胞表达载体

根据进入宿主细胞的方式,可将表达载体分为病毒载体与质粒载体。病毒载体是以病毒颗粒的方式,通过病毒包膜蛋白与宿主细胞膜的相互作用使外源基因进入到细胞内。常用的病毒载体有腺病毒、腺相关病毒、逆转录病毒、塞姆利基森林病毒(semliki,sFv)载体等。另外,杆状病毒载体应用于哺乳动物细胞的表达在近几年颇受重视,这是因为它与其他病毒载体相比有特有优势,如可通过昆虫细胞大量制备病毒颗粒;可感染多种哺乳动物细胞,但在细胞内无复制能力,生物安全度高;可插入高达 38 kb 的外源基因等。

质粒载体则是借助于物理或化学的作用导入细胞内。依据质粒在宿主细胞内是否具有自我复制能力,可将质粒载体分为整合型和附加体型载体两类。整合型载体无复制能力,需整合于宿主细胞染色体内方能稳定存在,而附加体型载体则是在细胞内以染色体外可自我复制的附加体形式存在。整合型载体一般是随机整合入染色体,其外源基因的表达受插入位点的影响,同时还可能会改变宿主细胞的生长特性。相比之下,附加体型载体不存在这方面的问题,但载体 DNA 在复制中容易发生突变或重排。附加体型载体在胞内的复制需要两种病毒成分:病毒 DNA 的复制起始点(*ori*)及复制相关蛋白。

真核生物基因高表达载体必须具有如下调控元件:

(1)原核 DNA 序列。包括能在大肠杆菌中自身复制的复制子,便于筛选转化子的抗生素抗性基因,以及便于目的基因插入的限制性酶切位点。目前采用的哺乳动物细胞表达载体大都带有来自 pBR322 的衍生质粒的原核序列。

(2)启动子和增强子。目前常用的强启动子包括人巨细胞病毒早期启动子(CMV-IE)、人翻译延伸因子 1-亚基启动子和 Rous 肉瘤长末端重复序列;Invitrogen 公司开发的

pcDNA、pEF 和 pRL 三种系列载体即分别是以这三种启动子驱动目的基因的表达。近年来又发现了一些新的强启动子:如人唾液酸蛋白(leukosialin)基因和鼠 3-磷酸甘油激酶 1(PGK1)基因启动子,活性与 CMV-IE 相当;人泛素蛋白(ubiquitin)C 基因启动子不仅具有较高的活性,而且比 CMV-IE、PGK1 等启动子有更广泛的宿主细胞范围,几乎在转基因小鼠的所有组织细胞中都具有较高活性。常用的增强子有 Rous 肉瘤病毒基因长末端重复序列和人巨细胞病毒增强子。构建杂合的启动子是获得新启动子的一个重要途径,比如由人 ubiquitin C 启动区序列与 CMV 增强子组成的杂合启动子。

(3) 内含子和剪接信号。为增加转录产物的稳定性,表达载体中一般含有天然的或人工合成的内含子序列,mRNA 前体的剪切能够促进 mRNA 从胞核向胞质的运输。每个外显子和内含子接头区都有一段高度保守的一致序列(consensus sequence),即内含子 5′末端大多数是 GT 开始,3′末端大多数是 AG 结束,称为 GT-AG 法则,是普遍存在于真核基因中 RNA 的识别信号。

(4) 终止信号和 PolyA 加尾信号。真核基因的 hnRNA 的加工过程需要 PolyA 信号,在目的基因 3′端加上 PolyA,表达水平提高 10 倍以上。常用的加尾信号有 SV40 的早期和晚期 PolyA、牛生长激素基因 PolyA 和人工合成 PolyA。

(5) 动物细胞遗传选择标记基因。为了将含目的基因的载体导入哺乳动物细胞,还必须加入遗传选择标记。常用的标记基因有胸腺激酶(tk)基因、二氢叶酸还原酶(dhfr)基因、新霉素(neo)抗性基因、氯霉素乙酰基转移酶(cat)基因等。dhfr 还可作为共扩增基因使外源基因的表达产物增加。当培养基中逐渐增加氨甲蝶呤(MTX)的浓度时,随着细胞对 MTX 抗体的增加。dhfr 基因与外源基因均明显扩增。据文献报道,在不断提高的选择压力下,dhfr 及侧翼序列能扩增至上千个拷贝,大大增加目的基因的表达水平。

6.2.2.2　表达载体实例

图 6-12 为 pSecTagA/B/C 表达载体。

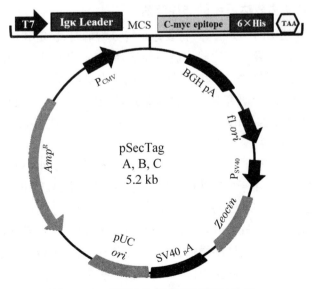

图 6-12　哺乳动物细胞表达载体 pSecTag

pSecTag 载体含有人巨细胞病毒早期启动子 P_{CMV}，牛生长激素基因 *BGH PolyA*，*Zeocin* 筛选标记基因。这一载体为分泌载体，携带 Igκ Leader。

6.2.2.3　哺乳动物宿主细胞

正常的哺乳类动物细胞具有下列四大生物学特征：(1) 锚地依赖性：细胞必须附在固体上或固定的表面才能生长分裂；(2) 血清依赖性：细胞必须具有生长因子才能生长；(3) 接触抑制性：细胞与细胞接触后，生长便受到抑制；(4) 形态依赖性：细胞常扁平状，并有长纤维网状结构。上述特征使得正常的哺乳动物细胞在体外培养中，一般只能存活 50 代且在培养皿上以平面的形式生长，即单层细胞生长。有时，正常细胞会改变某些特征而越过生理临界点，继续增殖并无限制分裂，这种状态称为细胞系形成，此时的细胞成为细胞系。以高效表达外源基因为目标的高等哺乳动物受体细胞应具备以下条件：(1) 细胞系特征。丧失细胞接触抑制和锚地依赖特征，便于大规模培养；(2) 遗传稳定性。外源基因多次传代后不至于丢失，易于长期保存；(3) 合适的标记。便于转化株的筛选和维持；(4) 生长快且齐。分裂周期短，生长均一，便于控制；(5) 安全性能好。不合成分泌致病物质，不致癌。

常用的非淋巴细胞类有中国仓鼠卵巢(CHO)细胞、小仓鼠肾(BHK)细胞、猴肾细胞(COS)、小鼠 SON 胸腺瘤细胞和小鼠骨髓瘤 SP2/0 细胞等。不同宿主细胞表达的重组蛋白其稳定性和蛋白糖基化类型不同，需根据要表达的目的蛋白选择最佳的宿主细胞。迄今为止，用于医疗用品(药物、抗体、诊断试剂)大规模生产的高等哺乳动物受体细胞主要是中国仓鼠卵巢细胞(CHO)，其优势有如下几个方面：(1) 遗传背景清楚，生理代谢稳定；(2) 与人的亲缘关系接近，外源蛋白修饰准确；(3) 基因转移和载体表达系统完善；(4) 耐受剪切力，便于大规模培养。中国仓鼠卵巢细胞(CHO)被美国 FDA 确认为安全的基因工程受体细胞。猴肾细胞(COS)是进行外源基因瞬时表达时用途最广的宿主，其重组载件易于组建，便于使用。

6.2.2.4　哺乳动物表达系统的选择策略

根据目的蛋白表达的时空差异，可将表达系统分为瞬时、稳定和诱导表达系统。瞬时表达系统是指宿主细胞在导入表达载体后不经选择培养，载体 DNA 随细胞分裂而逐渐丢失，目的蛋白的表达时限短暂。瞬时表达系统的优点是简捷，实验周期短。大规模的瞬时表达技术是近年来的一个研究热点。已有报道能放大到 100 L 反应器中生产重组蛋白，产量(分泌型蛋白)可达 1 mg/L～10 mg/L。不过该方法技术条件要求高，如质粒的纯度、转染的效率等。

稳定表达系统是指载体进入宿主细胞并经选择培养，载体 DNA 稳定存在于细胞内，目的蛋白的表达持久、稳定。由于需抗性选择甚至加压扩增等步骤，稳定表达相对耗时耗力。

诱导表达系统是指目的基因的转录受外源小分子诱导后才得以开放。早期实验常使用糖皮质激素、重金属离子等诱导体系来调控基因表达，但存在特异性低和毒性高等诸多缺点。近几年以突变的或非哺乳动物细胞来源的调控蛋白为平台建立了一些新的诱导表达系统，如 Tet-On 或 Tet-Off 系统(图 7-13)。在这些系统中外源基因的表达本底低，诱导倍增效应高，药物诱导后外源基因的表达可提高数万倍。而且，参与诱导调控的因子与细胞内源性的因子间无相互作用,因此一方面目的基因的表达本身不受细胞内环境改变的影响,另一方面诱导药物对内源基因的表达无干扰,因而具有很好的严谨性和特异性。当然,这些系统也存在有待改进的问题,如 Tet-On 或 Tet-Off 系统中的调控蛋白 VP16 有一定的细胞毒性,诱导药物四环素还可能影响某些细胞的生长、分裂。

对于一个表达实验,选择何种表达系统应根据实际需要来决定,需要考虑表达蛋白的需求量、用途、实验所需时间及对细胞的毒性等因素。选定表达系统之后,还需考虑表达载体与宿主细胞的合理搭配问题,例如在肝细胞中 CMV 启动子活性低,此时可考虑选用其他的启动子;使用附加体型表达载体时,应选择其对应的复制允许细胞等。

哺乳动物细胞表达系统中,重组蛋白的表达水平与许多因素相关,如转录和翻译调控元件、RNA 剪接过程、mRNA 稳定性、基因在染色体上的整合位点、重组蛋白对细胞的毒性作用以及宿主细胞的遗传特性等。而且某些通过理论论证的设计在实验中不一定可行,因此如果需获得一个基因的高表达,最好多尝试几种不同的载体及宿主细胞。

6.2.3　昆虫细胞杆状病毒表达系统

昆虫杆状病毒表达载体系统(Baculovirus Expression Vector System,简称 BEVS)是基于昆虫杆状病毒及其宿主细胞建立起来的表达体系。它是继大肠杆菌、酵母和哺乳动物细胞表达系统之后建立起来的,始于 20 世纪 80 年代。过去 40 多年来,昆虫杆状病毒表达系统已经成为重组蛋白常规表达最广泛使用的系统之一。昆虫杆状病毒表达系统安全性好,表达水平高,可进行翻译后加工及表达产物的异源性小,是一种非常理想的真核表达系统。目前研究及应用最多的杆状病毒为 AcNPV,尽管它可感染 30 多种细胞,但主要在秋粘虫(S. frugiperda)卵巢组织的细胞系 sf‐9 细胞中繁殖。

6.2.3.1　昆虫细胞杆状病毒表达系统的优点

这种表达系统得到如此广泛的应用主要是因为其独特的优点(表 6‐1)。

表 6‐1　BEVS 系统具有的独特优点

特性	BEVS	大肠杆菌表达系统
简单易用	√	√
表达蛋白大小	无限制	<100 kD
多重基因表达	√	
信号肽切除	√	
内含子剪切	√	
核转运	√	
活性蛋白	√	有时
磷酸化	√	有时
糖基化	√	
乙酰化	√	

① 重组蛋白具有完整的生物学功能:杆状病毒表达系统可为高表达的外源蛋白在细胞内进行正确折叠、二硫键的搭配及寡聚物的形成提供良好的环境,可使表达产物在结构及功能上接近天然蛋白。

② 能进行翻译后的加工修饰:杆状病毒表达系统具有对蛋白质完整的翻译后加工能力,包括糖基化、磷酸化、酰基化、信号肽切除及肽段的切割和分解等,修饰的位点与天然蛋白在细胞内的情况完全一致。对比实验证明,在昆虫细胞发生的糖基化位点与哺乳动物细胞中完全一致,但修饰的寡糖种类却不完全一样。这种不一致对不同目的蛋白的活性影响不同,所以昆虫表达系统还可作为一个研究糖基化对蛋白质结构与功能影响方面的理想模型。

③ 表达水平高:与其他真核表达系统相比较,此系统最突出的特点就是能获得重组蛋白高水平的表达,最高可使目的蛋白的量达到细胞总蛋白的 50%。

④ 能容纳大分子的插入片段:杆状病毒颗粒可以扩大,并能包装大的基因片段,目前尚不知杆状病毒所能容纳的外源基因长度的上限。

⑤ 能同时表达多个基因:杆状病毒表达系统具有在同一细胞内同时表达多个基因的能力。既可采用不同的重组病毒同时感染细胞的形式,也可在同一转移载体上同时克隆两个以上的外源基因,表达产物可加工形成具有活性的异源二聚体或多聚体。

另外,昆虫杆状病毒表达系统具有剪切的功能,能表达基因组 DNA;还有对重组蛋白进行定位的功能,如将核蛋白转送到细胞核上,膜蛋白则定位在膜上,分泌蛋白则可分泌到细胞外等。最后,杆状病毒对脊椎动物无感染性,因此在表达癌基因或有潜在毒性的蛋白时可能优于其他系统。

由于该系统独特的性质,使其被广泛地应用于基因工程、药物开发、疫苗生产、表达免疫活性分子和某些致瘤病毒蛋白以及基因表达调控研究等多个领域中。迄今为止,已有数百个基因在昆虫细胞或幼虫体内得到高效表达,获得大量的重组蛋白并为研究其功能提供了可能。

6.2.3.2 杆状病毒及其来源载体

杆状病毒只来源于无脊椎动物,虽然已发现 600 多种杆状病毒,但进行分子生物学研究的不到 20 种。杆状病毒的基因组为单一闭合环状双链 DNA 分子,大小为 80 kb~160 kb,其基因组可在昆虫细胞核复制和转录。DNA 复制后组装在杆状病毒的衣壳内,后者具有较大的柔韧性,可容纳较大片段的外源 DNA 插入,因此是表达大片段 DNA 的理想载体。其中研究最深入的是苜蓿银蚊夜蛾(*Autographa californica*)多核型多角体病毒(multiple nuclear polyhedrosis virus, MNPV),简称 AcMNPV 或 AcNPV。该病毒是杆状病毒科的原型,是一种大的、带外壳的双链 DNA 病毒,能感染 30 多种鳞翅目昆虫,被广泛用作基因表达系统载体。其他作为表达载体的杆状病毒,主要是来自家蚕的核型多角体病毒(bombyx moil nuclear polyhedrosis virus, BmNPV)。由于家蚕幼虫体内系统适合大规模地制备生产外源蛋白,且成本低,显示出良好的应用前景。AcNPV 病毒和 BmNPV 在许多方面与其具有共同的特征。AcNPV 的基因表达分为 4 个阶段:极早期基因表达、早期基因表达、晚期基因表达和极晚期基因表达。前两个阶段的基因表达早于 DNA 复制,而后两个阶段的基因表达则伴随着一系列的病毒 DNA 合成。其中在极晚期基因表达过程中,有两种高效表达的蛋白,它们是多角体蛋白和 P10 蛋白。多角体蛋白是形成包含体的主要成分,感染后期在细胞中的积累可高达 30%～50%,是病毒复制非必需成分,但对病毒粒子却有保护作用,可使之保持稳定和感染能力。另一类高效表达的极晚期蛋白为 P10 蛋白,也是一类病毒复制非必需成分,可在细胞中形成纤维状物质,可能与细胞溶解有关。多角体基因和 P10 基因现在都已被定位和克隆,这两个基因的启动子具有较强的启动能力,一般被用来作为外源基因表达的启动子。AcNPV 病毒用作外源基因的表达载体,通常是通过体内同源重组的方法,用外源基因替代多角体蛋白基因或 P10 基因而构建重组病毒。因此多角体蛋白基因或 P10 基因这两个基因位点成为杆状病毒表达载体系统理想的外源基因插入位点。

6.2.3.3　杆状病毒转移载体的构建和重组子的筛选

杆状病毒由于基因组庞大,外源基因的克隆不能通过酶切连接的方式直接插入,必须通过转移载体的介导,即将极晚期基因(如多角体基因及其边界区)克隆入细菌的质粒中,删除其编码区和不合适的酶切位点,保留其 5′和 3′端对高效表达必需的调控区(启动子和 polyA 加尾信号),并在两信号间引入合适的酶切位点供外源基因的插入,即得到转移载体(图 6 - 13)。将要表达的外源基因插入其启动子下游,再与野生型 AcNPV DNA 或经遗传改造的 BacPAK6 载体(图 6 - 14)共转染昆虫细胞,通过两侧同源边界区在体内发生同源重组,使多角体蛋白基因被外源基因取代(图 6 - 15)。而将外源基因整合到病毒基因组的相应位置,由于多角体基因被破坏,则不能形成多角体。这种表型在进行常规空斑测定时,可同野生型具有多角体的病毒空斑区别开来,这就是最初的筛选重组病毒的方式。

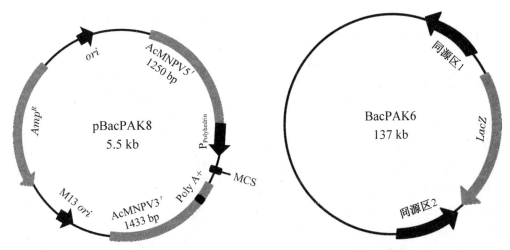

图 6 - 13　杆状病毒转移载体 pBacPAK8　　　图 6 - 14　杆状病毒 DNA BacPAK6

但由于上述借助转移载体的方法中重组效率较低(0.1%～1%),空斑检测表型差别也不显著,应用上有一定的困难。为此,经过不断探索,在重组杆状病毒的筛选与鉴定方面取得了很大改进,具体方法有以下几种。

(1) 半乳糖苷酶的蓝白筛选

1990 年,Vialard 等在多角体基因的上游,利用 P10 基因启动子带动 *LacZ* 基因构建

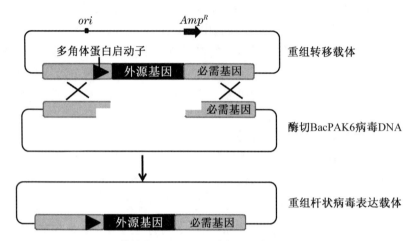

图 6-15 共转染及同源重组获得重组杆状病毒表达载体

了转移载体 pJVNhe1。将其共转染转染草地夜蛾（*spodoptera frugiperda*）sf 细胞后,重组病毒可表达 β-半乳糖苷酶,通过加入 X-gal 使之形成蓝色空斑,便可进行重组病毒的筛选。

（2）杆状病毒基因组线性化技术

1990 年,Kins 提出了线性化技术,其原理是线性化的杆状病毒基因组感染性很低,但仍具有与引入细胞内的同源序列进行同源重组的能力。如果同源序列位于线性化杆状病毒的两端,则基因组即可环化恢复完整的感染性,使阳性重组率大大提高（图 6-15）。

（3）Bacmid

后来 Luckow 等又发明了一种新的杆状病毒重组技术。他们根据 F 因子载体原理,用类似于酵母体内重组的方法,构建了一种新杆状病毒穿梭载体 Bacmid。该载体可像质粒一样在大肠杆菌中生长,又对鳞翅目昆虫细胞具有感染性。Bacmid 含有 F 因子复制子（可在大肠杆菌中复制）、卡那霉素抗性基因及 Tn7 转座位点 attTn7。转移载体 pFastBac 1 中,外源基因置于杆状病毒启动子之下,两端分别为 Tn7 的左右端（图 6-16）。以其转化含 Bacmid 的 *E. coli* 菌株,由辅助质粒提供反式作用发生转座,而将外源基因转到 Bacmid 的 attTn7 位置。这种重组了外源基因的 Bacmid 转染昆虫细胞,可得到 100％阳性重组病毒。这一过程均在大肠杆菌中进行,非常简便,由于没有本底干扰,同样不需进行空斑纯化。缺点是 F 因子提取不很方便,其稳定性也有待于观察。

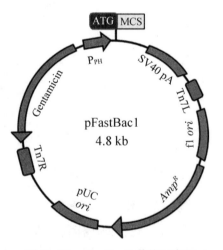

图 6-16 pFastBac 1 载体示意图

因为涉及转座重组,所以必须对这个系统用到的 Tn7 转座子进行说明。Tn7 转座子是大肠杆菌中的一种位点特异性的转座子（图 6-17）。

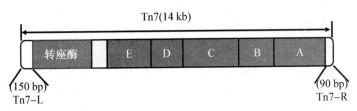

图 6-17　Tn7 转座子示意图

必需的元件：Tn7-L：约 150 bp；Tn7-R：约 90 bp。

任何片段只要带上了 Tn7-L 和 Tn7-R 这两个元件，就可以在 Tn7 转座酶催化下完成转座过程。Tn7-L 与 Tn7-R 序列不同，它们决定了转座子插入的方向。Tn7 的每个末端都含有约 22 bp 的 Tn7 转座酶结合位点。

本文主要以 pFastBac 1 载体进行讲述，其他载体原理都相似。

pFastBac 1 载体的特点：

含有强 AcMNPV［苜蓿银纹夜蛾多（核壳体）核型多角体病毒］多角体蛋白启动子（P_PH），促进蛋白高效表达。多个 MCS，便于在启动子的下游插入目的基因，再下游是 SV40 的多聚腺苷酸加尾信号。整个表达框与庆大霉素的编码基因、Tn7-L 和 Tn7-R 一起形成 mini Tn7（图 6-16）。

DH10Bac 菌株，也就是 pFastBac 转移载体的宿主菌，包含有一个杆状病毒穿梭质粒（bacmid）。Bacmid 的名称是 bMON14272（136 kb），其特点是具有低拷贝的 mini-F 复制子，卡那霉素抗性筛选标记，LacZα 的编码基因，同时在 LacZα 的 N 端插入有 mini-attTn7 位点，该位点不会影响 LacZα 编码基因的通读和功能。另外，DH10Bac 还含有一个辅助质粒 pMON7124（13.2 kb），具有四环素抗性，编码转座酶，催化转座的发生。一旦 pFastBac 质粒转化到 DH10Bac 菌中，mini Tn7 就发生转座，从 pFastBac 切下，插入到 Bacmid mini-attTn7 位点中，形成重组 bacmid。由于重组位点有 LacZα 的编码基因，因此 Bacmid 如果没有发生重组的话，在 X-gal 和 IPTG 的存在下，同时宿主菌基因型为 lacZΔM15 时，会形成蓝色的菌落。相反，如果在 mini-attTn7 有基因插入的话，则会形成白色的菌落。

一旦完成了转座，我们需要从 DH10Bac 菌体分离出大分子量的重组 Bacmid，转化到昆虫细胞（Sf9 或 Sf21）中，形成重组杆状病毒，也就是 P1 代病毒（滴度低，只能做初步小试实验）。然后将 P1 代病毒，再次感染昆虫细胞，进行病毒扩增，形成 P2 代病毒（滴度高）。P2 代病毒就可用于大规模的重组蛋白表达。

6.2.3.4　影响外源蛋白表达的因素

利用杆状病毒昆虫表达系统表达外源基因的理论基础，就是杆状病毒的基因表达与调控，但有关病毒晚期基因高表达和其调控机制目前还不十分清楚。利用多角体基因的启动子表达外源基因，影响表达水平的因素除与病毒本身的因素有关外，还与受感染细胞的种类和生理状况乃至培养基的质量有关。

（1）病毒的稳定性

杆状病毒在细胞中多次传代后，可能引起基因组的变化。多次传代的病毒也可能出现少多角体(few polyhedfin，FP)表型的变化，应用这种突变病毒会对外源基因的表达带来不利。为免上述情况的发生，要限制病毒的传代次数，一般控制在 2～3 代以内。

（2）在昆虫细胞内表达与幼虫体内表达

虽然目前大部分工作是在细胞培养条件下进行的，当需要大量制备某类表达产物时，最好采用昆虫蛹。因为培养昆虫幼虫远比培养细胞简单、便宜，而且在昆虫体内培养可以提高表达量。一般在幼虫体内的淋巴液中，蛋白含量较在细胞培养基中高 10 倍以上，例如小鼠 IL-3 的表达量在幼虫淋巴液中较在细胞培养上清中高 500 倍，可能是细胞培养基中含有的蛋白酶使之降解所致。

（3）启动子类型

在构建转移载体时，最常用的启动子有晚期多角体蛋白(polyhedrin)启动子和 P10 启动子，还有碱性磷酸酶启动子以及少数早期启动子。同一目的基因在不同启动子控制下，表达水平会有很大差异。研究发现，分泌类蛋白使用 P10 启动子或碱性磷酸酶启动子的效果更好。

（4）外源基因序列的本身因素

能在重组杆状病毒有效表达的外源基因 5′端及 3′端非编码区越短越好，一般长度在 3～400 个核苷酸以内。影响表达的其他因素包括：密码子的使用情况(是否为昆虫细胞所常用)、mRNA 的稳定性及蛋白质的稳定性等。外源基因附近的序列很重要。如 Kozak 序列的应用，(GCC)GGC A/GCC <u>AUG</u> G 是高等真核基因起始密码附近的保守序列，其中−3 处 A 最为保守。翻译起始密码子 AUG 应处于适当的序列之间(如 Kozak 序列)，通常认为其上游−3 位的碱基为 A 时最佳。

（5）重组病毒基因的表达与调控

多角体启动子控制的外源基因的表达，紧靠上游的序列对基因的转录调节是最重要的。许多研究表明，当外源基因 5′端加有 1～58 个多角体蛋白的氨基酸序列以融合蛋白形式表达时，效果最好。用高、中与低 3 种表达的外源基因进行实验的结果表明，保留一部分多角体 5′端序列与外源基因以相同的框架相融合，表达水平最高；如果不同框，那么从距启动子最近的起始码开始翻译，表达产物水平相对偏低。

目前可被应用于昆虫杆状病毒表达系统的细胞系较多，但应用较多的细胞系是秋粘虫 *S. frugiperda* 卵巢组织的细胞系 sf-9 以及家蚕细胞系。

杆状病毒表达系统的最新应用：

杆状病毒表达系统由于对外源基因克隆容量大，重组病毒易于筛选，具有完备的翻译后加工修饰系统和高效表达外源基因的能力等特点，现已广泛用于一些在其他表达系统表达有困难的高价值蛋白质的表达。新近报道的如人骨骼肌基因突变而产生的 α-辅肌动蛋白，一直未找到较好的系统来表达它。Akkari 等首次采用杆状病毒系统实现了它的高效表达和纯化。钙运转调节肽(caltfin)在动物授精过程中可以抑制钙离子流入精子，避免过早地产生顶体反应而导致授精失败。目前获取它的唯一方法是从动物体内提取，但如能通过生物技术手段大量生产，无疑具有广阔的应用前景。Phan 等首次用昆虫杆状病毒系统高效表达了 cahrin，并筛选出了有效的纯化方案。

6.2.3.5　昆虫杆状病毒系统的应用展望

由于昆虫杆状病毒表达系统独特的性质,现已被广泛应用于药物研发、疫苗生产、重组病毒杀虫剂等众多领域中。近几年的研究发现,AcNPV 病毒也可以将外源基因导入哺乳动物的细胞,如人的肝细胞。这意味着 AcNPV 病毒可能成为哺乳动物基因治疗的媒介载体,因此杆状病毒有望在未来人类的基因治疗中得到应用。

另一方面,利用昆虫杆状病毒系统进行重组杆状病毒杀虫剂的研究也仍然具有十分重要的意义。由于昆虫杆状病毒对人、畜安全,不易引起大规模的生态平衡的破坏等特点,昆虫病毒杀虫剂已成为当今生物农药研究与开发的热点。但野生型杆状病毒有必要进行重组改造,因其杀虫速度较慢。此外,昆虫杆状病毒系统本身及其相关技术尚需进一步完善和提高。如该系统无法进行连续性表达;糖基化方式与哺乳动物细胞存在一定差异,糖侧链甘露糖的成分较高,而复合寡糖缺乏。在杆状病毒系统的基础研究和应用技术方面,目前杆状病毒的基因组学,特别是功能基因组学的研究相对薄弱,有关病毒晚期基因的高表达和调控机制等仍不明了。另外杆状病毒可能的其他宿主还不十分清楚,表达产物的纯化和多元表达等方面的技术还不够理想等,都需要今后进一步研究。当前应重点加强杆状病毒的基因组学,特别是功能基因组学的深入研究,一是有助于杆状病毒载体的进一步改良,二是随着一些调节外源蛋白表达的基因结构和功能的深入了解,有利于外源基因的高效表达和调控。

6.2.4　真核表达系统在药物生产中的应用

1. 生物产药:利用转基因动植物生产重组蛋白

利用蚕进行重组蛋白生产通常被称为一个"生物产药(Pharming)"过程的例子。生物产药是指利用转基因生物充当重组蛋白质合成的宿主。生物产药是最近在基因克隆方面一项有争议的创新技术。

(1)利用动物进行生物产药

转基因动物是一种在其所有细胞中都含有克隆基因的动物。基因敲除小鼠(第 7 章)是用于研究人类和其他哺乳动物基因功能的例子。转基因小鼠可以通过微注射将外源基因转入到受精卵细胞中来产生转基因动物。这项技术对获得转基因小鼠来说成功率很高,但对于其他哺乳动物来说获得转基因动物的效率低下或者不可能获得转基因动物。对于其他哺乳动物来说,获得用于重组蛋白生产的转基因动物通常涉及一个更复杂的过程,称为核移植。

这涉及将重组蛋白编码基因显微注射到体细胞中,虽然体细胞比受精卵更容易获取,但是因为体细胞本身不会分化成一个动物个体,所以必须将它的细胞核在微注射后转移到自身细胞核已被去除的卵母细胞内。之后这一经核替换的卵细胞被植入到一个代孕母体的子宫内,这一工程细胞将保留原始卵母细胞分裂的能力并分化成一个动物个体,这一转基因动物个体的每一个细胞中都含有转入的目的基因。获得转基因动物的技术流程非常复杂而漫长,导致转基因动物的生产成本很高,但此技术也具有一定的预期效益,因为一旦转基因动物被制造出来,它就可以按照孟德尔遗传规律将其克隆的基因稳定遗传给后代。

在转基因动物的血液和转基因鸡的卵中已经成功产生了重组蛋白质,最成功的例子是在绵羊或猪等家畜的乳腺组织中生产重组蛋白质。将克隆的基因由乳腺组织特异表达启动子,β-乳球蛋白基因启动子驱动转录,重组蛋白仅能在乳腺中分泌。乳汁可以在动物的成年期持续分泌,高效生产重组蛋白质。例如,普通奶牛每年生产约 8 000 公升的牛奶,可以从中分离产生 40 kg～80 kg 的蛋白质。由于蛋白质表达是分泌型的,其纯化相对容易。最重要的是绵羊和猪都是哺乳动物,在这些动物乳腺组织中产生的人类蛋白质能按照正确的方式进行翻译后修饰。因此,在绵羊和猪等哺乳动物家畜中生产药用蛋白对合成正确修饰的人类药用蛋白质提供了相当大的希望。

(2) 利用植物进行生物产药

植物为重组蛋白的生产提供了最终的可能性选择。植物和动物有相似的蛋白质加工活性,虽然在它们的糖基化途径中有细微差别。植物细胞培养是一种成熟的技术,已广泛应用于天然植物产品的商业合成。也可以利用完整的转基因植物在田间高密度生长来生产重组蛋白。后一生产方法已用于玉米、烟草、水稻和甘蔗等多种作物中。重组蛋白的一种表达策略是将外源基因置于种子特异性基因启动子的下游,如 β-菜豆蛋白基因,其编码菜豆种子的主要蛋白。这样重组蛋白特异性地在种子中合成,能够在种子中大量积累重组蛋白质,便于后续的收获和加工流程。另外,在烟草和紫花苜蓿叶片以及马铃薯块茎中也成功合成了重组蛋白。以上这些蛋白质表达实例中,重组蛋白质必须从种子、或块茎组织中产生的复杂生化混合物中提纯,这是一个比较棘手的问题。避免这种问题的一种方法是表达蛋白质与信号肽的融合重组体,信号肽能通过根分泌到植物个体外。虽然这种植物需要在水培系统中而不是在田间生长,降低了重组蛋白的产率,但低成本的净化程序能抵消产量减少带来的部分损失。利用上述的实验系统已经生产了一系列重组蛋白质,包括重要的药物,如白细胞介素和抗体等。这是一个值得深入研究的领域,一些植物生物技术公司正在开发已达到或接近商业化生产的重组蛋白质产品。一个非常有希望的邻域是植物可以用于疫苗的合成,为廉价和高效的疫苗接种程序提供基础。

2. 生物医药生产所引起的伦理问题

利用基因克隆进行生物医药生产是一个公众高度关注的领域。学习基因克隆和DNA 分析的学生都不应忽视动物和植物基因操纵所引发的伦理学争议,但目前没有一本针对这些伦理问题提供"正确"答案的教科书。转基因动物所引起的忧虑之一是转基因动物获得程序可能导致动物被虐待。这些关注并不集中在重组蛋白的生产上,而是集中在产生转基因动物的操作过程中。通过核移植进行动物克隆生产,出生的转基因动物缺陷率相对较高,有些动物也会出现早衰现象,正如最著名的"绵羊多莉",虽然不是转基因动物,它是第一个通过核移植产生的动物。大多数羊的寿命在 12 年以上,但多莉却在 5 岁时患上了关节炎,并在一年后当它被发现患有终端症肺部疾病时被执行安乐死。终端症肺部疾病通常只发生在老羊身上。推测这种过早衰老与体细胞核的年龄有关,多莉的体细胞核来自一只 6 岁的绵羊,也就是说多莉出生时已经 6 岁了。尽管这项技术自多莉以来就有了很大的发展,关于转基因动物的福利问题尚未解决。更广泛的涉及使用核移植克隆动物的问题仍在公众关注的最前沿。

在植物中进行的基因操作研究也引发了一系列完全不同的伦理问题。部分原因是转基因作物可能对环境造成的影响。这些担忧适用于所有转基因作物，而不仅仅是用于制药的转基因作物。我们在后面章节 8.2.3.3 进行了一些有益的讨论。

特配电子资源

线上资源

微信扫码
- 网络习题
- 视频学习
- 延伸阅读

第7章　基因组和基因功能的研究方法

7.1　基因组研究

随着新一代测序技术的发展,基因组测序工作成了一项常规工作,越来越多生物的基因组序列被揭示,随之而来对基因组中 DNA 序列的研究则集中在对基因组中相关基因的识别和注释,利用计算机或实验对基因的功能进行揭示,这一新领域的研究工作被称为后基因组学或功能基因组学。

7.1.1　基因组注释

一旦生物体的基因组序列测序完成,下一步就是找到基因组中所有的基因并确定它们的功能。在这一领域,生物信息学对传统实验研究起到重要的辅助作用。即使是基因组在完成测序之前已经通过基因分析和基因克隆技术进行了广泛研究,基因组注释的过程也不简单。所有物种中研究最完善的酿酒酵母的基因组序列就是其中一个实例。酿酒酵母的基因组包含大约 6 000 个基因,当在 1996 测序完成时,分别依据先前在酵母中的研究结果并结合比较基因组学,可以立即推测出大约 3 600 个基因的功能。当时还有约 2 400个基因的功能尚不清楚。尽管从 1996 起进行了大量的工作,一些孤儿基因的功能仍然没有确定。孤儿基因是指没有明显祖先,找不到进化路径,没有归入特定基因家族的一类基因。

7.1.1.1　在基因组序列中鉴定基因

如果已知基因编码蛋白质的氨基酸序列,可以推测出基因的核苷酸序列,在基因组序列中定位基因是比较容易的,或者已知基因的 cDNA 序列也可快速鉴定出相关基因。但对于大多数基因来说,没有任何预先已知的信息,又如何进行基因组中的基因鉴定呢?

方法是在基因组中寻找开放阅读框。

编码蛋白质的 DNA 序列包含开放阅读框(Open Reading Frame, ORF),一般是从起始密码子 ATG 开始到终止密码子 TAA/TAG/TGA 结束的一段连续的核苷酸三联体序列。在基因组中用肉眼和计算机搜寻的方式寻找开放阅读框,这是从基因组中基因定位和鉴定的第一步。在进行读码框搜寻时,需要记住每一个序列中都含有 6 个可能的读码框,从一个方向有三个读码框,反向互补序列也有三个读码框(图 7 - 1)。

```
1      ATT →
2      AAT →
3 GAA →
5′G-A-A-T-T-G-T-A-C-A-A-T-A-T-T-A-T 3′
3′C-T-T-A-A-C-A-T-G-T-T-A-T-A-A-T-A 5′
                          ← ATA 4
                       ← AAT   5
                       ← TAA     6
```

图 7-1　一个双链 DNA 分子有六个可能的读码框

ORF 扫描成功的关键是终止密码子在 DNA 序列中的出现频率。如果 DNA 序列是随机排布的和 GC 含量约为 50%，那么三个终止密码子中的每一个出现频率是 4^3 一次，即 64 bp 一次。这意味着随机 DNA 序列中不应该有太多长于 30~40 密码子的 ORF。但大多数基因的长度要长得多，细菌基因的平均长度是 300~350 密码子；人类基因大约包含 450 个密码子。ORF 扫描中，简化地将 100 个密码子这个数值作为一个假定的基因的最短长度，所有长于 100 个密码子的 ORF 均为阳性搜寻结果。

在原核基因组中，简单的 ORF 扫描是最有效的定位 DNA 序列中相关基因的方法。大多数原核基因在长度上比 100 个密码子长得多因此很容易识别（图 7-2）。另外，由于原核生物大多数基因间的间隔序列很短，因此 ORF 的识别被进一步简化。如果我们假设真正的基因不相互重叠，那么只有在这些短的基因间隔区中才可能把虚假的 ORF 误认为是真的基因。

图 7-2　原核生物基因组中搜寻 ORF 的典型结果
（箭头表示基因和假 ORF 的方向）

简单的 ORF 扫描在真核基因组中定位基因的效率较低：虽然 ORF 扫描对原核基因组很有效，但它们在真核基因组中的应用效果较差。部分原因是真核基因组中的 DNA 中存在更多的基因间序列，增加发现假 ORFs 的机会，但主要问题是由于内含子的存在。如果一个基因含有一个或多个内含子，那么此基因的 ORF 在基因组序列中不以连续序列的形式存在。许多外显子短于 100 个密码子，甚至少于 50 个密码子。继续通读密码子进入内含子通常会导致 ORF 的提前终止。换句话说，真核细胞基因组中的许多基因不包含完整、不间断的 ORF，简单的 ORF 扫描不可能找到它们。

在真核生物序列中进行基因定位是生物信息学中的一个主要挑战，有两种方法可以解决这一问题。

（1）考虑密码子的偏好性

特定生物体的基因中，并非所有密码子都被同样频率使用。例如，亮氨酸有六个密码子（TTA、TTG、CTT、CTC、CTA 和 CTG），但在人类基因中亮氨酸经常由 CTG 编码，很少由 TTA 或 CTA 编码。同样地，四个缬氨酸密码子，人类基因使用 GTG 的频率比 GTA 高四倍。密码子偏好性的生物学原因尚不清楚，但所有生物均存在密码子偏好性，而且在不同的物种中偏好性不同。真正的外显子显示这种密码子偏好性,而随机的三联体序列则不会有这种偏向性。

（2）外显子和内含子边界

因为外显子和内含子边界具有独特的序列特征,也容易被搜索,但是这些序列的独特性还不足以简化基因的定位。脊椎动物的基因序列中上游外显子—内含子边界通常被描述为 5′-AG↓GTAAGT－3′。下游边界为 5′-PyPyPyPyPyPyNCAG↓－3′,其中"Py"指嘧啶核苷酸(T 或 C),"N"表示任何核苷酸,箭头显示边界的精确定位。这些是分析许多边界序列后获得的共有序列,因此搜索时不仅包括所显示的共有序列,而且至少包括最常见的序列。尽管存在这些问题,这种类型的搜索可以在预测外显子—内含子边界的精确度达到 60%～70%。

利用上述两种开放阅读框的寻找方法,虽然有各种限制,也被普遍用于在各种真核生物基因组中搜寻基因。对于一些特定的基因组,可以依赖基因组中的一些特殊特征来定位基因。例如,在脊椎动物基因组中,许多基因的上游序列含有 CpG 岛,CpG 岛是处于基因 5′端 1 kb 左右的一段富含 CG 碱基对的序列。约 40%～50%的人类基因上游具有 CpG 岛序列。CpG 岛序列非常独特,当在脊椎动物 DNA 中发现这类序列时,可以基本确定其下游区域有基因存在。

7.1.1.2　同源基因序列搜索帮助基因定位

对基因的初步鉴定通常是同源搜索,通过计算机进行基因序列间的分析比较。所有正在研究的和其他所有测序物种的基因序列都存在于国际 DNA 数据库中。理论依据在于来自不同生物体的两个具有相似功能的基因会有相似的序列,反映它们具有共同的进化历史。在进行同源性搜索前,基因的核苷酸序列通常被翻译成氨基酸序列,因为这使同源搜索更加有效。原因在于氨基酸种类有 20 种,而核苷酸只有 4 种,两个氨基酸序列出现随机相似的可能性较低。比如,图 7-3 序列中,两个核苷酸序列的一致度达到 76%,但翻译成氨基酸序列后,其一致性只有 28%。说明利用核苷酸序列进行同源基因比对时,由于偶然性的存在,结果并不可靠(图 7-3)。同源基因搜寻是通过登录到互联网上一个 DNA 数据库网站并通过一个搜索程序,如 Blast(Basic Local Alignment Search Tool,NCBI)。如果测试序列中有长度超过 200 个氨基酸与数据库中的序列具有 30%或更大的一致性时(即 100 个氨基酸残基中有 30 个相同位点的氨基酸残基都相同),那么这两个氨基酸序列可以被认为来自两个同源蛋白,研究中的 ORF 可能是一组同源基因。

```
            G  A  P  G  M  W  L  R  L  A  A  G  S  F  E  H  A  G
Sequence 1  GGTGCACCCGGTATGTGACTGCGATTAGCAGCGGGATCATTTCAGCATGCAGGG
Sequence 2  GATACACCCCGTATTTGACAGCAATTTGCAGGGGGATTATTGCACCATGGAGCG
            D  T  P  R  I  W  E  E  P  A  G  G  L  L  H  H  G  A
```

图 7-3　在氨基酸水平进行基因序列的比对可更准确鉴别同源基因

两个 DNA 序列的核苷酸同源性高达 78%,但编码氨基酸序列的特异性只有 28%

7.1.1.3　通过相近基因组间的序列比对定位基因

当两个或更多相近的生物基因组序列已知且已注释的情况下,利用同源序列搜寻的方法进行基因定位将会更加准确。亲缘关系相近物种具有从它们的共同祖先遗传而来的相似基因组,覆盖了自从两个物种开始独立进化以来所具有的物种特异性差异。由于自然选择,相近基因组之间的基因序列相似性很大而基因间序列相似度小。因此,当比较相近基因组时,因为具有高的序列相似性,同源基因容易被识别,并且任何在相近基因组中没有明确同源基因的 ORF 都可以基本被认定为一个随机序列,而不是一个真正的基因(图 7 - 4)。

　　这种类型的同源基因分析,称为比较基因组学,其在酿酒酵母基因组的基因定位中发挥了非常重要的作用。不仅酿酒酵母菌,其他一些相关物种,如奇异酵母菌,米氏酵母菌和巴氏酵母菌的完整基因组序列均是已知的。比较这些基因组序列证实了许多酿酒酵母 ORF 的真实性,排除了 500 个假定的 ORF,理由是它们没有在相近基因组中存在等位基因。这些酵母菌的基因图谱非常相似,虽然每一个特定物种基因组都经历了特异性序列重排,但比较酿酒酵母基因组和其他一个或多个相关基因组中的基因序列时,仍然发现大量序列完全相同的区域。相近基因组中基因顺序的保守性被称为共线性,这使得识别同源基因更加容易。另外可能出现的假 ORF 也可以通过基因组比对、基因的定位来排除。

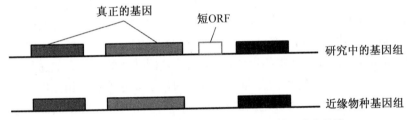

图 7 - 4　利用比较基因组学鉴定短 ORF 是否为真基因

(利用比较近缘相关物种基因组间的比对验证 ORF 的正确性。在这个例子中,
有问题的 ORF 不存在于近缘生物基因组的特定位置,所以可能不是真正的基因。)

7.1.1.4　通过鉴定调控蛋白的结合位点来定位基因

　　基因组注释也可以通过鉴定调控序列,即转录因子等蛋白质的结合位点来完成。这些调控序列通常定位在它们控制表达的基因上游,因此识别它们能够在基因组中确定基因存在的位置,也可以帮助确认有问题的 ORF 的真实性。这些位点的真实性可以通过染色质免疫共沉淀实验进行验证(见 7.2.3.2)。

7.1.2　功能基因组学研究

　　基因注释完成以后,需要对基因功能和基因调控网络进行研究,以此揭示生命体生殖、分化和发育等的调控机理。在基因功能研究过程中,高通量的研究方法如转录组学和蛋白质组学得到了广泛应用,参见第 2 章分子生物学实验技术最后一节内容。

7.2　基因功能研究技术

　　随着测序技术的发展,多种生物的全基因组序列测定和基因定位工作均已完成,但是功能基因组的核心研究内容,即揭示各基因组中相关基因功能的研究却有很多工作没有完成。以模式生物拟南芥为例,其基因组序列测定在 2000 年完成,但经过近 20 年的研究,目前只有大约 25％的基因功能经过实验验证,34％的基因功能为推测,还有约 40％的基因功能为未知。

基因功能的初步确定,除了上述介绍的通过相近基因组中已知同源基因的比较基因组学研究方法,还可以通过结构生物信息学进行蛋白序列的结构预测,通过蛋白质的结构推测孤儿基因的功能。用基因的核苷酸序列预测编码蛋白质中 α-螺旋和 β-折叠(尽管精确度有限)以及高级结构,所得到的结构信息可用来做蛋白质的功能推论。比如,膜结合蛋白通常具有跨越膜的 α-螺旋结构,含有锌指结构域说明这一蛋白可能具有识别和结合 DNA 的功能。在获得了更多关于蛋白质结构与其功能间的关系信息的基础上,结构生物信息学将能够在更大范围、更准确地进行基因功能的预测。但是,孤儿基因的功能分析在很大程度上取决于传统实验研究。

某个基因如要行使相关功能,必须在特定的细胞和组织中表达,即进行基因的转录、mRNA 剪接和蛋白质翻译。比如有些基因在根毛细胞中特异表达。精确到亚细胞水平,基因要表达在特定的亚细胞结构中,比如细胞核、细胞膜或各种细胞器中。知晓其表达定位,对于揭示基因的功能非常重要。基因的产物在行使功能过程中,是处在一个庞大的网络中,一个基因的表达要受到上游基因的调控,这个基因也可能调控一系列的下游基因。能够鉴定出所研究基因在网络中的定位,也是揭示基因功能的一个有效途径。另外,在行使基因功能过程中,基因产物可能要和各种各样的生物大分子发生相互作用,比如蛋白和蛋白间的相互作用,蛋白和 DNA 之间的相互作用,蛋白和 RNA 分子间的相互作用等,此外基因产物本身的活性和稳定性要受到各种调控,比如蛋白的磷酸化和去磷酸化决定蛋白质分子的活性状态;泛素化的不同形式决定蛋白质有活性或被降解。揭示基因产物和各种生物大分子之间的相互作用对鉴定基因在调控网络中的定位至关重要。基因表达丰度的高低或者表达产物的改变,均会对基因功能的发挥造成影响。基因表达水平过高或表达水平显著降低,甚至没有表达产物的情况下,可能对细胞的性状或整个生物体的表型产生影响,由此也可以推测出基因的相关功能。综上,针对基因功能的研究可以归纳为以下三个大的方面:(1) 基因的表达谱分析和亚细胞定位,揭示基因的时空表达规律;(2) 基因的反向遗传学研究,即对基因进行基因敲除、过量表达或抑制表达等研究揭示基因表达水平和表达产物的变化对细胞和生物表型的影响;(3) 基因调控网络的鉴定,即确定基因产物和其他相关基因的上下游关系以及和其他生物大分子的相互作用关系,确定基因在调控网络中的定位。随着基因工程技术的发展,针对基因功能研究的三个大的方面,已经发展了一系列的相关技术方法用于基因功能的研究,下面分述如下。

7.2.1 表达谱分析和亚细胞定位

7.2.1.1 半定量 RT-PCR 和实时定量 PCR

基因的表达在分子生物学上的定义为基因经转录、加工和翻译生成基因产物蛋白质或成熟 RNA 分子(没有经翻译过程)的过程。基因的表达谱分析是指鉴定基因在各种组织器官、不同发育阶段和不同环境条件下的表达变化。基因的表达谱分析方法有经典的

RT-PCR 分析方法。包括各组织器官材料的获取,总 RNA 的提取,反转录和基因特异引物进行 PCR 扩增等步骤。如图 7-5 所示,图中对一个基因在根、茎、叶、花序等组织器官中的表达进行了半定量 RT-PCR 分析。半定量 RT-PCR 分析通过降低 PCR 扩增循环数来实现,一般设在 25～28 个循环之间。分析结果可提供此基因是组织器官组成型表达或在某器官特异表达或者不同器官表达丰度高低不同的证据。在进行半定量 RT-PCR 分析时,需要有一内参基因来监控 PCR 扩增体系中起始模板量的一致性。内参基因通常为管家基因,如细胞骨架蛋白家族基因,包括激动蛋白基因 *Actin* 和微管蛋白基因 *Tubulin* 以及参与细胞糖酵解途径的基因,如甘油醛-3-磷酸脱氢酶基因 *GADPH* 等。半定量 RT-PCR 是对 PCR 扩增的终产物进行分析;实时定量 PCR 通过荧光染料的信号分析可以对扩增过程中的每一个循环的扩增产物量进行分析,通过 $2^{-\Delta\Delta Ct}$ 值对基因表达量进行相对定量,可以对基因的表达丰度进行更精确的鉴定。另外,半定量 RT-PCR 分析和实时定量 PCR 分析还可以用来分析基因在某器官中病理条件下或者各种胁迫处理条件下的表达谱变化情况(图 7-6)。

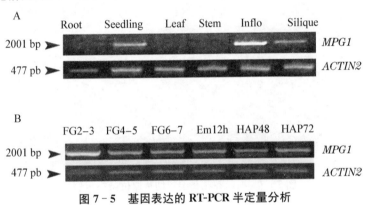

图 7-5　基因表达的 RT-PCR 半定量分析

A 图中不同泳道代表植物的不同器官;B 图中不同泳道代表果荚发育不同阶段。

图 7-6 展示了实时定量 PCR 分析玉米 *MYB*109 基因在不同时间盐胁迫处理条件下叶片中基因的表达丰度变化。

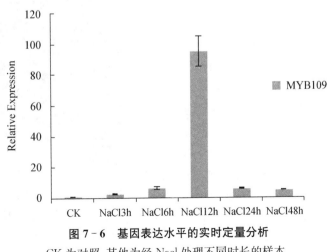

图 7-6　基因表达水平的实时定量分析

CK 为对照,其他为经 Nacl 处理不同时长的样本。

7.2.1.2 原位杂交

以上利用半定量 RT-PCR 分析和实时定量 PCR 分析只能得知基因在什么器官表达，不能鉴定其具体表达部位。比如，检测到在植物叶片中表达的基因可能在叶肉细胞表达，可能在叶脉维管组织中表达，也可能是特异性地表达在气孔细胞中。所以，精确定位基因的组织细胞表达谱需要其他的技术方法。原位杂交技术是一种鉴别基因组织细胞表达特征的常用方法，可以精确定位基因的表达位置。原位杂交技术的原理方法见第 2 章。图 7-7 中显示的为拟南芥 CCG 基因在花药切片中花粉中表达（原位杂交信号为深紫色），由此可以预测 CCG 基因在花药中发挥功能。另外，还有原位 RT-PCR 方法也可以进行基因的组织细胞表达特征的鉴定。方法流程包括组织切片、原位 RT-PCR、探针杂交和信号检测等，相比原位杂交，增加了组织原位的逆转录 PCR 扩增过程，放大了信号，更加容易进行信号检测。但是这一方法需要特殊的载玻片 PCR 扩增仪器。

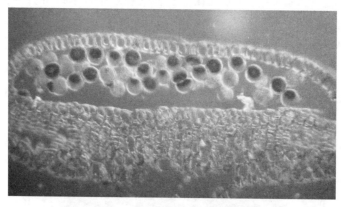

图 7-7　拟南芥花药组织切片原位杂交示例

7.2.1.3 Promoter:GUS/GFP 分析法

随着转基因技术的发展，利用基因启动子驱动绿色荧光蛋白（GFP）和 β-半乳糖苷酶（GUS）等报告基因的表达的方法（Promoter:GUS/GFP）来鉴定基因的组织细胞表达情况。在一些模式生物如拟南芥、水稻、线虫和果蝇中，这一方法已得到普遍应用。这一方法的实验流程为首先构建表达载体，将基因的启动子区域克隆到载体上报告基因的 5′端，之后针对各种生物选择适合的转基因方法，将这一重组载体转入各种生物受体细胞中并获得转基因的个体。在转基因个体或其后代中，基因的启动子驱动报告基因的表达，检测报告基因的表达产物产生的组织细胞部位可以揭示目标基因的组织细胞表达谱。图 7-8 显示的为利用这一方法在拟南芥子叶的维管束中检测到

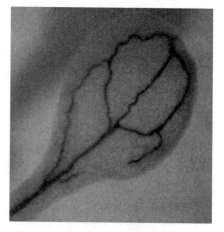

图 7-8　Promoter:GUS 表达载体方法检测基因表达谱〔引自 DOI: https://doi.org/10.1105/tpc.107.053967〕

GUS 信号，展示了这一基因在组织细胞水平的表达模式。

7.2.1.4　激光捕获显微切割技术结合单/微量细胞高通量测序方法

在每个细胞周围都环绕着很多其他组织成分。为了研究特异性组织和细胞的功能，就需要将它们从周围复杂组织和细胞中分离出来。然而，无论是动物还是植物，它们的体积一般都非常微小，常规分离非常困难，同时很难避免周围其他成分的污染。因此，细胞的异质性就成为分子水平研究组织细胞特异表达谱的一大障碍。激光显微捕获切割术（Laser Capture Microdissection，LCM）是近几年发展起来的新兴技术，能在显微镜下观察特异性组织和细胞，利用微激光束收集到纯净细胞群或单一细胞，成功地解决了细胞异质性问题。随着激光捕获显微切割技术的发展，使在显微条件下分离特定细胞组织成为可能，再结合新发展的微量 RNA 提取和单细胞高通量测序技术，可以准确分析特定组织细胞中的基因表达谱。激光显微捕获顾名思义，就是在显微镜下利用微激光束来捕获切割待分离的样品。该系统主要由显微镜、激光装置、载物台控制系统、相机和电脑几大部分组成。激光显微捕获切割可进行活细胞切割、染色体切割、植物组织切割、肿瘤组织切割等特定细胞组织的切割。激光显微捕获切割以其快速、简单、精确、特异性强等优点，成为研究组织或细胞的特异性表达和分子机制的一个强有力的工具（doi：10.1038/nprot.2006.85）。

7.2.1.5　蛋白的亚细胞定位研究方法

生物学研究表明，生物细胞是一个高度有序的结构，不同部位特定的蛋白质决定细胞内各部分的功能。蛋白质是基因功能的主要执行者，蛋白质的功能与其在细胞中的定位有着密切的联系，新合成的蛋白质必须处于适当的亚细胞位置才能正确地行使其功能。实验验证蛋白质的亚细胞定位，在确定一个未知蛋白质的功能，了解蛋白质相互作用等方面有着重要的意义。

亚细胞定位是指确定某种蛋白或表达产物在细胞内的具体存在部位，鉴别其在核内、胞质内、细胞膜以及其他亚细胞结构上的定位。亚细胞定位的研究方法主要有以下几类。

1. 免疫胶体金电镜分析（Colloidal Gold Labelled Immunoelectron microscopic）

免疫电镜（immuno electron microscopy）技术是免疫化学技术与电镜技术结合的产物，是在超微结构水平研究和观察抗原、抗体结合定位的一种方法。该项技术是利用带有特殊标记的抗体与相应抗原相结合，在电子显微镜下观察，由于标记物形成一定的电子密度而指示出相应抗原所在的部位。免疫电镜的应用，使得抗原和抗体定位的研究进入到亚细胞的水平，同时也为蛋白质的亚细胞定位提供了一种新方法。在信号显示时多采用免疫胶体金染色方法，利用胶体金标记第二抗体，主要利用了金颗粒具有高电子密度的特性，在金标蛋白结合处，这些标记物在相应的配体处大量聚集，在显微镜下可见黑褐色颗粒，由此来鉴别抗原和抗体相互识别后的信号（图 7 - 9）。

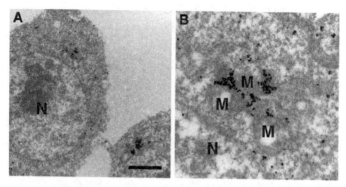

图 7-9　免疫胶体金技术进行蛋白质定位（引自 DOI：https://doi.
org/10.1007/978-1-4939-2851-4_12)

B 图为 A 图放大，蛋白定位信号为黑色颗粒，M 为线粒体，标尺为 2 μm

2. 绿色荧光蛋白标记亚细胞定位分析

免疫胶体金技术操作流程繁琐，需要操作者有较高的操作技术和技巧，也容易产生假阳性的实验结果。所以，近年发展起来的绿色荧光蛋白（GFP）标记技术可以更加方便和准确地进行基因编码蛋白的亚细胞定位分析。GFP 标记蛋白即将 GFP 基因和待研究基因构建成融合表达载体，转染细胞或转基因操作获得在转基因细胞和转基因植株中高效表达的 GFP 标记融合蛋白。GFP 在激光共聚焦显微镜（CLSM）的激光照射下会发出绿色荧光，从而可以精确地定位蛋白质的位置。这样，若在荧光显微镜下看到细胞内某一部位存在 GFP 信号，说明和 GFP 融合的蛋白也存在于该部位，这样就达到了蛋白亚细胞定位的目的。在激光共聚焦显微观察蛋白亚细胞定位的过程中，为了进行更加精确的定位，需要使用使某一亚细胞结构特别显色的染料和特殊分子标记物，和 GFP 融合蛋白进行共定位研究。细胞生物学研究中发现可以对细胞核和某一细胞器，如线粒体和叶绿体进行特异染色的染料，比如对细胞核进行染色的 4',6-二脒基-2-苯基吲哚（4',6-diamidino-2-phenylindole，DAPI），是一种能够与 DNA 强力结合的荧光染料，在紫外激发下 DAPI 的发散光为蓝色，且 DAPI 和绿色荧光蛋白（Green fluorescent protein，GFP）发散波长仅有少部分重叠，可以利用这项特性在单一的样品上进行多重荧光检测。如果在 CLSM 观察到 DAPI 的信号和 GFP 信号重叠为黄色信号则表明蛋白定位在细胞核中，如图 7-10所示，CCG 细胞核亚细胞定位。在荧光显微镜技术中，往往要对溶酶体、核内体等细胞区室以及线粒体等细胞器进行染色。观察线粒体最常用的方法就是利用 MitoTracker®，它是一种可透过细胞的染料，包含轻度巯基化的氯甲基活性部分。依据线粒体染色剂，还有些染料可以标记溶酶体等酸性区室，这类染料被称为 LysoTracker。它们由连接一个荧光基团的弱碱基团组成，具有膜穿透性与溶酶体相似的区室是酿酒酵母等真菌中的液泡，这种膜密闭空间也是一种酸性环境。如果要在荧光显微镜下观察上述区室，则使用FM 4-64® 或 FM 5-95® 等苯乙烯基染料。

对内质网 ER 进行特异性染色的另一种方法是使用 ER-Tracker Green 和 Red 等ER-Tracker，对于与 ER 相邻的高尔基体，可以用 NBD C7-ceramide 和 BODIPYFL C5-ceramide 等荧光神经酰胺类似物对其进行标记。

在研究蛋白质的共定位过程中,除了选用各细胞器的染料外,还有另一种方法,即利用已知定位于特定亚细胞结构的蛋白信息,构建已知蛋白和红色荧光蛋白(RFP)的融合表达载体,和未知蛋白与绿色荧光蛋白构建的融合表达载体进行共转化,以此来进行亚细胞定位。

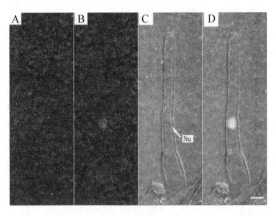

图 7‑10 CCG-GFP 融合蛋白信号显示 CCG 蛋白定位在细胞核
(引自 DOI：https://doi. org/10. 1105/tpc. 107. 053967)
A：DAPI 信号；B：GFP 信号；C：显微镜明场；D：A、B、C 三幅图叠加

3. 免疫荧光(Immunofluorescence technique)

和免疫胶体金方法相似,免疫荧光法利用抗体和相应抗原特异性结合的特性,对此它还有两种不同的表现形式。最简单的方式是使用可与目的蛋白相结合的荧光标记抗体。这种方法被称为"直接免疫荧光法"。

在很多情况下,我们可以利用两种不同特性的抗体。第一种抗体可以结合目的蛋白,但其本身并未进行荧光标记(一抗)。第二种抗体本身就携带荧光染料(二抗),并且可以特异性结合一抗。这种方法被称为"间接免疫荧光法"(图 7‑11)。这种方法存在诸多优

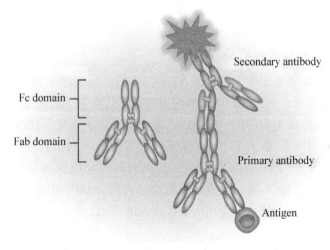

图 7‑11 间接免疫荧光法检测进行蛋白质定位的模式图
(引自 https://doi. org/10. 1038/jid. 2012. 455)

势。一方面,它会产生放大效应,因为不止一个二抗可以与一抗相结合。另一方面,没有必要始终用荧光染料标记目的蛋白的每个抗体,但可以使用市售荧光标记的二抗。免疫荧光中广泛使用的荧光染料包括 FITC、TRITC 或一些 Alexa Fluor® 染料。

免疫荧光和免疫电镜技术的研究原理相同,但是在应用上有两个方面的差异:(1) 蛋白定位的分辨率不同,免疫电镜需要使用透射电子显微镜进行观察,而免疫荧光需要荧光光学显微镜进行检测。(2) 抗体的标记方法不同,免疫电镜需要胶体金标记,利用其高电子密度颗粒的特性进行观察,而免疫荧光技术中抗体被荧光标记。

7.2.2 基因功能的遗传学分析

基因功能的遗传学分析方法分为"正向遗传学"(forward genetics)和"反向遗传学"(reverse genetics)两类。正向遗传学是指,通过生物个体或细胞的基因组的自发突变或人工诱变,寻找相关的表型或性状改变,然后从这些特定性状变化的个体或细胞中找到对应的突变基因,并揭示其功能。例如遗传病基因的克隆。反向遗传学的原理正好相反,人们首先是改变某个特定的基因或蛋白质,然后再去寻找有关的表型变化。例如基因剔除技术或转基因研究。简单地说,正向遗传学是从表型变化研究基因变化,反向遗传学则是从基因变化追溯表型变化。

7.2.2.1 正向遗传学分析

在正向遗传学中,突变体中基因的定位是进行基因功能研究的限速步骤。该方法的基本原则是通过物理或化学诱变的方式随机产生各类突变体,从中选择感兴趣的突变表型,通过杂交构建重组作图群体,然后利用遗传作图的方法将目标基因定位到一个较大的染色体区间,随后在此区间内利用突变位点和遗传标记之间的重组关系精细定位候选基因。为进一步确认该基因的功能,还需要鉴定该位点在突变体和野生型个体中基因型与表型的对应关系。该过程步骤繁琐、耗时耗力,很多情形下遗传分子标记密度低、区间大,难以精确定位。近年来,随着高通量测序技术的快速发展以及测序成本的不断降低,多种简单快捷的利用测序手段定位基因的方法被开发出来,使通过测序定位基因成为可能(参见第 4 章中的定位克隆)。

7.2.2.2 反向遗传学分析

近年来,基因组高通量测序方兴未艾,许多生物的基因组序列测序得以完成,但是大量基因的功能亟待阐明。一些基因的功能可以参考模式生物中同源基因的研究成果。但是随着生物的进化,特定生物中的一些基因功能已经发生了变化,可能具有了完全不同的新的功能。比如经研究发现,玉米中的一些基因的功能就不同于其在拟南芥中的同源基因的功能,玉米中的 *ZmTTG*1(*GRMZM2G*058292)基因功能就和拟南芥中的同源基因 *AtTTG*1 功能有差异。所以,某一生物基因组内的大部分基因功能仍需要重新鉴定。在此过程中,反向遗传学相关技术的应用将发挥很大的作用。

1. 突变体库的应用

在对线虫、拟南芥、果蝇等模式生物基因功能的研究过程中,突变体库的建立和应用发挥了非常大的作用。突变体库的建立一般采用转座子或 T-DNA 随机插入的方法,全面覆盖某生物的全部基因。比如拟南芥生物资源中心（Arabidopsis Biological Resource Center，ABRC）T-DNA 插入突变体库中，几乎每一个基因均有相应的 T-DNA 插入造成的相应突变体，有些基因还有不止一个 T-DNA 插入突变体。在利用反向遗传学研究基因功能的过程中，确定待研究目的基因后，从突变体库中获得相应突变体，对突变体进行基因型和表型鉴定，确定 T-DNA 或转座子的插入位点，突变体基因表达产物的有无或丰度的改变，结合突变体的表型分析，对基因的功能进行鉴定。对于一些单拷贝基因，基因内部的 T-DNA 或转座子插入获得的突变体一般具有相应的表型，或与发育相关，或与环境胁迫相关，比较容易进行基因的功能分析。但是对于一些功能冗余的基因，单基因的突变体通常没有表型的变化，解决途径之一为获得有功能冗余的多个基因的突变体，进行杂交获得双突变体或多重突变体用于研究基因突变后的表型。

2. 特定基因功能失活（基因敲除、RNAi、CRISPR-Cas）

在利用突变体库进行基因功能鉴定中，对于一些非模式生物的物种的基因，一般没有突变体库可以使用或突变体库的覆盖率特别低，所以，需要利用其他技术获得基因功能丧失或改变的突变体，这些方法就包括进行基因的定点突变，使基因不能表达或降低表达，这些方法包括基因敲除、RNAi 技术以及 RNA 介导的 DNA 定点编辑技术（CRISPR-Cas9）。

（1）基因敲除

基因敲除又称基因打靶技术，是指通过 DNA 定点同源重组，改变基因组中的某一特定基因，从而在生物活体内研究此基因的功能。基因打靶技术是一种定向改变生物活体遗传信息的实验手段，它的产生和发展建立在胚胎干细胞（ES）技术和同源重组技术成就的基础之上，并促进了相关技术的进一步发展。基因打靶有两方面的用途：① 特异性灭活细胞内内源基因，建立功能缺失型缺陷株，可阐明内源基因生物学功能；② 将外源基因置换细胞内源基因，建立功能获得型突变体，用于动物物种改良或人体基因治疗。基因打靶技术已广泛应用于基因功能研究、人类疾病动物模型的研制以及经济动物遗传物质的改良等方面。

以获得基因敲除小鼠为例，基因打靶包括以下三个流程：① 打靶载体的构建；② 同源重组胚胎干细胞株筛选和富集；③ 获得转基因动物。打靶载体的构建过程中，有以下两个要点，一是载体须含有和拟突变的目标基因的同源序列，因为打靶过程需要通过同源重组的方式进行；二是载体上须有两个筛选标记基因，如新霉素抗性基因（Neo^r）和单纯疱疹病毒胸苷激酶基因（tk），以便对转染后的胚胎干细胞进行筛选。将构建好的打靶载体进行线性化，并转染胚胎干细胞。载体 DNA 进入到胚胎干细胞之后，会发生三种情况，即没有发生重组、发生非同源重组和发生同源重组，经过 G418（针对新霉素抗性基因产物的筛选物）和羟甲基-5-环鸟苷（针对单纯疱疹病毒胸苷激酶基因产物的筛选物）的双重筛选，可以获得只发生同源重组的胚胎干细胞。获得转基因动物的第一步是将上面筛选的胚胎干细胞通过显微注射的方法导入到小鼠的桑葚胚内。将上述融合胚胎转移到假孕母鼠的子宫内。假孕母鼠产出嵌合体小鼠。再在后代中进行相应的杂交筛选，最终获得纯合体小鼠（图 7-12）。

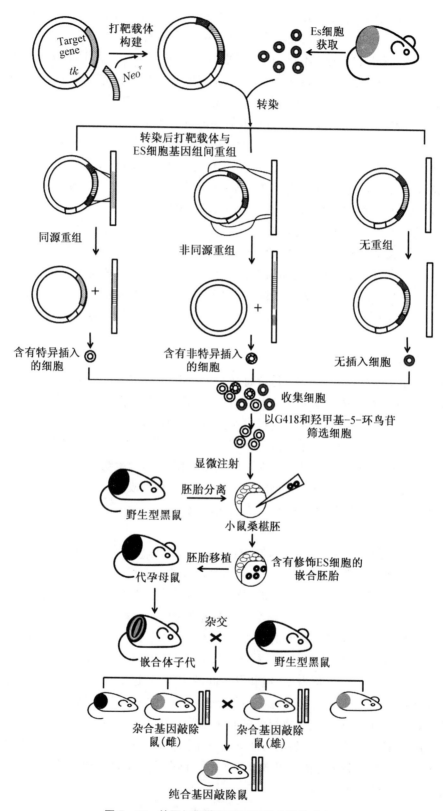

图 7-12 基因打靶获得基因敲除小鼠的流程

由于一些基因在胚胎发育过程中有着重要的功能,基因敲除小鼠在胚胎发育时期就会死亡,利用上述一般方法无法获取基因敲除小鼠,所以又发展了条件型基因敲除技术,即在小鼠某些特定类型的细胞或发育的某一特定阶段进行基因敲除的一种特殊基因打靶技术。条件型基因打靶技术通常依赖 Cre-LoxP 系统。Cre-LoxP 系统包括 Cre 重组酶和 LoxP 位点,于 1981 年从 P1 噬菌体中发现。Cre 重组酶,属于 λ Int 酶超基因家族。Cre 重组酶基因编码区序列全长 1 029 bp(EMBL 数据库登录号 X03453),编码 38 kDa 蛋白质,是一种位点特异性重组酶,能介导两个 LoxP 位点(序列)之间的特异性重组,使 LoxP 位点间的基因序列被删除或重组。LoxP(locus of X-over P1)位点序列由两个 13 bp 反向重复序列和中间间隔的 8 bp 序列共同组成,其序列为 ATAACTTCGTATA-GCATACAT-TATACGAAGTTAT。8 bp 的间隔序列同时也确定了 LoxP 的方向。Cre 在催化 DNA 链交换过程中与 DNA 共价结合,13 bp 的反向重复序列是 Cre 酶的结合域。两 LoxP 位点的方向相同时,两位点间序列被删除;相反时,位点间序列会发生倒位。条件型基因敲除技术是在常规基因打靶技术的基础上,利用 Cre 重组酶介导的位点特异性重组技术,通过控制 Cre 重组酶在特定细胞和特定发育阶段的表达达到条件型定点敲除小鼠基因的目的。

这个体系中,需要构建两种转基因小鼠:一种小鼠中特定基因组位点的外源基因的两侧整合有两个方向相同的 LoxP 位点。这需要在 ES 细胞中通过同源重组和 Cre 酶介导的定点重组来实现。在这一过程中,打靶载体的构建比较复杂,含有靶基因、3 个 LoxP 位点和一个新霉素磷酸转移酶基因。打靶载体转染 ES 细胞后,发生同源重组,通过正负选择法选择含有靶基因序列的 ES 细胞株。之后向 ES 细胞株中引入 Cre 重组酶,Cre 酶能催化 ES 基因组中三个 LoxP 位点间发生特异位点重组,造成三种缺失,其中缺失 Ⅱ 中删除了标记基因,含有完整的靶基因及其两侧的 LoxP 位点,是我们需要的重组类型。将含有 Ⅱ 型缺失的 ES 细胞移入囊胚,筛选小鼠后代获得所需的第一种转基因小鼠。这一小鼠中的靶基因正常,只是靶基因两侧含有 LoxP 序列,因此这一小鼠的表型和发育过程都是正常的(图 7 - 13)。

另一种小鼠中含有 Cre 重组酶的编码序列,并且通过特异表达的启动子或诱导型启动子驱动 Cre 基因的表达。特异表达的启动子驱动 Cre 在生物体不同细胞、组织、器官以及不同发育阶段或生理条件下表达,如 PWnt - 1 为胚胎神经管特异表达基因 Wnt - 1 的启动子(图 7 - 13)。

在构建条件型基因敲除小鼠时,将上述两种小鼠进行杂交,在后代中由于含有特异组织表达的或被诱导表达的 Cre 酶,那么这一组织特异表达的 Cre 酶将两个 LoxP 位点间的靶基因进行重组删除,造成特定组织的靶基因缺失,但其他组织的靶基因仍然是正常的。这样就可以筛选到在特定组织器官中目的基因被敲除的基因敲除小鼠。这样的小鼠不会致死,但靶基因被删除的组织可能出现异常(图 7 - 13)。

常见的诱导型启动子为 Tet-On 和 Tet-Off 系统。Tet-Off/Tet-On 系统是一种利用大肠杆菌 Tn10 转座子中四环素操纵子调控元件在真核细胞中定量并特异地控制外源基因表达的体系。Tet-Off 系统有两个表达元件:一个表达元件为组成型表达,在 35 S 启动子驱动下组成型表达一个四环素控制的转录激活蛋白(rTA),这一激活蛋白是大肠杆菌

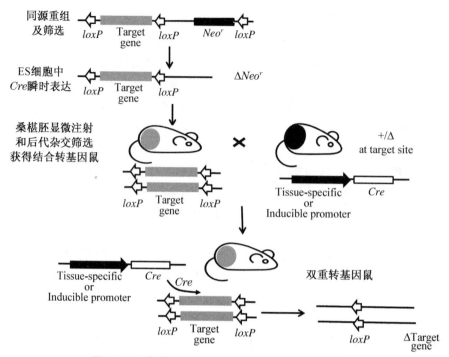

图7-13　条件型基因打靶获得基因敲除小鼠的流程

TetR 蛋白和来源于单纯疱疹病毒 VP16 蛋白的三个最小"F"型激活域组成的融合蛋白。
另一个表达元件为诱导表达启动子,控制元件为含有四环素操纵子的七个串联重复的
Tet 响应元件,并和最小的人巨细胞病毒早期启动子 CMV 启动子结合形成融合启动子,
启动子下游为 *Cre* 基因的编码序列(图7-14)。Tet-Off 系统中,在没有四环素或 Dox(强

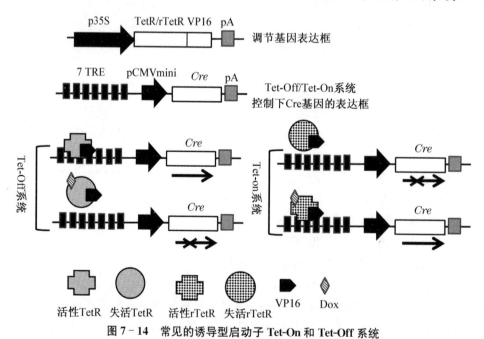

图7-14　常见的诱导型启动子 Tet-On 和 Tet-Off 系统
(https://doi.org/10.13488/j.smhx.2011.02.026)

力霉素)时,TetR 结合到 Tet 响应元件上驱动 *Cre* 基因的表达。在含有 Tet-Off 系统的转基因小鼠中,要通过给小鼠一直喂食四环素或 Dox 抑制 Cre 基因的表达。在需要 Cre 酶时,再停止饲养四环素或 Dox,以诱导 Cre 酶的表达。Tet-Off 系统因为一直需要给小鼠喂食 Dox,有一定的缺陷性,所以人们对 TetR 蛋白进行了改造获得了 rTetR,为 Tet-On 系统。rTetR 和 TetR 间包含 4 个氨基酸的差异,但活性相反,在 Dox 存在时, rTetR 与 Tet 响应元件结合(图 7-14)。rTetR 和 TetR 的表达也可在组织细胞特异启动子驱动下表达。

除了四环素控制的表达系统外,还有受雌激素泰米酚诱导的类固醇激素受体系统。将 Cre-ER 构建成融合蛋白,这一融合蛋白在细胞质中结合 Hsp90 蛋白,不能进核,Cre 无重组酶活性;当饲喂抗雌激素泰米酚时,受体配基结合,融合蛋白入核,发挥重组酶活性。 Cre-ER 融合蛋白的表达受胚胎神经管特异表达基因 *Wnt-1* 启动子的调控(图 7-15)。

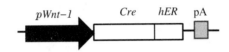

图 7-15　受雌激素泰米酚诱导的类固醇激素受体诱导表达系统

(2) RNAi 技术

RNAi 技术是将人工合成或载体表达的小的双链 RNA(siRNA)导入真核细胞,促使内源目标 RNA 的降解,高效特异阻断体内特定基因的表达,诱使细胞表现出特定基因缺失表型,获得功能丧失或降低的突变体。RNAi 技术具有高度的特异性和高效的干扰活力,是研究基因功能的强有力的工具,被广泛应用。RNAi 技术是随着 20 世纪 90 年代在各种生物中 MicroRNA 的发现和分子调控机制的阐明而发展起来的特异性降低目标基因表达水平的重要技术,从 2000 年左右开始在各种生物的基因功能研究中得到广泛应用。MicroRNA 是广泛存在于真核生物中的一组短小的、不编码蛋白质的 RNA 家族,它们是由 19~23 个核苷酸组成的单链 RNA(3′端可有 1~2 个碱基长度的变化)。其表达具有组织特异性和阶段特异性,即在不同组织中或在生物发育的不同阶段里表达有不同类型的 miRNA;以碱基互补配对为基础,单链的 MicroRNA 与靶 mRNA 3′-UTR(或编码区)结合,在转录后水平调控基因的翻译表达,在生物体的分化发育、代谢、增殖和凋亡等过程中发挥着重要作用。MicroRNA 的编码基因由 RNA 聚合酶 II 催化转录,首先生成长链 RNA 分子——pri-miRNA,Pri-miRNA 经双链 RNA 核酸酶 Drosha 酶作用,加工形成 70 nt~100 nt 长度的 Pre-miRNA,Pre-miRNA 在 Exportin5 介导作用下转运出胞核至胞质中,由双链 RNA 核酸酶 Dicer 酶作用加工并经 RNA 解旋酶催化形成单链成熟 miRNA 分子。19 nt~23 nt 的成熟 miRNA 形成后与内切酶、外切酶、解旋酶等共同组成 RNA 介导的沉默复合体(RNA Induced Silencing Complex, RISC),可与特定的靶 mRNA 结合,这种结合不要求严格的互补配对。结合后导致靶 mRNA 翻译的抑制或 mRNA 靶分子的降解。

siRNA 小分子 RNA 是 RNAi 的活性形式,是病毒感染或人工导入 dsRNA 之后经 Dicer 酶加工而产生的,这一点上和 miRNA 的加工成熟过程有相似之处。siRNA 和

miRNA 的不同之处在于和靶序列完全互补,高特异性地降解靶 mRNA。siRNA 可以和模板结合,在 RNA 聚合酶的作用下合成更多的 dsRNA,dsRNA 再经 Dicer 酶切割形成次级 siRNA。经二级扩增产生极高的干扰效率,表型可达到缺失突变体效应。

  针对某个已知的基因,设计可诱导其沉默的双链 RNA 或 siRNA,通过合适的手段导入细胞或机体,使该基因表达水平下降或完全沉默。观察基因表型的变化,鉴定基因在基因组中的功能。RNAi 技术实施过程中,第一步需要进行 siRNA 的设计。根据靶基因序列,在相应网站上,如 Web MicroRNA Designer(http://wmd2.weigelworld.org)上设计 siRNA 分子。siRNA 可以体外合成,包括人工寡核苷酸合成和体外转录合成,合成后的 siRNA 分子或 dsRNA 分子被转染到细胞中,siRNA 分子可以直接发挥 RNAi 作用,dsRNA 分子进入细胞后经 Dicer 酶加工形成有功能的 siRNA 分子。体外合成的 siRNA 适用于基因表达的瞬时降低,作用时间短。也可以利用质粒或病毒载体在细胞内进行 siRNA 合成,由于载体分子能够稳定存在并一直转录生成 siRNA 分子,能够持续稳定地沉默目标基因的表达,甚至可以传递到子代细胞和个体中,即成为可遗传的 RNA 干扰。例如在 Web MicroRNA Designer 体系中,通过嵌套突变 PCR 技术将 micro319a 基因上的 miRNA 序列替换为针对目标基因的 amiRNA 序列,将突变后的序列克隆到相应表达载体的启动子后,将载体转入到细胞中,表达出的 RNA 分子形成类似 pre-mRNA 的发夹结构,经 Dicer 酶加工后形成有功能的 amiRNA 分子(图 7-16)。

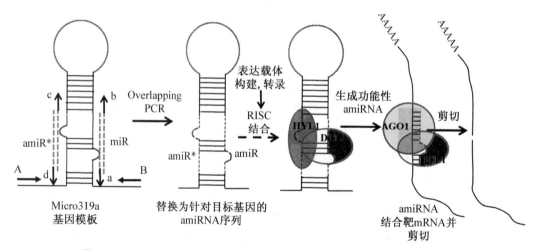

图 7-16　Web MicroRNA Designer 体系中 amiRNA 序列的产生和应用策略

  哺乳动物的表达载体构建如下:首先针对靶基因的 cDNA 序列设计一个 siRNA 表达盒(21 bp 正义链-8 bp 无关序列形成的环-21 bp 反义链),表达盒两端加上酶切位点克隆到 siRNA 载体上的启动子后。构建后的载体转染细胞系后,启动子驱动基因表达,获得 siRNA 表达盒的单链 RNA 分子,单链 RNA 由于正义链和反义链互补形成带有发夹结构的双链 siRNA,诱导靶基因 RNAi 的发生(图 7-17)。

  果蝇、线虫以及植物拟南芥中,通过构建表达长双链 RNA 的载体来诱导 RNAi 的发生。选择基因一段特异序列(>200 bp)的正义链和反义链连接在 loop 序列的两侧,构建在载体启动子的下游。构建好的载体通过转基因的方法获得转基因生物,后代转基因生

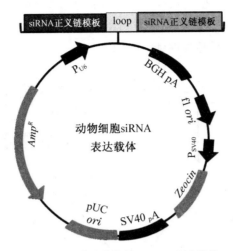

图 7-17　哺乳动物的 siRNA 表达载体

物会产生带有发夹结构的 dsRNA，介导靶基因 RNA 的干扰。这种 RNA 干扰机制是可以稳定遗传的。

RNAi 是一种在基因功能研究中普遍采用的简单技术，但它属于基因下调（Knockdown）方法，一般不能完全抑制基因的表达。此外，由于 RNAi 能够特异性使特定基因表达沉默，RNAi 技术可以用于进行基因治疗，比如针对肿瘤或艾滋病等病毒性疾病，可以特异性地抑制异常表达的癌基因活性或抑制艾滋病病毒基因在人体内的表达，以达到治疗和延缓疾病的目的。

（3）RNA 介导的 DNA 定点编辑技术

十多年来，由于操作方便，RNAi 技术一直是这一领域的王者，然而新兴技术（尤其是 CRISPR 技术）的涌现正在逐渐瓦解 RNAi 的统治地位。CRISPR-Cas（Clustered Regularly Interspaced Palindromic Repeat Associated）蛋白来源于细菌系统，是细菌保护基因组免受插入突变的免疫系统（CRISPR-Cas9）。CRISPR/Cas9 是细菌和古细菌在长期演化过程中形成的一种适应性免疫防御，可用来对抗入侵的病毒及外源 DNA（图 7-18）。控制这一适应性免疫防御机制的是一个基因座，5′端为 tracrRNA 基因；中间为一系列 Cas 蛋白编码基因，包括 Cas9、Cas1、Cas2 和 Csn2，Cas9 蛋白是一种核酸内切酶，包含两个功能结构域，一个在 N 端，有类似于 Ruc 核酸酶的活性，一个在中部有类似 HNH 核酸酶的活性；3′端为 CRISPR 基因座，由启动子区域和众多的间隔序列（spacers）和正向重复序列（direct repeats）排列组成，这些间隔序列就是 CRISPR/Cas9 系统通过将不同入侵噬菌体和质粒 DNA 的片段整合到 CRISPR 中而逐渐形成的。不同细菌中 CRISPR 基因座中间隔序列长度可变，主要来源于噬菌体或质粒，长度范围在 21 bp～72 bp，不同的 CRISPR 基因座包含的间隔序列的数量差异很大，从几个到几百个不等。噬菌体或质粒中与间隔序列对应的序列被称为前间隔序列（protospacer），通常前间隔序列的 5′或 3′端延伸几个碱基序列很保守，被称为前间隔序列邻近基序（protospacer adjacent motifs，PAM），它的长度一般为 2～5 碱基，一般与 protospacer 相隔 1～4 碱基，常见的 PAM 序列为 NGG 或 NAG。基因座的工作原理是 crRNA（CRISPR-derived

RNA)通过碱基配对与 tracrRNA (trans-activating RNA)结合形成 tracrRNA/crRNA 复合物,此复合物引导核酸酶 Cas9 蛋白在与 crRNA 配对的序列靶位点剪切双链 DNA,指导同源序列的降解,从而提供免疫性(图 7-18)。

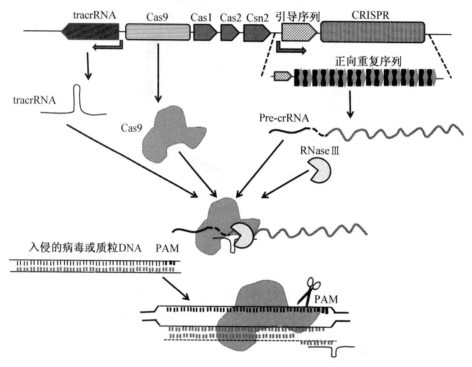

图 7-18　细菌细胞内 CRISPR/Cas9 介导的免疫机制

　　而通过人工设计这两种 RNA,可以改造形成具有引导作用的 sgRNA (short guide RNA),足以引导 Cas9 对 DNA 的定点切割。所以,RNA 介导的特定 DNA 位点的剪接 (CRISPR-Cas)的作用机理是一个带特异结合位点的 sgRNA 引导 Cas9 核酸酶到靶位点来切割靶序列,所得到的双链断裂或被修复或导致细胞死亡(图 7-19)。以在水稻中突变特定基因为例,利用 CRISPR-Cas9 系统进行特定位点的编辑,需要对细菌中 CRISPR-Cas9 系统进行改造,除了上述的将 tracrRNA 和 crRNA 融合表达形成嵌合的指导 RNA (gRNA)之外,还需在 Cas9 蛋白的编码基因融合核定位信号的序列,表达成 NLS-Cas9 融合蛋白(或 Cas9-NLS),可以进入到细胞核内实施 DNA 位点的定点切割(图 7-19)。

　　真核细胞对双链断裂(Double strand break, DSB)的应答机制有两种:第一,非同源末端连接(NHEJ),两个游离的染色体末端重连。然而,NHEJ 较容易出错,常常导致插入或缺失以致基因断裂或敲除。第二,在有外源 DNA(和靶位点为同源序列)供体的条件下,细胞可通过同源重组修复 DSB。这一修复机制为研究者提供了基因敲入和基因替换的选择。通过上述机制,研究者可人为定向地进行基因突变或基因校正(图 7-20)。

　　利用 CRISPR/Cas9 系统对真核基因组改造过程分述如下:构建可以表达核定位 Cas9 和 sgRNA 主体骨架的载体;选择候选基因的靶点构建 CRISPR/Cas9 载体; CRISPR/Cas9 载体转基因;真核细胞表达,最终形成 Cas9＋gRNA 核蛋白复合体进入细

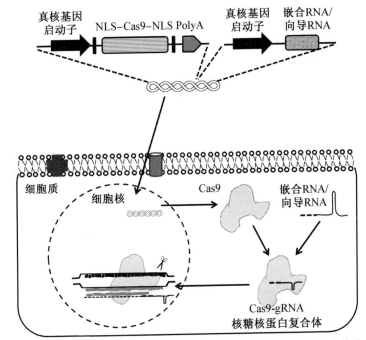

图 7 - 19 改造 CRISPR/Cas9 系统用于真核细胞定点突变的实施策略

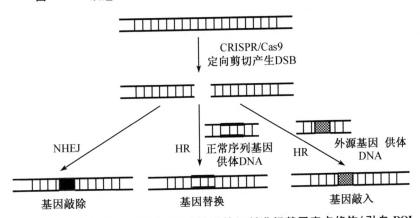

图 7 - 20 利用真核细胞对双链断裂的应答机制进行基因定点修饰(引自 DOI:
https://doi.org/10.1146/annurev-arplant - 050718100049)

胞核;对靶位点进行切割,形成靶位点有变化的突变个体。

以在玉米中构建基因定点编辑玉米为例,CRISPR/Cas9 载体系统包括两个部件,一般整合在同一载体上。将玉米密码子优化的 *Cas9* 基因的上下游引入核定位信号及一个 FLAG 标签。*Cas9* 基因由玉米泛素基因启动子驱动表达(图 7 - 21 A)。图 7 - 21 B 为玉米泛素基因启动子驱动的 70 bp 长的 sgRNA 骨架。20 个核苷酸的目标位点可根据待编辑基因的序列设计序列并进行克隆。首先在相应数据库中根据待编辑目标基因筛选 sgRNA 序列,可用的在线分析数据库有 http://crispr.hzau.edu.cn/CRISPR2/ 和 http://skl.scau.edu.cn/,可以帮助设计 sgRNA 序列,可以选择基因的不同区域进行多个 sgRNA 的设计,保证特异性和免于脱靶,并且要求在靶位点的 3' 端有 NGG 序列位点(图

7－21 C）。之后将序列克隆进上述载体中，完成 CRISPR/Cas9 基因编辑载体的构建。载体构建成功后将 sgRNA-Cas9 双元载体转化进农杆菌 EH105A，再用农杆菌侵染玉米幼胚，之后进行筛选和植株再生，获得 T_0 代转基因植株。提取植株基因组 DNA 进行基因拟编辑位点的序列检测。可以看到在特定位点出现碱基序列的缺失或插入。分析 T_0 和 T_1 代基因编辑植株的表型，从而研究基因的功能。

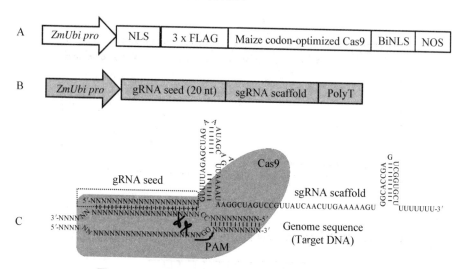

图 7-21　玉米 CRISPR/Cas9 基因定点编辑载体系统
A：Cas9 表达框架；B：sgRNA 表达框架；C：sgRNA 的靶向剪切模型

CRISPR/Cas 技术在最近 6 年的发展过程有很多新的进展，包括对一系列较新类别 Cas 酶的开发和单碱基编辑系统的出现和应用。最初的 Cas 酶（SpCas9）系统来源于酿脓链球菌，之后人们分别从如金黄色葡萄球菌和嗜热链球菌中分离到了 SaCas9 和 StCas9，新的酶分子量更小且更加有效。类型 V CRISPR/Cas12（也被称为 Cpf1）也被开发出来用于哺乳动物细胞和植物的基因编辑，是 CRISPR/Cas9 系统的良好补充。为了扩大基因编辑的应用范围和切割的特异性，人们对 CAS9 蛋白进行了遗传改造，使其能识别不同的更广泛的 PAM 位点且大大降低脱靶频率，如 XCas9、eSpCas9、Cas9-HF 和 Cas9-NG 蛋白。Cas9-NG 识别的 PAM 位点为 NG。XCas9、eSpCas9 和 Cas9-HF 具有更高的切割特异性。

生物体出现明显表型差异，如农作物的许多重要农艺形状的形成和人的一些遗传疾病的产生都是由于基因内部的单碱基或少数几个碱基的变化。所以人们期待通过对 CRISPR/Cas9 系统的改造，可以实现在基因序列的特定位点进行单碱基的替换，这一过程不需要模板，且靶位点也不会发生双链的断裂。现在，通过对 Cas9 蛋白进行改造，人们获得了两种碱基编辑系统，即胞嘧啶碱基编辑系统（CBE）和腺嘌呤碱基编辑系统（ABE）。CBE 系统中将胞嘧啶脱氨酶和 Cas9 蛋白构建成融合蛋白，在 sgRNA 的引导下，可在靶位点非 sgRNA 互补序列 5′端第 5～8 个核苷酸的位置将 C 脱氨基转换为 U；同时融合蛋白内切酶活性将 sgRNA 互补序列单链切开，在 DNA 聚合酶的作用下将这条链重新复制并将 C 对应位点的 G 碱基转换为 A。完成碱基 C-T 的转换。ABE 系统中将腺嘌呤脱氨酶和 Cas9 蛋白构建成融合蛋白，可以完成 A-G 间的碱基转换。

此外,人们还开发出了同时进行多基因编辑的系统,可以应用于研究功能冗余基因的功能。

3. 特定基因异常高表达

在高等生物的进化过程中,由基因扩增造成的基因重复或基因冗余现象非常普遍。基因通常具有两个或更多的拷贝,所以会造成功能冗余,即单个基因的缺失通常没有表型出现,对于阐明基因的功能非常不利。在这种情况下,从相反的角度出发,过量表达这一基因反而会收到意想不到的效果。针对基因的生物来源不同,选择这一生物常用的强启动子驱动目的基因在细胞或转基因动植物中过量或超量表达,根据细胞或有机体出现的相关表型对基因的功能进行鉴定。在植物中常用的强启动子有来自烟草花叶病毒 CaMV 的 35S 增强子及强启动子;动物细胞中的组成型表达强启动子 CMV 启动子等。根据基因功能研究需要,也可以选用组织细胞特异性的强表达启动子,可以使基因在某一特定组织和细胞过量表达,可以更加针对性、准确地揭示基因的功能。

4. 特定基因的显性抑制分析(Dominant Negative)

对于某些编码可形成二聚体的蛋白的基因类型,如编码受体类激酶的基因进行功能验证时,显性负抑制的研究方法是对以上 RNAi 或基因敲除研究的一个有益补充。显性抑制突变体基因与野生型基因的差异就在于其编码的蛋白质某一个或几个结构域(domain)模体(motif)发生了变化,从而通过异常的二聚化或竞争性抑制改变原基因的功能。举例来说,在正常情况下,细胞特定信号网络中存在蛋白 A 与蛋白 B 以及功能冗余的同源蛋白成员 A′和 B′。A/A′和 B/B′蛋白两两形成二聚体发挥功能,促进器官伸长。当 A 基因发生功能缺失突变时,A′和 B′/B 蛋白相互作用,仍发挥部分功能,器官仍能小幅伸长。但假如蛋白 A 结构发生变化而成蛋白 a,那么蛋白 a 与蛋白 B/B′结合就抑制了正常的 A/A′与 B/B′的结合,而产生竞争性抑制效应,从而阻断野生型蛋白 A 的生物学功能(图 7-22)器

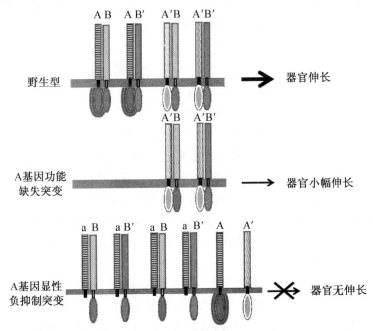

图 7-22　利用显性抑制效应研究基因功能(引自 DOI:https://doi/10.1105/tpc.010413)

官无伸长。例如突变型 p53 基因编码蛋白能通过显性抑制效应抑制野生型 p53 基因编码蛋白的功能，所产生的效应即表现为"显性抑制"。这是经典遗传学的现代化思路，为研究基因功能提供了绝佳的思路。具体的技术方法将基因编码二聚体化结构域的序列保持不变，而将功能结构域缺失或进行定点突变，将这一突变的基因序列构建瞬时或永久表达载体，导入到受体细胞或生物体内并分析细胞和机体的表型变化。

7.2.3 基因调控网络的鉴定

一个基因在行使功能的过程中，是处在特定的调控网络中，比如说一个转录因子的活性可能受到上游激酶使之磷酸化的调控、泛素化及蛋白酶体降解的调控等；转录因子可以结合下游基因的顺式作用元件（DNA 调控序列位点），激活或抑制下游基因的表达；转录因子还可能和其他转录因子结合成二聚体发挥作用或和其他转录因子或辅转录因子相互作用共同调控下游基因的表达。所以阐明基因的调控网络对于阐明基因的功能至关重要。具体来讲，基因调控网络的鉴定包括鉴定大分子间的相互关系，如蛋白-蛋白，蛋白-DNA，蛋白- RNA，RNA-RNA 之间的关系以及蛋白质的修饰，如磷酸化、泛素化等现象。下面把有关研究生物大分子相互作用的方法分述如下：

7.2.3.1 研究蛋白和蛋白的相互作用

在细胞中，蛋白质几乎控制所有的生命活动进程，虽然有一些蛋白可以独立发挥其功能，但是绝大部分蛋白通过和其他成员的相互作用来发挥其生物学功能。细胞的表型（Phenotype）是蛋白质之间相互作用综合表现的结果。细胞表型的改变意味着在分子水平蛋白质之间相互作用的改变。通过免疫共沉淀、下拉实验（pull-down）、交联等实验对于研究蛋白-蛋白间相互作用及其理解其在细胞中的生物学功能至关重要。以前未知的蛋白质可能通过与已知的一种或多种蛋白质的相互作用而被发现。蛋白质相互作用分析也可能揭示已知蛋白质独特的、未知功能。对相互作用的发现或验证是理解这些蛋白质在体内的相互作用位置、作用方式和条件以及理解这些相互作用的功能含义的第一步。

蛋白质的相互作用的本质是发生在每个蛋白质分子的特定结构域间的氢键、范德华力和盐桥等作用力的总和，作用力的大小和结合结构域的大小密切相关，结合结构域可能在特定的几个氨基酸残基或跨越了长约几百个氨基酸的片段。亮氨酸拉链和 SH2 结构域就分别是蛋白间发生稳定和瞬时相互作用的代表性结构域。

蛋白质的相互作用基本上分为稳定和瞬时（短暂）作用，二者作用力的大小均有强有弱。稳定的相互作用来自那些能够以多亚基复合体纯化出来的蛋白分子，这些亚基或相同，或不同。例如免疫球蛋白和催化转录的 RNA 聚合酶的核心酶。

瞬时或短暂的蛋白相互作用控制细胞的大部分生命进程，比如蛋白质修饰、转运、折叠、信号转导、凋亡和细胞周期等过程。蛋白质分子间的瞬时作用需要特定的条件来促进相互作用的发生，如磷酸化、构象变化或定位到细胞的特定区域等。瞬时作用的强度可强可弱，作用时间可长可短。

如图 7-23 所示，14-3-3 蛋白家族是真核生物体内分离到的一类小分子蛋白，其通过与多种配体蛋白结合，参与细胞信号转导、细胞周期调控、细胞凋亡和代谢等重要生理活动的调节。14-3-3 可以结合被蛋白激酶 Akt 磷酸化 Bad 蛋白，同时改变 Bad 蛋白与

Bcl-xL/Bcl-2 蛋白的结合能力；Bad 与 Bcl-xL/Bcl-2 蛋白的结合能够抑制 Bcl-xL/Bcl-2 的抗凋亡效应，导致细胞凋亡。Bad 被磷酸化后，暴露其与 14-3-3 蛋白的结合位点并与其结合，从而抑制 Bad 诱导的细胞凋亡（图 7-23）。

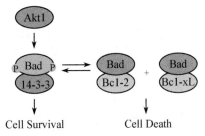

图 7-23　不同蛋白间的相互作用在细胞凋亡中起重要调控作用

　　研究蛋白和蛋白相互作用的方法有很多，可以根据蛋白间作用力强弱选择不同的方法，如免疫共沉淀（Co-immunoprecipitation，Co-IP）和下拉实验（Pull-down assay）可用于作用力比较强的蛋白间相互作用鉴定；交联蛋白相互作用分析（Crosslinking protein interaction analysis）可用于作用力比较弱的蛋白间相互作用鉴定。根据研究方法是否在细胞内进行，可以分为体内（In Vivo）和体外（In Vitro）两大类方法，而体内方法又可分为异源细胞体系和自身活细胞体系。下面分别从上述分类中选取代表性和常用方法进行阐述。

　　1. 免疫共沉淀

　　免疫共沉淀是研究蛋白间相互作用的最常用的方法之一。免疫共沉淀是以抗体和抗原之间的专一性作用为基础，研究蛋白质相互作用的经典方法，是确定两种蛋白质在完整细胞内生理性相互作用的有效方法。

　　其原理是当细胞在非变性条件下被裂解时，完整细胞内存在的原初蛋白质-蛋白质间的相互作用被保留了下来。如果用蛋白质 X 的抗体免疫沉淀抗原 X，那么与抗原 X 在体内结合的蛋白质 Y 也能沉淀下来。这里被抗体沉淀的 X 蛋白就称为诱饵蛋白，而和 X 蛋白同处于一个复合体的蛋白 Y 就称为猎物蛋白（图 7-24）。目前多用精制的 Protein A/G 免疫沉淀磁珠，即将 protein A/G 预先共价偶联结合在超顺磁性聚合物微球表面（图 7-25）。天然蛋白 A（Protein A）是一种发现于金黄色葡萄球菌的细胞壁表面蛋白，天然蛋白 G（Protein G）是一种分离自 G 型或 C 型链球菌属的细胞表面蛋白，二者功能相似，主要通过与免疫球蛋白（Ig）的 Fc 区相互作用，可结合大多数哺乳动物的 IgG。将 Protein A/G 免疫沉淀磁珠、抗体和含有抗原的细胞裂解液进行孵育，Protein A/G 免疫沉淀磁珠结合抗体 Fc 区，抗体和抗原 X 结合，抗原 X 和 Y 蛋白相互作用，可以同时从裂解液中沉淀下来（图 7-24），沉淀复合体的模式图见图 7-25。沉淀下来的复合体用 SDS-PAGE 电泳分离，并分别进行两种蛋白的 Western 杂交分析，来确定 X 和 Y 蛋白是否在细胞中是以复合体的形式存在的（图 7-26）。这种方法常用于测定两种目标蛋白质是否在体内结合；也可在免疫共沉淀后进行质谱分析来分离与特定蛋白质相互作用的未知新蛋白。

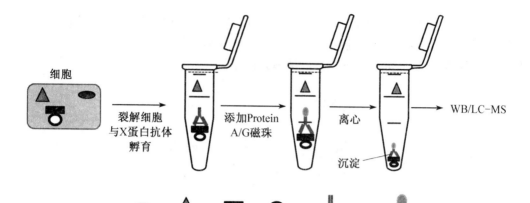

细胞核　　Z蛋白　　X蛋白　　Y蛋白　　X蛋白抗体　　Protein A/G
免疫沉淀磁珠

X蛋白和Y蛋白在细胞内存在相互作用

图 7 - 24　免疫共沉淀的流程示意图

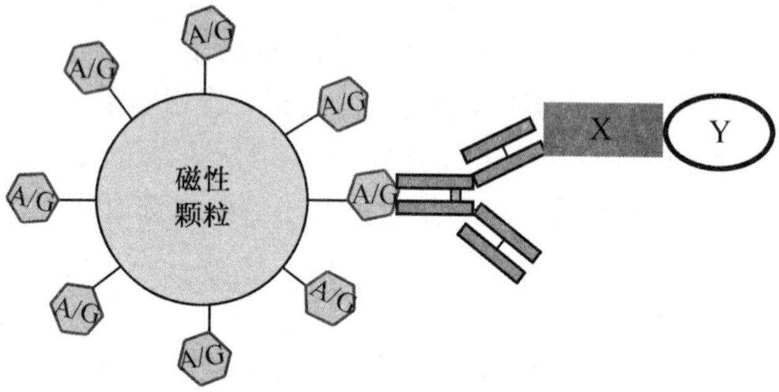

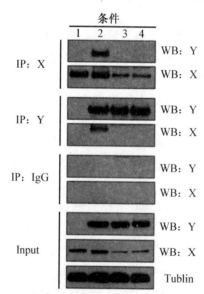

图 7 - 25　Protein A/G 免疫沉淀磁珠与 X 和 Y 蛋白组成的沉淀颗粒

图 7 - 26　免疫共沉淀后用免疫印记杂交的方法验证 X 和 Y 蛋白间的相互作用

　　IP：X,用 X 抗体进行免疫共沉淀；IP：Y,用 Y 抗体进行免疫共沉淀；IP：IgG,用 IgG 抗体进行免疫共沉淀,即阴性对照；Input,上样样品；WB：Y,用 Y 抗体进行免疫印记杂交；WB：X,用 X 抗体进行免疫印记杂交；Tublin,为内参蛋白微管蛋白；条件 1,2,3,4 为不同处理条件下的四种样品；结果表明,在 2 号条件下,蛋白 X 与 Y 之间存在相互作用免疫共沉淀方法的优点：

① 相互作用的蛋白质都是经翻译后修饰的，处于天然状态；

② 蛋白的相互作用是在自然状态下进行的，可以避免人为的影响；

③ 可以分离得到天然状态的相互作用蛋白复合物。

免疫共沉淀方法的缺点：

① 可能检测不到低亲和力或瞬间的蛋白质-蛋白质相互作用；

② 不能排除检测两种蛋白质的结合可能不是直接结合，而可能有第三者在中间起桥梁作用；

③ 必须在实验前预测目的蛋白是什么，以选择最后检测的抗体。

2. 拉下实验（Pull-down assays）

拉下实验又叫作蛋白质体外结合实验（binding assay in vitro），是一种在试管中检测蛋白质之间相互作用的方法。

拉下实验的基本原理是利用亲和层析的原理，把靶蛋白的标签融合蛋白，如靶蛋白谷胱甘肽 S-转移酶（glutathione S-transferase，GST）融合蛋白、多聚组氨酸标签融合蛋白或链霉亲和素标签融合蛋白等。根据其所携带标签选择相应亲和树脂结合，如 GST 融合蛋白亲和固化在谷胱甘肽亲和树脂上，充当一种"诱饵蛋白"（多聚组氨酸融合蛋白可特异性结合镍柱；链霉亲和素标签融合蛋白可特异性结合生物素覆盖的琼脂糖珠子），目的蛋白溶液过柱，可从中捕获与之相互作用的"捕获蛋白"（目的蛋白），洗去不能结合的蛋白，再用竞争性物质、低 pH 值或低离子浓度洗脱结合物，之后通过 SDS-PAGE 电泳分析，从而证实两种蛋白间的相互作用或筛选相应的目的蛋白（图 7-27）。"诱饵蛋白"和"捕获蛋白"均可通过细胞裂解物、纯化的蛋白、表达系统以及体外转录翻译系统等方法获得。此方法简单易行，操作方便。拉下实验可用于分析相互作用较强，结合较稳固的蛋白，特别适合于没有相应抗体的蛋白间的相互作用分析。

对于较弱或瞬时的蛋白间相互作用，利用上述两种方法往往无法进行鉴定，所以，在利用上述两种方法鉴定时，需要首先进行共价交联，将相互作用固化下来。

3. 酵母双杂交（Yeast two hybrid）

酵母双杂交系统是在异源细胞体系中鉴定蛋白间相互作用的方法。双杂交系统的建立得力于对真核生物调控转录起始过程的认识。细胞起始基因转录需要有反式转录激活因子的参与。20 世纪 80 年代的研究表明，转录激活因子在结构上是模块式（modular）的，即这些因子往往由两个或两个以上相互独立的结构域构成，其中有 DNA 结合结构域（DNA binding domain，简称为 BD）和转录激活结构域（activation domain，简称为 AD），它们是转录激活因子发挥功能所必需的。前者可识别 DNA 上的特异序列，并使转录激活结构域定位于所调节的基因的上游，转录激活结构域可同转录复合体的其他成分作用，启动它所调节的基因的转录。单独的 BD 虽然能和启动子结合，但是不能激活转录。而不同转录激活因子的 BD 和 AD 形成的杂合蛋白仍然具有正常的激活转录的功能。如酵母细胞的 Gal4 蛋白的 AD 与大肠杆菌中调控 SOS 修复途径的阻遏蛋白 LexA 的 DNA 结合结构域融合得到的杂合蛋白仍然可结合到 LexA 结合位点并激活转录。

根据以上研究结果，将 DNA 结合结构域和转录激活结构域的编码 DNA 序列分别克

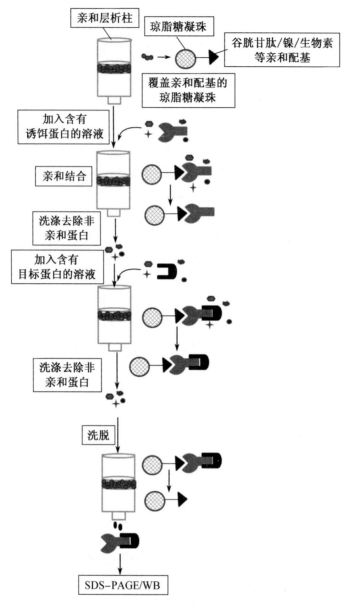

图 7 - 27　下拉实验流程示意图

隆进不同的酵母载体中,形成酵母双杂交体系中的两类载体:① 诱饵载体,含 DNA 结合结构域编码序列的载体;② 目标载体,含转录激活结构域编码序列的载体(图 7 - 28)。目前研究中常用 DNA 结合结构域的基因有:GAL4(1 - 147)、LexA (*E coli* 转录抑制因子)的 DNA-BD 编码序列。常用的激活结构域的基因有:GAL4(768 - 881)和疱疹病毒 VP16 的编码序列等。一般编码诱饵蛋白的基因融合到转录调控因子的 DNA 结合结构域(如 GAL4-BD、LexA-BD);另一个猎物蛋白的基因融合到转录激活结构域(如 GAL4-AD、VP16)(图 7 - 29)。且在构建融合基因时,测试蛋白基因与结构域基因间要保持读码框正确,不发生移码。融合基因在酵母特定菌株株中表达,其表达产物只有定位于核内才能驱动报告基因的转录。因此，需要在 GAL4-AD 氨基端或羧基端应克隆来自 SV40 的 T-抗原的一段序列作为核定位的序列。将两个重组载体同时引入酵母宿主细胞，两融合蛋白表达。如果诱饵蛋白 X 和猎物蛋白 Y 之间发生相互作用，可以重建转录激活因子 GAL4 的活性，驱动下游报告基因的表达（图 7-30）。

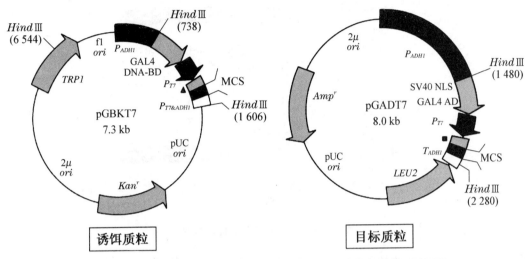

图 7-28　酵母双杂交系统常用诱饵载体 pGBKT7 和目标载体 pGADT7

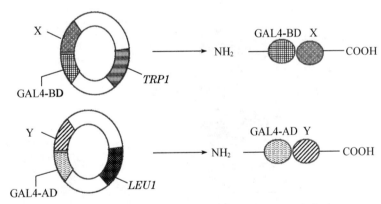

图 7-29　酵母双杂交系统中载体构建和融合蛋白表达

　　酵母双杂交系统的另一个重要的元件是报告菌株。报告菌株指经改造的、含报告基因（reporter gene）的营养缺陷型宿主细胞。酵母细胞作为报告菌株的酵母双杂交系统具有许多优点：① 易于转化、便于回收扩增质粒；② 具有可直接进行选择的标记基因和特征性报告基因；③ 酵母的内源性蛋白不易同来源于哺乳动物的蛋白结合。

　　(1) 酵母双杂交实验流程

　　首先诱饵蛋白和猎物蛋白的基因序列构建到相应的载体上，或者利用 AD 载体构建 cDNA 文库，之后转化酵母细胞进行两个特定蛋白相互作用的检验或进行 cDNA 文库筛选获得新的基因。酵母转化后进行利用报告基因在营养缺陷型培养基上进行筛选，并且对报告基因的活性进行定性、定量分析（图 7-31）。如果出现相互作用，此酵母细胞即可

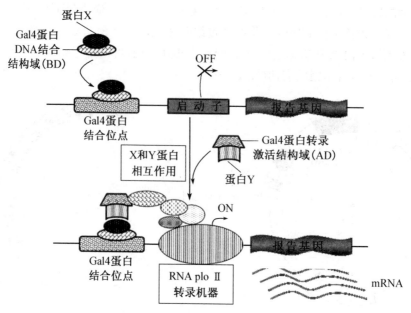

图 7-30 酵母双杂交原理示意图

以在缺少几种氨基酸或核苷酸的培养基上生长,并可使 *LacZ* 报告基因表达,酵母菌落呈蓝色(图 7-31)。

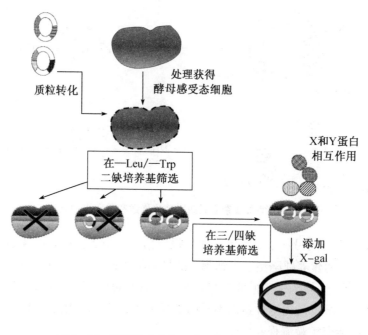

图 7-31 酵母转化和相互作用蛋白的验证示意图

(2) 酵母双杂交技术应用范围

酵母双杂交系统是在真核模式生物酵母中进行的,研究活细胞内蛋白质相互作用,对蛋白质之间微弱的、瞬间的作用也能够通过报告基因的表达产物敏感地检测得到,它是一种具有很高灵敏度的研究蛋白质之间关系的技术。大量的研究文献表明,酵母双杂交技术既可以用来研究哺乳动物基因组编码的蛋白质之间的互作,也可以用来研究高等植物基因组编码的蛋白质之间的互作。因此,它在许多的研究领域中有着广泛的应用。特别是在发现新的蛋白质和蛋白质的新功能有重要的意义。当我们将已知基因作为诱饵,在选定的 cDNA 文库中筛选与诱饵蛋白相互作用的蛋白,从筛选到的阳性酵母菌株中可以分离克隆得到随机插入的 cDNA 片段,并对该片段的编码序列在 Gen Bank 中进行比较,研究与已知基因在生物学功能上的联系。

（3）酵母双杂交技术的特点

酵母双杂交系统的最主要的应用是快速、直接分析已知蛋白之间的相互作用及鉴定与已知蛋白相互作用的新蛋白。酵母双杂交系统检测蛋白之间的相互作用具有以下优点:① 蛋白间相互作用的发生是通过融合基因表达后,在细胞内重建转录因子而获取,省去了纯化蛋白质的繁琐步骤。② 检测在活细胞内进行,可以在一定程度上代表细胞内的真实情况。③ 检测的结果可以是基因表达产物的积累效应,因而可检测存在于蛋白质之间的微弱的或暂时的相互作用。④ 酵母双杂交系统可采用不同组织、器官、细胞类型和分化时期材料构建 cDNA 文库,能分析细胞质、细胞核及膜结合蛋白等多种不同亚细胞部位及功能的蛋白。

（4）酵母双杂交技术的局限性

酵母双杂交系统是分析蛋白-蛋白间相互作用的有效和快速的方法,有多方面的应用,但仍存在一些局限性。① 双杂交系统分析蛋白间的相互作用定位于细胞核内,而许多蛋白间的相互作用依赖于翻译后加工,如糖基化、二硫键形成等,这些反应在核内无法进行。另外有些蛋白的正确折叠和功能有赖于其他非酵母蛋白的辅助,这限制了某些细胞外蛋白和细胞膜受体蛋白等的研究。② 这种相互作用是否会在细胞内自然发生,即这一对蛋白在细胞的正常生命活动中是否会在同一时间表达且定位在同一区域。③ 酵母双杂交系统的一个重要的问题是"假阳性"。由于某些蛋白本身具有激活转录功能或在酵母中表达时发挥转录激活作用,使 DNA 结合结构域杂交蛋白在无特异激活结构域的情况下可激活转录。另外某些蛋白表面含有对多种蛋白质的低亲和力区域,能与其他蛋白形成稳定的复合物,从而引起报告基因的表达,产生"假阳性"结果。如某些蛋白如是依赖于泛素蛋白的蛋白酶解途径的成员,它们具有普遍的蛋白间的相互作用的能力。再如一些实际上没有任何相互作用的但有相同的模体(motif),如两个 α-螺旋的蛋白质间可以发生相互作用。针对以上酵母双杂交系统的局限性,对酵母双杂交系统进行了多方面的改造,可以研究膜蛋白间的相互作用。

4. 依赖于分裂化泛素系统的膜蛋白酵母双杂交体系(The Split-Ubiquitin Membrane Based Yeast Two-Hybrid System)

分裂化泛素系统由 Johnsson 和 Varshavsky 于 1994 年设计,可用于测定细胞质基质蛋白间的互作检测,后来又被扩展为膜蛋白间的互作筛选。泛素(ubiquitin)是一种存在于所有真核生物(大部分真核细胞)中的小蛋白。泛素由 76 个氨基酸组成,泛素间可以通过酶促反应相互连接,形成一个多聚泛素蛋白链并与靶蛋白共价结合,从而蛋白被标记为 26 S 蛋白酶体的降解对象。蛋白的泛素化是一个可逆反应,泛素链可被泛素特异性蛋白酶(USP)从蛋白上降解(图7-32 A)。人工转录因子(LexA-VP16)与泛素相连后可被USP水解(图7-32 B)。分裂泛素化酵母双杂交(Y2H)技术基于泛素可分裂为两个独立的片段。已有的研究显示泛素可分裂为N端(Nub)及C端(Cub),并且这个片段间有亲和性,可自发形成与原泛素类似的蛋白(图7-32 C)。将Nub的第13个氨基酸I突变为G和A,使Nub突变为NubG和NubA,可使Nub和Cub的自发组装无法进行(图7-32 D)。在这两种突变体中,只有两部分由于分别和NubG/A和Cub构成融合蛋白的两个蛋白间的相互作用而被拉到足够接近的距离时,才能发生有效地结合,重构形成完成的泛素分子(图7-32 E)。重构的分裂化泛素分子可被USPs识别,然后切掉与Cub C端融合的报告蛋白(图7-32 E)。最初的系统使用二氢叶酸还原酶作为报告基因,后者产物可通过SDS-PAGE检测。然而,由于需要使用免疫共沉淀和电泳分离,阳性克隆的鉴定十分不便。

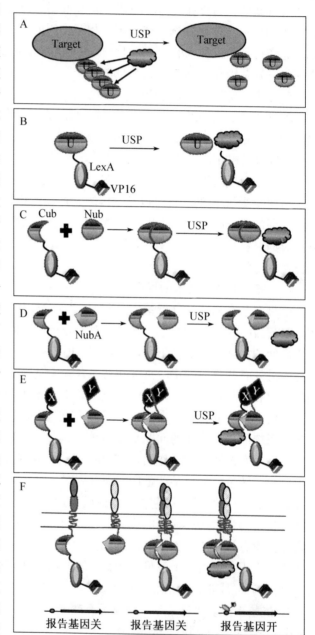

膜反式转录激活因子分裂泛素(MbY2H)系统使用人工转录因子(LexA-VP16)作为与泛素相连可被水解的报告蛋白,可分析ER膜蛋白间的相互作用。一旦泛素被重组,LexA-VP16就被释放到核中并激活报告基因的转录(如HIS3,LacZ)。这种转录激活方式放大了蛋白的互作反应,对瞬时互作的检测更敏感、更方便。此系统已被成功用于检测不同种类膜蛋白间的互作反应及cDNA文库筛选中(图7-32 F)。

图7-32 依赖于分裂化泛素系统的膜蛋白酵母双杂交体系

近期,改进后适用于胞质蛋白互作筛选的MbY2H系统已被发布。在此改进方案中,诱饵载体上包括Cub和转录因子,并且由于融合了ER膜蛋白Ost4p,使此融合蛋白锚定在ER膜上。

5. 荧光能量共振转移（Microscopic Analysis of Fluorescence Resonance Energy Transfer，FRET）

荧光能量共振转移是距离很近的两个荧光分子间产生的一种能量转移现象。当供体荧光分子的发射光谱与受体荧光分子的吸收光谱重叠，并且两个分子的距离在 10 nm 范围以内时，就会发生一种非放射性的能量转移，即 FRET 现象，使得供体的荧光强度比它单独存在时要低得多（荧光猝灭），而受体发射的荧光却大大增强（荧光激活）。而在生物体内，如果两个蛋白质分子的距离在 10 nm 之内，一般认为这两个蛋白质分子存在直接相互作用。所以，FRET 技术可用于检测某一细胞中两个蛋白质分子是否存在直接的相互作用。FRET 技术在分子生物学研究中广泛应用得益于绿色荧光蛋白（Green Fluorescent Protein，GFP）的应用和改造。野生型 GFP 吸收紫外光和蓝光，发射绿光。通过更换 GFP 生色团氨基酸等基因工程操作，实现对 GFP 的改造，如增强其荧光强度和热稳定性、促进生色团的折叠、改善荧光特性等。GFP 近年来发展出了多种突变体，通过引入各种点突变使发光基团的激发光谱和发射光谱均发生变化而发出不同颜色的荧光，有 BFP、YFP、CFP 等，这些突变体使 GFP 应用于 FRET 成为可能。

如青色荧光蛋白（cyan fluorescent protein，CFP）和黄色荧光蛋白（Yellow fluorescent protein，YFP）及红色荧光蛋白（Red fluorescent protein，DsRFP）就可组成 FRET，研究蛋白-蛋白间相互作用。CFP 的发射光谱与 DsRFP 的吸收光谱相重叠。将供体蛋白 CFP 和受体蛋白 DsRFP 分别与两种目的蛋白融合表达。当两个融合蛋白之间的距离在 5～10 nm 的范围内，则供体 CFP 发出的荧光可被 RFP 吸收，并激发 RFP 发出黄色荧光，此时通过测量 CFP 荧光强度的损失量来确定这两个蛋白是否相互作用。两个蛋白距离越近，CFP 所发出的荧光被 RFP 接收的量就越多，检测器所接收到的荧光就越少（图 7-33）。

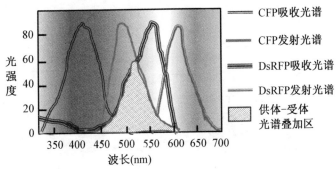

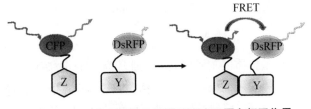

图 7-33　荧光能量共振转移研究两蛋白相互作用

6. 荧光共定位系统(Confocal Microscopy for Intracellular Co-Localization of Proteins)

荧光共定位系统的基本原则是将待检测蛋白用分子生物学的方法分别带上不同的颜色的荧光蛋白标签,如果待检测蛋白对之间具有相互作用,它们各自的荧光标签的光谱就会相互干扰和叠加,产生重叠荧光的共定位。已用于该类系统的荧光蛋白有蓝色荧光蛋白、绿色荧光蛋白和黄色荧光蛋白等。不同的荧光蛋白光谱都有特定的范围,很多荧光蛋白的光谱范围都具有重叠的区域,因此共定位系统会产生假阳性的结果。此外,许多被检测蛋白在细胞内的定位相同,当它们带着各自的标签在细胞内表达时,即使没有特异的相互作用,也会表现出荧光共定位的现象。为了克服这个不足,亚细胞定位信号也被应用到荧光共定位系统中,以达到优化系统,提高检测特异性的目的。

7. 双分子荧光互补(Mapping Biochemical Networks with Protein-Fragement Complementation Assays, BiFC)

双分子荧光互补的原理是将荧光蛋白,如黄色荧光蛋白(YFP)在某些特定的位点切开(如在第 155 个氨基酸位点处),形成不发荧光的 N 和 C 端 2 个多肽,称为 N 片段(N-fragment)和 C 片段(C-fragment)。这 2 个片段在细胞内共表达或体外混合时,不能自发地组装成完整的荧光蛋白,在该荧光蛋白的激发光激发时不能产生荧光。但是,当 N 端或 C 端荧光蛋白分别和另外两个具有相互作用的目标蛋白组成融合蛋白后,在细胞内共表达或体外混合这两个融合蛋白时,由于目标蛋白质的相互作用,荧光蛋白的 N 和 C 片段在空间上互相靠近互补,重新构建成完整的具有活性的荧光蛋白分子,并在该荧光蛋白的激发光激发下,发射荧光(图 7 - 34)。简而言之,如果目标蛋白质之间有相互作用,则在激发光的激发下,产生该荧光蛋白的荧光。反之,若蛋白质之间没有相互作用,则不能被激发产生荧光。具体在动植物细胞中利用 BiFC 方法鉴定蛋白间相互作用的方法可参阅相关文献,包括载体构建,受体细胞共转化,荧光信号的激光共聚焦显微镜观察分析。

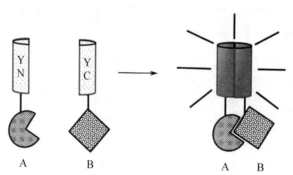

图 7 - 34　双分子荧光互补法研究两蛋白间相互作用
(引用 DOI: https://10.1038/nprot.2006.201)

8. 噬菌体展示

噬菌体展示是通过将蛋白质展示到噬菌体(通常为 M13 噬菌体)的表面上来研究蛋白相互作用的方法。噬菌体展示的操作步骤包括:首先将外源蛋白编码基因克隆在一种特殊类型的 M13 载体上,使蛋白编码基因与噬菌体外壳蛋白基因组成融合基因且保持读码框正确。重组后的 M13 载体转染至大肠杆菌中,融合基因可编码生成包含外源蛋白和外壳蛋白的融合蛋白质,这种融合蛋白将被整合到噬菌体外壳中,使克隆基因的产物展示于噬菌体颗粒的表面。通常,这种技术是由噬菌体展示库来完成的,噬菌体展示库包含许多重组噬菌体,每种噬菌体在蛋白质外壳展示不同的蛋白质。库中一系列不同的蛋白质可用于检测与测试蛋白的相互作用。这个测试蛋白可以是纯蛋白,也可以是本身在噬菌体表面上显示的蛋白质。该蛋白质被固定在微量滴定盘的孔上或可结合在用于亲和层析的颗粒上,然后与噬菌体展示库相混合。经过多次严谨性洗涤,那些仍结合在微量滴定盘的孔上或亲和层析的颗粒上噬菌体所展示的蛋白就为和固定的测试蛋白质能发生相互作用的蛋白。

9. 定点突变研究

蛋白质结构发生变化导致其正常的生物学功能的改变,正是通过改变了的蛋白质之间相互作用(即异常的相互作用)来体现的。蛋白和蛋白之间发生相互作用的本质在于特定的氨基酸残基所组成的结构域之间的相互识别和结合,形成特定的氢键等化学键。蛋白和蛋白间的结合位点可以通过特定的软件进行预测,用定点突变的方法将上述关键位点进行氨基酸替换,之后再用上述研究蛋白和蛋白之间相互作用的方法进行验证,确定蛋白发生相互作用的关键氨基酸位点。

上文主要讲述了研究蛋白和蛋白间相互作用的生物化学方法,遗传学方法,异源细胞和细胞内实验方法,除了这些实验方法外,还可以利用网络上的信息资源库对蛋白间的相互作用网络进行预测,如预测人体内蛋白和蛋白间相互作用的网站 PIPS(http://www.compbio. dundee. ac. uk/www-pips/),提供了 37 606 种可能的蛋白-蛋白间相互作用组合。在研究过程中,可以从上述网站中对你所感兴趣基因进行蛋白相互作用的预测,再用上述实验方法进行验证,可以使科学研究更加具有目标和针对性。

7.2.3.2　研究核酸-蛋白质的相互作用(转录调控研究)

在细胞的生命活动中,核酸和蛋白质间的相互作用体现在基因复制、转录、转录后加工等各个生命过程。具体例子体现在如对转录因子的功能研究和 mRNA 转录后调控过程中。转录因子在行使功能过程中,需要和下游所调控基因的顺式元件相结合调控下游基因的表达。所以鉴定转录因子类别的功能,需要研究转录因子蛋白和 DNA 间的相互作用关系,鉴定其在 DNA 上的结合位点。另外,RNA 的后加工过程中,mRNA 的拼接、转运、翻译和降解等过程都牵涉 RNA-蛋白质的相互作用。所以,研究 RNA-蛋白质间的相互作用也有着非常重要的意义。

研究核酸和蛋白质间的相互作用的方法众多,也可分为体外和体内方法,常见的有双分子荧光报告分析、凝胶阻滞实验、DNase I 足迹实验等体外方法和染色质(RNA)免疫共沉淀等体内方法。下面主要介绍如下。

1. 基因启动子区顺式作用元件预测

经过多年研究发现,特定转录因子的 DNA 结合结构域在其所调控的下游基因转录调控区上均有保守的特征性结合位点。如在受逆境胁迫调控基因的调控区通常包括脱落酸(ABA)反应元件(ABRE),其保守基序为 CACGTG,为碱性亮氨酸拉链 bZIP 转录因子的结合位点。在植物基因功能研究过程中,已知一基因的启动子序列,可以通过 PlantCARE 在线数据库(http://bioinformatics. psb. ugent. be/webtools/plantcare/

html/,植物顺式作用调控元件数据库和启动子序列计算机分析工具门户网站)分析,对其上游的顺式作用元件保守基序进行预测,为基因的表达调控研究提供参考。

2. 双荧光素酶报告基因检测系统(Dual-luciferase reporter assay)

研究转录因子和启动子区调控元件结合的双荧光素酶报告基因检测系统是一个体内研究系统。研究系统包括三个组成:一是受体细胞或组织;二是含有能表达出转录因子表达盒的表达载体;三是荧光素酶报告基因表达系统。报告基因的上游克隆有待研究启动子序列和顺式作用保守元件。转录因子表达载体和报告基因表达元件共转化进受体细胞中进行荧光素酶的活性分析。如图7-35中所示一个载体中CMV启动子驱动转录因子E2F1 cDNA的表达,生成E2F转录因子可以结合到另一载体上E2F转录因子靶序列上驱动荧光素酶报告基因的表达。荧光素酶催化底物荧光素氧化为氧化荧光素并释放可见光信号。在实际研究中,可以进行转录因子特定DNA结合结构域编码序列和顺式元件保守位点的定点突变,通过这一系统深入揭示转录因子和调控元件之间的结合特性。双荧光素酶系统中的"双"字体现在此系统中两种荧光素酶的应用,分别来自荧光虫和海肾。海肾荧光素基因被克隆到组成型启动子后用作转染效率的内参。

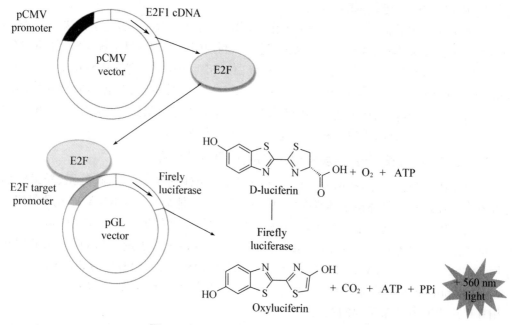

图7-35 双分子荧光报告系统的组成实例
(引自 https://10.1007%2F978-1-4939-7565-5_14)

将组成型表达人E2F1质粒pRc-CMV-E2F1和在荧光素酶报告基因上游克隆E2F靶基因启动子序列的pGL载体共转染人胚肾HEK 293细胞,荧光素酶被驱动表达,催化底物产生可见光信号。

3. 凝胶阻滞实验(Gel retardation assay)

凝胶阻滞试验,又称DNA迁移率变化试验(DNA mobility shift assay, EMSA)。在电场中裸露的DNA朝正电极移动的距离是同其分子质量的对数成反比的,如果DNA分子结合上一种蛋白质,那么由于分子质量加大,在凝胶中的迁移作用便会受到阻滞,朝正电极移动的距离也就相应缩短。根据实验设计特异性和非特异性探针,当核酸探针与样本蛋白混合孵育时,样本中可以与核酸探针结合的蛋白质与探针形成蛋白-探针复合物。这种复合物由于分子量大,在进行聚丙烯酰胺凝胶电泳时迁移较慢,而没有结合蛋白的探针则较快。孵育的样本在进行聚丙烯酰胺凝胶电泳并转膜后,蛋白-探针复合物会在靠近加样孔位置形成一条带,说明有蛋白与目标探针发生互作(图 7-36 A)。

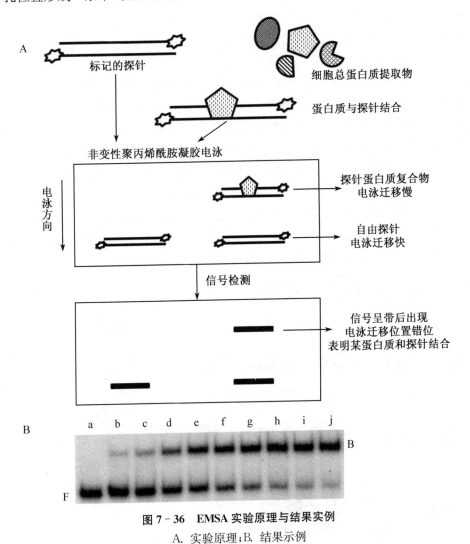

图 7-36　EMSA 实验原理与结果实例

A. 实验原理;B. 结果示例

EMSA 实验流程如下:首先准备带有标记的探针,竞争性探针或带有突变位点的探针,同时制备蛋白,可以选择提取样本的总蛋白、核蛋白或者使用纯化好的目的蛋白;体外结合形成蛋白-探针复合物并进行非变性的聚丙烯酰胺凝胶电泳;电泳后转膜进行探针所携带信号的检测。实验结果图 7-36 B 所示,大肠杆菌 CAP 蛋白在 cAMP 作用下和含有乳糖操纵子序列的探针结合,泳道 a 为无蛋白对照,b 到 f 泳道中大肠杆菌 CAP 蛋白的浓度依次增加,自由探针的信号逐渐减弱,蛋白-探针复合物信号依次增强。

在此基础上人们发展了用竞争凝胶阻滞试验、Super shift EMSA 等方法。在 EMSA 实验中,非纯化的蛋白样本和一个特定的探针可形成一个或几个特异的蛋白复合物,确定特定蛋白复合物会比较困难。解决这一问题可以通过加入目的蛋白的抗体,进行超迁移实验,即 Super-Shift EMSA。抗体和蛋白/探针复合物中的蛋白结合,使复合物的迁移进一步延迟,形成超迁移。Super-Shift EMSA 工作原理为在反应体系中,抗体与 DNA/蛋白复合物中的蛋白产生反应形成复合物会引起复合物的体积变大,在非变性凝胶中的移动变慢而与 DNA 探针/蛋白复合物区别开。

4. 染色质免疫共沉淀(Chromatin Immunoprecipitation assay,ChIP)

真核生物的基因组 DNA 以染色质的形式存在。因此,研究蛋白质与 DNA 在染色质环境下的相互作用是阐明真核生物基因表达调控机制的基本途径。染色质免疫沉淀技术是目前唯一研究体内 DNA 与蛋白质相互作用的方法。它的基本原理是在活细胞状态下固定蛋白质- DNA 复合物,并将其随机切断为一定长度范围内的染色质小片段,然后通过免疫学方法沉淀此复合体,特异性地富集目的蛋白结合的 DNA 片段,通过对目的片段的纯化与检测,从而获得蛋白质与 DNA 相互作用的信息。ChIP 不仅可以检测体内转录因子与 DNA 的动态作用,还可以用来研究组蛋白的各种共价修饰与基因表达的关系。而且,ChIP 与其他方法的结合,扩大了其应用范围。ChIP 与高通量测序和基因芯片相结合建立的 ChIP-Seq 和 ChIP-chip 方法已广泛用于特定转录因子靶基因的高通量筛选;ChIP 与 PCR 方法相结合,用于寻找转录因子的特定体内结合位点(图 7 - 37)。

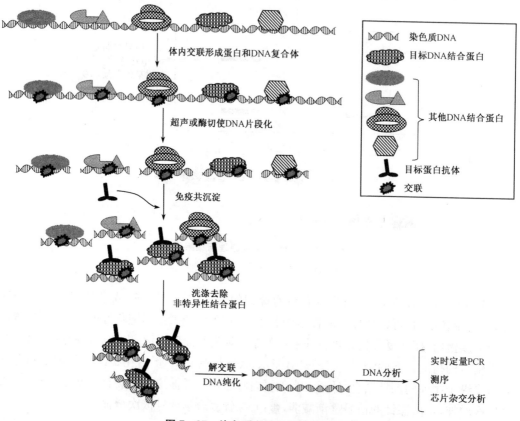

图 7 - 37 染色质免疫共沉淀原理图

5. RNA 免疫共沉淀(RNA Binding Protein Immunoprecipitation，RIP)

RNA 结合蛋白免疫沉淀(RIP)，是研究细胞内 RNA 与蛋白结合情况的技术，是了解转录后调控网络动态过程的有力工具，能帮助我们发现 miRNA 的调节靶点。RIP 这种新兴的技术运用针对目标蛋白的抗体把相应的 RNA -蛋白复合物沉淀下来，然后经过分离纯化就可以对结合在复合物上的 RNA 进行分析。RIP 可以看成是普遍使用的染色质免疫沉淀 ChIP 技术的类似应用，但由于研究对象是 RNA -蛋白复合物而不是 DNA -蛋白复合物，RIP 实验的优化条件与 ChIP 实验不太相同(如复合物不需要固定，RIP 反应体系中的试剂和抗体绝对不能含有 RNA 酶，抗体需经 RIP 实验验证等等)。RIP 技术下游结合 microarray 技术被称为 RIP-Chip，帮助我们更高通量地了解癌症以及其他疾病整体水平的 RNA 变化。

RIP 实验基本实验过程：

(1) 用抗体标记物捕获细胞核内或细胞质中内源性的 RNA 结合蛋白。

(2) 防止非特异性的 RNA 的结合。

(3) 免疫沉淀把 RNA 结合蛋白及其结合的 RNA 一起分离出来。

(4) 结合的 RNA 序列通过 microarray(RIP-Chip)、定量 RT-PCR 或高通量测序(RIP-Seq)方法来鉴定。

在鉴定基因调控的网络过程中，除了蛋白和蛋白，蛋白和核酸之间的相互作用外，还有其他许多的作用方式，如蛋白质的磷酸化、乙酰化和泛素化等修饰均对蛋白的功能造成影响，或激活或抑制蛋白的活性或使蛋白发生降解。如泛素化后的蛋白经蛋白酶体介导的降解途径就需要经特异 E3 连接酶的修饰。

综上所述，基因功能的研究工作包含的内容非常多，某些研究方法对于基因功能研究来说有其共通性，比如表达谱分析和基因功能丧失突变体分析等，但是针对不同类别的基因，研究方法的选择也要有特异性。如转录因子基因，需要通过研究其所结合下游基因的 DNA 序列元件，鉴定其下游基因；揭示其相互作用蛋白逐步细化对其功能的认识；如果是受体，需要阐明受体的种类，受体的定位和配基等问题，逐步阐明信号的调控通路。

特配电子资源

微信扫码
- 网络习题
- 视频学习
- 延伸阅读

第8章 基因工程的应用

自从 20 世纪 70 年代发展到现在,基因工程在工业、医药和农业领域发挥着越来越广泛的作用,为人类的健康问题和粮食安全问题的解决做出了重大贡献。

8.1 基因工程在医药和基因治疗领域的应用

8.1.1 重组药用蛋白的生产

许多人类疾病的产生大多是因为在体内合成的蛋白质的缺失或功能失调。这些疾病大多可以通过给患者供应结构和功能正常的替代蛋白质来进行治疗。这要求必须大量获得所需蛋白质。除了以捐献血液作为蛋白质提取的来源外,很难利用其他方法获得大量人类蛋白质。另一个替代方法是利用相应的动物蛋白,但是动物蛋白只能在很小的疾病范围内有效果而且会出现过敏反应等副作用。最高效的方法为获得重组药用蛋白。重组药用蛋白是指应用基因重组技术,获得连接有可以翻译成目的蛋白的基因片段的重组载体,之后将其转入可以表达目的蛋白的宿主细胞从而表达特定的重组蛋白分子,用于弥补机体由于先天基因缺陷或后天疾病等造成的体内相应功能蛋白的缺失。我们在基因工程表达系统一章中介绍了利用各种表达体系表达外源蛋白的方法,获得的基因工程产品早在二十世纪七八十年代开始在医药生产上得到应用。和传统的组织提取获得药用蛋白及人工化学合成活性小肽相比,基因工程获得药用蛋白具有以下几个显著特征:(1)产物明确,根据基因编码序列生产特定氨基酸序列的所需蛋白质产品;(2)在生产氨基酸序列较长,分子量较大蛋白质产品中具有优势;(3)可以扩大进行规模化生产;(4)生产成本相对较低;(5)可以避免从动物组织提取时产生的潜在病原物的污染。在过去的三四十年中利用基因工程技术生产药用蛋白得到了迅速的发展和广泛的应用。目前生产重组蛋白的细胞工厂已经从大肠杆菌扩展到酵母细胞、昆虫细胞和哺乳动物细胞。全世界已有大约 650 种蛋白质药物被获准生产,其中由 DNA 重组技术获得的种类多达 400 种。其他 1 300 种重组药物正在研发过程中。

就目前为止,利用基因工程技术生产的药用蛋白占据了世界医药市场 10% 的份额,截至 2016 年,重组蛋白的销售总额达到 500 多亿美元。下面就如何利用原核或真核细胞生产如胰岛素、干扰素和生长因子等重组药用蛋白进行讲述。

8.1.1.1 重组胰岛素的生产

胰岛素是由胰腺中胰岛 B 细胞合成,用于控制血液中的葡萄糖水平。胰岛素缺乏表现为糖尿病这一复杂的症状，如果不治疗可能导致死亡。幸运的是，许多类型的糖尿病可以通过持续的胰岛素注射方案来缓解。虽然动物胰岛素在治疗中的效果基本令人满意，但在人类糖尿病治疗时也会出现问题。一个问题是动物和人类蛋白质之间的细微差别可能导致副作用；另一个原因是纯化过程比较困难的，会有一些潜在的危险污染物不能被完全去除。胰岛素有两种特征使之便于进行重组蛋白的生产。首先，胰岛素蛋白没有糖基化的修饰，意味着在细菌中能够生产有活性的重组蛋白；而且胰岛素的蛋白质比较小，含有两个较小的氨基酸肽链。A 链包含 21 个氨基酸，B 链由 30 个氨基酸组成。在人体内，胰岛素以前体的形式产生，除了包含前导序列外，还含有连接 A 链和 B 链的 C 链。蛋白翻译后加工过程中，切除前导肽和 C 肽，A 和 B 肽间以二硫键连接。

获得重组胰岛素的策略有多种。最早的合成策略涉及 A 和 B 链基因的人工合成，随后是在大肠杆菌中生产融合蛋白，生产胰岛素的这一技术是重组蛋白生产的通用技术。

1978 年，胰岛素 A 链和 B 链的编码基因序列已经被完全合成，考虑到基因密码子在不同生物中的偏爱性，合成的基因序列往往和人的基因序列不同，但是必须对应正确的密码子序列。将 A 链和 B 链的编码序列分别构建两个表达载体，分别和 *lacZ'* 构成融合基因，并受乳糖操纵子调控。融合基因表达出融合蛋白，其氨基端含有几个 β-半乳糖苷酶的氨基酸残基，紧跟着是 A 链和 B 链的多肽序列。β-半乳糖苷酶的氨基酸残基和 A 链/B 链间设计了特殊的甲硫氨酸残基，可以被溴化氰切割除去多余的融合蛋白序列（图 8-1）。分别纯化的 A 肽和 B 肽在试管中按 1∶1 的比例混合，使之形成正确的二硫键结构（图 8-1）。因为最后二硫键的形成步骤效率低下，所以对胰岛素的生产策略进行了改进。在新的策略中，人们改用完整的编码胰岛素原的基因进行克隆和表达，胰岛素原被纯化后可以更加容易进行链的折叠和二硫键的形成，C 肽也更加容易被去除。

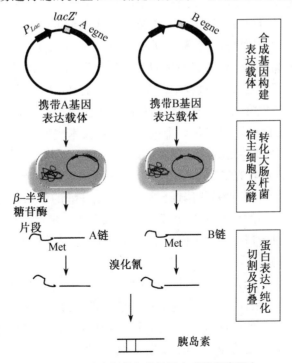

图 8-1　以胰岛素合成基因合成胰岛素蛋白

8.1.1.2　在大肠杆菌中生产人的生长激素

在生产胰岛素的同时,人们也利用相似的表达策略尝试在大肠杆菌中生产人的生长激素,例如生长激素和生长激素抑制素。这两类激素协同作用于控制人体内的生长过程。两种激素的功能缺失或异常将导致如肢端肥大症(不受控制的骨骼生长)和侏儒症等疾病的发生。

生长激素抑制素是第一个在大肠杆菌中合成的人体蛋白。这一激素为长度仅为 14 个氨基酸的短蛋白,非常适合于人工基因合成。所使用的策略与重组胰岛素所描述的相同。将人工合成基因插入含有 *lacZ'* 基因的载体,合成一个融合蛋白,用溴化氰裂解获得 14 个氨基酸的生长激素抑制素多肽。

生长素的表达相对来说比较困难,生长素的蛋白含有 191 个氨基酸残基,约 600 个核苷酸编码。在 20 世纪 70 年代时,难以完成长度为 600 个核苷酸的基因人工合成。所以人们采用将人工合成的编码区短片段和 cDNA 长片段连接在一起组成完整的生长素基因编码序列。从分泌生长素的垂体中分离 mRNA 并构建 cDNA 文库,并从文库中筛选生长素的 cDNA 序列,发现序列中有一单一的 *Hae*Ⅲ酶切位点可以将 cDNA 分为分别编码 1～23;24～191 个氨基酸长短两个片段,较小的片段被人工合成的 DNA 分子取代,为大肠杆菌的翻译提供正确的信号。然后将修饰的基因连接到携带 Lac 启动子的表达载体中。

8.1.1.3　在真核细胞中生产人凝血因子Ⅷ

虽然在大肠杆菌中进行基因克隆已经获得了一些重要的药物化合物。外源蛋白在细菌细胞中合成时出现的相关问题导致在大多情况下表达宿主细胞被真核生物细胞所取代。人凝血因子Ⅷ是真核细胞产生重组药物蛋白的一个实例。人凝血因子Ⅷ是一种在凝血过程中起关键作用的蛋白质。最常见的人类血友病的形成就是由于无法合成因子Ⅷ,导致凝血通路的崩溃和众所周知与疾病相关的症状。从前,治疗血友病的唯一方法是注射由献血者提供的人类血液纯化获得的Ⅷ因子。但是Ⅷ因子的净化是一个复杂的过程,治疗费用昂贵。更关键的是,纯化过程中存在困难,特别是难以去除病毒颗粒。可能存在于血液中的肝炎和人类免疫缺陷病毒可以通过因子Ⅷ注射传递给血友病患者。重组体凝血因子Ⅷ的获得,解决了污染问题,是一个重大的生物技术成就。

Ⅷ因子基因非常大,长度超过 186 kb,分成 26 个外显子和 25 个内含子。mRNA 编码一个含有 2 351 个氨基酸的多肽,蛋白的产生还包括一系列复杂的翻译后加工过程,包括多肽链的剪切、二聚体化和糖基化修饰。2 351 个氨基酸的多肽被剪切三段,来自氨基端的一个大亚基和羧基端的小亚基通过 17 个二硫键形成二聚体蛋白质,蛋白上还有一定数量的糖基化位点。对于这样一种大而复杂的蛋白质,可以预料不可能在大肠杆菌中合成有活性的Ⅷ因子产物。

重组因子Ⅷ的初次生产是利用哺乳动物细胞。在第一次实验中,将整个 cDNA 克隆转入到仓鼠体细胞内,但活性蛋白质产量的产率非常低。这很可能是因为虽然在仓鼠细胞中能正确地进行翻译后的修饰事件,但是将所有初始产品转化为活性蛋白形式的效率非常低。另一种替代方式是将Ⅷ因子的编码序列分成两段,一段编码大亚基多肽,另一段编码小亚基多肽。两个基因片段分别克隆到表达载体上，置于 Ag 启动子(鸡 β-肌动蛋白与家兔 β-珠蛋白序列的杂合启动子)下游及 SV40 病毒的多腺苷酸化信号的上游。质粒导入仓鼠细胞系并获得重组蛋白。产量超过上一种方法的十倍以上，而且由此策略产生的Ⅷ蛋白因子在功能方面与天然形式没有区别。

生物产药也可被用于重组的生产。将完整的人因子Ⅷ的 cDNA 序列置于猪乳清酸蛋白基因的启动子下游，在猪乳腺组织中合成人因子Ⅷ，随后重组蛋白质被分泌在乳汁中。以这种方式产生的因子Ⅷ与天然蛋白质完全相同，能有效进行血液凝固，在转基因兔中已经获得了类似的结果。

8.1.1.4　其他人类重组蛋白的合成

目前重组蛋白药物主要包含多肽类激素、细胞因子、重组酶等多个细分领域(表 8-1)。通过重组技术合成的人类蛋白质数量逐步增加，重组蛋白药物不同细分领域的产品自身特性有所差异，重组蛋白药物本身通常都在不断进行迭代升级，以实现更好的药效和病患依从性(如长效制剂患者依从性显著提高)。

表 8-1　重组蛋白药物部分细分领域及介绍

细分领域	主要品种	治疗领域
多肽类激素	重组人胰岛素、胰岛素类似物	糖尿病
	重组人生长激素	儿童矮小症等
	重组人促卵泡成熟激素	辅助生殖治疗领域中的促进女性排卵
细胞因子	重组人干扰素 α、β、γ	乙肝、丙肝及多发性硬化症
	重组人粒细胞集落刺激因子	由肿瘤放、化疗引起的各类血细胞减少的症状，提高患者自身免疫
	重组人粒细胞巨噬细胞刺激因子	
	重组人促红细胞生成素	
	重组人白细胞介素 2、11	
	重组人表皮生长因子	创面伤口愈合恢复
	重组人成纤维细胞生长因子	
重组酶	重组人尿激酶原	急性心肌梗死
	重组人 α-葡萄糖苷酶制剂	庞贝氏病
其他	重组人骨形成蛋白 2	促进骨愈合
	重组水蛭素	血栓性疾病

8.1.1.5　重组疫苗

这一类重组蛋白与表中所给出的例子略有不同。疫苗是一种抗原制剂，需要通过注射到血液中后，刺激免疫系统合成抵抗感染、保护身体的抗体。疫苗中存在的抗原物质通常是传染物的灭活形式。例如，抗病毒疫苗通常由已经通过加热或类似的处理而灭活或毒性减弱的病毒颗粒组成。在过去，两个问题阻碍了减毒病毒疫苗的制备：首先灭活过程必须是 100% 有效，因为一旦活病毒颗粒存在于疫苗中可能导致感染。这在牛的口蹄疫疫苗制备中一直是个问题;另外,疫苗生产所需的大量病毒颗粒通常是从组织培养获得的。不幸的是,一些病毒,例如乙型肝炎病毒不在组织培养中生长。

1. 以重组蛋白的形式生产疫苗

基因克隆在这一领域的应用基于这样一个发现,即病毒特异性抗体的合成不仅可以以整个病毒颗粒为抗原,也可以以病毒的特定分离成分为抗原。例如病毒外壳蛋白质就是一种诱导被侵染细胞产生特异性病毒抗体的抗原。如果可以鉴定出编码特定病毒抗原,如病毒外壳蛋白的基因,将基因序列插入到表达载体中,上述用于动物蛋白合成的方法就可作为疫苗重组蛋白的生产方法。这些重组蛋白疫苗将有非常大的优势,它们将没有完整的病毒颗粒,避免感染的发生,并且可以大量获得。

第一个成功使用这一方法获得的是乙型肝炎病毒疫苗。乙型肝炎是地方性传染病,人类感染后导致肝病的发生,发展为慢性病甚至导致肝癌的发生。从乙型肝炎感染后痊愈的人对病毒再次感染免疫,因为他们的血液含有乙肝表面抗原的抗体。"HBsAg"是病毒外壳蛋白之一,在酿酒酵母和在中国仓鼠卵巢(CHO)细胞中利用相应的载体均合成了这种蛋白质。两种真核蛋白表达系统均能获得相当高产量的蛋白质。当注射到试验动物中后,为接种动物提供对乙型肝炎病毒感染的保护。重组 HBsAg 蛋白作为疫苗成功的关键在于病毒自然感染过程的特殊特征。感染的个人血液中不仅包含完整的直径为 42 纳米的乙型肝炎病毒颗粒,还有完全由 HBsAg 蛋白组成的直径小于 22 纳米的球状分子。这 22 个纳米球的组装过程同样发生在酵母和仓鼠细胞中的 HBsAg 合成过程中。已证实重组疫苗的有效成分是这些球体,而不是单个 HBsAg 分子。因此,尽管球体不是活病毒,重组疫苗能模仿自然感染过程的一部分来刺激抗体的产生。重要的是疫苗本身并不会引起这种疾病。酵母和仓鼠细胞来源的疫苗都已被批准用于人类的预防接种,世界卫生组织已推广它们在国家疫苗接种计划中的应用。

对于人乳头瘤病毒(HPV)也成功开发了重组疫苗。HPV 有不同的亚型,引起多种癌症的发生。HPV 的 L1 外壳蛋白基因已在酿酒酵母中表达,像 HBsAg 疫苗一样,也会产生由 L1 蛋白聚集体组成的病毒样颗粒。这些颗粒不含有任何的核酸分子,因此不具有传染性。为了增强疫苗的功效,在重组 HPV 疫苗的生产中,已经获得多种重组酵母菌株,每个不同菌株生产不同 HPV 亚型 L1 蛋白病毒样克隆。然后将这些菌株的产物颗粒组合成二价或四价疫苗。目前,已有 HPV 九价疫苗被批准面市。这些疫苗能预防妇女宫颈癌的发生,并能限制男性性传播感染的范围。

2. 利用转基因植物生产疫苗

生物产药技术的出现和发展使利用转基因植物作为生产重组疫苗的宿主成为可能。植物易于种植和收获的特性,意味着这项技术可能更适用于世界的发展中国家和地区,因为在这些国家中,利用昂贵的方法进行重组蛋白质生产的途径难以维持。如果重组疫苗口服后是有效的,通过食用转基因植物部分或全部组织即可获得免疫力,这是实施大规模疫苗接种方案的一种更简单、更便宜的方法。这种方法的可行性已经通过乙肝病毒外壳蛋白 HBsAg 疫苗、麻疹病毒和呼吸道合胞病毒的外壳蛋白疫苗试验被证实了。通过给测试动物喂食生产不同疫苗的转基因植物来获得对多种病毒的免疫性。目前,正在尝试设计表达多种疫苗的植物,因此,对一系列疾病的免疫力可以从单一转基因植物来源获得。开发这种技术的公司目前面临的主要问题是由植物合成的重组蛋白的量往往不足以刺激足够的抗体产生,不能做到对目标病毒完全免疫。要使疫苗完全有效,疫苗蛋白的含量要占植物所有可溶性蛋白含量的 8%～10%,但实际上产量比这少得多,通常不会超过0.5%。一个可能的解决办法是将克隆基因放在叶绿体基因组而不是植物细胞核内,因为这通常会带来更高的重组蛋白产量。各种疫苗蛋白在叶绿体中的合成已经实现,产品被用于对包括炭疽病、鼠疫、天花和寄生虫等的有效防治。烟草和莴苣叶绿体也已被用于合成霍乱弧菌和疟原虫表面蛋白的融合蛋白。当喂给老鼠转基因植物时,这些植物赋予小鼠将霍乱病毒感染的能力,还可刺激抗恶性疟原虫抗体的合成,发挥抗疟疾作用。霍乱和疟疾是世界许多地区的主要疾病,发展易于获取并有双重保护作用的疫苗将是人类健康事业中一个重要进展。

转基因植物也被用在与上述不同的疾病预防中。转基因植株的目标不是制造刺激免疫反应发生的抗原蛋白质,而是直接利用植物合成免疫反应的产物——抗体。为此,人们设计了四个转基因烟草系,分别产生突变链球菌表面蛋白抗原所刺激产生的特异性抗体的不同组分。四个转基因烟草株系进行整合杂交,获得含有四个克隆基因的转基因烟草株系。能够在其细胞中组装功能性抗体。突变链球菌寄生于口腔,是口腔龋病发生的主要原因,大多数工业化国家 60%以上的学龄儿童都会发生龋齿。廉价来源的变形链球菌抗体可以有效预防龋齿,并且可以通过牙齿表面摩擦的方式而不是通过注射,这是多年以来一直在寻求的接种方式。

3. 重组活病毒疫苗

使用活痘苗病毒作为天花疫苗可追溯到 1796 年。爱德华·詹纳首先意识到这种对人类无害的病毒可以刺激抗体的产生,并使机体对相关更危险的天花病毒有免疫力。术语“疫苗”来自 vaccinia。它的使用导致了 1980 年在全世界范围内消灭天花。

最近的一个想法是重组痘苗病毒可以用作活疫苗来对抗其他疾病。如果编码病毒外壳蛋白的基因,例如将 HBsAg 基因连接到痘苗基因组中并使其在痘苗启动子控制下得以表达。注射入血液后,重组病毒不仅在新的痘苗颗粒中大量复制,而且显著增加主要表面抗原的产量,并可使注射疫苗的机体同时对天花和肝炎病毒免疫。

这种技术具有相当大的应用潜力。构建了表达大量不同外源基因的重组痘苗病毒,并在实验动物体内进行检测,结果表明赋予了动物针对相关疾病的特异免疫力。人们提出了一个生产广谱疫苗的可能性,在单个重组痘苗病毒中表达流感病毒血凝素、HBsAg和疱疹的单纯形病毒糖蛋白基因等多种病毒的基因,这种广谱疫苗的注射赋予实验动物猴子对多种疾病的免疫力。研究表明在表达狂犬病病毒糖蛋白的重组痘苗病毒中将痘苗病毒的胸苷激酶的基因失活,可防止痘苗病毒的复制。这个可以避免用活疫苗治疗的动物牛痘疾病的发生。这种活病毒疫苗目前用于在欧洲和北美洲进行狂犬病的防治。

8.1.2　鉴定人类疾病致病基因

基因克隆对医学研究有重要影响的第二个领域是分离和鉴定致病基因。遗传性疾病是由特定基因的功能缺陷所引起的。携带缺陷基因的个体可能在生命的某个阶段发病,如血友病,该致病基因存在于 X 染色体上,因此携带该基因的所有男性都是血友病患者。

具有一个缺陷基因和一个正常基因的女性是健康的,但可以把疾病传染给他们的男性后代。其他疾病的致病基因存在于常染色体上,大多数情况下是隐性的,所以只有纯合突变个体,即两条染色体均携带缺陷基因才会有疾病发生。包括亨廷顿舞蹈病在内的一些疾病是常染色体显性遗传,所以有缺陷的基因的单一拷贝就足以导致疾病的发生。一些遗传疾病的症状在生命早期表现出来,如囊性纤维化;但另一些遗传疾病直到是中年或老年阶段才有病症出现,如一些神经退行性疾病,阿尔茨海默氏症和亨廷顿氏症。有许多疾病是由基因控制的综合性疾病,特别如癌症的发生,在某些新陈代谢或环境刺激触发之前,该致病基因仍处于休眠状态。如果能鉴别出这些疾病的易患者,可以通过严格管理病人的生活方式来减少风险因素,降低疾病被诱发的可能性。

遗传疾病一直存在于人类群体中,但它们的重要性最近几十年才越来越被重视。这是因为疫苗接种计划、抗生素的使用和卫生设施和条件的改善减少了比如天花、肺结核和霍乱等传染病的流行率,这些传染病直到 20 世纪中期还是威胁人类健康的主要疾病。但是目前更多的人死于遗传性疾病,尤其是现在因为预期寿命增加而产生的发病率更高的晚发性遗传疾病。医学研究在控制许多传染病过程中取得了成功,但它是否能同样成功应用于遗传疾病?

遗传疾病的致病基因的鉴定工作是非常重要的,有以下一些原因:

(1)基因鉴定可以提供疾病生物化学基础的检测指标,可以为基因治疗的策略设计提供分子基础,是基因治疗的前提。

(2)鉴定缺陷基因中存在的突变位点可以为分子诊断提供分子基础,可以设计基因的筛查程序以便在个体中能够识别突变基因,鉴定致病突变基因携带者或未发病的个体。携带者可以通过遗传咨询得知他们的子女发生遗传疾病的机会并可通过产前检测避免患儿或携带者的出生。对于尚未发病的个体的鉴定,可以采取适当的预防措施来降低疾病的发病风险。

8.1.2.1　如何鉴定遗传疾病的致病基因

人类致病基因的识别和鉴定没有一个单一的策略,一般需要根据疾病的已知信息选择一个最优策略。为了更好了解致病基因鉴定过程的工作原理,我们选择了常见的一般方法和难度较大的方法策略进行介绍。

1. 在人类基因组中定位基因的近似位置

如果只知道基因的致病性状,没有其他关于所需基因的相关信息,怎么能将其在人类基因组中进行定位呢?答案是使用基础遗传学原理来确定基因在人类遗传图谱上的近似位置。遗传图谱通常是通过连锁分析来构建的,即通过对目标基因的遗传模式和遗传图谱上已知位点基因的遗传模式进行比较分析来实现。如果两个位点一起遗传,它们在同一染色体上的位置非常接近。如果它们分别在不同的染色体上,那么减数分裂中的随机分离将导致两基因显示不同的遗传模式。如果它们分布在相同的染色体上,但不是那么紧密地结合在一起,那么偶尔的重组事件会造成两基因位点分离(图 8-2)。一个或多个和已知基因座位点的遗传连锁分析是在染色体上进行未知基因位点定位的关键。

图 8-2 中显示三个家庭中不同基因的遗传模式:圆形代表女性,方形代表男性。(A) A、B 基因紧密连锁,两基因连锁遗传;(B) C、D 基因在不同染色体上,随机分离;(C)

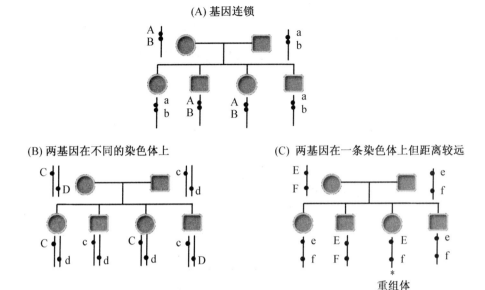

图 8‑2　连锁和不连锁基因的遗传模式

E、F 在一条染色体上,但距离较远,会有一定概率发生重组。

对于人类来说,不可能实施定向遗传杂交计划来确定所研究致病基因的遗传图谱位置。疾病基因的定位必须利用来自系谱分析的数据,即在某种疾病发病率较高的家庭中进行疾病遗传特性的调查。系谱分析中最重要的是能够获得家庭中至少三代的 DNA 样本,家庭成员越多越好,除去一些高致死率的遗传病,通常可以找到合适的系谱进行分析。连锁分析是通过将 DNA 标记的遗传特性与疾病的是否发生联系起来。DNA 标记是一个可变的 DNA 序列,在基因组中存在两个或多个等位基因形式,在基因组中的位置是已知的。为了说明如何利用 DNA 标记进行连锁分析,我们将以人类乳腺癌致病基因的其中一个基因 *BRCA*1 的遗传图谱定位为例进行介绍。

2. 人类 *BRCA*1 基因的连锁分析

对人类乳腺癌易感基因 *BRCA*1 进行遗传定位的首次突破,来自 1990 年进行的利用限制性片段长度多态性(RFLP)分子标记进行的连锁分析。研究结果表明,在乳腺癌发病率较高的家庭中,许多患有这种疾病的女性都拥有相同 RFLP 分子标记版本,称为 D17S74。DNA 序列变异会导致限制性内切酶识别切割位点的改变,从而 RFLP 分子标记的图谱会有差异。如图 8‑3a 中所示,两个不同的等位基因序列中,一个碱基的突变造成了 *Eco*R I 酶切位点的丢失。最初,RFLP 分子标记是通过基因组限制性酶切后的 Southern 杂交来分型的,但检测过程耗时、繁琐,现在,检测方法被高效的 PCR 方法取代(图 8‑3b)。D17S74-RFLP 先前已经被定位到 17 号染色体的长臂,D17S74 和待鉴定的乳腺癌易感基因紧密连锁,因此 *BRCA*1 也一定定位于第 17 号染色体的长臂上。

初步的连锁分析非常重要,因为能够将致病基因定位到染色体的特定区段内,但是致病基因的鉴定工作还远远没有完成。实际上,在第 17 号染色体的长臂上 *BRCA*1 基因的定位区段内,存在有大概 1 000 个基因。因此,下一个目标是进行更多的连锁分析,以进

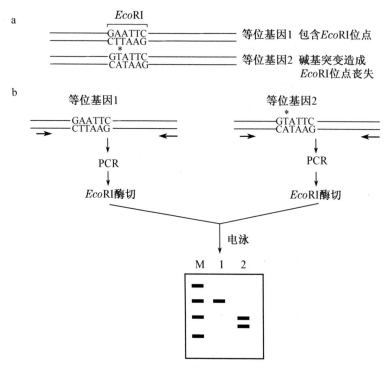

图 8-3 人类 *BRCA 1* 基因的 RFLP 分子标记连锁分析

行 *BRCA1* 基因的精确定位。这是通过检测存在于 *BRCA1* 的区域内的短串联重复序列 (STRs)来实现的。这些序列,也被称为微卫星序列。微卫星序列的特征为由长度在 1～ 13 个核苷酸之间的序列为重复单元首尾相接组成的短重复序列。在一个特定的 STR 中 出现的重复次数通常在 5～20 之间,可以通过进行 PCR 扩增(在重复序列的两端设计引 物),然后用琼脂糖或聚丙烯酰胺凝胶电泳检查所得产物的大小来判定重复次数的多少。 STRs 对于基因的精细定位非常有用,因为许多 STRs 分子标记有三个或更多的等位基 因形式,而不是如 RFLP 分子标记只可能有两个等位基因。STR 的几个等位基因可能存 在于一个单一的谱系中,因此能够进行更详细的基因定位。STR -连锁定位分析将 *BRCA1* 置于两个称为 D17S1321 和 D17S1325 的 STR 之间,将 *BRCA1* 基因的定位区域 的大小从 20 Mb 减小到仅 600 kb。这种定位基因的方法称为定位克隆,原理类似于植株 中的图位克隆(见第 4 章 4.3 中的图 4-9、图 4-10)。

3. 确定候选致病基因

在确定了基因的遗传定位后,人们一般认为通过和参考基因座进行比对,就可以轻易 地鉴定出致病基因。但实际上,在此之前,人们还有许多工作需要完成。基因在遗传图谱 的定位,即使是最精细的定位,也只给出了基因位置的近似位置。例如在乳腺癌易感基因 的鉴定项目中,科研人员能够将搜索范围缩小到仅为 600 kb 的范围内已经是很幸运,通 常最后的定位区段一般在 10 Mb 或更大的 DNA 序列范围内,需要搜索的范围会更大。 如此大范围的 DNA 序列内包含许多基因,如乳腺癌易感基因的定位区域的 600 kb 包含 了超过 60 个基因,其中的任何一个基因都有可能是 *BRCA1*。

　　下面需要进一步通过多种方法从定位区域中的多个基因中来鉴别哪一个才是致病基因。

　　(1) 候选基因的表达谱分析。候选基因的表达谱可以通过对不同组织来源的 RNA 进行 Northern 杂交检测或 RT-PCR 分析。预期 BRCA1 将与乳腺组织和卵巢组织来源的 RNA 有杂交信号,因为卵巢癌经常与遗传性乳腺癌的发生相关。

　　(2) 可以在相应哺乳动物的基因组中通过 Blast 搜寻是否存在候选基因的同源基因序列。理论上,在人基因组中由于基因的突变造成疾病的发生,那么说明这一基因非常重要,一般会在其他哺乳动物基因组中检索到相应的基因。同样的分析可以通过相关物种的 DNA Southern 杂交来实现。如果存在同源基因,虽然和人类的基因序列存在差异,以适合的探针进行杂交也能获得相应的杂交信号。

　　(3) 可以对照分析病人和正常人的候选基因序列,检测是否存在能够解释疾病发生的基因突变位点。

　　(4) 为了验证候选基因的功能,可以制备一个基因敲除小鼠,小鼠中候选基因被靶向失活,如果敲除小鼠表现出与人类疾病相似的症状,那么即确定候选基因是正确的致病基因。

　　当分析 SSR 分子标记 D17S1321 和 D17S1325 之间的区域时,人们鉴定出一个长约 100 kb 的基因,由 22 个外显子组成,编码一个具有 1 863 个氨基酸残基的蛋白质,这是 BRCA1 基因最有可能的一个候选基因。在乳腺和卵巢组织中检测到该基因的转录本,在小鼠、大鼠、兔、羊和猪等均发现同源基因序列,但在鸡的基因组中没有。最重要的是来自五个易感家系的这一候选基因均包含可能导致产生非功能性蛋白质的突变(如移码和无义突变)。虽然没有直接证据,但确定这一候选基因是致病基因的证据已经非常具有说服力了。这一乳腺癌易感基因被命名为 BRCA1。随后的研究表明,这一基因和乳腺癌易感性相关的第二个基因 BRCA2 均参与转录调节和 DNA 修复,抑制异常的细胞分裂,两基因都起着肿瘤抑制基因的作用。

8.1.3　基因治疗

　　重组 DNA 技术在医学中的最后一个方面的应用是基因治疗。基因治疗的最初命名为通过向患者提供缺陷基因的正确拷贝来进行遗传病的治疗。现在基因治疗已经进行了通过引入克隆基因进入患者体内来治愈多种疾病的各种尝试。本节内容中,我们将首先介绍基因治疗中所使用的技术,然后对基因治疗中所涉及的伦理问题进行讨论。

8.1.3.1　遗传病的基因治疗

　　对于遗传病,基因治疗有两种基本途径,即生殖系细胞基因治疗和体细胞基因治疗。生殖系细胞基因治疗中,将相关基因的正确拷贝转入受精卵并重新植入母体子宫内。如果成功,这一转入基因就会在新生个体的所有细胞中表达。这一方法理论上可用于治疗任何遗传性疾病,但目前仅在实验动物体内进行基础研究,有法律严禁对 14 天以后的人类胚胎进行进一步的遗传操作。

　　体细胞基因治疗通过两种方法对细胞基因组进行修饰和改造。一种方法是从生物体分离待改造细胞,经过携带目的基因的载体 DNA 转染后,再回输入体内;另一种方法则是进行细胞的原位转染。前一种方法最有希望应用于对遗传性血液病（血友病和地中海贫血）的治疗，即将外源基因引入到骨髓干细胞（可以产生血液中所有的特殊细胞类型的细胞）中。基因治疗的策略是制备骨髓提取物，利用携带相关基因的逆转录病毒载体转染细胞，然后再把这些细胞回输到骨髓中。转染后细胞随后进行继代与分化，导致在所有成熟血液细胞中都含有被导入的基因。逆转录病毒来源载体的优势在于其转染频率极高，可使骨髓提取物中的大部分干细胞获得新基因。

体细胞基因治疗在治疗肺部疾病，如囊性纤维化疾病方面也有潜力。克隆在腺病毒载体或包裹在脂质体中的 DNA 通过吸入器被引入呼吸道后，被肺中的上皮细胞被吸收。然而，由于是瞬时转化，基因表达仅能维持几周，迄今为止尚未发展出治疗囊性纤维化的长效方法。

对于因基因突变，不能编码功能性蛋白质而产生缺陷的遗传疾病，只需要为细胞提供正确的基因版本而不必去除缺陷基因。但对于一些显性遗传疾病的基因治疗则不太容易实施，因为缺陷基因的编码蛋白产物本身会导致疾病的发生，因此基因治疗不仅需要添加正确的基因，还必须去除有缺陷的基因拷贝。这就要求使用促进基因载体和染色体间发生重组的基因传递系统，使缺陷的染色体拷贝被载体上的正确基因所取代。该技术复杂、重组率低且不稳定，尚未发展成为广泛适用的程序。

8.1.3.2 癌症的基因治疗

基因治疗的临床应用并不局限于遗传疾病的治疗。也有人尝试使用基因克隆来破坏病原体如人类免疫缺陷病毒（HIV）的感染周期，用于传染病的治疗。然而，目前的研究集中在基因治疗在癌症治疗领域的潜在应用。

大多数癌症是由于致癌基因的激活导致肿瘤的发生，或者是由于抑癌基因的失活，如上述乳腺癌致病基因 BRCA1。这两种情况都可以通过基因治疗来治疗癌症。对于抑癌基因的失活，可以参照以上进行遗传性疾病治疗的基因治疗方法，通过引入正确的抑癌基因拷贝，来逆转肿瘤抑制基因的活性。致癌基因的失活需要一个更加复杂的方法，因为基因治疗的目标是为了防止癌基因的表达，而不是用一个无缺陷的拷贝代替它。一种可能的策略是将一个致癌基因转录的 mRNA 反义序列导入到指定的肿瘤中。反义 RNA 是正常 mRNA 的反向互补序列，两者通过序列互补形成双链 RNA 序列，能够抑制编码基因蛋白质的合成并被细胞内的核糖核酸酶迅速降解。因此，致癌基因的功能被抑制。

另一种选择是引入一种选择性杀死癌细胞或促进肿瘤细胞凋亡的基因，以传统给药的方式进行癌症的治疗。这种治疗称为"自杀基因治疗"，被认为是一种有效的治疗癌症的通用方法。因为它不需要对正在治疗的特定疾病类型的遗传分子基础有着详细的理解。许多编码有毒蛋白质的基因是已知的，也有一些酶可将无毒的药物前体转化为有毒的形式。如果将这些毒性蛋白基因或转化酶的编码基因导入到肿瘤细胞中，将会立即或在给药一定阶段后导致肿瘤细胞的死亡。在这种治疗策略中，将目标基因准确导入癌细胞是很重要的，以保证健康细胞不会被杀死。这需要非常精确的导入系统，如直接接种到肿瘤，或利用其他一些保证该基因仅在癌细胞中表达的策略。一种解决途径是把基因置于人类端粒酶基因启动子的下游，其转录受人类端粒酶基因启动子的控制。因为人类端粒酶基因仅在癌细胞中表达，可以限制自杀基因只在肿瘤细胞中表达和发挥作用。

8.1.3.3　基因治疗新的技术和最新进展

1. CRISPR/Cas9 等技术在基因治疗和基因诊断方面的应用

CRISPR/Cas9 系统能够精准地在目标 DNA 的特定位点导入双链切口。与已有的基因编辑手段相比,该系统具有更优异的有效性、特异性和简便性。目前,大量涉及多物种的体内外 CRISPR/Cas9 基因编辑研究已充分展示了该技术的在基因治疗上巨大潜力,为基于该技术的疾病治疗研究和临床应用带来了希望。基于 CRISPR/Cas9 基因编辑技术所介导的非同源性末端连接和同源性 DNA 修复作用,近期多个研究工作已经成功应用该技术修复了包括点突变和基因组缺失等在内的遗传疾病相关基因组缺陷。

加州大学伯克利分校的研究人员用 CRISPR/Cas9 基因编辑修改了肌萎缩侧索硬化症(amyotrophic lateral sclerosis,ALS)致病缺陷基因,推迟了疾病发病时间,延长(25%)了小鼠生命。

基因组编辑的最好方式是不直接切割 DNA,造成潜在有害突变的双链断裂(double-strand break,DSB)。但是大多数情况下,普通 CRISPR/Cas9 基因编辑系统都会产生 DSB。2017 年 12 月 *Cell* 杂志刊登了一篇描述一种专注改变基因表达的改良版"表观基因组编辑 CRISPR/Cas9 系统",很好地避免了这个问题,可能更适合临床应用。研究者采用改良后的单链向导 RNAs,招募 Cas9 和转录激活复合物至靶位点,通过反式-表观遗传调制(trans-epigenetic modulation),可在体内激活内源靶基因。在急性肾病小鼠模型中,他们通过激活已经受损的或被沉默的基因,恢复了小鼠正常肾功能。他们还诱导小鼠肝细胞分化为胰腺样细胞,制造出了胰岛素,部分治愈了小鼠 Ⅰ 型糖尿病。在肌肉萎缩症(已知的基因突变疾病)小鼠模型中,研究人员没有试图去纠正突变基因,而是增强了同一基因途径中其他基因的表达量以补偿受损基因,虽然突变基因依然存在,但小鼠肌肉功能却奇迹般地恢复了。

经过改造的 CRISPR/Cas9 系统还可以在特定基因位点进行核苷酸的改变。比如研究人员通过使用蛋白进化和蛋白工程的手段通过大量的实验成功获得了能够将正常 DNA 上腺嘌呤脱氨的酶——*E. coli* TadA(ecTadA),然后将 ecTadA 与 dCas9 融合,ecTadA-dCas9 可以对细菌细胞和人类细胞的 DNA 进行定点编辑,它可以将 A - T 碱基对转换成 G - C 碱基对,加之此前报道的将 G - C 碱基对转换成 T - A 碱基对的成果,该技术首次实现了不依赖于 DNA 断裂而能够将 DNA 四种碱基 A、T、G、C 进行替换的新型基因编辑。

除了在基因治疗方面,CRISPR 技术在临床诊断上的也将有广泛应用。2018 年 4 月 27 日,4 篇 CRISPR 技术在临床诊断相关应用的文章同时在 *Science* 杂志上发表,这也是 CRISPR 技术在临床上应用的前奏,具有里程碑式的意义。其中一篇文章是 Doudna 等研究组发表了题为 "CRISPR-Cas12a target binding unleashes indiscriminate single-stranded DNase activity" 的研究论文,该文章首次创建了一种名为 DNA Endonuclease Targeted CRISPR Trans Reporter(DETECTR)的方法,该方法实现了 DNA 检测的超高的灵敏度。DETECTR 能够快速,专一地检测患者样本中的人乳头瘤病毒,从而为分子诊断提供了一个简单的平台。

2. CAR-T 疗法技术的发展和应用

CAR-T 疗法就是嵌合抗原受体 T 细胞免疫疗法，英文全称 Chimeric Antigen Receptor T-Cell Immunotherapy。这是一种治疗肿瘤的新型精准靶向疗法。T 细胞也叫 T 淋巴细胞，是人体白细胞的一种，来源于骨髓造血干细胞，在胸腺中成熟，然后移居到人体血液、淋巴和周围组织器官，发挥免疫功能。其作用相当于人体内的"战士"，能够抵御和消灭"敌人"，如感染、肿瘤、外来异物等。

简单来说，CAR-T 疗法是从患者体内分离出 T 细胞，在体外对 T 细胞进行改造，为其装上能够特异性识别癌细胞的"导航"——嵌合抗原受体（CAR）后，再将这类"改装后的 CAR-T 细胞"进行扩增，回输到患者体内，通过识别肿瘤细胞表面抗原专门识别体内肿瘤细胞，并通过免疫作用释放大量的多种效应因子，它们能高效地杀灭肿瘤细胞，从而达到治疗恶性肿瘤的目的。

胶质母细胞瘤是一种最致命的原发性脑瘤，传统的治疗方法（包括手术、放疗和化疗）下病人通常只有不到一年半的生存期。因此，这类疾病急需新的治疗方法。

2018 年 2 月 28 日，发表在 *Science Translational Medicine* 上的一项研究中，科学家们成功设计了靶向 CSPG4 这一新分子的 CAR-T 疗法。研究证实，CSPG4 在 67% 的脑癌样本中高度表达，尤其需要强调的是，它也在肿瘤干细胞（靶向这类细胞非常重要，因为它们可能是导致肿瘤复发的原因）中表达。此外，靶向 CSPG4 还有望克服其他靶点（如 EGFR Ⅲ、IL - 13Ra2 和 HER2）所面临的肿瘤异质性问题。

在该研究中，靶向 CSPG4 的 CAR-T 细胞在多种疾病模型中控制了肿瘤细胞生长。在细胞培养条件下，这类 CAR-T 疗法有效地清除了表达 CSPG4 的胶质母细胞瘤细胞。在胶质母细胞瘤小鼠模型中，靶向 CSPG4 的 CAR-T 疗法也能控制肿瘤生长，延长小鼠生存期。

2017 年，美国 FDA 正式批准了两种 CAR-T 疗法，分别是 Novartis（诺华）的 Kymriah 和 Kite 制药的 Yescarta，分别用于治疗难治或复发性急性淋巴细胞白血病以及复发性或难治侵袭性非霍奇金淋巴瘤。在临床实验中，这两种药物取得了让人惊异的效果，也让医学界对这种疗法充满了期待。

值得注意的是，基因编辑技术应用于人体可能会面临一些伦理问题，如 2018 年的基因编辑婴儿事件的出现，引发极大的社会关注并对基因编辑技术的医学应用造成了负面影响。人们需要充分评估基因编辑存在的争议，积极防控技术风险，提高安全性，加强基因编辑治疗立法，禁止非医疗目的基因编辑的滥用以及提高科学家和医生等从业人员的责任意识。通过伦理、法律等手段，为基因编辑技术的应用保驾护航，在具备这些基本前提下，再将基因编辑技术应用于临床，以充分发挥其增进人类福祉的价值。

8.2 基因工程在农业领域的应用

人类对粮食或蔬菜等农作物的改良历史可以追溯到 10 000 年以前。整个历史进程中，人们一直致力于寻找具备各种优良品质的农作物，包括营养品质好、产量高以及具备易于种植和收获等农艺性状。在最初的几千年里，作物的改良是零星进行的，但最近半个多世纪,通过日益复杂的育种计划获得了新的品种。然而,最复杂的育种程序仍然存在着一个偶然的因素,依赖于杂交后代中所产生的亲本特征的随机整合。所以,培育一种新的作物品种,获得所需性状的精确组合是一个漫长而艰难的过程。

基因克隆技术为作物育种提供了新的方向,可以使用基因添加和基因消减两种策略,避开传统育种中固有的随机性,对植物基因型进行改变。

基因添加策略是指利用基因克隆给植物提供一个或多个新基因,用来改变植物的遗传特性。基因消减策略是指利用基因工程技术灭活植物中原有的一个或更多的基因。

许多利用基因加减策略进行农作物改良的项目正在全世界范围内开展,其中很多项目由生物技术公司负责。在本章中,我们将选择一些代表性的项目进行介绍,并对一些植物基因工程在作物改良中必须解决的、能够使其在农业上得到广泛接受的问题进行讨论。

8.2.1 基因添加策略在植物基因工程中的应用

基因添加策略是指利用基因克隆策略将植物缺乏的、编码优良性状的一个或多个基因转入到植物体内。一个很好的例子来自在植物中表达对害虫有毒性的蛋白,获得对病虫害有抗性的转基因农作物。

8.2.1.1 自制杀虫剂的植物

植物在生长过程中会受到其他多种物种,如病毒、细菌、真菌、昆虫和动物的侵害。但在农业环境中,最大的问题是来自昆虫的危害。为了减少损失,要对作物定期喷洒杀虫剂。最常规杀虫剂(例如拟除虫菊酯和有机磷酸盐)是非特异性,具有广谱杀虫性,不仅杀死危害农作物的害虫。因为它们的高毒性,其中的几种杀虫剂对于当地生物圈的其他成员也有潜在的毒副作用,也包括人类。持续、大规模的常规杀虫剂的喷洒加剧了环境的恶化,破坏了生态平衡。此外,生活在植物组织内或处于叶下表面的昆虫有时可以完全不受杀虫剂的影响。

理想杀虫剂有哪些特征? 首先,必须具备一定的毒性,且毒性具有高度的选择性,只针对要杀死的目标害虫,而对其他昆虫、动物和人类无害;其次,必须具备可生物降解特性,在农作物收获或雨水冲洗后,在环境中快速降解,不留任何残留,不破坏环境;第三,杀虫剂可以被均匀分布于作物的所有部分,不仅仅在叶片的上表面。理想的杀虫剂尚未被发现,最接近的是苏云金芽孢杆菌所产生的 δ-内毒素。

1. 苏云金芽孢杆菌内毒素

昆虫不仅吃植物,细菌也构成了它们日常饮食的一部分。几种类型的细菌进化出了针对昆虫捕食的防御响应机制,例如苏云金芽孢杆菌,在孢子形成过程中在细胞内形成一种被称为δ-内毒素的杀虫蛋白的结晶体。被激活的蛋白质对昆虫具有高毒性,是有机磷杀虫剂毒性的 80 000 多倍。δ-内毒素的毒性具有相对选择性,具有不同菌株细菌合成的毒性蛋白对不同类群昆虫幼虫有毒性,如 Cry Ⅰ 对鳞翅目(蛾和蝴蝶)幼虫有毒性;Cry Ⅱ 对鳞翅目和双翅目幼虫有毒性;Cry Ⅲ 对鞘翅目(甲虫)有毒性;Cry Ⅳ 和 Cry Ⅴ 对线虫有毒性。

在细菌细胞中积累的 δ-内毒素蛋白是不具活性的蛋白前体。在昆虫摄取后,这种蛋白前体被蛋白酶所降解,导致较短的、具备毒性的蛋白质肽链的产生。毒素结合到昆虫肠道的内部,破坏小肠表面上皮,使昆虫无法进食而饿死。不同类型的δ-内毒素与不同昆虫种群中的不同肠结构位点的特异性结合可能是内毒素高特异性的根本原因。

苏云金芽孢杆菌毒素不是最近发现的,是于1904年批准的、应用在作物上的第一个生物农药专利。多年来,曾多次尝试过将它们作为环保杀虫剂出售,但它们的生物降解性在应用上有很大的劣势,在种植季节,必须每隔一段时间重复喷施,增加了农民的负担。因此研究目的是开发稳定的、不需要间隔喷施的δ-内毒素。一种途径是通过蛋白质工程,修改内毒素的结构,使其更加稳定的;第二种方法是设计作物,使其自身能够合成毒素,用于昆虫的防御。

2. δ-内毒素转基因玉米的获得

玉米是常规杀虫剂不能很好发挥效力的一种农作物。玉米的一个主要害虫是欧洲玉米螟(Ostrinia nubilialis)。这种害虫从叶片背面的卵中孵化出来后进入植物体内,从而躲避喷雾施加的杀虫剂的影响。植物遗传基因工程学家在1993年首次尝试将δ-内毒素在玉米中合成,最初应用的是CryⅠA(b)毒素蛋白。CryⅠA(b)蛋白全长1 155个氨基酸,但毒性蛋白的活性区域分布于29~607的氨基酸区段。在对玉米进行遗传改造的时候,没有应用基因的原始序列,而是人工合成了一段编码648个密码子的较短的基因序列。为了使这一基因序列在玉米中能够高效表达,对原初基因序列进行了改造,所含的密码子均为玉米优先使用密码子,基因序列的GC含量调整为65%,而不是原来的38%。人工合成的基因序列被连接到含有表达盒的载体上,位于烟草花叶病毒35 S启动子和多腺苷化信号序列之间。构建好的载体利用基因枪的方法进行转化,包含载体的钨金颗粒进入玉米的幼胚中,经组织培养获得玉米植株。下一步需要对转基因玉米株系进行分子鉴定,确定玉米是否含有转入的相关基因,基因有无表达。鉴定策略首先为提取基因组DNA,根据人工合成基因设计引物,进行PCR扩增。根据扩增条带的有无来确定是否含有人工合成毒素基因。接着需要用免疫印迹的方法检测玉米体内是否有毒素蛋白的表达来确定基因是否有表达活性。结果表明人工合成基因在玉米体内确实有表达活性,但是毒性蛋白的表达量在每一株植株中有明显差异,毒性蛋白的含量从250 ng~1 750 ng/每毫克总蛋白不等。这种表达量差异可能由基因在基因组染色体上的整合位置不同造成的。

转基因玉米推广应用还需要检测转基因植株中是否具备抗虫的特性。一般需要在田间以野生型玉米为对照进行分析。首先进行玉米害虫幼虫的接种,六星期后测量捕食效应。测定的标准包括侵染后平均单株虫孔数和虫孔长度两个方面。结果表明,与正常对照组相比,转化毒性基因的植物生长得更好。幼虫虫孔的平均长度为从对照植物的40.7 cm减少到工程改造植物的仅6.3 cm。实际上,这在抗虫能力检测上是一个非常显著水平。

3. 在叶绿体中表达毒性蛋白

人们对转基因植物的环境安全性问题存在疑虑,如果克隆基因从工程植物中逃逸到杂草中,可能出现超级杂草种类。从生物学的角度来看,这种情况不太可能发生,因为存在种间隔离,植物产生的花粉通常只能使同一物种中植物的子房受精。所以,基因从作物转移到杂草是不太可能的。然而,完全杜绝通过花粉转移的方式是将克隆的基因置于植物叶绿体,而不是细胞核中。由于花粉不含有叶绿体,所以叶绿体基因组不能通过花粉逃逸到其他植物中。

首次在烟草实验系统实现将外源基因转入叶绿体中合成 δ-内毒素蛋白。这一体系中使用了使用 CryⅡA(a2)基因,此基因编码一种比 CryⅠA(b)更广谱的毒性蛋白质,能杀死双翅目蝇类和鳞翅目昆虫幼虫。在苏云金芽孢杆菌基因组中,CryⅡA(a2)是较小操纵子中的第三个基因,前两个基因编码有助于 δ-内毒素折叠和加工的蛋白质。利用叶绿体细胞器作为重组蛋白合成的优点是叶绿体中的基因表达机制与细菌相类似(叶绿体曾经是自由生活的原核生物),能够表达操纵子里的所有的基因。相比之下,植物(或动物)核基因组中的每一个基因必须有单独调控其表达的启动子和加尾元件,要同时表达多个蛋白较为困难。

将 CryⅡA(a2)基因操纵子与卡那霉素抗性基因连在一起并使其侧翼序列为叶绿体基因组 DNA 序列。构建好的 DNA 分子通过基因枪的方式输入烟草叶肉细胞。为确保 CryⅡA(a2)基因操纵子的基因序列插入到叶绿体基因组,通常在含卡那霉素的抗性培养基平板上进行叶片的培养,严格进行卡那霉素抗性筛选,一般要筛选培养 13 周。对叶片外植体进行诱导生成转基因幼苗并诱导生根,获得完整的转基因植株。

这些转基因植物组织中产生的 CryⅡA(a2)蛋白的量显著高于核基因组转基因植株,毒素蛋白可占总可溶性蛋白的 45% 以上,比以往任何植物克隆实验的蛋白表达量都要高得多。这种高水平的表达式有两个方面的原因:一个是转基因的高拷贝数,因为每个细胞有许多叶绿体基因组,而核基因组只有两个拷贝;另一个原因是在 CryⅡA(a2)操纵子中有其他两个编码辅助蛋白的基因存在。与预料的结果一致,植物对于敏感昆虫幼虫有极高毒性。在转基因植株上放置 5 天后,棉铃虫和甜菜夜蛾的幼虫全部被杀死,只有放置了对 δ 毒素具有较高天然抗性的粘虫的植物叶子上才能看到明显的损伤。叶组织中大量毒素的存在并不对植物生长速率、叶绿素含量和光合作用水平等因素造成影响,转基因烟草与非转基因烟草没有区别。但尝试在其他作物重复进行叶绿体转化时,遇到了挑战,只在棉花中有一些成功的报道。

4. 昆虫对内毒素作物产生抗药性的防治机制

人们在很久以前就意识到,在种植表达 δ-内毒素植株几个周期后,以这种植物为食的害虫会产生抗药性,δ-内毒素不再对害虫起作用,转基因植物和其他作物相比不再具有任何的优势,这种现象是自然选择的结果。为了防止农业害虫抗药性的产生,人们开发出了多种策略。其中第一个尝试使用的策略是开发既能表达 CryⅠ基因又能表达 CryⅡ基因的作物,其原理如下:因为这些毒素是非常不同的,所以昆虫种群不太可能同时对两种类型都产生抗性。但是否有效目前还存在争论,结果尚不清楚。

另一种策略是只在需要保护的植物部位合成毒素。例如,对于玉米,其籽粒以外的组织损害是可以容忍的,对于穗子中的籽粒发育没有影响。如果毒素的表达只发生在穗子发育期,即植物生长周期的后期,总体而言可能会减少昆虫对毒素的摄入量,在没有降低作物产量的前提下延缓耐药性的发生,但不太可能完全避免耐药性的产生。

第三种策略是将转基因植物与非转基因植物混合,非转基因植物作为昆虫的避难所,确保昆虫种群中一直包括高比例的无抗性个体。迄今为止发现的所有 δ-内毒素抗性表型都是隐性的、易感昆虫和抗性昆虫交配产生的杂种后代本身不具有抗药性,这样会在种群中进一步稀释抗性昆虫的比例。已经开展理论模型试验研究来确定最有效的混交种植策略。但在实践中,策略是否成功在很大程度上取决于种植作物的农民,因为他们必须坚持由科学家确定的精确种植策略。这样的种植方式会由于非转基因植物遭受的害虫侵害而导致一定的损失,这也再次引入了一个不利因素。

8.2.1.2 抗除草剂作物的产生

虽然已经在玉米、棉花、水稻、马铃薯和西红柿等作物中实现了 δ-内毒素的工程化生产,但这些植物不是目前最普遍种植的转基因作物。最重要的转基因植物是抗草甘膦除草剂的转基因植物。草甘膦除草剂被农民和园艺家广泛使用,因为它对昆虫和动物无毒,且在土壤中停留时间短,分解快且变成无害的产品,所以是环保的。然而,草甘膦会杀死所有的植物、杂草和作物种类。因此为了防止杂草的生长而不损害作物本身,应用时必须非常小心。因此迫切需要能够抵抗草甘膦毒性的转基因作物的开发和应用,这样可以更加方便、有效地使用除草剂。

1. 抗草甘膦作物的产生

第一种通过基因工程手段获得草甘膦抗性的玉米品种称为"农达抗(Roundup Ready)",名称来源自农药的名称。农达(Roundup),即农达草甘膦(Glyphosate),是一种有机磷除草剂。20 世纪 70 年代初由孟山都公司开发,通常使用时一般将其制成异丙胺盐或钠盐。异丙胺盐是著名除草剂商标"Roundup"的活性成分。这些植物含有一种烯醇丙酮酸莽草酸-3-磷酸合成酶($EPSPS$)的改良基因。EPSPS 能转化莽草酸和磷酸烯醇丙酮酸(PEP)为烯醇丙酮酰莽草酸-3-磷酸酯,此为合成三种芳香族氨基酸(色氨酸、酪氨酸和苯丙氨酸)的前体。草甘膦与 PEP 竞争结合在酶表面,从而抑制烯醇丙酮酰莽草酸-3-磷酸酯的合成,从而抑制三种氨基酸在植物中合成。缺乏这些必需氨基酸,植物很快死亡。

最初,人们利用基因工程技术生产 EPSPS 含量远远大于正常植物的转基因植株,期望它们能够承受比非工程植物更高的草甘膦剂量的选择压力。然而,这种方法并没有获得成功的。因为虽然获得了比正常植株中 EPSPS 量高 80 倍的工程植物,其对草甘膦的耐受性还是不足以保护这些植物免受除草剂在田间应用时的伤害。因此,对具有草甘膦抑制具有抗性的 EPSPS 酶基因的生物体进行了搜索,期待能获得能在作物中应用的对草甘膦具有抵抗力的 $EPSPS$ 基因。在测试了来自各种细菌的基因之后,因为具有高催化活性和抗除草剂的活性,人们选择农杆菌菌株 CP4 的 $EPSPS$ 基因来进行植物基因工程的改造。EPSPS 蛋白定位于植物叶绿体中,因此,将农杆菌 $EPSPS$ 基因克隆到 Ti 载体中,和叶绿体信号肽序列形成融合蛋白,产生的融合蛋白在信号肽的引导下穿过叶绿体膜并定位到叶绿体中。利用基因枪技术将重组载体导入大豆愈伤组织中。植株再生后,经检测发现转基因植株的除草剂抗性有三倍的增长。

2. 新一代草甘膦抗性作物

近几年来已经生产了多种草甘膦抗性的作物。抗草甘膦大豆和玉米转基因作物是在美国以及世界其他地区常规种植的。然而,这些植物实际上并没有破坏草甘膦,这意味着除草剂可以在植物组织中积累。虽然草甘膦被认为对人类或其他动物无毒,使用这种植物作为食物或牧草不应该是一个问题,但是除草剂的积累会干扰植物的繁殖。另外,在一些作物,特别是小麦中,抗草甘膦作物的抗性程度太低,不足以为其带来经济效益。

让草甘膦丧失活性的另一种方法是通过草甘膦 N-乙酰转移酶将草甘膦乙酰化,使其丧失与 PEP 竞争抑制 EPSPS 的活性,是宿主作物获得草甘膦抗性的主动方式。人们通过对微生物的搜索,发现在芽孢杆菌属细菌中通常含有草甘膦 N-乙酰转移酶,但是遗憾的是,即使在酶活性最高的地衣芽孢杆菌中,其基因产物的解毒效率对于进行转基因作物的改造来说仍然太低,没有利用价值。

人们利用多基因重组的定向进化方法,对地衣芽孢杆菌中的草甘膦 N-乙酰转移酶基因进行了定向改造,用以提高其酶活性,通过 11 轮的改造,获得了一个新的基因,其草甘膦 N-乙酰转移酶的活性比原初版本提高了 10 000 倍。将此基因导入玉米,发现得到的转基因植株对草甘膦的耐受量比农民正常控制杂草使用量要高六倍,并且不降低植物的产量。这种草甘膦抗性的新途径正应用在大豆和油菜等抗除草剂作物的开发中。

8.2.1.3　其他基因添加策略转基因作物的产生

合成 δ-内毒素或草甘膦抗性酶的转基因作物只是基因添加策略获得转基因植物的两个实例。其他通过基因添加项目获得转基因作物的例子列于表 8-2。主要包括各种生物或非生物逆境抗性的获得和作物的营养品质改良等。

这些项目包括利用其他基因赋予植物对害虫抗性的方法。比如编码蛋白酶抑制剂的基因和编码小活性多肽的基因,这些酶或小肽能干扰昆虫肠道中的酶活性,从而阻止或减缓其生长。蛋白酶抑制剂是由几种植物自然产生的,特别是豆科植物,如豇豆和其他豆类。豆类的蛋白酶抑制剂基因已成功转移到其他不产生大量蛋白质抑制剂的作物中。蛋白酶抑制剂尤其对蚕食种子的甲虫幼虫有效,因此对需要长时间贮藏种子的作物来说,利用蛋白酶抑制剂抗虫机制是比 δ-内毒素抗虫机制更好的选择。

另外,也有利用基因添加策略等遗传修饰来改善作物的营养品质的实例。将来自细菌泛菌(以前称为欧文氏菌)的植烯合酶基因和拟南芥中的 5-脱氧木酮糖磷酸合成酶转入木薯中,木薯中 β-胡萝卜素(维生素 A)的含量增加了 20 倍。通过基因添加策略,木薯的铁和蛋白质含量也有所提高,前者通过引入来自莱茵衣藻的金属转运蛋白,后者引入一种称为孢霉素的蛋白质。孢霉素基因是一种来自马铃薯块茎的储藏蛋白和玉米籽粒醇溶蛋白的编码基因的融合基因,旨在结合甘薯和玉米蛋白的最佳营养品质。

木薯是非洲撒哈拉沙漠以南许多地区的主要农作物,依赖未改良木薯为食导致人群中维生素 A 和铁的缺乏症的产生,在儿童中尤为严重。转基因改良的富含维生素 A 和铁的木薯可以对非洲部分地区人们的营养和健康状况产生重大影响。在类似的项目中,通过从水稻和大肠杆菌中转移相关基因到玉米中,也获得了 β-胡萝卜素、抗坏血酸(维生素 C)和叶酸(维生素 B9)等营养元素含量增加的改良玉米。

最后,在经济作物如花卉的花色改良中,基因添加策略也有广泛的应用。一般需要转入和植株色素合成途径相关的酶的基因。

表 8-2 基因添加策略转基因作物中添加的基因实例

转入的各类基因	来源生物
昆虫抗性	
δ-内毒素	苏云金芽孢杆菌($B.$ $thuringiensis$)
蛋白酶抑制剂	各种豆类
真菌抗性	
几丁质酶	水稻
葡聚糖酶	苜蓿
核糖体失活蛋白	大麦
细菌抗性	
鸟氨酸氨基甲酰转移酶	假单胞菌($Pseudomonassyringae$)
病毒抗性	
$2'-5'$-寡腺苷酸合成酶 RNA 聚合酶	大鼠
螺旋酶	马铃薯
卷叶黄体病毒卫星 RNA	多种病毒
病毒外壳蛋白	多种病毒
耐除草剂	
乙酰乳酸合成酶(ALS)	烟草
烯醇式丙酮酸莽草酸-3-磷酸合成酶(EPSPS)	农杆菌
草甘膦氧化还原酶	赭杆菌
草甘膦乙酰转移酶	地衣芽孢杆菌
硝化酶	克雷伯氏菌
磷化甘油乙酰转移酶	链霉菌
耐旱基因	
辅酶 A 结合蛋白	拟南芥
脱水反应元件结合蛋白	大豆
磷脂酰肌醇特异性磷脂酶 C	玉米
液泡焦磷酸酶	拟南芥
改善营养品质	
酰基载体蛋白硫酯酶(脂肪/油含量)	伞桂,加州桂
胡萝卜素去饱和酶(β-胡萝卜素含量)	香茅草内生细菌($pantoea$ $ananatis$)
脱氢抗坏血酸还原酶(抗坏血酸含量)	水稻
δ-12 去饱和酶(脂肪/油含量)	大豆
脱氧果糖-5-磷酸合成酶(β-胡萝卜素含量)	拟南芥
FEA1 铁转运蛋白(铁含量)	莱茵衣藻
GTP 环水解酶(叶酸含量)	大肠杆菌
富含蛋氨酸的蛋白质(含硫量)	巴西坚果
莫尼林,香豆素(甜味)	达涅利香豆球菌

续　表

转入的各类基因	来源生物
植物烯合酶（β-胡萝卜素含量）	比菠萝泛菌（*Pantoea agglomerans*）
孢霉素（蛋白质含量）	玉米，甘薯
雄性不育	
Barnase 核糖核酸酶抑制剂	解淀粉芽孢杆菌（*Bacillus amyloliquefaciens*）
DNA 腺嘌呤甲基化酶	大肠杆菌（*E. coli*）
果实成熟	
S-腺苷蛋氨酸水解酶	噬菌体 T3
1-氨基环丙烷-1-羧酸脱氨酶	多种来源
花色	
二氢黄烷醇还原酶	各种开花植物
黄酮羟化酶	各种开花植物

8.2.2　基因减少策略在植物基因工程中的应用

改变基因型的第二种策略是基因减少。这个词是一个误称，因为修改不涉及基因的实际去除，仅仅是它的失活。选择一个单基因，有几种可能的策略来进行灭活，迄今为止应用最成功的实践是反义核糖核酸的使用。

8.2.2.1　反义 RNA 技术以及耐储存转基因番茄的产生

为了说明反义 RNA 技术在植物基因工程中的应用，我们将以延迟成熟的西红柿的产生为例。这是植物遗传改良过程中重要的实例，是首例被批准向公众出售的转基因食品。

商业种植的西红柿和其他软水果通常是在它们完全成熟之前采摘，因为必须在它们开始变质之前将水果运到市场，这是至关重要的，该过程在经济上也是可行的。但有一个问题是，大多数未成熟的水果如果在果实完全成熟之前就从植株上采摘，它们就不会拥有其应该具备的风味。所以大规模生产的西红柿通常味道很淡，对消费者的吸引力降低。反义 RNA 技术的两种方法被应用于番茄植株的基因工程改良中，使果实成熟的过程减慢。这使得种植者在果实充分发育到成熟且有香味的阶段才摘离植株。且在腐烂之前，仍然有时间运输和销售农作物产品。

1. 利用反义 RNA 灭活聚半乳糖醛酸酶基因

果实发育的阶段是以开花后的天数或周数来衡量的。在番茄中，这个过程从开始到结束大约需要八个星期的时间。开花大约六周后，果实随着颜色和味道的变化逐渐成熟。许多基因参与了果实成熟后期阶段的表达调控，编码聚半乳糖醛酸酶的基因就是其中之一。其在果实发育到第六周时开始表达，表达量在第八周时达到峰值。这种酶能缓慢分解果皮细胞壁中的多聚半乳糖醛酸成分，导致果实逐渐软化，使水果更加可口。但是如果果实过于软化，就易导致果实变质，不再对消费者具有吸引力。

半乳糖醛酸酶基因的部分失活可延长水果成熟到腐坏阶段的时间间隔。为了检验这个假设,从正常聚半乳糖醛酸酶基因的 5′区获得一个长 730 bp 基因片段,将该片段反向连接到花椰菜花叶病毒(CaMV)启动子的下游,并将植物多聚腺苷酸信号连接到片段的末端。然后将这一基因表达盒插入到 Ti 质粒双元载体中。一旦质粒转入在植物体内,来自 CaMV 的启动子的能启动下游基因的 mRNA 合成,生成与半乳糖醛酸酶 mRNA 的前半部分互补的反义 RNA。以前反义 RNA 的实验表明,反义 RNA 能有效减少或甚至阻止靶 mRNA 的翻译。

通过根癌农杆菌介导的植物转基因方法,将含有重组双元载体分子的农杆菌侵染番茄茎段,诱导愈伤组织生长并在含有卡那霉素的培养基上进行筛选(双元载体携带能在植物中表达的卡那霉素抗性基因)。鉴定出抗性的愈伤组织并诱导分化发育成成熟的番茄植株。

聚半乳糖醛酸酶在转基因植株成熟果实中的含量可以通过 Western-blotting 检测和果实中的酶活性测定。结果表明在转基因植株的果实中聚半乳糖醛酸酶的含量降低(图 8-4)。最重要的是,转基因番茄的果实虽然也能逐渐软化,但能够增加储存时间。这表明反义 RNA 虽不能完全灭活聚半乳糖醛酸酶基因,但是大大降低了基因的表达水平,所以才能获得人们期望的成熟过程延缓的转基因番茄。这一种转基因西红柿是以"FlavrSavr"为商品名进行销售,是第一批被批准向公众出售的基因工程植物,在 1994 年首次在超市中出售。

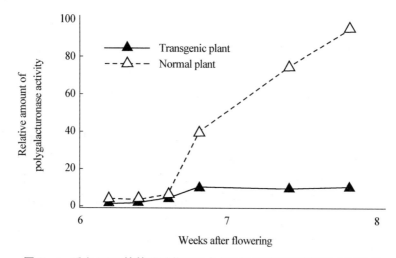

图 8-4 反义 RNA 转基因番茄果实中多聚半乳糖醛酸酶活性大幅降低

2. 利用反义 RNA 抑制乙烯合成

触发番茄成熟后期相关基因表达的主要诱因是乙烯,是一种促进果实成熟的植物气体激素。因此,第二种延缓果实成熟植物基因工程策略是获得不能合成乙烯的转基因植物。这类乙烯合成缺陷的转基因植株的果实在发育的前几个星期正常发育,但无法完成成熟过程。因此,未成熟果实在运输过程中,将大幅减少损伤或破坏,在销售给消费者之前,或者进行深加工之前,对西红柿进行人工喷洒乙烯会引起果实的成熟。

乙烯合成途径的倒数第二步是将 S-腺苷甲硫氨酸转化为 1-氨基环丙烷-1-羧酸(ACC),这是合成乙烯的直接前体。这个步骤是由一种叫作 ACC 合成酶的酶催化的。

与聚半乳糖醛酸酶基因一样,ACC 合成酶基因的失活也是通过反义 RNA 技术来实现的。

在番茄中获得正常 ACC 合成酶基因的截短版本,反向插入到克隆载体的相应启动子下游,使转基因植株中的重组载体能直接合成 ACC 合成酶 mRNA 的反义 RNA,抑制 ACC 合成酶 mRNA 的翻译从而抑制乙烯合成途径。转基因植株生长到结实阶段,产生的乙烯量只有非工程植物的 2%。乙烯含量的大幅度降低足以抑制果实成熟。这种转基因西红柿被称为"无尽的夏季"并进行了商业化推广和销售。

8.2.2.2　其他使用反义 RNA 进行遗传工程的实例

通常情况下,植物基因工程实施过程中,基因添加策略的适用范围要比基因减少策略广泛很多,这也很容易理解,因为更容易通过基因添加策略引入植物本身并不存在的决定优良性状的基因,而不是利用基因减少策略把植物中不利性状的基因去除。然而,有越来越多的植物生物技术项目基于基因减法策略,并且该方法的重要性正在增加。RNA 干扰(RNAi)技术是沉默选定基因的第二种基因消减策略技术。RNAi 是植物中调节基因表达的自然过程之一。通过合成 microRNAs(miRNAs)和小干扰 RNAs(siRNAs)结合靶 mRNA 并使其失活。因此,将编码人工 miRNAs 和 siRNAs 的基因置于特定载体的启动子下游并转入植物体内,可以用来失活特定的基因,实施基因减法策略。利用基因消减策略获得转基因植物的例子列在表格 8 - 3 中。

表 8 - 3　基因消减策略获得转基因植株的实例

靶基因	改良性状
1-氨基环丙烷-1-羧酸合酶	对番茄果实成熟的影响
D-肌醇-3-磷酸合成酶	降低水稻籽粒中难消化磷含量
查尔酮合酶	对不同观赏植物花色的修饰
Delta-12 脱饱和酶	提高大豆中高油酸含量
DET1 光形态发生调控基因	提高番茄类胡萝卜素和类黄酮含量
番茄红素 ε 环化酶	提高油菜类胡萝卜素含量
5-甲基胞嘧啶 DNA 糖苷酶	降低小麦种子蛋白免疫原性
多聚半乳糖醛酸酶	延缓番茄果实腐烂
多酚氧化酶	防止果蔬变色
淀粉合成酶	降低蔬菜淀粉含量

8.2.3　基因修饰植物存在的问题

自从上文中所介绍的利用基因消减策略获得的转基因番茄上市以来,植物遗传学家和其他利益集团和团体就基因修饰植物存在的安全性和伦理安全问题展开了广泛的论战,我们在此只对生物学问题展开讨论。

8.2.3.1　基因修饰植物中的选择性标记基因的安全性问题

在转基因番茄的争论中,关注的主要领域之一是植物克隆载体所使用的标记基因可能产生的有害影响。大多数植物载体携带卡那霉素抗性基因的拷贝,便于转基因植株的筛选。卡那霉素抗性基因是细菌性来源的,编码新霉素磷酸转移酶Ⅱ。该基因及其酶产物存在于工程植物的所有细胞中。虽然已通过动物模型试验证实新霉素磷酸转移酶对人体无毒,但还有另外两个安全问题:

(1)转基因食品中卡那霉素抗性基因是否会被传递到人类肠道中的细菌中,使这些细菌获得卡那霉素和相关抗生素的抗药性。

(2)卡那霉素抗性基因能否传递给环境中的其他生物,从而会导致生态系统的破坏。

我们目前的知识都不能完全回答上述问题。有些研究者认为消化过程会在它们到达肠道和细菌菌群接触之前,完全破坏转基因食物中的卡那霉素抗性基因。即使有些抗性基因未能被降解,它被转移到细菌的概率会非常小的。然而,风险因素不是零。同样,尽管实验表明转基因植物的生长对环境的影响是微乎其微的,因为卡那霉素抗性基因在自然生态系统中已经很常见,当然也不排除未来某些不可预见和破坏性事件的发生。

对卡那霉素抗性和其他标志基因使用的所造成的恐慌促使生物技术专家设计出从转基因植物 DNA 中去除这些标记基因的方法(图 8-5)。这些策略利用了一个来自噬菌体 P1 的酶,称为 Cre 酶,它催化重组事件的发生,切除特定的 34 bp 识别序列 LoxP 位点间的 DNA 片段。为了使用该系统,植物用两个克隆载体进行转化。第一载体携带被添加到植物中的基因及卡那霉素抗性标记基因,后者的基因序列两侧分别有两个同向的 Cre 靶序列,第二载体携带 Cre 基因。转化后,Cre 基因的表达将转基因植物 DNA 中的卡那霉素抗性基因切除。

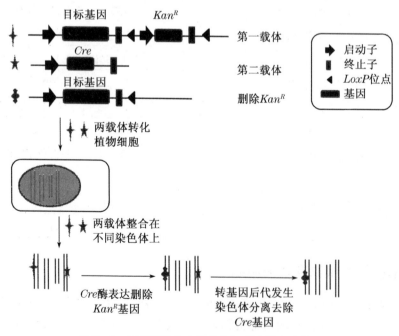

图 8-5 转基因植株中抗性标记基因的去除策略

但是如果 Cre 基因本身在某种程度上也是有害的呢? Cre 基因的潜在影响可以通过下述的遗传操作和分析来排除。因为转化中使用的两个载体可能整合在不同的染色体

DNA 片段上,有性生殖过程中的随机分离,最后获得既不包含 *Cre* 基因也不包含卡那霉素抗性标记,但是包含我们所期望重要基因的转基因植物。

8.2.3.2　终止技术

终止技术是指限制转基因作物下一代种子的使用,使第二代种子不育的相应技术。出售转基因作物种子的公司为了保护他们的投资,开发了终止技术。此技术确保农民必须每年购买新种子,而不是一次性地购买种子,收获第二代种子后继续进行下一年的种植。事实上,即使是传统作物的种子繁殖,也已经设计出了相应机制来确保第二代种子不能被农民种植,但围绕转基因作物的普遍争议已经将终止技术置于公众视线中。终止技术也是利用 Cre 酶催化的重组系统。终止子技术以核糖体失活蛋白基因(*RIP*)为核心。*RIP* 基因编码一类有毒的 N-糖苷酶,通过将核糖体 RNA 分子切割成两个片段来抑制核糖体活性,阻止蛋白质合成(图 8-6)。任何含有 *RIP* 蛋白的细胞均不能存活。在利用终止子系统的转基因植物中,*RIP* 基因的表达受胚胎发育特异表达启动子驱动。因此,转基因植物正常生长,但它们产生的种子是不育的。那么,如何获得卖给农民的第一代种子呢? 在原初转基因株系中,因为 *RIP* 基因序列内部插入了一段非 *RIP* 基因序列 DNA,*RIP* 基因是非功能性的,插入序列的两端含有由 Cre 重组酶识别的 *LoxP* 位点。在这些转基因植物中,同时含有 Cre 重组酶的基因且被置于由四环素诱导的启动子控制下。一旦获得转基因种子,供应商通过将种子置于四环素溶液中激活 Cre 重组酶,Cre 重组酶从 *RIP* 基因中切除阻断 DNA,使 *RIP* 基因变成有功能的基因,但是在植物生长发育时期保持沉默,直到其胚胎发育阶段特异启动子启动 *RIP* 基因在胚胎发生过程中活跃表达,造成胚胎败育(图 8-6)。终止技术一度造成了很大的争议,世界许多国家持反对态度。认为其侵害了农民自留种子的权利,使巨额利润被大型的生物农业公司掌握,对农业及生态安全造成了一系列潜在威胁,尤其在发展中国家。

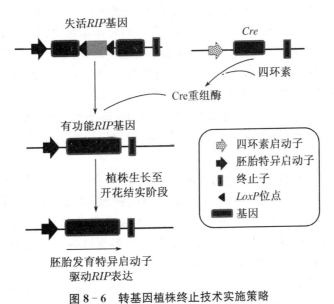

图 8-6　转基因植株终止技术实施策略

8.2.3.3　转基因作物对环境的可能有害效应及其对策

在带来巨大经济效益的同时,转基因作物的大面积种植对生态环境有什么有利作用,又有哪些潜在的不良影响呢? 中国科学院遗传与发育生物学研究所朱桢研究员的观点如下。首先是我们在前文中介绍的害虫对转基因抗虫植物出现的耐药性问题,可以采取适当措施降低昆虫产生耐受性的概率,推迟产生耐受性的速度。比如,美国、加拿大、西班牙等国家的种植经验表明,把抗虫转基因作物与非转基因原作物按适当比例进行分区域种植,以非转基因作物充当"避难所",可以有效减少昆虫耐受性的产生。另一个解决方案是同时使用 Bt 杀虫基因和其他类型的抗虫基因如豇豆胰蛋白酶抑制剂基因,可以使作物具有更广的抗虫谱和更强的杀虫效力,也能有效地延缓昆虫抗性的产生,因为昆虫必须对两种或更多抗虫基因同时具有抗性才能生存。其实,针对昆虫耐受性问题,任何转基因作物在推广前都会通过深入的生态调查进行长期论证,并提出相应的措施来减少昆虫耐受性发生的概率。总之,昆虫耐受性问题确实存在,但可以通过适当措施来加以解决。

此外,对于种植转基因作物给生态环境和生物多样性带来的影响感到担忧。比如,转基因作物的花粉可能会传播给非转基因原作物而使其受到外源基因的"污染";转基因作物的花粉如果传播给田间杂草,有可能会产生所谓的"超级杂草",这些例子就是人们常说的"基因漂移"问题。中国科学家在实验基地对转基因水稻的基因漂移现象进行详细研究表明,转基因水稻向非转基因水稻发生基因漂移的频率非常低,而随着转基因水稻与非转基因水稻之间的间隔距离由 0.2 m 增至 6.2 m,发生基因漂移的频率由 0.28% 降至小于0.01%,远低于欧盟的标准(0.9%)。所以,只要采取一定距离的安全隔离措施,严格安全管理,转基因作物基因漂移问题完全可以解决。

在物种多样性方面,抗虫转基因作物可能会影响目标害虫外的其他昆虫,改变它们在农业生态系统的种群数量。这个问题确实存在,但它所产生的影响有弊更有利。例如,中国科学家调查了实验基地种植抗虫转基因水稻对一些常见节肢动物的影响,发现与非转基因水稻种植区域相比,种植抗虫转基因水稻的区域中水稻害虫的种群密度显著降低,而中性昆虫和害虫的天敌明显增加,对稻田生态系统表现出有利影响。又如,在种植抗虫棉的农田中,增加的不只是次要害虫盲蝽象,还有瓢虫、草蛉和蜘蛛等棉蚜虫的天敌,后者可以有效控制棉蚜虫的危害。如果种植常规品种,需要多喷洒几次农药,而使用农药又何尝不会影响到其他中性昆虫和有益昆虫呢? 而且农药的影响远比种植转基因作物的影响要大很多。所以,这个问题在农业实践中不可避免,但与使用农药相比,种植转基因作物对其他昆虫的影响更小。

诸多保护生物多样性的措施能够把转基因作物的负面影响降到最低。目前,中国已经采取了就地保护(建立自然保护区)、迁地保护(植物园)以及建立农作物遗传资源种子库、植物基因库等措施。目前已经建立了植物园体系,而建成的自然保护区面积占国土面积的 15% 左右,在昆明建立的种子库已经收集保存各类野生生物种子资源 8 444 种,共74 641 份,被称为中国的植物"诺亚方舟"。

种植转基因作物对农业生态环境也可能存在一些潜在影响,但是负面影响显然远远低于目前的"化学农业","生物农业"才是未来的发展方向。十几年来种植转基因作物的实践表明,转基因作物的种植在改善农业生态环境方面显示出巨大的优势。种植抗虫、抗除草剂、抗旱、耐盐碱等转基因作物,显著减少了农药、化肥的用量,改善了农业生态环境。

总之,转基因作物对生态环境的影响有利也有弊,但利大于弊,在农业实践中,我们应该扬其长而避其短,通过加强管理和科学种植降低其不利影响,这样就能减少风险,提高效益,使转基因作物更好地为中国农业生态环境和可持续发展服务。

8.2.4 RNA 介导的基因编辑技术在农作物改良中的应用

利用传统基因添加或基因消减策略所获得的转基因农作物在食品和环境安全等方面存在的争论,2013 年诞生的 CRISPR/Cas9 技术为农作物的改良提供了新的科技工具,使基因修饰的安全性进一步提高。基因编辑后的作物中并不含有任何外源生物的 DNA 序列,只是在 DNA 水平对生物的基因组 DNA 序列进行了编辑。由于 DNA 序列的改变方式和自然界的自然突变,以及用化学试剂,X-射线等人工诱变产生的突变方式很难区分,所以美国农业部已经于 2018 年 3 月 28 日宣布基因修饰作物不在其监管范围之内。利用这种方法获得的防止褐变的基因修饰蘑菇和抗除草剂玉米已经上市,应用基因编辑技术诞生于中国实验室的广谱抗白粉病小麦,也无须受到转基因的监管,已在美国的试验田里进行试种。所以这种基因改造作物不但在安全性方面得到提高,而且也能够在多个方面比如抗病、抗逆以及粮食品质等对农作物品质上进行改良。有助于农作物增强抗旱、抗病虫害的能力,还可增加营养价值。基因编辑等新技术扩大了植物育种工具库,它们可以更快、更精准地培育出农作物新性状,可能在育种方面节约数年甚至数十年时间。

8.2.4.1 RNA 介导的基因编辑技术在农作物改良中的应用实例

1. 抗褐变双孢菇的获取

双孢菇(*Agaricus bisporus*)具有较高的营养价值和药用效果,在世界范围已被广泛种植和食用。双孢菇非常容易褐变,从而影响其品质。宾夕法尼亚州立大学伯克分校的杨亦农实验室利用 CRISPR/Cas9 技术对双孢菇的多酚氧化酶基因家族中的 6 个 PPO 基因中的其中一个进行定向修饰,删除了少数几个碱基,获得的基因修饰双孢菇中多酚氧化酶的活性降低了 30%,并具有了抗褐变能力。而抗褐变蘑菇于 2016 年 4 月成为第一个豁免美国农业部监管的 CRISPR 编辑作物。

2. 抗除草剂玉米的获取

乙酰乳酸合成酶(ALS)是植物和微生物支链氨基酸(缬氨酸、亮氨酸和异亮氨酸)的生物合成过程中第一阶段的关键酶。ALS 抑制剂类除草剂包括磺酰脲类在内的咪唑啉酮类、磺酰胺类、嘧啶水杨酸类四大乙酰乳酸合成酶(ALS)抑制剂,通过抑制植物体内的ALS 酶活性,从而阻止支链氨基酸的合成,导致蛋白质的合成受到破坏,进而发生一系列的 DNA 合成和细胞分裂紊乱,导致植物的生长停止,植物个体死亡。ALS 酶特定氨基酸残基保守位点的突变使其产生对除草剂的抗性,不同位点的改变对磺酰脲类除草剂产生抗性的程度也大为不同。

基于这些原理,人们利用 CRISPR/Cas9 基因定点编辑技术,对玉米和水稻中的 ALS基因特定位点进行改造,使特定位点氨基酸序列发生改变,获得对磺酰脲类除草剂产生抗性的抗除草剂作物。例如,2015 年,美国杜邦先锋公司通过 CRISPR/Cas9 技术将玉米*ALS2* 编码区的第 165 位脯氨酸突变为丝氨酸,获得了抗氯磺隆的玉米突变体。通过类似的策略,中国农业科学院作物科学研究所夏兰琴团队和美国加州大学圣地亚哥分校赵云德团队合作,将 *ALS* 编码区特定碱基定点替换,导致 2 个氨基酸(W548L 和 S627I)变异,获得了抗磺酰脲类除草剂的水稻。此外,中国科学院遗传与发育生物学研究所的高彩霞团队和李家洋团队合作,利用 NHEJ 修复方式建立了基于 CRISPR/Cas9 的基因组定点插入及替换系统,并利用该系统获得了在 *OsEPSPS* 基因保守区 2 个氨基酸定点替换(T102I 和 P106S)的杂合突变体,其对草甘膦具有抗性。

3. 抗病、抗逆农作物的获取

稻瘟病是危害水稻最严重的病害之一。水稻 *OsERF922* 是一个 ERF(ethylene responsive factors)类转录因子基因,负调控水稻对稻瘟病的抗性。中国农业科学院作物科学研究所赵开军团队以稻瘟病感病品种空育 131 为材料,利用 CRISPR/Cas9 技术靶向敲除 *OsERF922*,获得的 T2 纯合突变系在苗期和分蘖期对稻瘟病菌的抗性相比野生型都有显著提高。

玉米 ARGOS8 是一个乙烯响应的负调控因子,在干旱胁迫过表达 *ARGOS8* 的玉米比野生型显著增产。Shi 等利用 CRISPR/Cas9 技术,将玉米 *GOS2* 启动子(能赋予中等水平的组成型表达)定点插入 *ARGOS8* 的 5′-非翻译区或直接替换 *ARGOS8* 的启动子,获得 *ARGOS8* 表达量显著增加的突变体。这些突变体在干旱环境下,其最终产量相比野生型玉米显著提升。

这是目前首次报道利用 CRISPR/Cas9 技术通过调节靶标基因的表达量来改良作物遗传性状的案例。通过 CRISPR/Cas9 技术定点敲除作物抗性负调控因子基因,或定点修饰抗逆性正调控基因的启动子以增强基因的表达,或对抗性相关基因编码区定点替换改变基因功能,都能在不同程度上改良作物的抗病或抗逆性,是作物抗性分子育种的有效途径。

8.2.4.2 RNA 介导的基因编辑技术在农作物改良中的技术创新

1. 植物基因组单碱基编辑系统创新和应用

随着 CRISPR/Cas9 技术的发展,人们对这一定点编辑系统进行了改造,点突变 Cas9(D10A),使其丧失核酸内切酶活性,并和胞嘧啶脱氨酶(APOBEC1,一种能改变 DNA 序列的碱基修饰酶)、尿嘧啶糖基化酶抑制剂(UGI)融合构建了基因组单碱基编辑系统,这一系统首先于 2016 年在大鼠体内获得成功,被用于小鼠细胞中阿尔茨海默病相关基因突变的纠正,单碱基替换效率高达 75%。随后,有 4 个研究团队将该系统成功改造并用于粮食和蔬菜作物(水稻、小麦、玉米、番茄)的基因组单碱基编辑。

例如,朱健康团队将 APOBEC1 通过非结构化的 16 残基肽 XTEN 作为接头,融合到 Cas9(D10A)的 N 末端,并将核定位信号(NLS)肽添加到 Cas9(D10A)的 C 末端,构建了 APOBEC1-XTEN-Cas9(D10A)植物基因组单碱基编辑系统。利用该系统对水稻 *NRT1.1B* 和 *SLR1* 进行编辑,结果表明该系统能在靶位点产生预期的 C→T(G→A)碱基替换,*NRT1.1B* 和 *SLR1* 在靶位点产生预期突变的效率分别为 2.7% 和 13.3%。

人们还进一步对 Cpf1 蛋白系统进行优化,将 Lb-Cpf1 与胞嘧啶脱氨酶 APOBEC1 融合,构建了一系列基于 CRISPR/Cpf1 蛋白的新型碱基编辑器(Cpf1-BE)。由于 Cpf1 蛋白可识别富含腺嘌呤/胸腺嘧啶的 PAM 序列,这种基于 Cpf1 的新型碱基编辑器实现了在腺嘌呤/胸腺嘧啶富集区域的碱基编辑操作。

2. DNA-free 植物基因组编辑系统创新和应用

生物安全问题是限制转基因作物商业化的主要因素。虽然 CRISPR/Cas 对基因进行定点修饰后能通过自交后代分离剔除外源 DNA,获得无外源 DNA 基因(DNA-free)的编辑植株。但目前只有美国对 CRISPR 编辑作物安全实行监管豁免,其他国家都还处于观望状态。因此,建立全程 DNA-free 的植物基因组编辑系统对于推动基因编辑作物的商业化利用具有重要意义。目前,DNA-free 植物基因组编辑系统主要有瞬时表达 CRISPR/Cas9 编辑系统和核糖核蛋白(RGEN ribonucleoproteins,RGENRNPs)编辑系统。

瞬时表达 CRISPR/Cas9 编辑系统的操作流程和原理:将 CRISPR/Cas9 质粒 DNA(TECCDNA)或其转录的 RNA(TECCRNA)通过基因枪法直接转入植物愈伤组织,因是环状质粒或 RNA,故不易被整合进植物基因组中;在完成切割使命后,质粒 DNA 或 RNA 会被细胞内源核酸酶分解,从而实现全程 DNA-free 的基因组编辑。通过对 4 个小麦品种的 7 个内源基因(共 9 个靶位点)靶向修饰发现,TECCDNA 在小麦 T0 转基因植株中诱导突变的效率为 1.0%～9.5%,DNA-free 突变植株的比例为 43.8%～86.8%。对比分析显示,TECCDNA 和经典 CRISPR/Cas9 系统的定向编辑效率和脱靶效应上没有明显差别,但都显著高于 TECCRNA。

RGENRNPs 技术是将 CRISPR-Cas 蛋白和 gRNA 在体外组装成核糖核蛋白复合体,该复合体进入细胞后能迅速行使 DNA 切割功能,然后被细胞内源蛋白酶快速分解,从而实现全程无外源 DNA 整合的基因组编辑。2016 年 11 月,*Nature Communications* 报道了美国杜邦先锋公司利用 RGENRNPs 技术获得了无叶舌、雄性不育和抗氯磺隆的玉米改良系,标志着 RGENRNPs 技术在主要作物遗传改良上的真正应用。

高彩霞研究组于 2018 年 2 月 1 日在线发表于 *Nature Protocols* 杂志的文章详细阐述了通过基因枪将 CRISPR/Cas9 IVT 和 RNP 导入小麦未成熟幼胚实现基因组定点修饰的 DNA-free 基因组编辑体系。成功避免外源 DNA 整合到宿主基因组中而且大大降低脱靶效应。该 DNA-free 基因组编辑体系的建立将有助于进一步完善作物基因组编辑技术,推进基因组编辑育种产业化进程。

针对基因编辑作物产业化过程的监管和政策问题,全国政协委员、中国科学院院士、中科院遗传发育所研究员曹晓风在接受《中国科学报》记者采访时表示,RNA 介导的基因编辑技术有其突出的优势,抓住当前我国农作物基因编辑技术的优势,建立基因编辑育种的法规、推动基因编辑新品种的审定与推广应用,对于促进我国农作物种业发展和提升农业科技创新力具有重大战略意义。2018 年 5 月 24 日,顶尖千人计划入选者、美国科学院院士朱健康和山东省济南市政府签了一个建设植物基因编辑的公共技术平台和产业基地的项目。这也是政府方面,虽然说是地方政府首次尝试基因编辑的产业化。

8.3　基因工程技术在法医学和考古学领域的应用

我们要介绍的生物技术最后一个应用领域是在法医学领域。几乎每隔一段时间,就会出现一则应用DNA分型技术抓获犯罪嫌疑人的报道。分子生物学在法医学中的应用在很大程度上取决于对毛发、血迹和其他从犯罪现场得到的物品进行DNA分型,从而鉴别犯罪嫌疑人的能力。DNA分型技术在法医学领域的应用大大提高了案件的侦破率。在大众媒体中,这些技术被称为遗传指纹图谱技术,更准确的术语应称为DNA指纹图谱技术。我们这一节的内容包括DNA指纹图谱原理和检测方法以及它们在个体鉴定和亲子关系鉴定中的应用。还介绍了相应方法在考古学方面的应用。

8.3.1 DNA分析在犯罪嫌疑人鉴别中的应用

一个人实施犯罪,总会在犯罪现场留下DNA痕迹,犯罪嫌疑人的头发、血液、精斑甚至普通指纹都含有痕量的DNA,但足以作为模板使用聚合酶链反应(PCR)进行DNA分型。PCR分析不一定依赖新鲜样本,近年来有很多过去的案件——所谓的"冷案件"已经解决,罪犯被绳之以法,所使用的DNA测试材料已经存档保存多年。那么这一方法是如何起高效作用呢?

遗传指纹和DNA分型的理论基础在于个人除了和同卵双胞胎的基因组序列具有完全相同的两个拷贝外,和其他任何人的基因组序列都不相同。当然,人类基因组序列在每个人中基本相同——含有相同的基因序列及基因间有相同的间隔序列。但是人类基因组和其他生物体一样,包含许多多态性,即在人群中基因组特定位置的核苷酸序列在每个人中都不相同。我们在前面章节已经介绍了一些最重要的多态位点,因为这些多态性序列和疾病易感基因定位克隆中所用的DNA分子标记类似。它们包括限制性片段长度多态性(RFLPs)、短串联重复序列(STRs)和单核苷酸多态性(SNPs),SNP是指在基因组中的任一个位置可能会发生单个核苷酸位点的改变。所有三种类型的多态性都可能发生在基因内以及基因间区域,总共有几百万个多态位点。人类基因组,SNPs是最常见的多态性位点。

8.3.1.1 利用杂交探针鉴定遗传指纹图谱

使用DNA分析鉴定个体的第一种方法由莱斯特大学的Alec Jeffreys爵士建立于20世纪80年代中期。这种技术不是基于在上面列出的三种类型的多态位点上,而是建立在另外不同的变异类型上,在人类基因组中被称为高变散在重复序列。顾名思义,这是指在人类基因组中不同位置("散在分布")发生的重复序列。这些序列的主要特征是在不同人群的基因组中的位于不同的位置。最初在遗传指纹中使用的特定重复包含序列GGGCAGGANG(N为任何核苷酸)。为了进行指纹分型,基因组DNA样品用限制性内切酶消化,琼脂糖凝胶电泳分离片段,并进行Southern印迹杂交分析,含有重复序列的标记探针的杂交信号显示为一系列条带,每个条带代表一个包含重复序列的限制性酶切片段。因为重复序列的插入位点是可变的,两个人的基因指纹显示出不一样的条带(图8-7)。

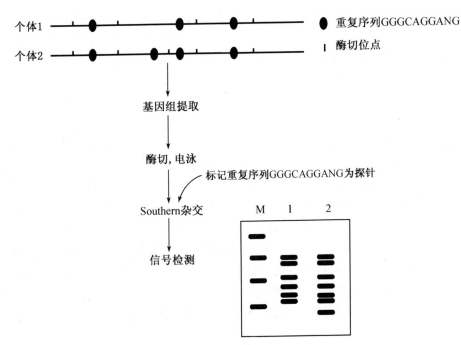

图 8-7　早期 DNA 指纹图谱分型技术
Southern blotting 检测高变散在重复序列多态性
M，Marker；1、2 代表两个测试样本

8.3.1.2　利用短串联重复序列的 PCR 分析进行 DNA 分型

严格地说,遗传指纹仅指高变散在重复序列的杂交分析。这项技术在法医工作中是有价值的,但有三个方面的局限性。

（1）依赖于杂交分析的遗传指纹技术需要大量的 DNA,头发和血迹中的微量 DNA 不能进行分析。

（2）这种技术的准确性不高,因为杂交信号的强度不同,难以进行指纹图谱的鉴别。在法庭上,测试样品和犯罪嫌疑人之间指纹图谱条带的细微差别就不能作为定罪的证据。

（3）虽然重复序列的插入位点是高变性的,但这种变异性还是有一定限制性的,虽然两个不相关个体出现相同或至少非常相似的指纹性可能性很小,但这种情况也会导致提交的证据无效。

以三种多态性为基础发展来的更强有力的 DNA 分析技术避免了上述问题。DNA 指纹图谱分析利用的多态性序列被称为 STRs。STR 是一个长度为 1～13 个核苷酶为重复单元组成的短串联重复序列,重复单元的核苷酸长度和重复次数在不同人的基因组中均不相同。在人类基因组中,最常见的 STR 类型是二核苷酸重复序列$(CA)_n$,其中 n 为重复的次数,通常在 5～20 之间。

在特定 STR 中重复的次数是可变的,因为 DNA 复制过程中会发生错误,进行重复单元的添加,也有较少的概率发生重复单元的删除。在人群中,特定位点的 STR 可能有多达十个不同版本的单倍型等位基因,每个等位基因以重复次数的多少为特征。在 DNA

分析中,选择不同的 STR 等位基因位点进行分析,设计能和 STR 位点两端序列互补的引物,以痕量的 DNA 为模板进行 PCR 扩增。琼脂糖或聚丙烯酰胺凝胶电泳检测 PCR 产物,一般使用毛细管电泳进行分析。在凝胶中看到的不同大小的条带表明在已测试的 DNA 样本中存在着相应的等位基因。

一个 STR 位点在个体 DNA 样本可能中有两个等位基因,因为两个等位基因中一个 STR 拷贝遗传自母亲的染色体,另一个拷贝来自父亲的染色体(图 8-8)。

因为使用 PCR 的 DNA 扩增技术,DNA 分型是非常敏感的,可使对毛发和其他含有微量 DNA 标本的检测成为可能。STR-PCR 技术的检测结果是明确的,DNA 图谱之间的匹配通常被接受作为审判中的证据。目前的方法,称为 CODIS(联合 DNA 索引系统),利用 13 个具有足够变异性的 STR 位点,除了同卵双胞胎之外,世界上出现具有相同图谱的两个人的概率是 10^{15} 分之一。但是,目前世界总人口大约为 7.0×10^9,所以 DNA 图谱作为法庭证据是完全可信的。每一个 STR 位点都用不同荧光标记引物进行 PCR 扩增以分型。不同 STR 等位基因通过用毛细管凝胶电泳确定扩增产物的大小来进行分类。如果多个 STR 位点等位基因的 PCR 产物大小不重叠,或者相应引物对被不同的荧光标记物标记,通过多重 PCR 结合毛细管凝胶电泳技术可以将两个或更多个 STR 同时进行分型(图 8-8)。

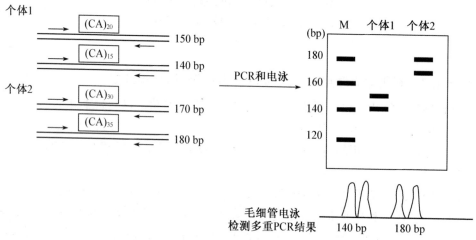

图 8-8 利用 STR 分子进行 DNA 指纹图谱鉴定的策略

8.3.2 DNA 分型在亲权鉴定中的应用

除了鉴定罪犯之外,DNA 图谱也可以用来进行亲缘关系的鉴定。这种类型的鉴定被称为亲权鉴定。其主要的日常应用是亲子关系鉴定。

8.3.2.1 有亲缘关系的个体具有相似的 DNA 图谱

个体的 DNA 图谱和基因组的其他部分一样,一半遗传自父亲,一半遗传自母亲。当某一个特定 STR 的等位基因在家族谱系上被标记时,就可进行家族成员间关系的鉴定。如图 8-9 所示,我们看到四个孩子中的三个继承了父亲含有 12 个重复的 STR 等位基因。这种观察本身并不足以推断出这三个孩子是兄弟姐妹,尽管这种概率会很高,因为含有 12 次重复 STR 的等位基因在人群中出现的概率很低。为了增加亲权鉴定的确定性，更多的 STR 需要被分型，但与个体的鉴别一样，分型所需的 STR 数量也不是越多越好，13 个不同位点的 STR 分型比较结果已经足够进行亲权鉴定。

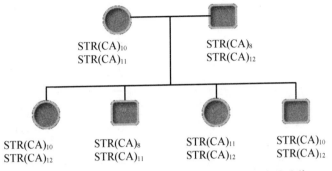

图 8-9 一个位点的 STR 等位基因在一个家族中的遗传

8.3.2.2 罗曼诺夫家族成员遗骸的 DNA 指纹图谱分析

DNA 分型在亲权鉴定应用中的一个非常引人注目的实例是对于罗曼诺夫家族成员遗骸的 DNA 指纹图谱分析。从十七世纪初到俄国革命时期罗曼诺夫家族为俄罗斯的统治家族。随后，尼古拉二世被废黜并且于 1918 年 7 月 16 日深夜尼古拉二世家族七个家庭遭到集体处决，成了历史上著名的灭门惨案。他们的遗体被丢入矿井中，但随后又被取出焚烧、腐蚀，并埋入不为外界知晓的地方。1991 年苏联解体后，为了对遗体进行适当的安葬，需要对所发现遗骸进行亲缘关系鉴定。

1. 罗曼诺夫家族成员遗骸的 STR 分析

虽然人们怀疑这些遗骨是罗马诺夫家族的，但是也不能排除是其他不幸遇难人员的可能性。研究人员进行了包括面部重建、年龄估计和性别判定，根据这些特点将骨头拼凑成 5 女 4 男 9 具遗体，包括六名成人和三名儿童（表 8-4）。

从每个人的骨骼中提取 DNA，通过常染色体 STR 位点鉴定这 9 个人之间的相互关系。结果表明，三个孩子可能是兄弟姐妹，因为他们在称为 VWA/31 和 FES/FPS STR 位点以及其他三个位点有相同的等位基因基因型。THO1 位点数据显示女性 2 不可能是孩子的母亲，因为她带有的 6 等位基因，没有一个孩子拥有。然而，成年女性 1 有等位基因 8，这三个孩子都有。检测其他的 STR 证实她可能是每个孩子的母亲。所以，成年女性 1 被认作沙皇皇后。THO1 数据排除了成年男性 4 作为父亲的可能。儿童的 VWA/31STR 分析结果排除男性成年人 1 和 2。当把所有的 STR 都考虑在内，只有男性成人 3 可能是孩子的父亲，因此男性成人 3 被认定为沙皇（表 8-4）。值得注意的所有这些结论可以简单地从 THO1 和 VWA/31 两个 STR 结果获取，其他 STR 数据只是进一步使证据更加确凿。

表 8-4 疑似罗曼诺夫家族成员遗骸的 5 对 STR 分析结果

	STRs				
	VWA/31	THO1	F13A1	FES/FPS	ACTBP2
儿童 1	15,16	8,10	5,7	12,13	11,32
儿童 2	15,16	7,8	5,7	12,13	11,36
儿童 3	15,16	8,10	3,7	12,13	32,36
成年女性 1	15,16	8,8	3,5	12,13	32,36
成年女性 2	16,17	6,6	6,7	11,12	无检测
成年男性 1	14,20	9,10	6,16	10,11	无检测
成年男性 2	17,17	6,10	5,7	10,11	11,30
成年男性 3	15,16	7,10	7,7	12,12	11,32
成年男性 4	15,17	6,9	5,7	8,10	无检测

2. 线粒体 DNA 分型将罗曼诺夫家族遗骨与幸存亲属联系起来

以上 5 对 STR 分析证实在这 9 具尸骨中,5 人来自同一个家庭,即一位父亲、一位母亲和三个女儿,另外 4 个人没有亲缘关系,然而这些证据并不能表明他们就是已故的沙皇一家,要证明他们是沙皇一家,就要依赖于线粒体 DNA 的研究了。线粒体 DNA 呈母系遗传,即只通过女性传递给后代。因此,可以通过线粒体序列来追溯其母系来源。皇后亚力山德拉是英国维多利亚皇的外孙女,其目前健在的母系亲属有英国的菲利普亲王,即英国女皇伊丽莎白二世的丈夫,遗骸中有四位女性与菲利普亲王具有相同的线粒体序列,因此,可以认定这四位女性分别是皇后亚力山德拉和她的 3 个女儿。沙皇现存有两位母系亲属,线粒体 DNA 测序表明,除一个位置外,其他序列都相同,沙皇位于线粒体 DNA16 169 位的序列是 T 和 C,而他的两位亲戚都是 T。现在基本上可以确认,找到的 9 具尸骨是沙皇、皇后、3 个女儿以及他们的仆从,而疑似为沙皇的线粒体 DNA 在 16 169 位与现存的亲戚不同。研究小组于 1994 年发布了他们的结果,但由于存在以上疑问,俄罗斯东正教会拒绝承认找到的是沙皇一家。沙皇的弟弟乔治在 1899 年死于车祸,葬于彼得堡的圣彼得与保罗大教堂,经俄罗斯联邦政府和教会批准,于 1996 年取得了乔治的遗骨,DNA 序列测定表明,乔治的线粒体 DNA 在 16 169 位也同时存在 T 和 C,不过沙皇的序列以 C 居多,而乔治的序列以 T 居多,表明在沙皇家族中的确存在此种变异。这一个实验中最为决定性的证据来自沙皇本人,时为王子的沙皇于 1891 年访问日本,在大津被一个护送的日本警察刺杀,沙皇头上被砍了两刀但幸免于难,当时他穿的衬衣被送到彼得堡保存了下来,通过 DNA 鉴定发现,衬衣上的一块血斑上的常染色体和 Y 染色体 STR 分型全部可以显示出来,并且与骨头完全一致,也与目前健在的沙皇父系亲属一致。

8.3.3 DNA 分型在性别鉴定中的应用

DNA 分析也可以用来识别个体的性别。两性之间遗传差异在于男性拥有 Y 染色体,所以针对 Y 染色体上特异性 DNA 的检测可以区分男性和女性。法医科学家鉴定受损严重的尸体时,DNA 分型是鉴别性别的唯一方法。DNA 测试也可以用来识别胎儿的性别。通常,胎儿的性别鉴定通过超声波检查进行,但是要等到胎儿发育出第一性征差异时进行。但在某些情况下需要较早进行胚胎的性别鉴定。比如当家庭的遗传谱系表明后代的男性可能患有遗传性疾病,父母希望尽早决定是否继续妊娠。第三种基于 DNA 的性别鉴定的应用是考古学领域,大大推进了这一领域的发展。在考古学中,如果关键骨骼如头骨或骨盆是完整的,可以将男性和女性骨骼可以区分,但是对于残缺的残骸,或者不具有性别特异性解剖学差异的年幼儿童的骨骼,就不可能通过这种手段进行准确的鉴定。但是,如果古 DNA 被完整保存在骨骼中,考古学家就可利用基于 DNA 的检查方法进行骨骼的性别鉴定。

1. Y 染色体特异序列的 PCR 鉴定

使用 DNA 分析鉴定性别的最简单方法是针对 Y 染色体的一个区域设计引物进行特异性 PCR 扩增。PCR 引物必须精心设计,因为 X 和 Y 染色体 DNA 序列不是完全不同的,有些 DNA 片段是二者共享的。但是 Y 染色体上有许多独特的区域。特别是几个重复序列仅位于 Y 染色体上,这些重复序列可以作为多重 PCR 的扩增靶点,因此具有更高的灵敏度。针对 Y‐特异性 DNA 序列的 PCR 扩增将得到男性特异 DNA 的扩增产物。但如果样本来自女性(图 8‐10),则没有扩增条带。男女性 DNA 模板扩增结果间的明显差异对于大多数应用来说是一个完全令人满意的检测系统。但是如果有下列情况发生,检测结果就会变得模棱两可,比如样品不含任何 DNA、样品 DNA 已经降解、样品中含有 *Taq* 聚合酶的抑制剂(比如埋在地下的标本被腐殖酸和其他已知的许多化合物所污染,都会对在分子生物学研究中使用的酶产生抑制)。上述情况均不能获得 PCR 产物,在凝胶上均没有条带,都会被错误地被认定为女性。

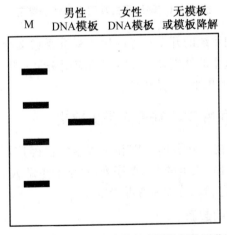

图 8‐10　Y 染色体特异重复序列进行性别鉴定

2. 牙釉基因的 PCR 扩增

上述 Y 特异性序列的 PCR 扩增在应用上有重大缺陷,PCR 扩增失败结果和女性样品的扩增结果一样没有扩增条带,无法得出确实的结论。目前已经发展了更精细而且复杂的性别鉴定 DNA 测试方法,对男性和女性的鉴定都会给出一个明确的结果。其中最广泛使用的是针对釉原蛋白基因的 PCR 扩增。釉原蛋白基因编码牙釉质中发现的蛋白质。它是少数几个存在于 Y 染色体上的基因,和许多基因一样,在 X 染色体上的一个拷贝。然而,这两个来源于 X 和 Y 染色体的拷贝有很大的差异,进行序列比对时会发现在序列中有许多核苷酸插入和删除位点。如果在这些 InDel 位点两侧设计引物进行扩增,从 X 和 Y 染色体 DNA 扩增获得的产物大小不同。X 染色体特异性片段长度为 977 bp,Y 染色体特异为 788 bp。扩增后,男性可获得两条带,女性只观察到一条带(图 8-11)。这样的检测结果不会在 PCR 扩增失败、女性结果和男性结果间造成不能确定的情况。但是其扩增产物较长,不适合腐败血痕、过于陈旧血痕的性别鉴定。

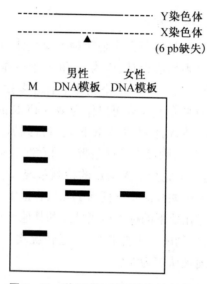

图 8-11　釉原蛋白基因进行性别鉴定

性别鉴定的釉原蛋白系统的开发对考古学具有重要意义,使考古学家不仅依赖于骨骼结构和随葬品来判断墓主的性别,DNA 鉴定的应用表明一些考古学上性别鉴定的经验不一定正确,有一些重大的出乎意料的发现。

8.3.4　考古遗传学:利用 DNA 研究人类史前史

上文利用 DNA 分型技术开展的性别和亲权鉴定已经广泛应用于考古学研究。另外,通过检测目前活着和死亡人类的 DNA 序列,对全面了解人类的起源和迁徙过程具有十分重要的意义,这一研究领域被称为考古遗传学。

8.3.4.1　现代人类的起源

10 万年前,三种不同的原始人类分别居住在世界的不同地区,尼安德特人在欧洲,直立人在亚洲,智人在非洲。但是到了 30 000 年前,人类的多样性消失了。从 30 000 年直到今天,所有的人类化石都拥有相同的解剖结构:独特的骨骼形状、大脑容量(1 350 cm^3)、有下巴、骨架轻巧。三种原始人突然变成了单一的一种,是什么原因导致了这种根本的转变,这一直是科学界争论的话题。目前,有两种相互竞争的理论假说:多地域连续起源理论(MRC)和走出非洲理论(OOA)。

按照 MRC 理论的假设,自从 180 万年前直立人第一次迁徙走出非洲后,分散在世界各地的人群开始平行地各自进化,最后都演变成为现代人。MRC 理论认为,现代人类并不是起源于单一的地区,而是在有人居住的世界各地分别平行地起源,所以才叫作"多地域"起源。该理论还指出,不同地域的原始人群体之所以会变成同一种现代人类,是因为他们通过相互杂交保持着基因的交流,所以没有逐渐分化成不同的物种。

OOA 理论则刚好相反,它认为现代人类是在更晚一些的时候由一个地方(即非洲)的原始人类进化而来的,然后再迁徙到欧洲和亚洲,并最终取代了原来生存在那里的其他人种,包括尼安德特人。也就是说 OOA 理论认为现代人类是从一个地方起源,然后通过迁徙慢慢取代了原本生活在亚洲和欧洲的其他人种。OOA 理论认为,不同的人种,诸如尼安德特人和智人已经演化成为本质上不同的物种,他们之间不可能杂交或很少有杂交。简言之,OOA 理论认为现代人类最早出现在 10 万年前的非洲,而不是 MRC 理论所说那样各自平行地出现在了世界各地。

科学家引用了三个方面的证据来检验这两种假说,分别是解剖学证据、考古学证据和基因证据。解剖学证据和考古学证据均支持 OAA 理论。

1. DNA 分析结果对多区域进化假说提出了挑战

1987 年,遗传学家首次提出对多区域进化假说的疑虑并开始使用 DNA 分型来解决人类进化中的问题。在首次利用 DNA 分型进行的考古学项目中,收集来自世界各地的 147 个人类的 DNA 样本,对其线粒体 DNA 样本进行 RFLP 分型。然后将得到的数据用于构建系统进化树,显示不同人类群体间进化关系。以构建好的进化树为基础,科学家们推测到了多个结论。

(1) 树的基部代表一个女人(线粒体 DNA 是只通过母系遗传),其线粒体基因组是所有被测试的 147 个现代线粒体 DNA 的祖先。这个女人被称作线粒体夏娃。当然,她并不等同于圣经上的人物而且也不是当时唯一存活的女人。她只是携带祖先线粒体 DNA 的人,所有现代人的线粒体 DNA 都起源自祖先线粒体 DNA。

(2) 线粒体夏娃生活在非洲。这是因为祖先的 DNA 序列将进化树分成了两个部分,其中一部分完全由非洲线粒体 DNAs 组成,由于这一进化分支的出现,推测出祖先也来自非洲。

(3) 线粒体夏娃生活在 140 000～290 000 年前之间。这一结论通过将分子钟应用于系统发育树的绘制。分子钟是线粒体 DNA 序列中发生进化速度的量度,并根据已知在线粒体 DNA 中积累的突变速率来校准。通过比较 147 个现代人和线粒体夏娃的线粒体 DNA 序列,计算发生所有必要的进化突变所需的年数。

上述研究的重要发现为线粒体夏娃在非洲的生活时间不早于 290 000 年前,这与直立人 100 万年前走出非洲,成为人类祖先的假说不符。因此人们又推出了一个新的假说,即走出非洲假说,根据这个假说,现代人类——智人,是从原来生存于非洲的直立人种进化来的。现代人类在 100 000 到 50 000 年前间移居到旧世界的其他地方,取代了他们所遇到的直立人的后代。

起初,线粒体夏娃的结果受到了严厉的批评。其一是因为用于构建系统发育树的计算机算法是有缺陷的,而且由于计算机本身计算能力的限制,不能处理大量 RFLP 数据比较信息。然而,这些批评目前已经不存在了,因为更广泛的线粒体 DNA 研究的结果,目前使用线粒体 DNA 序列信息而不是 RFLP 分子标记进行分型,并且现代计算机的分析能力非常强大的,现代的分析手段完全证实了之前的研究发现。举一个例子,当对来自世界各地的 53 个人的线粒体基因组完成测序并进行分析比较发现线粒体夏娃在 220 000～120 000 年前生活在非洲。对 Y 染色体的研究提供了有益的补充。Y 染色体只通过男性进行传递。这项研究揭示了 Y 染色体亚当也在 338 000～120 000 年前间生活在非洲。

2. DNA 分析表明尼安德特人不是现代欧洲人的直接祖先

尼安德特人是在 200 000 到 30 000 年前生活在欧洲一类已经灭绝人类,根据非洲起源假说,他们被 50 000 年前到达欧洲的现代人类所替换。因此,根据人类起源的走出非洲假说,推测尼安德特人并不是现代欧洲人的直接祖先,对尼安德特人的骨头来源的古 DNA 进行分析,得到相应结论。用于 DNA 研究的最早样本是一个 40 000 年前居住在克罗地亚的尼安德特人,对其线粒体 DNA 序列进行分析。DNA 证据表明,首先,尼安德特人和现代人类非常不同,这两条人种分支可能在 400 000 年前就走上了不同的进化道路。第二,对比发现,尼安德特人和现代欧洲人的 DNA 的相似度并不比他们与世界其他地区人的 DNA 相似度更高。完整的线粒体 DNA 序列的系统进化树的分析表明尼安德特人具有自己的进化分支上,和现代人类完全分开。这和预期结果一样,即尼安德特人不是现代欧洲人的祖先。因此,这一结果为"走出非洲"假说提供了一个独立证据,表明至少在欧洲,多区域起源模型是不正确的。

3. 尼安德特人基因组序列分析表明其和智人间发生过杂交

高通量测序的一个伟大成就是从西伯利亚阿尔泰山脉的一个洞穴里保存下来的小块骨头分离出古 DNA 并测序获得了尼安德特人核基因组的完整序列。基因组序列测定使判断尼安德特人和现代人类间是否有交配行为成为可能。智人在 45 000 年以前到达欧洲,而尼安德特人直到 30 000 年前才灭绝,二者在同一地区生活了上千年。在获得基因组全序列之前,人类已经获得了二者间有交配行为的考古学证据。1998 年,人们在葡萄牙阿比戈发现了一个四岁孩子的遗骨,他似乎具有尼安德特人和现代人的共同特征。但是,他的埋葬时间却在 24 500 年前,这时尼安德特人已经灭绝 5 000 年了,所以这个杂种人的身份也不是完全可信。

当对尼安德特人基因组与欧洲智人基因组进行比较研究时,获得了更强的中间交配证据。后来的非洲移民与欧洲和亚洲的原住民之间发生过杂交。

8.3.4.2 DNA 也可以用来研究史前人类的迁徙

DNA 测序除了鉴定出我们现代人的非洲起源外,也有助于追踪和记录我们物种的迁徙过程。

科学界公认人类起源于非洲,但对人类是如何来到亚洲一直存在争议。从 2005 年起正式启动了亚洲史前人类迁移路径鉴定的项目研究。该项目由中国、印度、日本、韩国等 11 个国家和地区的科研人员共同参与。在 4 年时间里,项目组收集了东亚、南亚、东南亚各区域的 70 多个代表人群的 DNA 样本。国家人类基因组南方中心承担了中国人群样本的基因分型。科研人员抽取了北京人、上海人的血样,用来做汉族的样本。所有数据由中科院计算生物学所和复旦大学的专家进行分析,得出最终的结论。研究显示,在距今

100 000～50 000 年前,亚洲人的祖先走出非洲,沿着印度洋沿岸迁移,到达东南亚。并在距今 40 000～30 000 年前,开始从东南亚往北迁徙,逐渐遍布整个东亚,直至中亚地区。这个研究结论也就意味着,北方人的"老家"其实在南方,中国人的祖先先是到达了中国南方,此后再进入黄河流域,创造出灿烂的中华文明。

特配电子资源

线上资源

微信扫码
- 网络习题
- 视频学习
- 延伸阅读

参考文献

[1] 文铁桥.基因工程原理[M],北京:科学出版社,2014.

[2] 袁婺洲.基因工程[M],北京:化学工业出版社,2010.

[3] 徐晋麟,陈淳,徐沁.基因工程原理(2版)[M],北京:科学出版社,2018.

[4] 李炳志,吴毅,谢泽雄,沈玥,王云,张维民,赵广厚,罗周卿,戴俊彪,杨焕明,元英进.真核生物酿酒酵母长染色体的精准定制合成[J].前沿科学,2018,12(01):55-59.

[5] 成小威,苏一钧,霍恺森,戴习彬,曹清河,唐君.甘薯叶绿体分离及其 DNA 提取[J].江苏师范大学学报(自然科学版),2019,37(03):22-25+79.

[6] 阙青敏,欧阳昆唏,李培,陈晓阳.全基因组关联分析(GWAS)在林木育种中的应用[J].植物生理学报,2019,55(11):1555-1562.

[7] 唐勇,刘旭.SMRT 测序技术及其在微生物研究中的应用[J].生物技术通报,2018,34(06):48-53.

[8] 尹彦棚,丁乔娇,罗加伟,林新娜,张敏,彭成,高继海.基于 Pacbio 第三代测序技术的厚朴基因组测序分析[J/OL].广西植物:1-17[2020-07-06].http://kns.cnki.net/kcms/detail/45.1134.Q.20200415.1147.008.html.

[9] 李姣,于宗霞,冯宝民.植物中病毒诱导基因沉默技术的研究与应用进展[J].分子植物育种,2019,17(05):1537-1542.

[10] 荣芮,李婷婷,张玉云,顾颖,夏宁邵,李少伟.昆虫杆状病毒表达载体系统在疫苗研究中的应用进展[J].生物工程学报,2019,35(04):577-588.

[11] 王若宇,孟强.激光捕获显微切割技术进展与应用[J].重庆医科大学学报,2020,45(01):29-31.

[12] 宗媛,高彩霞.碱基编辑系统研究进展[J].遗传,2019,41(09):777-800.

[13] 李晏锋,甄橙,纪立农.重组人胰岛素的奠基人:赫伯特·伯耶[J].中国糖尿病杂志,2019,27(05):321-325.

[14] 方秀丹.人类基因编辑技术面临的伦理问题及对策研究[D].昆明:昆明理工大学,2018.

[15] Anguela XM, High KA. Entering the modern era of gene therapy. Annu Rev Med. 2019,70:273-288.

[16] Cohen JD, Li L, Wang Y, et al. Detection and localization of surgicallyresectable cancers with a multi-analyte blood test. Science. 2018,359(6378):926-930.

[17] Chen Z, Zheng W, Chen L, et al. Green fluorescent protein-and discosoma sp. red

fluorescent protein-tagged organelle marker lines for protein subcellular localization in rice. Front Plant Sci. 2019, 10: 1421.

[18] Collins F S, Gottlieb S. The next phase of human gene-therapy oversight. N Engl J Med. 2018, 379(15):1393 – 1395.

[19] Chen K, Wang Y, Zhang R, Zhang H, Gao C. CRISPR/Cas Genome Editing and Precision Plant Breeding in Agriculture. Annu Rev Plant Biol. 2019, 70: 667 – 697.

[20] Chen J S, Ma E, Harrington L B, et al. CRISPR-Cas12a target binding unleashes indiscriminate single-strandedDNase activity. Science. 2018, 360(6387): 436 – 439.

[21] D'Aloia M M, Zizzari I G, Sacchetti B, Pierelli L, Alimandi M. CAR-T cells: the long and winding road to solid tumors. Cell Death Dis. 2018, 9(3): 282.

[22] Houdebine L M. Production of pharmaceutical proteins by transgenic animals. Rev Sci Tech. 2018, 37(1): 131 – 139.

[23] Harrer D C, Dörrie J, Schaft N. CSPG4 as Target for CAR-T-Cell therapy of various tumor entities-merits and challenges. Int J Mol Sci. 2019, 20(23): 5942.

[24] Hua K, Tao X, Liang W, Zhang Z, Gou R, Zhu J K. Simplified adenine base editors improve adenine base editing efficiency in rice. Plant Biotechnol J. 2020, 18(3): 770 – 778.

[25] Iglesias-Ara A, Osinalde N, Zubiaga A M. Detection of E2F-induced transcriptional activity using a dual luciferase reporter assay. Methods Mol Biol. 2018, 1726: 153 – 166.

[26] Ikawa Y, Miccio A, Magrin E, Kwiatkowski J L, Rivella S, Cavazzana M. Gene therapy of hemoglobinopathies: progress and future challenges. Hum Mol Genet. 2019, 28(R1): R24 – R30.

[27] Ki M R, Pack S P. Fusion tags to enhance heterologous protein expression. Appl Microbiol Biotechnol. 2020, 104(6): 2411 – 2425.

[28] Lenaerts B, Collard BCY, Demont M. Review: Improving global food security through accelerated plant breeding. Plant Sci. 2019, 287: 110207.

[29] Liang Z, Chen K, Zhang Y, et al. Genome editing of bread wheat usingbiolistic delivery of CRISPR/Cas9 in vitro transcripts or ribonucleoproteins. Nat Protoc. 2018, 13(3): 413 – 430.

[30] Mansouri M, Berger P. Baculovirus for gene delivery to mammalian cells: Past, present and future. Plasmid. 2018, 98: 1 – 7.

[31] Maude S L, Laetsch T W, Buechner J, et al. Tisagenlecleucel in Children and Young Adults with B-Cell Lymphoblastic Leukemia. N Engl J Med. 2018, 378 (5): 439 – 448.

[32] Miller H I. Genetic engineering applied to agriculture has a long row to hoe. GM Crops Food. 2018, 9(1): 45 – 48.

[33] Nagy S K, Kállai B M, András J, Mészáros T. A novel family of expression

vectors with multiple affinity tags for wheat germ cell-free protein expression. BMC Biotechnol. 2020, 20(1): 17.

[34] Neelapu SS. Managing the toxicities of CAR T-cell therapy. Hematol Oncol. 2019, 37 Suppl 1: 48 – 52.

[35] Pellegatta S, Savoldo B, Di Ianni N, et al. Constitutive and TNFα-inducible expression of chondroitin sulfate proteoglycan 4 in glioblastoma and neurospheres: Implications for CAR-T cell therapy. Sci Transl Med. 2018, 10(430): 27 – 31.

[36] Sumbal S, Javed A, Afroze B, et al. Circulating tumor DNA in blood: Future genomic biomarkers for cancer detection. Exp Hematol. 2018, 65: 17 – 28.

[37] Svidnicki MCCM, Zanetta G K, Congrains-Castillo A, Costa FF, Saad STO. Targeted next-generation sequencing identified novel mutations associated with hereditary anemias in Brazil. Ann Hematol. 2020, 99(5): 955 – 962.

[38] Singer K. The Mechanism of T-DNA Integration: Some Major Unresolved Questions. Curr Top Microbiol Immunol. 2018, 418: 287 – 317.

[39] Sudhakar V, Richardson R M. Gene therapy for neurodegenerative diseases. Neurotherapeutics. 2019, 16(1): 166 – 175.

[40] VanEenennaam A L. The contribution of transgenic and genome-edited animals to agricultural and industrial applications. Rev Sci Tech. 2018, 37(1): 97 – 112.

[41] Wang T Y, Guo X. Expression vector cassette engineering for recombinant therapeutic production in mammalian cell systems. Appl Microbiol Biotechnol. 2020, 104(13): 5673 – 5688.

[42] Wakasa A, Kaneko M K, Kato Y, Takagi J, Arimori T. Site-specific epitope insertion into recombinant proteins using the MAP tag system [published online ahead of print, 2020 May 9]. J Biochem. 2020, mvaa054.

[43] Wolf D P, Mitalipov P A, Mitalipov S M. Principles of and strategies for germline gene therapy. Nat Med. 2019, 25(6): 890 – 897.

[44] Zhu G, Wang S, Huang Z, Zhang S, Liao Q, et al. Rewiring of the fruitmetabolome in tomato breeding. Cell. 2018, 172: 249 – 612.

[45] Zhang T, Liu R, Luo Q, et al. Expression and characterization of recombinant human VEGF165 in the middle silk gland of transgenic silkworms. Transgenic Res. 2019, 28(5 – 6): 601 – 609.

[46] Zhao Y L, Han B H, Zhang X J, et al. Immune persistence 17 to 20 years after primary vaccination with recombination hepatitis B vaccine (CHO) and the effect of booster dose vaccination. BMC Infect Dis. 2019, 19(1): 482.

[47] Zubakov D, Chamier-Ciemińska J, Kokmeijer I, et al. Introducing novel type of human DNA markers for forensic tissue identification: DNA copy number variation allows the detection of blood and semen. Forensic Sci Int Genet. 2018, 36: 112 – 118.